AF547691

EUL
VERLAG

Eric Zöller

Kommunale Doppik

Auswirkungen der Eröffnungsbilanz auf die Haushaltssystematik am Beispiel von Rheinland-Pfalz

Mit einem Geleitwort von Prof. Dr. Eric Frère,
Fachhochschule Essen

Bibliographische Information der Deutschen Bibliothek

Die Deutsche Bibliothek verzeichnet diese Publikation in der Deutschen Nationalbibliothek; detaillierte bibliographische Daten sind im Internet über <http://dnb.ddb.de> abrufbar.

ISBN 978-3-89936-777-5
1. Auflage März 2009

JOSEF EUL VERLAG GmbH
Brandsberg 6
D-53797 Lohmar
Tel.: +49 (0) 22 05 / 90 10 6-6
Fax: +49 (0) 22 05 / 90 10 6-88
http://www.eul-verlag.de
info@eul-verlag.de

Bei der Herstellung unserer Bücher möchten wir die Umwelt schonen. Dieses Buch ist daher auf säurefreiem, 100% chlorfrei gebleichtem, alterungsbeständigem Papier nach DIN 6738 gedruckt.

Geleitwort

Seit mehr als 10 Jahren arbeitet die öffentliche Verwaltung an der Umsetzung von Modernisierungskonzepten, welche unter dem Synonym der „Neuen Steuerungsmodelle“ zusammengefasst, die „Amtstuben“ in moderne Dienstleistungsunternehmen verwandeln sollen. In diesen Kontext lässt sich auch die flächendeckende Einführung der kaufmännischen Buchführung, der sogenannten Kommunalen Doppik, einordnen.

Die Einführung der Kommunalen Doppik ist bundesweit ein nicht ganz unumstrittenes und viel diskutiertes Thema. Der Diskussionsschwerpunkt liegt hierbei auf der Erstellung der Kommunalen Eröffnungsbilanz und den daraus resultierenden Erfassungs- und Bewertungsarbeiten. Genau hier setzt der Autor den Schwerpunkt seiner Arbeit und bietet eine vielseitige, klar strukturierte Anleitung zur Bearbeitung der wesentlichen Bewertungsfälle in der kommunalen Praxis. Die Verbindung von theoretisch fundiertem Fachwissen und vielen praktischen Bewertungsbeispielen trägt zum besseren Verständnis der Materie bei. Neben der Analyse verschiedener Bewertungsprobleme werden auch die Auswirkungen der Bewertung einzelner Vermögensgegenstände auf die künftige Haushaltswirtschaft der Kommunen eingehend beleuchtet. Diese Betrachtung ist im öffentlichen Sektor bisher wissenschaftlich wenig bearbeitet worden und hebt dieses Werk von vergleichbarer Literatur ab.

Mit der Einführung der kommunalen Doppik ist es gelungen das Fundament für mehr Generationengerechtigkeit auf kommunaler Ebene zu schaffen und die Verlagerung heutiger finanzieller Lasten in die Zukunft transparenter abzubilden. Die im Rahmen der Erfassung und Bewertung des kommunalen Vermögens zu treffenden Entscheidungen werden die künftige Haushaltswirtschaft nachhaltig beeinflussen. Die Qualität dieser Vorarbeiten, die durch die Verwaltungen auf kommunaler Ebene zu leisten sind, sowie die Nutzung der neu erschlossenen Informationsquellen durch die Entscheidungsträger, bestimmen bereits zum heutigen Tage die finanziellen Geschicke der kommunalen Gebietskörperschaften für die kommenden Jahre.

Die Umstellung des Rechnungswesens allein ist kein Allheilmittel für die finanzielle Problemlage vieler Gebietskörperschaften. Die künftig veränderte Darstellungsweise innerhalb des Rechnungswesens ändert nichts an den tatsächlichen Verhältnissen. Vielmehr werden durch die Einführung neuer, aus dem Handelsrecht abgeleiteter Instrumente, wie Rückstellungen und Abschreibungen, die den tatsächlichen Ressourcenverbrauch und nicht allein nur den Geldverbrauch der Kommunen abbilden, die kommunalen Haushalte noch stärker als bisher unter Druck gesetzt. Umso erforderlicher erscheint es den eingeschlagenen Weg konsequent weiterzugehen, betriebswirtschaftliche Steuerungsinstrumente verstärkt zu nutzen und strategisch sinnvolle Entscheidungen zutreffen, um den Herausforderungen der kommenden Jahre zu begegnen.

Professor Dr. Eric Frère

Dekan Internationale Studiengänge an der Fachhochschule für Oekonomie und Management (FOM) in Essen
Lehrstuhlinhaber Finanzwirtschaft und Entrepreneurship

Vorwort

Mit der Einführung der kommunalen Doppik ist einer der wohl bedeutendsten Meilensteine in der Geschichte der Verwaltungsmodernisierung gelegt worden. Die Abwendung von der Kameralistik und dem über Jahrzehnte vorherrschenden Prinzip der Kassenwirksamkeit, welches auf eine reine Abbildung von Zahlungsströmen ausgelegt war, hin zu einem modernen Ressourcenverbrauchskonzept, umschreibt einen weiteren wichtigen Schritt in Richtung einer umfassenden Verwaltungsmodernisierung.

Dieser Paradigmenwechsel leitet eine neue Ära im kommunalen Rechnungswesen ein und stellt die kommunalen Gebietskörperschaften im gesamten Bundesgebiet vor eine der größten Herausforderungen unserer Zeit.

Die vorliegende Arbeit wurde im November 2008 als Master Thesis unter dem Namen „Analyse der Eröffnungsbilanz sowie deren Auswirkung auf die Haushaltssystematik im Rahmen der Kommunalen Doppik in Rheinland-Pfalz“ bei der Fachhochschule für Oekonomie und Management Essen (FOM) angenommen.

Hierfür möchte ich meinen Dozenten danken, allen voran Herrn Professor Dr. Eric Frère und Herrn Dr. Clemens Jäger, die meine Arbeit bewertet und mit viel Interesse verfolgt haben.

Ebenso danke ich meiner Frau Bianca, meiner Familie und den vielen Freunden und Kollegen, die mich während des Studiums und der Entstehung meiner Master Thesis mit Geduld und Verständnis begleitet haben. Ihnen widme ich dieses Buch.

Eric Zöller, MBA

Inhaltsverzeichnis

Abbildungsverzeichnis

Abkürzungsverzeichnis

AfA	Abschreibung für Aufwendungen
ALB	Automatisiertes Liegenschaftsbuch
AHK	Anschaffungs- und Herstellungskosten
AK	Anschaffungskosten
Az	Aktenzeichen
BMF	Bundesministerium der Finanzen
BStBl	Bundessteuerblatt
Doppik	Doppelte Buchführung in Konten
Fifo	First in first out
GemEBilBewVO	Gemeindeeröffnungsbilanz-Bewertungsverordnung
GemHVO	Gemeindehaushaltsverordnung Rheinland-Pfalz
GemO	Gemeindeordnung Rheinland-Pfalz
GoB	Grundsätze ordnungsgemäßer Buchführung
GVBL	Gesetz- und Verordnungsblatt
HGB	Handelsgesetzbuch
Hifo	Highest in first out
HK	Herstellungskosten
Lifo	Last in first out
Loifo	Lowest in first out
IAS	International Accounting Standard
ISM	Ministerium des Inneren und für Sport
i.V.m.	in Verbindung mit
KomDoppikLG	Landesgesetz zur Einführung der kommunalen Doppik
Kifo	Konzern in first out
Kilo	Konzern in last out
ND	Nutzungsdauer
MinBl	Ministerialblatt
Rn	Randnummer
RND	Restnutzungsdauer
RBW	Restbuchwert
VV	Verwaltungsvorschrift

I. Einleitung

1. Problemstellung

Seit dem Beginn der Umstellung des kommunalen Rechnungswesens auf die an die kaufmännische Buchführung[1] angelehnte kommunale Doppik im Jahr 2003 ist deren Einführung in vielen Bundesländern noch in vollem Gange.[2] Eine Übersicht des aktuellen Standes der bundesweiten Einführung der Doppik ist als Anhang 1 beigefügt.
In Rheinland-Pfalz hat die kommunale Doppik am 01. Januar 2007 mit einer Übergangsfrist von drei Jahren Einzug gehalten. Neben der Umstellung des täglichen Buchungsgeschäftes ist vor allem die Verpflichtung zur Erstellung einer Eröffnungsbilanz ein Meilenstein in der Geschichte der kommunalen Finanzwirtschaft. Das erklärte Ziel der Umstellung des kommunalen Rechnungswesens ist es, fort von dem bisherigen Geldverbrauchskonzept hin zu einem Ressourcenverbrauchskonzept zu gelangen. Hierfür hat jede Gemeinde eine vollständige Erfassung und Bewertung ihres Vermögens sowie ihrer Schulden vorzunehmen. Darüber hinaus ist mit der Umstellung des kommunalen Rechnungswesens auf die kaufmännische Buchführung erstmalig auch eine Kommunale Bilanz vorzulegen.[3] Dieses in der kameralistischen Welt unbekannte Werkzeug bildet das Fundament für die künftige Haushaltswirtschaft der kommunalen Gebietskörperschaften.

Diese bisher nicht vorhandene gesetzliche Anforderung stellt die kommunalen Gebietskörperschaften vor eine der größten Herausforderungen unserer Zeit. Der Wechsel von der seit mehr als hundert Jahre alten kameralistischen Haushaltswirtschaft hin zu einem modernen Rechnungswesen, welches in weiten Teilen dem kaufmännischen Rechnungswesen nachgebildet ist, erfordert zum einen umfangreiche Vorarbeiten und beinhaltet zum anderen eine Vielzahl strategischer Entscheidungen. Die in diesem Zusammenhang zu treffenden

[1] Teilweise ist auch eine erweiterte Kameralistik zugelassen, die an dieser Stelle nicht umfassend untersucht wird.
[2] Deloitte & Touche GmbH [online], 12.07.2008
[3] Landeslenkungsgruppe (2005), S. 201

Entscheidungen sind richtungsweisend für die gesamte Haushaltswirtschaft der kommenden Jahre.

2. Zielsetzung

Die Arbeit soll die wesentlichen praktischen Problemfelder analysieren, die im Rahmen der Erstellung der Eröffnungsbilanz auftreten. Der Schwerpunkt der Arbeit wird auf Fragestellungen im Zusammenhang mit der Erfassung und Bewertung des kommunalen Sachanlagevermögens liegen sowie der damit einhergehenden Problemstellungen bezüglich der Ausweisung von Rückstellungen und Sonderposten. Im Fokus der Betrachtung steht die Darstellung von Lösungsansätzen ausgewählter Bewertungsprobleme aus diesem Bereich, sowie deren Auswirkungen auf die künftige Haushaltswirtschaft. Darüber hinaus sollen Bewertungsansätze von hoher praktischer Relevanz kritisch hinterfragt werden. Weiterhin sollen die teilweise sehr weitreichenden Auswirkungen der Entscheidungen auf die künftige Haushaltswirtschaft herausgearbeitet und veranschaulicht werden.

Das Ziel dieser Analyse ist es, Lösungsansätze für ausgewählte Fragestellungen der kommunalen Unternehmenspraxis zu entwickeln sowie Chancen und Risiken bei der Erstellung der Eröffnungsbilanz gegeneinander abwägen.

Durch die Darstellung und Anwendung einschlägiger Bewertungsregeln wird die erstmalige Zusammenstellung des kommunalen Vermögens kritisch analysiert. Vorrangig sollen die Bewertungen der wesentlichen Bilanzpositionen des Sachanlagevermögens, sowie die daraus resultierenden Auswirkungen, auf weitere Bilanzpositionen beleuchtet werden.

Darüber hinaus soll der Einfluss bilanzpolitischer Entscheidungen in Rahmen der Eröffnungsbilanz auf die künftige Haushaltswirtschaft im Hinblick auf ausgewählte Bilanzpositionen aufgezeigt werden.

3. Gang der Untersuchung

Als Untersuchungsmethode wird vorrangig das sog. Desk-Research-Verfahren angewendet, welches auf Sekundärdaten abstellt, die aus einer umfassenden Literaturrecherche resultieren.

Primärdaten werden aus Datenbeständen verschiedener Behörden aus dem unmittelbaren Wirkungskreis des Autors gewonnen, die jedoch aus Gründen des Datenschutzes nicht explizit als Quelle genannt werden. Auf eine weitergehende Erhebung von Primärdaten, beispielsweise durch die Analyse bestehender Eröffnungsbilanzen, wird verzichtet, da eine ausreichend breite Datenbasis derzeit durch den Vergleich verschiedener Eröffnungsbilanzen aus verschiedenen Gründen, die im IV. Kapitel detailliert herausgearbeitet sind, nicht gewonnen werden kann.

Die gesetzliche Regelung sieht grundsätzlich eine Umstellung auf die kommunale Doppik zum 01.01.2007 vor. Dieser Grundsatz kann jedoch durchbrochen werden, sodass bis spätestens 2009 die Umstellung zu erfolgen hat.[4] Den Kommunen in Rheinland-Pfalz steht somit grundsätzlich ein Wahlrecht zum Start der kommunalen Doppik zu, welches durch Beschluss der Gemeinderäte ausgeübt werden kann.
Die Kommunen, die sich für eine Einführung der Kommunalen Doppik 2008 bzw. 2009 entschieden haben, müssen erst zum 30.11. des jeweiligen Jahres Ihre Eröffnungsbilanzen vorlegen.[5] Die bereits 2007 gestarteten Kommunen konnten einerseits bisher nicht alle diesem Erfordernis nachkommen und ihre Eröffnungsbilanz vorlegen.[6] Andererseits sind nur wenige, meist kleine Kommunen, bereits 2007 gestartet,[7] sodass eine zum jetzigen Zeitpunkt erhobene Stichprobe nicht repräsentativ wäre und demnach keine solide Basis für nachhaltige wissenschaftliche Erkenntnisse liefern könnte. Eine detailliertere Betrachtung ist Gegenstand des IV. Kapitels dieser Arbeit.

Dennoch sollen die bisher vorliegenden Erfahrungen der kommunalen Verwaltungseinheiten in diese Arbeit mit einfließen, auch wenn deren repräsentativer Charakter zurzeit noch fehlt.
Die im Rahmen dieser Arbeit verwandten Anschaffungs- und Herstellungskosten sowie alle zur Bewertung nach Erfahrungswerten notwendigen Eck-

---

[4] Art. 8 § 1 KomDoppikLG
[5] Art. 8 § 13 Abs. 1 KomDoppikLG
[6] Rechnungshof Rheinland-Pfalz (2008), S. 4
[7] Rechnungshof Rheinland-Pfalz (2008), S. 7

daten, wie Grundstücksgrößen, Baujahre etc. sind zur Verfügung gestellte Originaldaten verschiedener rheinland-pfälzischer Verbandsgemeinden. Die Orts-, Lage- und Flurbezeichnungen sowie alle weiteren Daten, die auf die Herkunft der Originale schließen lassen, sind aus datenschutzrechtlichen Gründen durch andere Bezeichnungen ersetzt und nicht im Original übernommen worden.

Im Rahmen dieser Arbeit wird der Begriff „Gemeinde" einerseits analog der Regelungen der Gemeindeordnung Rheinland-Pfalz (GemO)[8] verwandt und bezieht sich demnach auf Orts-, Verbandsgemeinden, verbandsfreie Gemeinden. Zum anderen sind auch große kreisangehörige Städte, Landkreise und kreisfreie Städte in gleichem Maße von den gesetzlichen Regelungen betroffen und werden demnach innerhalb dieser Arbeit auch vom „Gemeinde"-Begriff ohne gesonderte Nennung erfasst.

Die zitierten Arbeitsergebnisse aus den Schlussberichten 1 und 2 der Projekt- und Arbeitsgruppen des Projektes „Kommunale Doppik in Rheinland-Pfalz", dessen Herausgeber das „Gemeinschaftsprojekt des Landes Rheinland-Pfalz und der kommunalen Spitzenverbände in Rheinland-Pfalz unter der Betreuung der Mittelrheinischen Treuhand GmbH, Wirtschaftsprüfungsgesellschaft und Steuerberatungsgesellschaft" ist, wurden aus Vereinfachungsgründen mit dem Verwaltungsumgangssprachlichen Synonym „Landeslenkungsgruppe" bezeichnet. Des Weiteren wurden die zitierten Internetressourcen zur Steigerung der Übersichtlichkeit der Fußnotentexte mit dem Zusatz „[online]", dem Zugriffsdatum sowie ggf. mit einer zusätzlichen Zuordnungsinformation versehen. Alle Internetressourcen sind vollständig mit Pfadangabe separat im Literaturverzeichnis aufgelistet.

Die angegebenen Kontierungen beschränken sich in ihrer Tiefengliederung maximal auf die verbindlich vorgeschriebene Kontenart, eine tiefere Gliederung kann von jeder Gemeinde in eigenem Ermessen vorgenommen werden. Der landeseinheitliche Kontenrahmenplan ist als Anhang 17 beigefügt.

---

[8] § 1 GemO siehe hierzu auch VV zu § 1 GemO

Ebenso werden Verweise auf die seitens der Gemeinde zu erlassenden Inventur- und Bewertungsrichtlinien inhaltlich auf die Regelungen der Musterrichtlinien der Abschlussberichte der Landeslenkungsgruppe gestützt. Ortsspezifische Abweichungen und/oder den örtlichen Gegebenheiten entsprechende Sonderregelungen bleiben hierbei unberücksichtigt.

Aus Gründen der Vereinfachung und zur Steigerung der Übersichtlichkeit wurden die Angaben bei allen Auswertungen des IV. Kapitels in Euro-Währung vorgenommen, auch wenn die tatsächlichen historischen Anschaffungskosten in DM-Währung vorlagen. In den Bewertungsbeispielen des III. Kapitels wurden jeweils beide Währungsangaben aufgeführt, tatsächliche historische Anschaffungs- und Herstellungskosten in DM sowie umgerechnet in Euro. Die Umrechnung wurde in allen Fällen mittels Euro-DM-Umrechnungskurs, 1 Euro entspricht 1,95583 DM, vorgenommen.

II. Die kommunale Doppik in Rheinland-Pfalz

1. Gründe der Reform

Seit Anfang der neunzehnhundertneunziger Jahre ist die Verwaltungsmodernisierung ein vieldiskutiertes Thema innerhalb der öffentlichen Verwaltung. Erste Versuche einer Umstrukturierung der öffentlichen Verwaltung mit dem Ziel, die Verwaltung in ein modernes Dienstleistungsunternehmen zu verwandeln, sind unter dem Begriff der „Neuen Steuerungsmodelle" vielerorts erprobt, und noch mehr diskutiert worden. Erste Ansätze der neuen Steuerungsmodelle fokussierten sich zunächst auf die Binnenmodernisierung der Verwaltung mit dem Ziel, mehr Effektivität und Effizienz des Verwaltungshandelns durch Dezentralisierung von Fach- und Ressourcenverantwortung, Umgestaltung der Aufbauorganisation und Einführung betriebswirtschaftlicher Steuerungselemente zu erreichen.[9] In vielen Fällen sind diese Bemühungen bisher vor allem durch eine fehlende Datenbasis für betriebswirtschaftliche Entscheidungen aus dem Rechnungswesen heraus gescheitert.
Mit der Einführung der kommunalen Doppik ist einer der wohl bedeutendsten Meilensteine in der Geschichte der Verwaltungsmodernisierung gelegt worden. Nicht zuletzt aus diesem Grunde steht die Umstellung auf die kommunale Doppik an der Spitze kommunaler Verwaltungsreformprojekte und drängt sonstige Modernisierungsvorhaben in den Hintergrund.[10]

Die Gründe für die strukturelle Neugliederung des kommunalen Rechnungswesens sind vielfältig, stützen sich jedoch im Wesentlichen auf die vorhandenen Schwachstellen des seitherigen kameralen Rechnungswesens.[11]

Im Gegensatz zur kaufmännischen Buchführung zielt das kameralistische Rechnungswesen auf die reine Darstellung von Zahlungsströmen ab. Die Einnahmen werden den Ausgaben gegenübergestellt, entscheidend ist hierbei der Zeitpunkt der Kassenwirksamkeit, d.h. wann Zahlungsströme auftreten. Investi-

---

[9] Bogumil et al. (2007), S. 23
[10] Knipp et al. (2005), S. 21
[11] Gemeinde- und Städtebund Rheinland-Pfalz (2006), S. 339

tionen wurden im Jahr der Anschaffung/Fertigstellung kassenwirksam und infolgedessen in voller Höhe im Haushalt der Gemeinde ausgewiesen. Mangels weiterer Zahlungsströme wurden diese Investitionsmaßnahmen in den folgenden Rechnungsperioden nicht mehr dargestellt. Demnach wurde der tatsächliche Ressourcenverbrauch durch die Abnutzung des Anlagegutes nicht oder nur sehr unzureichend abgebildet.

Die Folge aus dieser Darstellungsweise war oftmals eine Vernachlässigung der auftretenden Folgekosten bei der Investitionsentscheidung sowie eine Kreditfinanzierung über die tatsächliche Nutzungsdauer der Wirtschaftsgüter hinaus. Eine Differenzierung zwischen Geldverbrauch und Ressourcenverbrauch sowie eine vollständige Darstellung der vorhandenen Vermögenswerte, einschließlich deren Zeitwerte sowie der zu erwartenden Restnutzungsdauer, fehlte in vielen Fällen gänzlich.[12]

Andererseits ist nicht nur das vorhandene Vermögen, sondern auch die vorhandenen Verpflichtungen oftmals nicht vollständig abgebildet worden. Gerade jedoch in dieser Hinsicht sind die Hauptschwachpunkte der bisherigen Haushaltswirtschaft auszumachen und führten zu einer rasanten Steigerung der Staatsverschuldung in allen Teilen der öffentlichen Verwaltung.
Auf der Grundlage des sog. Gesamtdeckungsprinzips sind Darlehen grundsätzlich nicht für einzelne Anlagegüter, sondern für den gesamten Kreditbedarf eines Haushaltsjahres aufgenommen worden.

Zuweisungen und Zuschüsse wurden im Jahr der Einzahlung vollständig vereinnahmt, ohne eine Zuordnung der entsprechenden Wirtschaftgüter vorzunehmen. Entscheidungen über Projekte wurden häufig ohne eine vollständige Betrachtung der entstehenden Folgekosten getroffen. Durch die Beurteilung von „Investitionsmaßnahmen" anhand der Höhe der Ausgaben, ohne eine scharfe Trennung zwischen (Erhaltungs-)Aufwand und aktivierungsfähigen Anschaffungs- und Herstellungskosten, wurden oftmals auch rein konsumtive Ausgaben über Darlehen finanziert. Dieses klare Missverhältnis zwischen Mit-

[12] Körner (2005), S. 193

telherkunft und Mittelverwendung ist einer der wesentlichen Gründe der angespannten Finanzlage öffentlicher Haushalte.

Insbesondere kaufmännische Instrumente wie Abschreibungen und Rückstellungen sowie die Einstellung von Sonderposten sollen nach der Umstellung des Rechnungswesens diese Missverhältnisse aufdecken und Folgelasten, respektive den künftigen Ressourcenverbrauch, darstellen.

Zudem soll die enge Verbindung zwischen den kommunalen Produkten und Leistungen, sowie der dafür verfügbaren Finanzmittel, die Möglichkeit schaffen, das „Preis-Leistungsverhältnis" des Verwaltungshandelns besser beurteilen zu können.

Den kommunalen Entscheidungsträgern wird mit der Umstellung des Rechnungswesens auf die kommunale Doppik ein wirksames Instrument an die Hand gegeben, welches eine Vielzahl entscheidungsrelevanter Fakten liefert. Entscheidungen werden somit auf ein breiteres Fundament an Informationen gestellt, verdeckte Potentiale sollen erkannt und strategisch sinnvoll genutzt werden.[13]

2. Rechtliche Grundlagen zur Einführung der Kommunalen Doppik

Das Landesgesetz zur Einführung der kommunalen Doppik (KomDoppikLG) ist am 2. März 2006 durch den Landtag Rheinland-Pfalz verabschiedet worden. Auf der Grundlage dieses Gesetzes wurde die Gemeindeordnung (GemO) grundlegend geändert und das gesetzliche Fundament für die Einführung der kommunalen Doppik gelegt. Die wesentlichen Regelungen finden sich in den §§ 1-8 des Artikels 8 des Landesgesetzes zur Einführung der kommunalen Doppik.

Die Verpflichtung zur Erstellung einer Eröffnungsbilanz zu Beginn des ersten Haushaltsjahres, in dem die Buchführung auf die kommunale Doppik umgestellt ist, ergibt sich aus Art. 8 § 2 KomDoppikLG.

---

[13] Gemeinde- und Städtebund Rheinland-Pfalz (2006), S. 373

Diese Eröffnungsbilanz hat ein den tatsächlichen Verhältnissen entsprechendes Bild der Finanz-, Ertrags- und Vermögenslage der Gemeinde zu vermitteln.[14] Hierzu sind das Vermögen, das Eigenkapital, die Sonderposten, die Rückstellungen, die Verbindlichkeiten und die Rechnungsabgrenzungsposten vollständig auszuweisen.

Besondere Regelungen zur Eröffnungsbilanz finden sich im ersten und zweiten Schlussbericht der Landeslenkungsgruppe. Der Entwurf der Eröffnungsbilanzbewertungsverordnung ist im Zuge der Einführung des KomDoppikLG untergegangen und steht demnach als Bewertungsgrundlage nicht mehr zur Verfügung.[15]

Neben den landesrechtlichen Vorgaben haben die Gemeinden selbst eine Inventurrichtlinie und eine Bewertungsrichtlinie für die Ersterfassung und -bewertung des Vermögens etc. zu erlassen. Einschlägige Muster befinden sich ebenfalls in den Schlussberichten der Landeslenkungsgruppe.

3. Drei-Gliederung des Jahresabschlusses

Der künftige Jahresabschluss wird in drei Komponenten gegliedert, nämlich der Bilanz, der Finanz- und der Ergebnisrechnung.

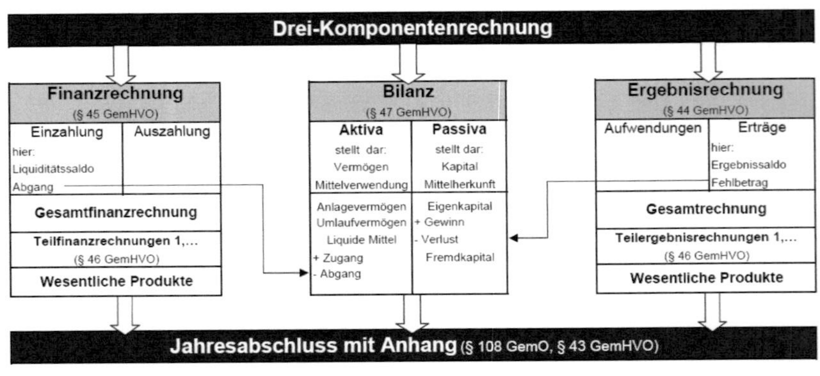

Abbildung 1: Jahresabschluss - Drei-Komponentenrechnung

[14] Art. 8 § 4 KomDoppikLG

[15] Landeslenkungsgruppe [online], E-Mail-Anfrage vom 19. Mai 2008, 07.08.2008

Das Herzstück des Jahresabschlusses bildet die Bilanz, auch Vermögensrechnung genannt; die Ergebnisse der beiden anderen Jahresabschlusskomponenten fließen in die Bilanz ein.

3.1. Finanzrechnung

Im Finanzhaushalt und der daraus abgeleiteten Finanzrechnung werden Einzahlungen[16] und Auszahlungen[17] veranschlagt.[18] Sie weist alle tatsächlichen Zahlungsmittelflüsse nach, die im Laufe eines Haushaltsjahres entstehen.[19] Die Finanzrechnung ist einer direkten Kapitalflussrechnung im kaufmännischen Rechnungswesen nachgebildet. Das Erfordernis einer direkten Finanzrechnung[20] in Rheinland-Pfalz führt zu der Verpflichtung einer sofortigen Verbuchung aller zahlungswirksamen Vorgänge in der Finanzbuchhaltung. Demnach ist neben jeder Aufwands-/Ertragsbuchung auch eine Auszahlungs-/Einzahlungsbuchung vorzunehmen.

Die amtlichen Muster der Finanzrechnungen für Kreisfreie Städte, Verbandsfreie Gemeinden, Verbandsgemeinden und Landkreise[21] sowie für Ortsgemeinden[22] in Rheinland-Pfalz sind als Anhang 2 und 3 beigefügt.

3.2. Ergebnisrechnung

Im Ergebnishaushalt und der daraus abgeleiteten Ergebnisrechnung werden Erträge[23] und Aufwendungen[24] abgebildet.[25] Der Saldo aus den Aufwendungen und Erträgen spiegelt den Ressourcenverbrauch, also den Werteverzehr oder –zuwachs zum Bilanzstichtag wider und ist demnach die entscheidende Größe

[16] Kontenklasse 6
[17] Kontenklasse 7
[18] § 3 GemHVO-Doppik
[19] Gemeinde- und Städtebund Rheinland-Pfalz (2006), S. 339
[20] Bauer / Maier (2005), S. 169
[21] § 45 GemHVO, siehe auch VV-GemHSys, Muster 16
[22] § 45 GemHVO, siehe auch VV-GemHSys, Muster 17
[23] Kontenklasse 4
[24] Kontenklasse 5
[25] § 2 GemHVO-Doppik

für die Beurteilung der Entwicklung des Eigenkapitals.[26] Die Ergebnisrechnung ist in ihrer Funktion und Darstellung stark an die kaufmännische Gewinn- und Verlustrechnung angelehnt. Durch die Ergebnisrechnung ist das Prinzip der integrativen Gerechtigkeit nachhaltig im Gesetz verankert worden.[27]

Das amtliche Muster der Ergebnisrechnung für Kreisfreie Städte, Verbandsfreie Gemeinden, Verbandsgemeinden, Landkreise und Ortsgemeinden in Rheinland-Pfalz sind als Anhang 4 beigefügt.[28]

3.3. Vermögensrechnung

Die Vermögensrechnung (Bilanz) bildet die zentrale Komponente des künftigen Jahresabschlusses. Hier wird das Vermögen den Schulden und dem Eigenkapital gegenübergestellt. Durch die Einführung dieser Komponente in der öffentlichen Verwaltung ist es erstmals möglich, die Verwendung und die Entwicklung des kommunalen Vermögens sowie die Kapitalherkunft transparent zu machen.

Das amtliche Muster der Ergebnisrechnung für Kreisfreie Städte, Verbandsfreie Gemeinden, Verbandsgemeinden, Landkreise und Ortsgemeinden in Rheinland-Pfalz sind als Anhang 5 beigefügt.[29]

4. Aufbau und Gliederung der Eröffnungsbilanz

Im Zuge der Umstellung auf die kommunale Doppik steht vor allem die Erstellung der Eröffnungsbilanz im Zentrum des Interesses. Neben den allgemeinen Vorschriften zur Erstellung der kommunalen Bilanz bestehen für die Erstellung der Eröffnungsbilanz spezielle Vorschriften. Der Erlass dieser gesonderten Regelungen soll den Anforderungen der erstmaligen Erstellung einer Bilanz gerecht werden. Denn bisher war diese Form des Jahresabschlusses in der

[26] Gemeinde- und Städtebund Rheinland-Pfalz (2006), S. 343
[27] Gemeinde- und Städtebund Rheinland-Pfalz (2006), S. 339
[28] § 44 GemHVO, siehe auch VV-GemHSys, Muster 15
[29] § 47 GemHVO, siehe auch VV-GemHSys, Muster 19

öffentlichen Verwaltung nur in Teilbereichen vorgesehen, eine Bilanz für die gesamte Verwaltung war nicht erforderlich. Aus diesem Grund stellt sich die erstmalige Erfassung und Bewertung des kommunalen Vermögens für die Eröffnungsbilanz aufgrund fehlender Daten und des langen Bewertungszeitraumes als sehr schwierig dar. In diesem Zusammenhang ist die Anwendung von Vereinfachungs- und Schätzverfahren unumgänglich, welche lediglich für die Erstellung der Eröffnungsbilanz Anwendung finden.

Die kommunale (Eröffnungs-)Bilanz gliedert sich in Aktiva und Passiva. Auf der Aktivseite der Bilanz ist das Anlage- und Umlaufvermögen, Ausgleichsposten für latente Steuern sowie die aktiven Rechnungsabgrenzungsposten vorgesehen. Ein nicht durch Eigenkapital gedeckter Fehlbetrag wäre ebenfalls auf der Aktivseite auszuweisen.
Auf der Passivseite ist das Eigenkapital, die Sonderposten, Rückstellungen und Verbindlichkeiten sowie die Passiven Rechnungsabgrenzungsposten auszuweisen.

Aktiva	Eröffnungsbilanz		**Passiva**
Posten	Bezeichnung	Posten	Bezeichnung
1	Anlagevermögen	1	Eigenkapital
2	Umlaufvermögen	2	Sonderposten
3	Ausgleichsposten für latente Steuern	3	Rückstellungen
4	Rechungsabgrenzungsposten	4	Verbindlichkeiten
5	Nicht durch Eigenkapital gedeckter Fehlbetrag	5	Rechungsabgrenzungsposten
	Bilanzsumme		Bilanzsumme

Abbildung 2: Aufbau der Eröffnungsbilanz[30]

5. Bewertungssystematik der Eröffnungsbilanz

Die Bewertungsgrundsätze der kommunalen Doppik[31] sind den kaufmännischen Grundsätzen ordnungsgemäßer Buchführung (GoB) nachgebildet, die

[30] Darstellung angelehnt an § 47 GemHVO
[31] § 33 GemHVO

im Wesentlichen den normierten Grundsätzen des Handelsgesetzbuches (HGB) entsprechen. Neben den gesetzlich verankerten Grundsätzen des HGB beinhalten die GoB auch verschiedene Sachverhalte, die sich nicht aus dem gesetzlichen Regelwerk, sondern aus der allgemeinen Verkehrsauffassung in der praktischen Anwendung sowie der geltenden Rechtsprechung zum Handels- und Steuerrecht als solches ergeben.[32,33]

Die wesentlichen Grundsätze der kommunalen Bilanzierung werden im Folgenden kurz dargestellt. Im Zusammenhang mit der Erstellung der kommunalen Eröffnungsbilanz gelten verschiedene Ausnahmeregelungen, welche Abweichungen von einzelnen Bewertungsgrundsätzen ermöglichen. Diese Ausnahmeregelungen sind aus Vereinfachungsgründen bei der erstmaligen Erstellung einer kommunalen Bilanz zulässig und stehen im Focus dieser Ausarbeitung.

5.1 Anschaffungs- und Herstellungskostenprinzip

Zur Bewertung des Vermögens in rheinland-pfälzischen Kommunen sind für alle Vermögensgegenstände höchstens die Anschaffung- oder Herstellungskosten, jeweils vermindert um die bis zum Eröffnungsbilanzstichtag aufgelaufenen Abschreibungen,[34] anzusetzen.[35] Dieser Bewertungsgrundsatz ist bindend für alle Vermögensgegenstände, Ausnahmen sind nur zugelassen für die Erstellung der Eröffnungsbilanz, wenn die tatsächlichen Anschaffungs- oder Herstellungskosten nicht oder nur mit einem nicht vertretbaren Zeitaufwand zu ermitteln sind.[36] In den Fällen, in denen keine Anschaffungs- und Herstellungskosten ermittelt werden können, sind Vergleichs- und Erfahrungswerte zu bilden, die als fiktive Anschaffungs- und Herstellungskosten dienen und den tatsächlichen Anschaffungs- und Herstellungskosten möglichst nahe kommen sollen. Die nähere Ausgestaltung dieses gesetzlichen Erfordernisses wurde durch die Regelung der Gemeindehaushaltsverordnung (GemHVO), der Gemeindeeröff-

---

[32] Deisenroth et al. (2007), S. 112

[33] Baumbach et al. (2006), S. 883, § 243 Rn. 1

[34] §35 GemHVO

[35] Art. 8 § 6 Abs. 1 KomDoppikLG, § 34 Abs. 1 GemHVO

[36] Art. 8 § 6 Abs. 2 KomDoppikLG

nungsbilanz-Bewertungsverordnung (GemEBilBewVO) und den beiden Abschlussberichten der Landeslenkungsgruppe umgesetzt.

Anschaffungskosten sind diejenigen Aufwendungen, die geleistet werden, um einen Vermögensgegenstand zu beschaffen und ihn in einen betriebsbereiten Zustand zu versetzen. Sie müssen dem Vermögensgegenstand einzeln zugeordnet werden können. Darüber hinaus sind auch Anschaffungsnebenkosten und nachträgliche Anschaffungskosten als Anschaffungskosten zu bewerten.[37] Anschaffungspreisminderungen wie Rabatte und Skonti sind von den Anschaffungskosten abzusetzen. Die im Kaufpreis enthaltene Umsatzsteuer ist als Teil der Anschaffungskosten zu werten und nur in den Fällen, in denen Abzugsfähigkeit besteht,[38] von den Anschaffungskosten abzusetzen.

Herstellungskosten sind diejenigen Aufwendungen, die durch den Verbrauch von Gütern und die Inanspruchnahme von Dienstleistungen zur Herstellung eines Vermögensgegenstandes, dessen Erweiterung oder wesentliche Verbesserung über den ursprünglichen Zustand hinaus, entstehen.[39] Zu den Herstellungskosten gehören demnach die Materialkosten, also die unmittelbar dem Vermögensgegenstand zurechenbaren Rohstoffe und fertig bezogene Teilerzeugnisse; die Fertigungskosten, d.h. Fertigungslöhne inklusive aller Zulagen, Prämien und Lohnnebenkosten sowie die Sonderkosten der Fertigung.[40] Der Ansatz von Fremdkapitalzinsen als Herstellungskosten ist grundsätzlich ausgeschlossen, es sei denn, zur Finanzierung der Herstellung eines Vermögensgegenstandes wurde Fremdkapital eingesetzt, dessen Zinsen dem Vermögensgegenstand eindeutig zuzuordnen sind und auf den Herstellungszeitraum entfallen.[41] Herstellungskosten unterscheiden sich von den Anschaffungskosten dadurch, dass die zugrundeliegenden Vermögensgegenstände nicht fertig eingekauft, sondern durch die Gebietskörperschaft selbst erstellt werden.[42]

[37] § 34 Abs. 2 GemHVO
[38] Bsp. Betriebe gewerblicher Art oder abzugsberechtigte Eigenbetriebe
[39] § 34 Abs. 3 GemHVO
[40] Deisenroth et al. (2007) S. 132
[41] § 34 Abs. 4 GemHVO
[42] Gablenz/Laib (2007), S. 48

Nach der erstmaligen Herstellung eines Vermögensgegenstandes können im Laufe der Nutzungsdauer weitere Herstellungskosten hinzutreten. Eine Abgrenzung zwischen Erhaltungsaufwand und nachträglichen Herstellungskosten ist demnach zwingend notwendig. Die Bewertung erfolgt nach dem Ausschlussprinzip, d.h. alles, was dem Wesen nach nicht Herstellung ist, wird als Erhaltungsaufwand eingeordnet. Herstellungskosten nach der Ersterstellung können vorliegen bei der Wiederherstellung eines voll verschlissenen Vermögensgegenstandes, der Änderung der betrieblichen Funktion (Wesensänderung), der Erweiterung oder einer wesentlichen Verbesserung über den ursprünglichen Zustand hinaus.[43]

5.2 Grundsatz der Vollständigkeit

Nach dem Grundsatz der Vollständigkeit hat die Gemeinde zum jeweiligen Bilanzstichtag ihr gesamtes Vermögen, ihr Eigenkapital, ihre Sonderposten, Rückstellungen und Verbindlichkeiten sowie ihre Haftungsverhältnisse und kreditähnlichen Verpflichtungen sowie alle Sachverhalte, die eine finanzielle Verpflichtung begründen können, nach den Grundsätzen ordnungsgemäßer Buchführung vollständig darzustellen.[44,45] Abweichungen vom Grundsatz der Vollständigkeit sind demnach nur zulässig, wenn diese mit den Grundsätzen ordnungsgemäßer Buchführung korrespondieren[46] bzw. wenn gesetzliche Ausnahmetatbestände erfüllt sind.[47] Folgerichtig sind alle übrigen Sachverhalte bilanziell zu erfassen, selbst, wenn deren Bewertung nur bedingt möglich ist (beispielsweise Pflanzen, Tiere, Kunstgegenstände) oder deren betriebsgewöhnliche Nutzungsdauer bereits abgelaufen ist. In diesen Fällen ist dem Grundsatz der Vollständigkeit genüge getan, wenn die Wirtschaftsgüter mit einem Erinnerungswert im Rechnungswesen der Gemeinde erfasst werden.[48] Eine Ausnahme vom Grundsatz der Vollständigkeit bilden unentgeltlich erworbene oder selbst hergestellte Vermögensgegenstände, für sie gilt ein Bilanzie-

---

43 Marettek et al. (2006), S. 49 f.
44 Art. 8 § 4 Abs. 1 und 4 KomDoppikLG
45 §§ 31, 47 Abs. 1 GemHVO
46 Art. 8 § 5 Satz 1 KomDoppikLG
47 Art. 8 § 4 Abs. 1 Satz 1 KomDoppikLG
48 Deisenroth et al. (2007), S. 113

rungsverbot.[49] Weitere Ausnahmen bilden die sogenannten geringwertigen Wirtschaftsgüter, deren Anschaffungs- und Herstellungskosten unter 410,00 € netto liegen. Diese können analog der kaufmännischen Vorgehensweise im Jahr der Anschaffung in voller Höhe als Aufwand in Abgang gestellt werden und müssen nicht bilanziell erfasst werden.[50] Für abnutzbare bewegliche Vermögensgegenstände unter 60 € gilt eine darüber hinausgehende Regelung, diese müssen grundsätzlich überhaupt nicht im Inventar erfasst werden.[51]
Vermögensgegenstände des Umlaufvermögens, wie Roh-, Hilfs- und Betriebsstoffe, die aus dem Lager entnommen wurden, gelten als verbraucht und dürfen nicht mehr im gemeindlichen Inventar erfasst werden.[52]

5.3 Grundsatz der Bilanzklarheit und Übersichtlichkeit

Die Eröffnungsbilanz und deren Anhang müssen ein den tatsächlichen Verhältnissen entsprechendes Bild der Vermögens- und Finanzlage der Gemeinde vermitteln.[53] Hierbei sind die Mindestanforderungen der kommunalen Bilanzgliederung fest vorgeschrieben.[54] Abweichungen und Ergänzungen sind nur zugelassen, wenn diese im Einklang mit den Mindestvorgaben stehen und die zu ergänzende Position nicht bereits an anderer Stelle vorgesehen ist. Bei begründeten Abweichungen sind diese im Anhang zur Bilanz zu erläutern.[55] Des Weiteren sind alle Umstände, die zu einer Abweichung des den tatsächlichen Verhältnissen entsprechenden Bildes der Gemeinde führen, zwingend im Anhang zur Eröffnungsbilanz zu erläutern.[56] Sind Vermögensgegenstände, Sonderposten oder Verbindlichkeiten unter mehreren Bilanzpositionen auszuweisen, so ist dies im Anhang der Bilanz zu erläutern, soweit es zur Übersichtlichkeit der Bilanz betragen kann.[57] Grundsätzlich muss die Buchführung so geführt werden, dass ein sachverständiger Dritter sich in angemessener Zeit ein

[49] § 41 GemHVO
[50] § 32 Abs. 5 GemHVO
[51] § 32 Abs. 5 GemHVO
[52] § 32 Abs. 6 GemHVO
[53] Art. 8 § 4 Abs. 3 Satz 1 KomDoppikLG
[54] § 47 GemHVO
[55] § 43 Abs. 3 GemHVO
[56] Art. 8 § 4 Abs. 3 Satz 2 KomDoppikLG
[57] § 43 Abs. 2 GemHVO

Bild über die Geschäftsvorfälle und die wirtschaftliche Lage der Gemeinde verschaffen kann.[58] Sachverständige Dritte im Sinne dieses Gesetzes können beispielsweise Wirtschaftsprüfer und Steuerberater, aber auch geschulte Bedienstete des Landesrechnungshofes und der Rechnungsprüfungsämter sein.[59]

5.4 Verrechnungsverbot

Die Posten des Anlagevermögens, Umlaufvermögens, des Eigenkapitals, der Sonderposten, der Verbindlichkeiten, der Rückstellungen und Rechnungsabgrenzungsposten müssen in voller Höhe getrennt voneinander bilanziert werden.[60] Eine Verrechung einzelner Positionen ist somit grundsätzlich nicht zulässig. Insbesondere die Verrechnung von Aktiv- und Passivposten ist explizit ausgeschlossen, soweit dies nicht ausdrücklich durch gesetzliche Vorschriften zugelassen ist.[61]

Eine solche gesetzlich zugelassene Ausnahmeregelung besteht zum Beispiel bezüglich der aktivischen Absetzung von Wertminderungen für unterlassene Instandhaltungsmaßnahmen, die nicht innerhalb der nächsten 3 Jahre nachgeholt werden sollen,[62] sowie für unentgeltlich eingeräumte Geh- und Fahrrechte an kommunalen Grundstücken.[63]

5.5 Vorsichtsprinzip

Eines der Grundprinzipien des deutschen Bilanzrechts, das auch in der kommunalen Doppik seinen Niederschlag findet, ist das Vorsichtsprinzip, welches durch das Imparitätsprinzip und Realisationsprinzip weiter konkretisiert wird[64]. Der rheinland-pfälzische Gesetzgeber hat die Geltung des Vorsichtsprinzips im Rahmen des Einführungsgesetzes zur kommunalen Doppik ausdrücklich klar-

---

[58] § 28 Abs. 1 GemHVO
[59] Deisenroth (2007), S. 71
[60] § 47 Abs. 1 GemHVO
[61] Art. 8 § 4 Abs. 2 KomDoppikLG
[62] § 3 Abs. 4 Nr. 1 b) GemEBilBewVO
[63] § 3 Abs. 4 Nr. 2 s) GemEBilBewVO
[64] § 33 Abs. 1 Nr. 3 GemHVO analog § 252 Abs. 1 Nr. 4 HGB

gestellt, „es ist vorsichtig zu bewerten".[65,66] Demnach sind alle wertbeeinträchtigenden Vorgänge, die bis zum Bilanzstichtag eingetreten sind, bei der Bilanzierung zu berücksichtigen.[67]

Das aus dem Vorsichtsprinzip abgeleitete Imparitätsprinzip schreibt eine bilanzielle Ausweisung von Risiken und Verlusten vor, sobald diese vorhersehbar sind, selbst wenn diese erst zwischen dem Bilanzstichtag und der Erstellung des Jahresabschlusses bekannt werden.[68,69] Konkretisiert wird das Imparitätsprinzip durch verschiedene ergänzende Vorschriften der GemHVO,[70] die im Wesentlichen analog der Vorschriften des HGB aufgebaut sind, wie zum Beispiel das Niederstwertprinzip[71] und Teile der Vorschriften zur Bildung von Rückstellungen[72], die in der kommunalen Doppik analog bzw. ergänzend angewandt werden.

Im Gegensatz zu Risiken und Verlusten dürfen Erträge und Gewinne nach dem Realisationsprinzip erst bei deren tatsächlicher Realisation bis zum Bilanzstichtag ausgewiesen werden.[73,74] Nach dem Bilanzstichtag eingegangene Erträge dürfen demnach nicht in den Jahresabschluss mit einfließen, sondern sind im nächsten Jahresabschluss auszuweisen.[75]

5.6 Grundsatz der Einzelbewertung

Ein weiterer allgemeiner Grundsatz der Bewertung ist das Erfordernis der Einzelbewertung.[76] Folge dessen ist jeder Vermögensgegenstand, Sonderposten, Rückstellung und Verbindlichkeit einzeln zu bewerten. Eine Zusammenfassung

---

65 Art. 8 § 5 Nr. 2 KomDoppikLG
66 § 33 Abs. 1 Nr. 3 GemHVO
67 Deisenroth et al. (2007), S. 122
68 § 33 Abs. 1 Nr. 3 GemHVO
69 Deisenroth et al. (2007), S. 122
70 § 33 Abs. 1 Nr. 3 GemHVO
71 § 35 Abs. 4 und 5 GemHVO (analog § 253 Abs. 2 und 3 HGB)
72 § 36 GemHVO (analog § 249 HGB)
73 § 33 Abs. 1 Nr. 3 GemHVO
74 Deisenroth et al. (2007), S. 122
75 § 33 Abs. 1 Nr. 3 Halbsatz 3 GemHVO
76 Art. 8 § 5 Nr. 1 KomDoppikLG

von Bewertungsobjekten oder eine Saldierung von Werten ist grundsätzlich nicht zulässig, es sei denn, eine gesetzliche Ausnahmeregelung greift für die Bewertung.[77] Der Grundsatz der Einzelbewertung basiert auf dem Vorsichtsprinzip und soll somit verhindern, dass Wertminderungen oder –erhöhungen gegeneinander verrechnet werden und folglich das tatsächliche Bild verwässert wird.[78]

Das Prinzip der Einzelbewertung macht auch eine Abgrenzung der vorhandenen Vermögensgegenstände erforderlich, um festzustellen, ob es sich bei dem zu erfassenden Vermögen um einen selbstständig nutzbaren Vermögensgegenstand handelt oder ob durch die Art der Nutzung eine Bewertungseinheit zu bilden ist.[79] Im Einzelfall kann ein Vermögensgegenstand je nach Funktions- und Nutzungszusammenhang selbstständig nutzbar oder Teil einer Bewertungseinheit sein. Diese Abgrenzung ist in vielen Fällen zum Einen entscheidend für die Festlegung der Abschreibungsdauer und andererseits für die spätere Entscheidung über die Abwicklung von Ersatz- und Ergänzungsbeschaffungen, die dann entweder Unterhaltungsaufwendungen oder aktivierungspflichtige Erneuerungsaufwendungen darstellen.[80] Die Bildung einer Bewertungseinheit stellt insoweit eine rechtmäßige, teilweise sogar verpflichtende, Abweichung vom Einzelbewertungsgrundsatz dar.

Weitere Ausnahmen vom Grundsatz der Einzelbewertung sind speziell für die Erstellung der Eröffnungsbilanz vorgesehen und können in vielen Fällen auch für die Folgebilanzen angewandt werden.[81] Zur Bewertung des Anlage- und Umlaufvermögens besteht die Möglichkeit zur Bildung von Festwerten als Ausnahme zur Einzelbewertung. Voraussetzung hierfür ist, dass die Vermögensgegenstände einerseits aufgrund Ihrer Werthaltigkeit von nachrangiger Bedeutung für die Gemeinde sind und deren Bestand durch regelmäßige Ersatzbeschaffungen auf einem (nahezu) gleichen Niveau gehalten werden.[82] Die Anwendung

---

[77] § 33 Abs. 1 Nr. 2 GemHVO
[78] Deisenroth (2007), S. 73
[79] Deisenroth (2007), S. 73
[80] Deisenroth (2007), S. 73
[81] § 32 Abs. 7 bis 10 GemHVO
[82] § 32 Abs. 8 GemHVO

dieser Regelung wäre beispielsweise für die Spielzeugausstattung einer Kindertagesstätte, den Bücherbestand einer öffentlichen Bibliothek oder die Ausstattung von Schlauchmaterial einer Feuerwehreinheit denkbar. Neben dieser Möglichkeit zur Bildung von Festwerten besteht auch im Zusammenhang mit der Bewertung von stehendem Holzvermögen, das einer regelmäßigen Bewirtschaftung unterliegt, die Möglichkeit zur Anwendung des Festwertverfahrens.[83]

Speziell für die Bewertung von Vorratsvermögen und beweglichem Vermögen sowie für annähernd gleiche Sonderposten, Rückstellung und Verbindlichkeiten ist die Gruppenbewertung zugelassen.[84] Demnach können gleichartige Bewertungssachverhalte unter Abweichung vom Grundsatz der Einzelbewertung zu einer Bewertungsgruppe zusammengefasst und als ein Wirtschaftsgut bewertet werden. Zur Bewertung anderer als der vorgenannten Vermögensgegenstände ist diese Form der Bewertung nicht zugelassen, hier gilt das Einzelbewertungsprinzip uneingeschränkt. Häufige Anwendungsbeispiele in der Praxis ist die Zusammenfassung von gleichartigem Mobiliar in Schulen, Kindergärten und Verwaltungen, um im Anlagenspiegel im Bilanzanhang anstelle von beispielsweise 1.000 Stühlen à 100 € lediglich ein Wirtschaftsgut für Mobiliar „Stühle" in Höhe von 100.000,00 € ausweisen zu können. Bestandsveränderungen können als Teilzu- oder -abgänge im Nachhinein erfasst werden.

Speziell für Vermögensgegenstände des Vorratsvermögens bildet die sogenannte Verbrauchsfolgebewertung eine Ausnahme zum Grundsatz der Einzelbewertung.[85] Hierbei können unter Beachtung der GoB Vereinfachungsverfahren für die Bewertung des Vorratsvermögens angewandt werden. Von den im Handels- und Steuerrecht bekannten Vereinfachungsverfahren sind das sogenannte Fifo-[86] und Lifo-Verfahren[87] auch im Rahmen der kommunalen Doppik zugelassen, andere Verfahren wie beispielsweise das Hifo-,[88] Loifo-[89]

---

[83] § 32 Abs. 9 GemHVO
[84] § 32 Abs. 10 GemHVO
[85] § 32 Abs. 7 GemHVO
[86] "First in first out"
[87] "Last in first out"
[88] "Highest in first out"
[89] "Lowest in first out"

oder Kifo-[90]/Kilo-Verfahren[91] sind in der kommunalen Doppik nicht zulässig. Mit Hilfe der beiden vorgenannten Verfahren wird die Ermittlung der Anschaffungs- oder Herstellungskosten von gleichartigen Gegenständen des Vorratsvermögens im Falle mehrerer Zugänge mit unterschiedlichem Beschaffungswert vereinfacht.

Bei der Anwendung des Fifo-Verfahrens wird unterstellt, dass die zuerst angeschafften oder hergestellten Vorräte auch zuerst verbraucht worden sind, folglich wird der Endbestand des Warenlagers mit den Anschaffungs- oder Herstellungskosten der zuletzt erworbenen Vorräte bewertet.

Hingegen wird bei dem Lifo-Verfahren unterstellt, dass die zuletzt angeschafften Vorräte auch zuerst verbraucht worden sind. Demnach werden die Vorräte in der Bilanz mit den Anschaffungskosten der zuerst beschafften Waren bewertet. Im Gegensatz zum Fifo-Verfahren vermindert das Lifo-Verfahren die Gefahr eines Ausweises von Scheingewinnen, besonders bei Vorräten, die starken Preissteigerungen unterliegen, und führt regelmäßig zur Bildung stiller Reserven.[92] Im ungekehrten Fall, d.h. bei starken Preisminderungen, ist aufgrund der Anwendung des Niederstwertprinzips eine Abschreibung zu bilden.[93]

5.7 Weitere Bilanzierungsgrundsätze

Die nachfolgend aufgeführten Bilanzierungsgrundsätze ergeben sich aus den GoB und bilden gemeinsam mit den vorgenannten Grundsätzen ein allgemeinverbindliches Regelwerk, dessen Anwendung für Gemeinden obligatorisch ist.

Grundsatz der formellen Bilanzkontinuität

Die Wertansätze der Eröffnungsbilanz eines Haushaltsjahres müssen mit den Werten der Schlussbilanz des vorangegangenen Jahres übereinstimmen. Folge

---

90 „Konzern in first out"
91 „Konzern in last out"
92 Deisenroth (2007), S. 74
93 § 35 Abs. 5 GemHVO

dessen sind Änderungen des Bilanzinhaltes, insbesondere Buchungen und Bewertungsänderungen zwischen der Schlussbilanz und der nächsten Eröffnungsbilanz, nicht zulässig.[94]

Grundsatz der Bewertungsstetigkeit

Für die Bilanzierung des kommunalen Vermögens und der Schulden soll eine Bewertungsstetigkeit herrschen, d.h. angewandte Bewertungsmethoden sind grundsätzlich beizubehalten. In begründeten Ausnahmefällen ist ein Wechsel der Bewertungsmethode zulässig, ist jedoch im Bilanzanhang zu begründen.[95]

Grundsatz des Willkürverbots

Die Gemeinde hat bei der Aufstellung ihres Jahresabschlusses sicher zu stellen, dass dieser frei von sachfremden Erwägungen ist. Jede Form der Willkür ist hierbei auszuschließen. Dies gilt besonders im Hinblick auf eingeräumte Wahlrechte bei der Bewertung. Es ist sicherzustellen, dass die Bewertungsentscheidung unter Berücksichtigung der GoB getroffen wurde. Sie ist im Zweifel im Anhang zur Bilanz zu erläutern.[96]

Grundsatz der Methodenbestimmtheit

Zur Ermittlung der Vermögenswerte, Sonderposten, Rückstellungen, Verbindlichkeiten und Rechnungsabgrenzungsposten müssen die Gemeinden die nach den GoB zulässigen Methoden verwenden. Kommen für die Bewertung eines Wirtschaftsgutes mehrere Methoden in Betracht, die zu verschiedenen Ergebnissen führen, so dürfen keine Zwischenwerte aus mehreren Ergebnissen in der Bilanz angesetzt werden. Diese Regelung gilt auch für die Ermittlung der Wertansätze der Eröffnungsbilanz mit Hilfe der zulässigen Vereinfachungsverfahren.[97]

---

[94] § 33 Abs. 1 Nr. 1 GemHVO, § 43 Abs. 1 GemHVO
[95] § 33 Abs. 1 Nr. 5 GemHVO
[96] Deisenroth et al. (2007), S. 128
[97] Deisenroth et al. (2007) S. 127

Grundsatz der Stichtagsbewertung

Die Bilanzposten sind zum Bilanzstichtag zu bewerten.[98] Die Aufstellung der Bilanz hat demnach zum Bilanzstichtag zu erfolgen, alle zu diesem Stichtag stattgefundenen Geschäftsvorfälle sind im Jahresabschluss zu berücksichtigen. Nach dem Bilanzstichtag eingetretene Ereignisse dürfen nur dann in der Bilanz Berücksichtigung finden, wenn sie zur Wertaufhellung dienen.[99]

Grundsatz der periodengerechten Gewinnermittlung

Die Gemeinden sind dazu verpflichtet, ihre Erträge und Aufwendungen unabhängig vom Zeitpunkt der tatsächlichen Zahlung im Jahresabschluss zu berücksichtigen. Fallen demnach die Zeitpunkte der Entstehung des Ertrages bzw. Aufwandes mit dem der tatsächlichen Zahlung auseinander, so ist dennoch die Entstehung des Ertrages/Aufwandes maßgeblich für die Bilanzierung.[100] Abweichungen von diesem Grundsatz der periodengerechten Gewinnermittlung sind nicht zulässig. Die Arten der zeitlichen Abgrenzung verdeutlicht die nachfolgende Übersicht:

Arten der zeitlichen Abgrenzung	Vor dem Abschlussstichtag	Nach dem Abschlussstichtag
Aktive Rechnungsabgrenzung	Ausgabe	Aufwand
Passive Rechnungsabgrenzung	Einnahme	Ertrag
Sonstige Forderungen	Ertrag	Einnahme
Sonstige Verbindlichkeiten	Aufwand	Ausgabe
Rückstellungen	Aufwand (Höhe und/oder Fälligkeit unbestimmt)	Ausgabe

Abbildung 3: Arten der zeitlichen Abgrenzung[101]

[98] § 33 Abs. 1 Nr. 2 GemHVO
[99] § 33 Abs. 1 Nr. 3 GemHVO
[100] § 33 Abs. 1 Nr. 4 GemHVO
[101] Heynen [online], 02.08.2008

Grundsatz der Wesentlichkeit

In den kommunalen Jahresabschluss sind alle wesentlichen Sachverhalte einzuschließen, seiner Größenordnung nach Unwesentliches kann vernachlässigt werden.[102]

Grundsatz der Fortführung der Verwaltungstätigkeit

Bei jeglicher Form der Bewertung und Bilanzierung ist von einer Fortführung der Verwaltungstätigkeit auszugehen. Nur im Falle einer tatsächlichen Einstellung der Verwaltungstätigkeit, z.B. durch Aufgaben- oder Gebietsreform oder wenn rechtliche oder tatsächliche Gründe einer Fortführung entgegenstehen, ist eine Ausnahme zulässig.[103]

[102] Deisenroth (2007), S. 78
[103] § 33 Abs. 1 Nr. 6 GemHVO

III. Bewertung der Eröffnungsbilanzpositionen

I. Aktiva

1. Anlagevermögen

Das Anlagevermögen besteht aus der Gesamtheit aller Vermögenswerte, die dazu bestimmt sind, langfristig den Aufgaben und dem Geschäftsbetrieb der Kommune zu dienen.[104,105] Die drei wesentlichen Säulen des Anlagevermögens sind die immateriellen Vermögensgegenstände, das Sachanlagevermögen und die Finanzanlagen.

Die Erfassung und Bewertung des Anlagevermögens ist in verschiedene Teilbereiche gegliedert vorzunehmen. Hierbei ist es unbedingt erforderlich, das vorhandene Vermögen vollständig darzustellen (siehe Anhang 6: Anlagenübersicht).

In der kommunalen Praxis ist dies oftmals die größte Schwierigkeit. Einerseits erstreckt sich die Ersterfassung und -bewertung des Vermögens auf einen Zeitraum von mehreren Monaten, teilweise sogar über Jahre, andererseits sind detaillierte und fortlaufend aktualisierte Bestandsverzeichnisse in den meisten Gemeinden nicht vorhanden. In diesen Fällen ist das Vermögen vollständig neu zu erfassen,[106] d.h. unzählige verschiedenartige und teilweise mehrere Jahrzehnte alte Vermögensgegenstände müssen inventarisiert und bewertet werden. Während dieser Phase sind alle Zu- und Abgänge von Vermögensgegenständen innerhalb des Erfassungszeitraumes detailliert zu erfassen und im Erstbestand zu ergänzen. Vielerorts ist dies durch die dezentrale Organisationsstruktur innerhalb der Verwaltung ein schwieriges Unterfangen und führt häufig zu doppel- oder Nichterfassungen von Anlagegütern. Somit besteht die Gefahr, nach Abschluss der Ersterfassung ein fehlerhaftes bzw. unvollständiges Inventar aufzustellen.

---

[104] Definition angelehnt an § 247 Abs. 2 HGB
[105] Perridon/Steiner (2004), S. 4
[106] Landeslenkungsgruppe (2005), S. 201

In Rheinland-Pfalz wurde die Problematik im Zusammenhang mit der Ersterfassung vom Gesetzgeber erkannt und in den einschlägigen Vorschriften berücksichtigt. Auf dieser Grundlage erfolgt die Bewertung des Vermögens in einem mehrstufigen Verfahren. Hierbei gilt der Grundsatz der Bewertung nach tatsächlichen Anschaffungs- und Herstellungskosten, d.h. soweit es möglich ist, sind Vermögensgegenstände zwingend mit den Anschaffungs- und Herstellungskosten zu bewerten. Dieser Grundsatz ist ausnahmslos für die Vermögensgegenstände zu verwenden, die nach dem 1. Januar 2000 beschafft wurden. Für Vermögensgegenstände die vor diesem Stichtag angeschafft wurden, sind Vereinfachungsverfahren, wie beispielsweise die Schätzung der Anschaffungs- und Herstellungskosten, unter der Voraussetzung zugelassen, dass die Anschaffungs- und Herstellungskosten nicht bekannt sind und nicht mit einem wirtschaftlich vertretbaren Zeitaufwand zu ermitteln sind.[107,108] Die vorgenannte Reihenfolge sowie das kumulative Vorliegen der beiden Tatbestandsvoraussetzungen zur Anwendung von Vereinfachungsverfahren ist für die Gemeinden zwingend vorgeschrieben. Ein Wahlrecht bei Vorliegen mehrerer Werte für ein Wirtschaftsgut ist ausdrücklich ausgeschlossen, sodass an dieser Stelle grundsätzlich kein bilanzpolitischer Spielraum gegeben ist.[109]

1.1. Immaterielle Vermögensgegenstände

Zur Identifikation immaterieller Vermögensgegenstände ist ein kurzer Exkurs in die Welt der Internationalen Rechnungslegung, den International Accounting Standards (IAS), sehr hilfreich, da es im doppischen Regelwerk innerhalb der GemO resp. GemHVO an einer detaillierten Definition immaterieller Vermögensgegenstände fehlt. Ein immaterieller Vermögensgegenstand kann demnach als ein identifizierbarer, nicht monetärer Vermögenswert ohne physische Substanz definiert werden.[110] Ein Vermögenswert wiederum definiert sich als eine Ressource, welche aufgrund von Ereignissen der Vergangenheit, wie

---

[107] Landeslenkungsgruppe (2005), S. 204

[108] § 6 Abs. 2 KomDoppikLG i.V.m. Landeslenkungsgruppe (2006), S. 117 (§§ 1 und 2 Bewertungsrichtlinie)

[109] Landeslenkungsgruppe (2005), S. 205

[110] IAS 38

beispielsweise eines Erwerbes, in die Verfügungsmacht der Gemeinde gelangt ist, und von der erwartet wird, dass der Gemeinde aus ihr ein künftiger wirtschaftlicher Nutzen zufließt.[111] Die drei wesentlichen Kernelemente eines immateriellen Vermögensgegenstandes sind demnach die Identifizierbarkeit, die Verfügungsmacht und der künftige wirtschaftliche Nutzen.[112] Identifizierbar ist ein Vermögensgegenstand immer dann, wenn er entweder separierbar ist, d.h. getrennt von anderem Vermögen verkauft, getauscht oder vermietet werden kann, oder wenn er auf einer vertraglichen oder rechtlichen Grundlage besteht, und zwar unabhängig davon, ob das Recht übertragbar oder von den Rechten/Pflichten der Gemeinde separierbar ist.[113]

Im Sinne der vorgenannten Definition fallen demnach zum Einen Rechte, Lizenzen etc. und zum Anderen gebildete Wirtschaftsgüter für gewährte Zuwendungen und gezahlte Investitionskostenzuschüsse unter die Rubrik gemeindlicher immaterieller Vermögensgegenstände.[114] Diese werden in den nachfolgenden Abschnitten dargestellt.

Neben der grundlegenden Differenzierung der immateriellen Vermögensgegenstände nach einer der drei vorgenannten Kategorien besteht auch für immaterielle Wirtschaftsgüter ein Abschreibungserfordernis, analog des Sachanlagevermögens. Somit sind immaterielle Vermögensgegenstände, deren Nutzung zeitlich begrenzt ist, mit den Anschaffungs- und Herstellungskosten vermindert um planmäßige Abschreibungen, erhöht um planmäßige Zuschreibungen,[115] die bis zum Stichtag der Eröffnungsbilanz aufgelaufen sind, in der Bilanz anzusetzen.[116] Analog hierzu ist die gleiche Verfahrensweise für außerplanmäßige Abschreibungen bzw. Zuschreibungen anzuwenden.[117] Die geltenden Regelungen zur Behandlung geringwertiger Vermögensgegenstände des beweglichen Sachanlagevermögens sind nicht auf die immateriellen Ver-

[111] Analog IAS 38
[112] IAS 38.8
[113] IAS 38.12
[114] Gablenz/Laib (2007), S. 37
[115] § 35 Abs. 1 GemHVO
[116] § 2 Abs. 1-3 GemEBilBewVO
[117] § 35 Abs. 4 GemHVO

mögensgegenstände zu übertragen, sodass ein Aktivierungs- und Abschreibungserfordernis für immaterielle Vermögensgegenstände, unabhängig von der Höhe der Anschaffungs- und Herstellungskosten besteht.[118] Für nicht abnutzbare immaterielle Vermögensgegenstände sind keine Abschreibungen zu bilden, hier sind die Anschaffungskosten in voller Höhe zu bilanzieren.[119]

Sind die Anschaffungs- und Herstellungskosten eines immateriellen Vermögensgegenstandes nicht, oder mit einem nicht vertretbaren Zeitaufwand zu ermitteln, so gilt auch hier der Grundsatz der vorsichtigen Schätzung der Zeitwerte zum Bilanzstichtag. Besonderheiten des Vermögensgegenstandes oder Erfahrungswerte auf der Grundlage der Beschaffung ähnlicher Vermögensgegenstände sind hierbei zu berücksichtigen.[120]

Für selbst hergestellte oder unentgeltlich erworbene immaterielle Vermögensgegenstände besteht einerseits keine Inventarisierungsverpflichtung, andererseits gilt jedoch ein Bilanzierungsverbot.[121]

1.1.1. Rechte, Lizenzen

Im Wesentlichen werden sich die zu bildenden immateriellen Vermögensgegenstände aus Rechten und Lizenzen auf Softwarelizenzen beschränken, soweit die Software gekauft und nicht selbst erstellt ist. Hierbei ist zu beachten, dass grundsätzlich alle Module einer Software, soweit diese nicht eigenständig nutzbar sind, als ein Vermögensgegenstand zu erfassen sind, unabhängig vom Anschaffungszeitpunkt. Aufwendungen, die als Anschaffungsnebenkosten qualifiziert werden können, sind Planungs- und Implementierungskosten, in Einzelfällen auch umfangreiche Wartungskosten im Sinne eines Generationenwechsels.[122] Keine Anschaffungskosten sind Schulungskosten sowie laufende Wartungskosten; sie sind als Aufwand im laufenden Haushaltsjahr zu erfassen.

---

[118] § 35 Abs. 3 GemHVO
[119] § 2 Abs. 2 GemEBilBewVO
[120] § 2 Abs. 4 GemEBilBewVO
[121] § 2 Abs. 5 GemEBilBewVO / Landeslenkungsgruppe (2006), S. 118
[122] vgl. BMF-Schreiben vom 18. November 2005

Des Weiteren sind vielerorts Markenrechte für Logos u.ä., die in der Regel urheberrechtlich geschützt sind, vorhanden. Gemeindelogos sind in der Vergangenheit zunehmend neben den gebräuchlichen Ortswappen, speziell im Tourismusbereich, eingeführt worden. Voraussetzung für die Bilanzierung von gemeindeeigenen „Brands" als immaterielle Vermögensgegenstände ist, dass diese im Eigentum der Gemeinde stehen und nicht von der Gemeinde selbst entworfen wurden, sondern durch einen Dritten erstellt worden sind.

Gleiches gilt für Internetauftritte, deren Wert insbesondere bei großen Kommunen häufig in die Tausende geht. Hier ist mit Anschaffungskosten pro Seite einer Website, die nicht selbst erstellt ist, in Höhe von bis zu 2.000,00 € zu rechnen,[123] die bilanziell zu erfassen sind.

Ein weiteres Feld des immateriellen Vermögens erschließt sich in Form von Rechten, wie beispielsweise Erbbaurechte und Vorkaufsrechte sowie der Gemeinde eingeräumte Grunddienstbarkeiten[124] (beispielsweise Wege-, Überfahrts- und Leitungsrechte). Soweit die Gemeinde als Inhaber dieser Rechte, also auf der Nehmer- nicht auf der Geberseite des Rechts auftritt und diese nicht unentgeltlich erworben wurden, gilt auch hier das Bilanzierungserfordernis. Die Bewertung erfolgt grundsätzlich nach Anschaffungskosten, bei zeitlicher Begrenzung der Nutzungsdauer, abzüglich planmäßiger Abschreibung;[125] nicht entgeltlich erworbene Rechte dürfen nicht in der Eröffnungsbilanz erfasst werden.[126]
Sofern die Anschaffungskosten nicht oder nicht mit einem vertretbaren Zeitaufwand zu ermitteln sind, erfolgt der Wertansatz nach vorsichtig geschätzten Zeitwerten, auf der Grundlage von Vergleichswerten aus dem An- bzw. Verkauf vergleichbarer immaterieller Vermögensgegenstände, unter Beachtung eines Anpassungsbedarfs an die Besonderheiten der zu bewertenden immateriellen Vermögensgegenstände.[127]

---

[123] net-n-net GmbH [online] , 03.09.2008
[124] §§ 1018 ff. BGB
[125] § 2 Abs. 1 und 2 GemEBilBewVO
[126] § 2 Abs. 5 GemEBilBewVO
[127] § 2 Abs. 4 GemEBilBewVO

1.1.2. Immaterielle Vermögensgegenstände aus geleisteten Zuwendungen

Die Gemeindehaushaltsverordnung unterscheidet im Bereich der gewährten Zuwendungen zwei grundlegende Arten von Immateriellen Vermögensgegenständen, die zum Einen aus geleisteten Zuwendungen und zum Anderen aus Investitionskostenzuschüssen resultieren.[128] Die Abgrenzung der jeweils einschlägigen Variante wird über das künftige Nutzungsrecht nach der Anschaffung bzw. Erstellung des Anlagegutes vorgenommen. Ein immaterieller Vermögensgegenstand aus geleisteten Zuwendungen setzt voraus, dass die Gemeinde als Zuwendungsgeber eine Zuwendung gegen die Zusicherung einer mehrjährigen zweckgebundenen Verwendung leistet, ohne selbst ein Nutzungsrecht an dem Vermögensgegenstand zu erwerben.[129] D.h. mit den finanziellen Mitteln der Gemeinde wird eine Investition eines Dritten unterstützt, ohne dass die Gemeinde selbst einen konkreten Einfluss auf die Investitionsmaßnahme in Form einer künftigen Nutzung erwirbt und der geschaffene Vermögensgegenstand dem Dritten zur mehrjährigen Nutzung zur Verfügung steht. Ein solcher Sachverhalt ist in den Fällen denkbar, in denen die Gemeinde beispielsweise Vereine oder sonstige Organisationen mit Geldleistungen unterstützt, die zur Schaffung von Anlagevermögen dienen, ohne dass die Gemeinde Einfluss auf die künftige Nutzung erhält oder selbst Eigentümer des Anlagegutes wird.

Andere Zuwendungen, die entweder nicht zur mehrjährigen Nutzung bestimmt sind oder sich auf die Unterstützung bei der Finanzierung laufender Aufwendungen eines Dritten beziehen, können nicht als immaterielle Vermögensgegenstände bilanziert werden. Sie sind entweder als Aufwand im laufenden Haushaltsjahr in der Ergebnisrechnung zu erfassen oder bei mehr-jährigen Zuwendungen in einen Rechnungsabgrenzungsposten in der Bilanz einzustellen.[130]
Eine weitere wesentliche Voraussetzung für die Bilanzierung als immateriellen Vermögensgegenstand ist eine Vereinbarung über die (mehrjährige) Zweck-

---

[128] § 38 Abs. 1 GemHVO
[129] Deisenroth et al. (2007), S. 147
[130] Deisenroth et al. (2007), S. 147

bindung der Zuwendung zwischen der Gemeinde und dem Zuwendungsempfänger. Eine solche Vereinbarung kann sich aus einer expliziten Zuwendungsregelung (beispielsweise vertraglicher Art), aus den allgemeinen Umständen des zugrundeliegenden Sachverhaltes oder aus sonstigen Rechtsgrundlagen[131] ergeben. Sollte es an dieser Voraussetzung fehlen, so ist die Bilanzierung als immaterielles Vermögen ebenfalls ausgeschlossen.

Fallbeispiel:

Der ortsansässige Fußballverein beabsichtigt den Bau eines neuen Vereinsheims. Die Gemeinde beschließt, den Verein mit einer Spende von 5.000,00 € bei dem Bau des Gebäudes zu unterstützen. Eine gleich lautende Vereinbarung wird vertraglich fixiert.

In diesem Fall wäre die Spende als immaterieller Vermögensgegenstand aus geleisteten Zuwendungen auf der Aktivseite der Bilanz der Gemeinde auszuweisen[132] und über den Zeitraum der vereinbarten Zweckbindung bzw. über die voraussichtliche Nutzungsdauer des Vereinsheimes abzuschreiben.[133]

Eine pauschale Zuwendung in gleicher Höhe ohne eine konkrete Zweckbindung wäre nicht zu bilanzieren, sondern als laufender Aufwand zu erfassen.

Ähnlich verhält es sich in den Fällen, in denen anstelle einer Geldleistung eine Sachleistung von der Gemeinde als Zuwendungsgeber an einen Dritten als Zuwendungsempfänger erbracht wird. Als Beispiel kann hier die Übertragung eines gemeindeeigenen Grundstücks an einen Sportverein zum Bau eines Vereinheims angeführt werden.

Sofern in dieser Fallvariante keine konkrete Vereinbarung über die Zweckbindung sowie die Nutzungszeit des Vermögensgegenstandes getroffen ist,

---

[131] Bsp.: § 87 Abs. 2 Schulgesetz, § 15 Abs. 2 Kindertagesstättengesetz, § 11 Abs. 2 Rettungsdienstgesetz

[132] § 47 Abs. 4 GemHVO, siehe auch Anlage 2 zur VV-GemHSys

[133] § 2 GemEBilBewVO i.V.m. § 35 Abs. 2 GemHVO, siehe auch Abschreibungsrichtlinie (VV-AfA) Nr. 4.4

müsste der Vermögensgegenstand bei der Gemeinde im Veräußerungsjahr in voller Höhe ergebniswirksam in Abgang gestellt werden.
In der wohl häufiger auftretenden Variante, dass konkrete Vereinbarungen über die Zweckbindung und Nutzung vorliegen, wäre ein Aktivtausch innerhalb der gemeindlichen Bilanz vorzunehmen. D.h. der Vermögensgegenstand wäre aus dem Sachanlagevermögen mit dessen Restbuchwert zum Veräußerungszeitpunkt in das immaterielle Vermögen der Gemeinde zu übertragen.

Folgerichtig müssen künftige, aber auch bereits erfolgte Zuwendungen jeglicher Art genau klassifiziert und beurteilt werden, um eine Bilanzierung zu ermöglichen. Die Aufwendungen in Form von Abschreibungen können somit auf mehrere Jahre verteilt werden, anstelle diese im Jahr der Auszahlung voll als Aufwand ergebniswirksam erfassen zu müssen. Zur Erstellung der Eröffnungsbilanz sind verschiedenste Sachverhalte der Vergangenheit zu beurteilen, wobei abzuwägen ist, ob es sich bei den vorliegenden Sachverhalten jeweils um laufenden Aufwand oder immaterielles Vermögen handelt. Die Maßstäbe zur Beurteilung der Sachverhalte sollten jedoch für vergangene Maßnahmen nicht zu eng ausgelegt werden. Die Frage ist weniger, wie die konkrete Vereinbarung unter den heutigen Vorgaben zu beurteilen wäre, sondern vielmehr steht die Frage im Vordergrund, was die Parteien seinerzeit durch die Vereinbarung regeln wollten. Mit anderen Worten: welche Regelungsinhalte standen seinerzeit im Vordergrund? Demnach ist im Zweifel das Vorliegen der Voraussetzungen zur Bildung eines immateriellen Vermögensgegenstandes anzunehmen, auch wenn die Voraussetzungen aus rein formaljuristischer Sicht nach Aktenlage zweifelhaft sein könnten, auch hier gilt „im Zweifel für den Angeklagten“. Es muss davon ausgegangen werden, dass unter Berücksichtigung der heutigen Rechtslage auch damals eine adäquate Vereinbarung zwischen den Parteien geschlossen worden wäre.

Für künftige Sachverhalte oder solche, die aus der Übergangszeit stammen, in der die Erfassung und Bewertung des Vermögens noch im Gange, jedoch nicht vollständig abgeschlossen war, sollten strenge Beurteilungsmaßstäbe angelegt werden, da hier von der Kenntnis der aktuellen Rechtslage ausgegangen werden muss.

1.1.3. Investitionskostenzuschüsse

Im Gegensatz zu den im vorangegangenen Kapitel beschriebenen immateriellen Vermögensgegenständen aus geleisteten Zuwendungen handelt es sich bei den Investitionskostenzuschüssen um gemeindliche Zuwendungen an Dritte, aufgrund derer eine Gegenleistungsverpflichtung in Form eines Nutzungsrechtes bei der Gemeinde entsteht.[134] Demnach tritt die Gemeinde wie auch im vorangegangenen Fall als Zuwendungsgeber auf, erhält jedoch für die zweckgebundene Zuwendung für investive Maßnahmen eine konkrete Gegenleistung vom Zuwendungsnehmer. Zwei denkbare Fallvarianten sind in diesem Zusammenhang in der kommunalen Praxis weitverbreitet und werden demnach im Folgenden eingehend diskutiert.

Fallbeispiel 1:

Die Ortsgemeinde A beabsichtigt den Bau eines neuen Dorfgemeinschaftshauses mit angegliedertem Verwaltungstrakt für die Gemeindeverwaltung.
Die Verbandsgemeinde, welcher die Ortsgemeinde angehört, denkt seit geraumer Zeit über den Neubau eines Feuerwehrgerätehauses in A nach und nimmt die Neubauentscheidung der Ortsgemeinde zum Anlass, sich mit dem eigenen Bauvorhaben dem Projekt der Ortsgemeinde anzuschließen, um durch das gemeinsame Bauprojekt Kostenvorteile aus entstehenden Synergieeffekten zu erreichen.
Die Kosten des Gesamtprojektes belaufen sich auf 544.250,82 €, wovon 95.308,97 € auf das integrierte Feuerwehrgerätehaus entfallen. Verbandsgemeinde und Ortsgemeinde schließen einen Vertrag über die künftige Nutzung des Gebäudeteils über 80 Jahre. Auf eine Aufteilung nach dem Wohnungseigentumsgesetz o.ä. wird verzichtet, das gesamte Grundstück sowie das Gebäude verbleiben im Eigentum der Ortsgemeinde. Die Verbandsgemeinde zahlt vereinbarungsgemäß einen Investitionskostenzuschuss in Höhe der entstandenen Mehrkosten von 95.308,97 € an die Ortsgemeinde.[135]

---

[134] Deisenroth et al. (2007), S. 148

[135] auf die Neueinschätzung der Restnutzungsdauer zum Bilanzstichtag wird in diesem Fallbeispiel aus Vereinfachungsgründen verzichtet

Die Bilanzierung dieses Sachverhaltes müsste wie folgt durchgeführt werden:

Die Ortsgemeinde weist 544.250,82 € auf der Aktivseite ihrer Bilanz als Anlagevermögen aus[136] und schreibt diese über die Nutzungsdauer des Gebäudes (80 Jahre)[137] ergebniswirksam ab.

Auf der Passivseite der Bilanz wäre der Baukostenzuschuss der Verbandsgemeinde in Höhe von 95.308,97 € als Sonderposten auszuweisen[138] und analog der Abschreibungszeit des Gebäudes ertragswirksam aufzulösen. Durch diese Bilanzierungsform werden die erhaltenen Zuschüsse der Verbandsgemeinde in der Bilanz und in der Ergebnisrechnung der Ortsgemeinde in voller Höhe dargestellt, aber im Ergebnis neutralisiert. Weder das ausgewiesene Anlagevermögen, noch die daraus resultierenden Abschreibungen erstrecken sich per Saldo über den von der Ortsgemeinde tatsächlich erbrachten Betrag hinaus.

In der Bilanz der Verbandsgemeinde wiederum entsteht kein Sachanlagevermögen, da das Eigentum an dem Gebäude bei der Ortsgemeinde verbleibt. Die Verbandsgemeinde erwirbt jedoch durch die Kostenbeteiligung ein (dauerhaftes) Nutzungsrecht über die gesamte Nutzungsdauer des Gebäudes von 80 Jahren. Hierfür ist ein immaterielles Vermögen in der Bilanz der Verbandsgemeinde auf der Aktivseite in Höhe des gezahlten Investitionskostenzuschusses auszuweisen[139] und über die Dauer des Nutzungsrechtes (80 Jahre) abzuschreiben.

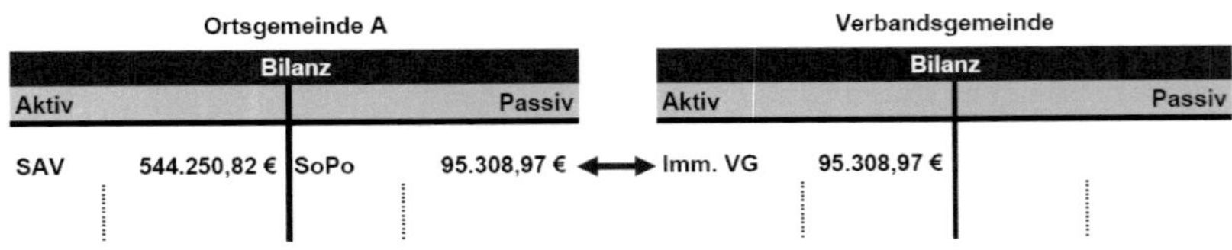

Abbildung 4: Bilanzierung für Zuwendungsgeber und -empfänger

[136] Kontenart 039
[137] Abschreibungsrichtlinie - VV-AfA (siehe Anhang 15)
[138] Kontenart 231
[139] Kontenart 013

Ein ähnlich gelagerter Fall würde entstehen, wenn die Ortsgemeinde in der Vergangenheit der Verbandsgemeinde ein Gebäude(teil), welches im Eigentum der Ortsgemeinde steht, unentgeltlich für die Nutzung als Feuerwehrgerätehaus überlassen hätte, und hierfür durch bauliche Maßnahmen der Ortsgemeinde nachträgliche Herstellungskosten entstehen würden, an denen sich die Verbandsgemeinde beteiligen würde.

Fallbeispiel 2:

Die Gemeinde A beschafft im Rahmen eines Straßenausbaus im Jahr 1998 fünf neue Straßenleuchten inklusive der dazugehörigen Erdleitungen. Die Erhebung von Ausbaubeiträgen durch die Gemeinde wird in unserem Beispiel aus Vereinfachungsgründen nicht berücksichtigt. Für die Ersatzbeschaffung sowie der zugehörigen Erdarbeiten etc. werden 5.282,37 DM (2.700,84 €) verausgabt. Aufgrund einer vertraglichen Vereinbarung mit dem örtlichen Stromversorger geht das wirtschaftliche Eigentum der gesamten Beleuchtung nach Abschluss der Maßnahme an den Versorger über. Im Gegenzug verpflichtet sich dieser zur künftigen Wartung und Instandhaltung der Beleuchtungsanlage.

Im Zuge der Umstellung auf die kommunale Doppik sind die vorgenannten Ausgaben als Immaterielle Vermögensgegenstände in der Eröffnungsbilanz auszuweisen. Die Abschreibungsdauer richtet sich nach der Nutzungsdauer des zugrundeliegenden Vermögensgegenstandes. Folglich beträgt die Restnutzungsdauer der Straßenbeleuchtung zum Bilanzstichtag 10 Jahre (20 Jahre ND – 10 Jahre bereits abgelaufener ND). Die ursprünglichen Anschaffungs- und Herstellungskosten sind um die bereits aufgelaufenen Abschreibungen der letzten 10 Jahre zu reduzieren, der Restbuchwert ist in der kommunalen Eröffnungsbilanz auszuweisen (5.282,37 DM (2.700,84 €) / 20 Jahre x 10 Jahre = 2.641,19 DM (1.350,42 €)). Die Neueinschätzung der Restnutzungsdauer wird aus Vereinfachungsgründen an dieser Stelle nicht vorgenommen.

Im Falle einer Schätzung auf der Grundlage von Erfahrungswerten wäre von einem aktuellen Katalogpreis auszugehen, der bei rund 1.250,- € pro Leuchte liegt, also insgesamt 6.250,- €. Dieser Wert müsste auf das Anschaffungsjahr

1998 zurückindiziert werden (Indexwert 99,7), woraus sich die fiktiven Anschaffungs- und Herstellungskosten in Höhe von 6.231,25 € ergeben. Diese werden vermindert um die bisher aufgelaufenen Abschreibungen in der Eröffnungsbilanz ausgewiesen (3.115,63 €).

1.2. Sachanlagevermögen

Die Abgrenzung der Sachanlagen zu anderen Anlagegütern erfolgt durch die analoge Anwendung der Vorschriften des Bürgerlichen Gesetzbuches, wonach Sachen körperliche Gegenstände sind.[140] Das Sachanlagevermögen umfasst demnach alle materiellen Anlagegüter, die zur dauerhaften Nutzung innerhalb des betrieblichen Ablaufs der Gebietskörperschaft vorgesehen sind. Hierunter fallen insbesondere Grundstücke, Gebäude, Infrastrukturvermögen, aber auch bewegliches Anlagevermögen. Das Sachanlagevermögen bildet die größte Position auf der Aktivseite der kommunalen Bilanz und umfasst rund 70 bis 80 % des gesamten kommunalen Vermögens.[141] Die vollständige Erfassung und Bewertung des Vermögens dieser Bilanzpositionen ist eine der größten Herausforderungen bei der Umstellung auf die kommunale Doppik. Der rheinland-pfälzische Kontenplan sieht eine Untergliederung des Sachanlagevermögens in die Kontengruppen bebaute[142] und unbebaute Grundstücke,[143] jeweils einschließlich grundstücksgleicher Rechte, Infrastrukturvermögen,[144] Bauten auf fremdem Grund und Boden[145] sowie geleistete Anzahlungen und Anlagen im Bau[146] vor. Darüber hinaus stehen vorrangig für das bewegliche Sachanlagevermögen die Kontengruppen Maschinen, technische Anlagen, Fahrzeuge,[147] Betriebs- und Geschäftsausstattung, Pflanzen und Tiere[148] sowie Kunstgegenstände und Denkmäler[149] zur Verfügung.

---

140 §§ 90, 90a BGB
141 Gablenz/Laib (2007), S. 34
142 Kontengruppe 03
143 Kontengruppe 02
144 Kontengruppe 04
145 Kontengruppe 05
146 Kontengruppe 09
147 Kontengruppe 07
148 Kontengruppe 08
149 Kontengruppe 06

Die Bewertung der Sachanlagen erfolgt unabhängig davon, ob deren Nutzungsdauer zeitlich begrenzt oder unbegrenzt ist, grundsätzlich nach dem Anschaffungs- und Herstellungskostenprinzip, welches durchgängig in der kommunalen Doppik Anwendung findet. In den Fällen, in denen die (historischen) Anschaffungs- und Herstellungskosten nicht oder nicht mit einem vertretbaren zeitlichen Aufwand ermittelt werden können, sind speziell im Zuge der Erstbewertung des Sachanlagevermögens zur Erstellung der Eröffnungsbilanz vielfältige Ausnahmeregelungen seitens des rheinland-pfälzischen Gesetzgebers vorgesehen worden.[150]

Die Abgrenzung der einzelnen Bewertungsobjekte wird im Hinblick auf deren wirtschaftliche Eigenständigkeit vorgenommen. Insoweit liegt hier eine Durchbrechung des rechtlichen Grundsatzes aus § 94 BGB vor, der die Aufbauten (Gebäude etc.) als wesentliche Bestandteile eines Grundstücks untrennbar mit diesem verbindet.[151] In rechtlicher Hinsicht ist es somit grundsätzlich nicht möglich, ein Grundstück ohne dessen aufstehende Gebäude zu bewerten, insbesondere auch zu veräußern oder zu erwerben.

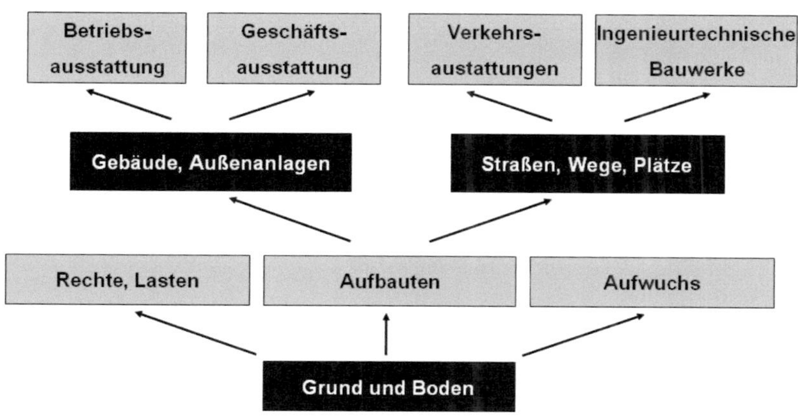

Abbildung 5: Bewertungsobjekte der Vermögenserfassung

[150] § 3 Abs. 4 Nr. 1 bis 14 GemEBilBewVO
[151] Palandt et al. (2003), S. 65, § 94 Rn. 2

Im Hinblick auf die bilanzielle Bewertung ist hier jedoch eine Trennung zwischen der Bewertung des reinen Grundstücks und den darauf befindlichen Aufbauten, wie Gebäude aller Art, Straßen etc., vorzunehmen. Nur wertbeeinflussende Faktoren, die direkt auf das Grundstück als solches einwirken, wie Altlasten oder unentgeltlich eingeräumte Reallasten,[152] werden bei der Grundstücksbewertung berücksichtigt.

Bildhaft gesprochen ist die umfassende Bewertung des Gesamtgefüges, bestehend aus dem Grundstück, dessen innewohnenden Rechte, der aufstehenden Bauten sowie dem darin vorhandenen beweglichen Vermögen in einem Stufensystem, ähnlich einer technischen Sprengzeichnung vorzunehmen.

1.2.1. Grundstücke und grundstücksgleiche Rechte

Die Erfassung und Bewertung des kommunalen Grundvermögens ist eine der wesentlichen Herausforderungen im Zuge der Umstellung auf die kommunale Doppik. Erfahrungsgemäß verfügen selbst kleine Verwaltungseinheiten wie Orts- und Verbandsgemeinden über einen erheblichen Bestand an Grundvermögen, der sich ohne weiteres über mehrere tausend Grundstücke und grundstückgleicher Rechte verschiedenster Art erstrecken kann.[153] Nicht zuletzt aus diesem Grund gestaltet sich die Grundstücksinventur aufwendiger, als dies auf den ersten Blick zu erwarten wäre.

Es empfiehlt sich, eine Bestandsübersicht aus dem aktuellen Automatisierten Liegenschaftsbuch (ALB) oder einen aktuellen Bestand direkt aus den Grundbuchblättern der Gemeinde als Grundlage für die Erfassungsarbeiten zu verwenden. Diese Vorgehensweise bietet den Vorteil, dass sämtliche im Grundbuch unter dem Eigentum der Gemeinde eingetragenen Grundstücke in einem oder wenigen Verzeichnissen vorliegen. Ein Abgleich mit den tatsächlichen Verhältnissen vor Ort ist in den meisten Fällen dennoch unverzichtbar, da die Grundstücksbestände häufig Unstimmigkeiten im Hinblick auf die Grundstücks-

---

152 §§ 1105 bis 1112 BGB
153 Bausch (2005), S. 10

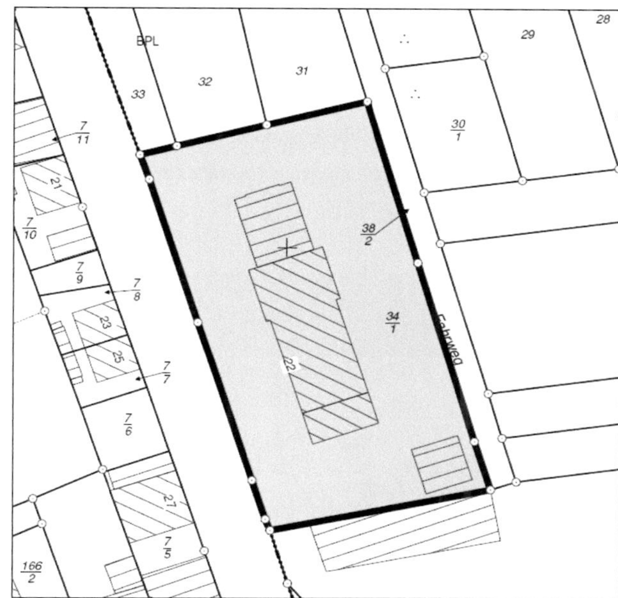

Abbildung 6: Kataster-Auszug eines bebauten Grundstücks

klassifizierung oder –nutzung aufwerfen. Die Verwendung von sogenannten Orthophotos,[154] eines Geoinformationssystems (GIS), welches von verschiedenen Anbietern auf dem Markt erhältlich ist, erleichtert den Abgleich zwischen dem Grundbuchbestand und den tatsächlichen Verhältnissen vor Ort. Durch den Einsatz einer solchen Software können zeitaufwendige Außendienste wie Ortsbegehungen auf ein Minimum reduziert werden.

Die Bewertung der erfassten Grundstücke und grundstücksgleichen Rechte erfolgt grundsätzlich ebenfalls nach dem Anschaffungskostenprinzip, wonach die tatsächlichen Anschaffungskosten zzgl. der Anschaffungsnebenkosten den zu bilanzierenden Grundstückswert abbilden. [155] Im Gegensatz zu privaten Grundstückseigentümern verfügt eine Gemeinde in der Regel nur über einen begrenzten Bestand an notariellen Urkunden, die den Erwerb ihrer Grundstücke

[154] Hochauflösende Luftaufnahmen der Gemeinde mit bis zu 10 x 10 cm Genauigkeit
[155] § 3 Abs. 2 GemEBilBewVO

belegen. Vielmehr ist trotz der Sammlung der dauernd aufzubewahrenden Urkunden nur ein Bruchteil des gesamten Grundvermögens in dieser Form verfügbar. Die Gründe hierfür liegen zum Einen in dem langjährigen Bestehen der Gemeinden, im Zuge dessen eine Vielzahl an historischen Grundstücken in den Gemeindebestand gelangt sind, lange bevor diese in grundbuchmäßiger Form erfasst wurden.

Abbildung 7: Orthophoto eines Geo-Informations-Systems (GIS)

Darüber hinaus sind viele Urkunden in den Kriegswirren vergangener Zeiten untergegangen. Zum Anderen erwirbt eine Gemeinde im Laufe der Zeit ständig neue Grundstücke, oftmals kraft Gesetzes, wie beispielsweise über Veränderungen in der staatlichen Organisationsform[156] oder durch gemeindliches Handeln, wie der Baulandumlegung im Rahmen der Ausweisung von

[156] Bsp. Aufgabenübergangsverordnung bei Entstehung der Verbandsgemeinden

Neubaugebieten, wodurch selbst in den letzten fünfzig Jahren immer wieder Fehler in den vorliegenden Datenbeständen aufgetreten sind.

Demzufolge ist nachvollziehbar, wie aufwendig allein die Erstellung eines vollständigen Grundstücksbestandes für die Eröffnungsbilanz im Einzelfall sein kann und dass eine vollständige Bewertung auf der Grundlage der Anschaffungskosten praktisch unmöglich ist. Aus diesem Grunde sind auch für die Grundstücksbewertung verschiedene vereinfachte Bewertungsverfahren zugelassen, für die Fälle, in denen die Anschaffungskosten nicht oder nur unter erheblichen Schwierigkeiten zu ermitteln sind.[157] Demnach dürfen Grundstückswerte auf der Grundlage von Vergleichswerten aus dem An- und Verkauf vergleichbarer Grundstücke, unter Beachtung eines möglichen Anpassungsbedarfs, ermittelt werden.[158] In der kommunalen Praxis verbirgt sich jedoch gerade hinter der Ermittlung eines möglichen Anpassungsbedarfs ein sehr komplexes Beurteilungsproblem. In Abhängigkeit von einer Vielzahl von wertbeeinflussenden Merkmalen, wie Lage und Beschaffenheit, Erschließungszustand, mögliche bauliche Nutzung sowie angrenzender Infrastruktur des Grundstücks, um nur einige wenige zu nennen, ist die Ermittlung eines realistischen Vergleichswertes häufig nur mit erheblichem Aufwand möglich.[159] Aufgrund der hohen Anzahl der zu bewertenden Grundstücke ist das Vergleichswertverfahren deshalb in der praktischen Arbeit nur begrenzt einsetzbar.

Nach den Vorgaben der Gemeindeeröffnungsbilanz-Bewertungsverordnung ist die Bewertung auf der Grundlage von Erfahrungswerten erst zugelassen, wenn weder die tatsächlichen Anschaffungskosten noch Vergleichswerte vorliegen.[160] Im Wesentlichen basiert der Ansatz von Erfahrungswerten auf den Bodenrichtwerten, die auf den (meist fiktiven) Anschaffungszeitpunkt des Grundstücks zurückindiziert werden. Bodenrichtwerte sind durchschnittliche Lagewerte, die auf der Grundlage von Kaufpreissammlungen unter Berücksichtigung der jeweiligen Entwicklungsstandards für die Gemeindegebiete er-

[157] § 3 Abs. 4 Nr. 2 GemEBilBewVO
[158] § 3 Abs. 4 Nr. 2 Satz 1 GemEBilBewVO
[159] Marettek et al. (2006), S. 104
[160] § 3 Abs. 4 Nr. 2 Satz 2 a) bis v) GemEBilBewVO

mittelt werden.[161] Die Heranziehung dieser rückindizierten Bodenrichtwerte ist in der Immobilienbewertung unüblich und wird aufgrund der Abweichungen zwischen der tatsächlichen Entwicklung des Bodenwertes und der des Richtwertes häufig kritisiert. In dieser Hinsicht bestreitet das Land Rheinland-Pfalz einen absoluten Sonderweg, verglichen mit den Grundstücksbewertungsverfahren anderer Bundesländer,[162] die üblicherweise sogenannte „Gemeinbedarfsabschläge" bei der Bewertung vorsehen.[163]

Für die Ermittlung von Erfahrungswerten ist die tatsächliche Nutzung des zu bewertenden Grundstücks von entscheidender Bedeutung. Somit ist im ersten Bewertungsschritt immer über die tatsächliche Nutzung des Grundstücks zu entscheiden. Problematisch ist in diesem Zusammenhang die Einschätzung sogenannter gemischt genutzter Grundstücke, wie beispielsweise bebaute oder unbebaute Grundstücke, auf denen Straßen oder Wege entlang führen oder landwirtschaftliche Grundstücke auf denen Gehölzflächen mit ausgewiesen sind.[164] Darüber hinaus bestehen häufig Abweichungen zwischen der katastermäßigen und der tatsächlichen Nutzung, was wie bereits in den vorangegangenen Abschnitten ausgeführt, eine Inaugenscheinnahme jedes einzelnen Grundstücks erforderlich macht.

Die gesetzlichen Vorgaben zur Ermittlung von Erfahrungswerten sind sehr umfassend und detailliert gestaltet, sodass nach der Einordnung eines zu bewertenden Grundstücks die Bewertung selbst in der Regel unproblematisch ist. Aus diesem Grund werden im Rahmen dieser Analyse nicht alle möglichen Bewertungsfälle angeführt, sondern vielmehr eine Auswahl häufiger Fragestellungen von praktischer Relevanz diskutiert. Bei den nachfolgenden Bewertungsbeispielen wird auf die Verwendung des Vergleichsverfahrens verzichtet, da die Verwendung dieses Verfahrens eine sehr individuelle Form der Bewertung darstellt und stark auf die örtlichen Obliegenheiten der jeweiligen Gemeinde fokussiert. Für den Leser besteht einerseits keine Möglichkeit, die

[161] § 196 BauGB
[162] Beispielsweise Nordrhein-Westfalen und Hessen
[163] Marettek et al. (2006), S. 104
[164] Landeslenkungsgruppe [online], Häufig gestellte Fragen Nr.: 1.2.14, 17.08.2008

Richtigkeit der Berechnung zu validieren, noch allgemeingültige Erkenntnisse daraus abzuleiten.

Bestandsübersicht

Vermessungs- und Katasteramt

Eingetragen beim Amtsgericht
im Grundbuch von Ortsgemeinde
Grundbuchblatt 100

Ortsgemeinde
Anschrift

1 Bestandsverzeichnisnummer 1
Gemarkung Ortsgemeinde
Flur 7 Flurstück 10/2
Flurstücksfläche 322 m²
Lage: Bäckergasse
Tatsächliche Nutzung Einbahnige Straße

2 Bestandsverzeichnisnummer 2
Gemarkung Ortsgemeinde
Flur 8 Flurstück 70
Flurstücksfläche 2.359 m²
Lage: Bauern Weg
Tatsächliche Nutzung Ackerland

3 Bestandsverzeichnisnummer 3
Gemarkung Ortsgemeinde
Flur 5 Flurstück 138/3
Flurstücksfläche 24 m²
Lage: Michael-Straße
Tatsächliche Nutzung Einbahnige Straße

4 Bestandsverzeichnisnummer 4
Gemarkung Ortsgemeinde
Flur 6 Flurstück 245
Flurstücksfläche 1.011 m²
Lage: Jan-Straße
Tatsächliche Nutzung Bauplatz

5 Bestandsverzeichnisnummer 5
Gemarkung Ortsgemeinde
Flur 1 Flurstück 425
Flurstücksfläche 665 m²
Lage: Marien-Straße
Tatsächliche Nutzung Bauplatz

11 Bestandsverzeichnisnummer 11
Gemarkung Ortsgemeinde
Flur 13 Flurstück 349
Flurstücksfläche 117 m²
Lage: Poststraße
Tatsächliche Nutzung Einbahnige Straße

12 Bestandsverzeichnisnummer 12
Gemarkung Ortsgemeinde
Flur 2 Flurstück 35/6
Flurstücksfläche 1.541 m²
Lage: In der Wiesentheid
Tatsächliche Nutzung Streuwiese

13 Bestandsverzeichnisnummer 13
Gemarkung Ortsgemeinde
Flur 3 Flurstück 37/2
Flurstücksfläche 192 m²
Lage: An der Wasserburg
Tatsächliche Nutzung Gebäude- und Freifläche

14 Bestandsverzeichnisnummer 14
Gemarkung Ortsgemeinde
Flur 9 Flurstück 76/2
Flurstücksfläche 120 m²
Lage: An der Viehweide
Tatsächliche Nutzung Weingarten

15 Bestandsverzeichnisnummer 15
Gemarkung Ortsgemeinde
Flur 17 Flurstück 28/7
Flurstücksfläche 297 m²
Lage: Am Wasserwerk
Tatsächliche Nutzung Betriebsfläche

Abbildung 8: ALB Auszug (Ortsgemeinde)

Bewertungsbeispiele:

Das Liegenschaftsamt der Verbandsgemeinde hat die Daten der im Eigentum der Ortsgemeinde stehenden Grundstücke anhand von Auszügen aus dem Automatisierten Liegenschaftsbuchs (ALB) erhoben. In unserem Beispiel stehen 20 Grundstücke im Eigentum der Ortsgemeinde, die vom Liegenschaftsamt zu bewerten sind (siehe Anhang 7: ALB-Auszug) Die Bewertung soll in zwei Varianten jeweils für jedes einzelne Grundstück erfolgen. Die erste Bewertung erfolgt nach dem Anschaffungsprinzip in Höhe der historischen Kaufpreise,[165] die zweite Bewertung erfolgt nach dem zur Ermittlung von Erfahrungswerten vorgeschriebenen Verfahren.[166] Die angewandten Bodenrichtwerte beziehen sich auf das Basisjahr 2000 und gelten für den Gemeindebereich, aus dem die tatsächlichen Anschaffungskosten stammen.

Bebaute Grundstücke

Die Bewertung von bebauten Grundstücken erfolgt über den Bodenrichtwert der jeweiligen Bodenrichtwertzone.[167] Zur Ermittlung der Erfahrungswerte sind die Bodenrichtwerte des Jahres 2000 oder 2004 zugrunde zu legen.[168] Die Entscheidung über die Verwendung der jeweiligen Richtwerte liegt im Ermessen der Gemeinde. Ein Wechsel der Richtwerte von Bewertungsfall zu Bewertungsfall würde jedoch einerseits wenig Sinn machen und andererseits gegen die Grundsätze ordnungsgemäßer Buchführung verstoßen, sodass die Entscheidung über die Verwendung der Werte aus dem Jahr 2000 oder 2004 faktisch nur einmal zu treffen ist und anschließend beibehalten werden soll. Die Berechnung des Grundstückswertes erfolgt über die Multiplikation des Richtwertes mit der Grundstücksfläche. Das Ergebnis wird anschließend auf das vorhandene oder ersatzweise das fiktive Anschaffungsjahr des Grundstücks, längstens jedoch auf das Jahr 1975, zurückindiziert.[169]

Fallbeispiel:

Das in der Ortsgemeinde gelegene Grundstück, Flur 3 Nummer 37/2, mit einer Grundstücksfläche von 192 m², wurde mit Kaufvertrag vom 22.03.1983 zum Preis von 5.742,40 DM (umgerechnet 2.936,03 €) von der Ortsgemeinde

[165] Die Kaufpreise und Anschaffungsdaten basieren auf tatsächlichen historischen Werten einer Kommune

[166] Die angewandten Bodenrichtwerte sowie die Grundstücksgrößen basieren auf Originaldaten

[167] § 3 Abs. 4 Nr. 2 Satz 2 a) GemEBilBewVO

[168] § 3 Abs. 4 Nr. 2 Satz 2 k) GemEBilBewVO

[169] § 3 Abs. 4 Nr. 2 Satz 2 k) GemEBilBewVO

erworben. Nach dem Anschaffungskostenprinzip ist der gezahlte Kaufpreis einschließlich aller Nebenkosten in der Bilanz zu veranschlagen, hier 2.936,03 €.[170]

Liegen diese Daten der Gemeinde nicht vor, so könnte die Verwendung des Verfahrens zur Ermittlung von Erfahrungswerten für die Bewertung in Betracht kommen. Hierfür wäre neben der bereits bekannten Grundstücksfläche auch der einschlägige Bodenrichtwert zu ermitteln. Dieser liegt in unserem Fall bei 240,00 €. Durch die Multiplikation der Grundstücksgröße und des Bodenrichtwertes wird der vorläufige Erfahrungswert ermittelt, hier 46.080,00 €. Dieser Wert ist durch Rückindizierung auf das (möglicherweise auch fiktive) Anschaffungsjahr zu bereinigen. Der Indexwert für das Anschaffungsjahr 1983 beträgt 53,5.[171] Folglich werden als Wertberichtigung nur 53,5 % anstelle des gesamten vorläufigen Erfahrungswertes als Grundstückswert angesetzt, hier 24.652,80 €. Dieser Wert ist sodann in der Bilanz auszuweisen.
Die erkennbaren Abweichungen zwischen den Bewertungsergebnissen der einzelnen Verfahren ist Gegenstand des IV. Kapitels dieser Arbeit.

Straßen, Wege, Plätze

Die Grundstücke des Infrastrukturvermögens einer Gemeinde werden in der Eröffnungsbilanz nicht bei den bebauten Grundstücken, sondern direkt bei dem Infrastrukturvermögen ausgewiesen. Die Bewertung erfolgt ebenfalls grundsätzlich über die Anschaffungskosten, falls dies nicht möglich ist, mittels Vergleich- bzw. Erfahrungswerten. Die Besonderheit liegt speziell bei Straßen- und Wegegrundstücken darin, dass diese entgegen der aufliegenden Straße oft aus vielen einzelnen Parzellen bestehen, die durch den abschnittweisen Kauf und Ausbau der Straßen historisch gewachsen sind. Oder die zweite Variante, was besonders für die Bewertung mittels Erfahrungswerten problematisch ist: Die Straße (man denke an Hauptstraßen und Ortsdurchfahrten) erstreckt sich in einer Parzelle über mehrere Kilometer. Somit werden häufig auch mehrere

---

170 § 3 Abs. 2 GemEBilBewVO
171 VV-GemHSys, Anlage 4 (siehe Anhang 16)

Bodenrichtwertzonen durchlaufen, was zu Wertschwankungen zwischen wenigen Euro für Teilabschnitte im Außenbereich, über mittlere Richtwerte für den „alten Ortskern", bis hin zu mehreren hundert Euro für Neubaugebiete liegen kann.

Fallbeispiel:

Die Ortsgemeinde hat ein Grundstück für einen 322 m² großen Straßenteilabschnitt in der Bäckergasse, Flur 7 Nr. 10/2, mit Kaufvertrag vom 15.08.1951 für 1.500,00 DM (umgerechnet 766,94 €) erworben. Nach dem Anschaffungskostenprinzip sind 766,94 € in der Bilanz auszuweisen.

Würde dieser Wert nicht vorliegen, so könnte auch hier die Bewertung nach Erfahrungswerten in Betracht kommen. Unterstellt, das Straßengrundstück würde sich nicht über mehrere Bodenrichtwertzonen erstrecken und der einschlägige Bodenrichtwert wäre 190,00 € pro m², Indexwert 29,[172] so ergibt sich aus der Anwendung der Erfahrungswertermittlung ein Bilanzwert von 17.742,20 €. Die Berechnung erfolgt analog der unter der Rubrik bebaute Grundstücke ausgewiesenen Vorgehensweise.

Anders würde sich der Fall darstellen, wenn sich das Straßengrundstück auf zwei oder mehrere Bodenrichtwertzonen erstrecken würde. In diesem Fall müsste eine Gewichtung der Bodenrichtwerte vorgenommen werden.[173] Angenommen ein Anteil der Straße (122 m²) führt durch ein Neubaugebiet mit einem Bodenrichtwert von 190,00 €, die übrige Straße (200 m²) liegt noch im Bereich des Alten Ortskerns mit einem Bodenrichtwert von 110,00 €. Zur Berechnung des Erfahrungswertes müsste demnach der Teilabschnitt 1 (122 m²) mit dem Bodenrichtwert des Neubaugebietes (190,00 €) multipliziert werden (23.180,00 €) und analog hierzu 200 m² des Teilabschnitts 2 mit 110,00 € (22.000,00 €). Die beiden Ergebnisse wären zu summieren, was zu einem vorläufigen Erfahrungswert von 45.180,00 € führen würde. Anschließend wäre

---

[172] VV-GemHSys, Anlage 4 (siehe Anhang 16)
[173] § 3 abs. 4 Nr. 2 b) GemEBilBewVO

dieser vorläufige Wert auf das Anschaffungsjahr zurückzuindizieren (Index 29),[174] womit sich ein zu bilanzierender Grundstückswert in Höhe von 13.102,20 € ergeben würde.
Neben der hier angewandten Gewichtung der Bodenrichtwerte über die Verteilung der tatsächlichen Teilflächen, was in der Praxis häufig nahezu unmöglich ist, wäre auch eine prozentuale Zuordnung der Straßenabschnitte zu den jeweiligen Bodenrichtwertzonen möglich.

Parks, Grünflächen einschließlich Friedhöfe, Gärten einschließlich Kleingärten

Die kommunalen Gebietskörperschaften in Rheinland-Pfalz verfügen über eine Vielzahl verschiedenster Grundstücke, die in die Rubrik der Grünflächen einzuordnen sind. Diese umfassen einerseits die gemeindeeigenen Parkanlagen und dergleichen, sowie Ausgleichsflächen nach BauGB. Des Weiteren werden auch die kommunalen Friedhöfe unter die Grünflächen subsumiert sowie das sogenannte Straßenbegleitgrün, soweit dies nicht bereits dem Straßengrundstück zugeordnet ist. Die Abgrenzung erfolgt regelmäßig über die „Erheblichkeit" der Flächen, d.h. schmale Randstreifen und dergleichen können bedenkenlos dem Straßengrundstück zugeordnet werden, wohingegen ausgedehnte Grünstreifen, die möglicherweise auch getrennt von den Straßenanlagen nutzbar wären und möglicherweise einzeln parzelliert sind, separat ausgewiesen werden.

Der Wertausweis von Grünflächen erfolgt ebenfalls grundsätzlich mit den Anschaffungskosten. Die Bewertung nach Erfahrungswerten erfolgt, ähnlich der vorher beschriebenen Verfahren, nach den Bodenrichtwerten der umliegenden Bodenrichtwertzonen. Für die verschiedenen Arten der kommunalen Grün flächen sind teilweise Sonderbestimmungen für die Bewertung nach Erfahrungswerten erlassen worden. Die Bewertung eines Friedhofsgrundstücks richtet sich vorrangig nach dessen Lage, so ist zu unterscheiden zwischen Friedhöfen innerhalb und außerhalb der geschlossenen Ortslage. Innerörtliche Friedhöfe sind hierbei mit dem Bodenrichtwert für Grünflächen, bzw. soweit

---

174 VV-GemHSys, Anlage 4 (siehe Anhang 16)

dieser Wert nicht vorhanden ist, mit dem Richtwert für Parks und Gärten zu bewerten. Friedhöfe außerhalb geschlossener Ortslage sind hingegen mit dem Bodenrichtwert für besondere Flächen der Land- und Forstwirtschaft (Grünland) zu bewerten.[175]

Zur Bewertung von Kleingartenanlagen wird der vierfache Bodenrichtwert für besondere Flächen der Land- und Forstwirtschaft angesetzt.[176]

Wald und Forsten

Der überwiegende Teil aller rheinland-pfälzischen Kommunen, nämlich annähernd 2.000 der insgesamt rund 2.300 Gemeinden, besitzt teilweise sehr umfangreiche Waldbestände. In Rheinland-Pfalz befinden sich insgesamt fast 40.000 Hektar Wald im Besitz kommunaler Gebietskörperschaften.[177] Demzufolge ist auch die Bewertung des Waldvermögens ein wichtiger Baustein innerhalb der gesamten kommunalen Vermögensbewertung. Die Waldbewertung als solches erstreckt sich über die Bewertung des Grundvermögens sowie dessen Aufwuchs, dem sogenannten stehenden Holzvermögen, bis hin zu dem bereits gefällten und aufbereiteten Holz. Darüber hinaus sind Holzlagerplätze, im Wald befindliche Gebäude und Einrichtungen sowie die weit verzweigten Wald- und Forstwirtschaftswege zu erfassen und zu bewerten.[178]

Die Grundstücksbewertung erfolgt analog der bisher beschriebenen Verfahren für jedes einzelne Waldgrundstück anhand der Anschaffungskosten, soweit diese vorhanden sind. Kann auf diese Werte nicht zurückgegriffen werden, so ist auch bei den Waldgrundstücken auf den jeweiligen Bodenrichtwert abzustellen. Da diese Werte jedoch in den wenigsten Fällen tatsächlich vorliegen oder zu ermitteln sind, wurde ein Landeseinheitlicher Bewertungssatz für das Grundvermögen der Wälder seitens des Landes Rheinland-Pfalz vorgegeben. Demnach können Waldgrundstücke einheitlich mit 0,20 € pro Quadratmeter

[175] § 3 abs. 4 Nr. 2 d) GemEBilBewVO
[176] § 3 abs. 4 Nr. 2 e) GemEBilBewVO
[177] Deisenroth/Ontrup/Schaefer (2005), S. 77
[178] Schaefer (2008), S. 171

bewertet werden. Im Gegensatz zu den bisher aufgeführten Vorgehensweisen ist dieser Wert nicht mehr zurück zu indizieren, sondern stellt den zu bilanzierenden Wert dar.[179] Faktoren, die sich wertmindernd auf den Grundstückswert auswirken, sind von diesem analog der vorher beschriebenen Vorgehensweise abzusetzen.

Die Bewertung des Aufwuchses, also des Holzvorratsvermögens der Gemeinde, ist differenziert nach der Art der Bewirtschaftung vorzunehmen, auf handels- und steuerrechtliche Richtlinien zur Bewertung des Waldvermögens kann hierbei nicht zurückgegriffen werden.[180] Des Weiteren sind insbesondere die Langfristigkeit des Produktionsprozesses, der sich über Jahrhunderte erstrecken kann, sowie die Einheit von Produkt und Produktionsmittel problematisch. Der jährliche Holzzuwachs als Produktionsmittel ist untrennbar mit dem Endprodukt, nämlich dem erntereifen Baum verbunden, eine separate Aberntung des Holzzuwachses ist per se unmöglich.[181]

Waldvermögen, welches keiner regelmäßigen Bewirtschaftung unterliegt, ist mit einem Erinnerungswert in Höhe von 1,00 € je Hektar in der Eröffnungsbilanz auszuweisen.[182]

Im Gegensatz dazu ist stehendes Holzvermögen, das einer regelmäßigen Bewirtschaftung unterliegt, grundsätzlich anhand von Vergleichswerten aus dem An- und Verkauf vergleichbaren Wald- und Forstvermögens durchzuführen. Hierbei ist ein gegebenenfalls bestehender Anpassungsbedarf entsprechend zu berücksichtigen.[183] In den Fällen, in denen nicht auf solche Vergleichswerte zurückgegriffen werden kann, ist eine Schätzung auf der Grundlage von Erfahrungswerten anhand verschiedener Faktoren, wie Altersklasse, Abtriebswert und Bestockungsgrad, vorzunehmen.[184] Abweichend vom Grundsatz der Einzelbewertung kann das gesamte stehende Holzvermögen als ein Ver-

---

179 § 3 abs. 4 Nr. 2 l) GemEBilBewVO
180 Deisenroth/Ontrup/Schaefer (2005), S. 77
181 Schaefer (2008), S. 172
182 § 3 Abs. 4 Nr. 3 Satz 3 GemEBilBewVO
183 § 3 Abs. 4 Nr. 3 Satz 1 GemEBilBewVO
184 § 3 Abs. 4 Nr. 3 Satz 2 GemEBilBewVO

mögensgegenstand mit einem Festwert in der kommunalen Bilanz erfasst werden.[185] Die vollständige Erfassung des wirtschaftlich nutzbaren Holzbestandes erfolgt im Rahmen der Forstbetriebsplanung des Forsteinrichtungswerkes. Diese Planung macht eine Inventur zur Erstellung der Eröffnungsbilanz grundsätzlich entbehrlich, da diese in regelmäßigen Zeitabständen von zehn Jahren durchgeführt wird.[186] Insoweit ist es auch zulässig, auf die letzte vorliegende Datenbasis des Forsteinrichtungswerkes zurückzugreifen.[187] Der somit zu ermittelnde Bestandswert ist aus Vereinfachungsgründen pauschal um einen 50%igen Abschlag zu reduzieren, um einen möglichen Korrekturbedarf aufgrund künftiger Risiken wertmäßig abzubilden.[188]

Ein solcher Korrekturbedarf entsteht durch außerordentliche wertbeeinträchtigende Einflüsse, wie Naturereignisse,[189] die sich erheblich auf die Waldbestände auswirken können. Diese Vorgehensweise trägt also dem Prinzip kaufmännischer Vorsicht Rechnung. Im Falle einer wesentlichen Änderung des Waldbestandes, durch das tatsächliche Eintreten nachteiliger Naturereignisse oder durch umfangreiche Flächenveränderungen, beispielsweise durch Zu- oder Verkäufe von Waldgrundstücken, ist eine Neubewertung des Waldvermögens im Rahmen einer Neuaufstellung der Betriebsplanung erforderlich.[190] Als Richtwert zur Entscheidung über die Erheblichkeit von Bestandsveränderungen kann eine Abweichung von mehr als 10 % vom ursprünglich vorhandenen Waldbestand zugrunde gelegt werden.[191]

In Rheinland-Pfalz stellt der Gemeinde- und Städtebund jeder Gemeinde eine Bewertung ihres Waldbestandes nach den landeseinheitlichen Regelungen, auf der Basis der vorhandenen Forsteinrichtungsdaten, kostenfrei zur Verfügung (siehe Anhang 8: Waldbewertung).[192] Insoweit sind rheinland-pfälzische Kom-

---

[185] § 32 Abs. 9 GemHVO
[186] § 1 Satz 1 LWaldGDVO
[187] Deisenroth/Ontrup/Schaefer (2005), S. 78
[188] § 3 Abs. 4 Nr. 3 Satz 3 GemEBilBewVO
[189] Bsp. Windwurf oder Insektenbefall
[190] § 1 Satz 3 LWaldGDVO
[191] Deisenroth/Ontrup/Schaefer (2005), S. 77
[192] Deisenroth/Ontrup/Schaefer (2005), S. 77

munen bezüglich der Bewertung ihres Waldbestandes in einer recht komfortablen Situation, die neben einer erheblichen Arbeits- und Kostenersparnis auch eine landeseinheitliche Vergleichbarkeit der Bewertungsergebnisse gewährleistet.

Das bereits gefällte und aufbereitete Holz ist mit dem voraussichtlichen Verkaufserlös, vermindert um die noch anfallenden Kosten sowie des einkalkulierten Gewinnaufschlages, in der Eröffnungsbilanz auszuweisen.[193]

1.2.2. Gebäude und sonstige Bauten

Bei der Bewertung von Gebäuden und sonstigen Bauten, wie beispielsweise Buswartehallen etc., gilt ebenfalls die vorgenannte Bewertungshierarchie des Sachanlagevermögens. Demnach sind vorrangig die Anschaffungs- und Herstellungskosten bei der Gebäudebewertung in Ansatz zu bringen. Erst wenn diese Kosten nicht zu ermitteln sind, ist es zulässig Schätzwerte anzusetzen.
Der Grund, weshalb in vielen Fällen keine tatsächlichen Anschaffungs- und Herstellungskosten zu ermitteln sind und demnach Schätzwerte notwendig werden, wird anhand der nachfolgenden Graphik verdeutlicht, die den Lebenszyklus eines kommunalen Gebäudes beispielhaft aufzeigt.

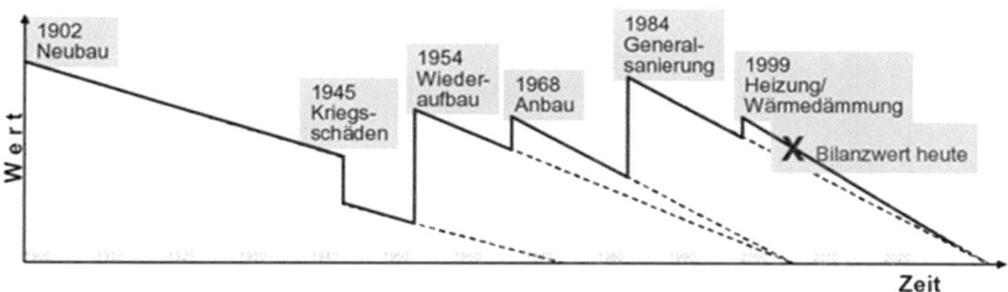

Abbildung 9: Rekonstruktion historischer Herstellungskosten eines Gebäudes[194]

Der Ansatz von Schätzwerten soll hierbei in einem zweistufigen Verfahren vorgenommen werden. Hierbei sollen vorrangig Vergleichswerte aus dem An- und

---

[193] § 3 Abs. 4 Nr. 3 Satz 4 GemEBilBewVO
[194] Bienert et al. (2005), S. 819

Verkauf oder der Herstellung vergleichbarer Gebäude unter Beachtung des jeweiligen Anpassungsbedarfs herangezogen werden.[195] Das Vergleichswertverfahren stellt demnach auf adjustierte Anschaffungs- und Herstellungskosten aus der Anschaffung eines vergleichbaren Vermögensgegenstandes ab.[196] Erst wenn solche Vergleichswerte nicht vorliegen, darf auf Erfahrungswerte abgestellt werden.[197]

In der kommunalen Praxis ist der Ansatz von Erfahrungswerten ein nicht unproblematisches Unterfangen. Speziell in kleinen bis mittleren Gemeinden fehlt es einerseits häufig an tatsächlich vergleichbaren Objekten, deren Anschaffungs- und Herstellungskosten bekannt sind, andererseits fehlen konkrete Angaben dazu, inwiefern der jeweilige Anpassungsbedarf tatsächlich auszulegen ist. Demnach ist dieses Bewertungsverfahren vielerorts nicht oder nur bedingt einsetzbar, was dazu führt, dass bei fehlenden Anschaffungs- und Herstellungskosten in der überwiegenden Zahl der Fälle eine Schätzung der Anschaffungs- und Herstellungskosten auf der Grundlage von Erfahrungswerten vorgenommen wird. Dieses sogenannte Gebäudesachwertverfahren ist wiederum sehr detailliert beschrieben und führt zu allgemein nachvollziehbaren und auch vergleichbaren Ergebnissen. Die Abweichungen der Bewertungsergebnisse sind in der Regel vergleichsweise gering und bieten einen adäquaten Ersatz zum Ansatz der tatsächlichen Anschaffungs- und Herstellungskosten, falls diese nicht ermittelbar sind.

Objektbeschreibung:

Bei dem gewählten Bewertungsobjekt handelt es sich um ein zweistöckiges, teilunterkellertes Gebäude in Massivbauweise, welches zurzeit als Kindertagesstätte genutzt wird. Das Gebäude wurde 1995 für 814.220,09 DM (416.304,12 €) errichtet. Gemäß der Abschreibungstabelle von Rheinland-Pfalz ist die Nutzungsdauer des Gebäudes mit 80 Jahren anzusetzen.[198] Die jährlich anzusetzende Abschreibung, die sich aus der Division zwischen den An-

---

195 § 3 Abs. 4 Nr. 1 a) GemEBilBewVO

196 Gablenz/Laib (2007), S. 67

197 § 3 Abs. 4 Nr. 1 a) GemEBilBewVO

198 Abschreibungsrichtlinie - VV-AfA (siehe Anhang 15)

schaffungs- und Herstellungskosten und der ND ergibt, beträgt 10.177,75 DM (5.203,80 €).

Unabhängig von dem angewandten Bewertungsverfahren ist die wirtschaftliche Restnutzungsdauer des Anlagevermögens, in unserem Fall der Kindertagesstätte, neu zu schätzen.[199] Die Vorgehensweise zur Bestimmung der wirtschaftlichen Restnutzungsdauer wird im Zuge der Ausführungen zum Gebäudesachwertverfahren detailliert erläutert.
In unserem Fall wird die wirtschaftliche Restnutzungsdauer durch die Gemeinde auf 67 Jahre geschätzt. Aus der Addition der aufgelaufenen jährlichen Abschreibung zum Wertermittlungsstichtag (01.01.2008) ergibt sich eine abzusetzende Abschreibungssumme in Höhe von 67.649,42 € (5.203,80 € x 13 Jahre). Hieraus wiederum errechnet sich der Ansatz in der Eröffnungsbilanz (AHK – aufgelaufene AfA), der in unserem Fall 348.654,70 € (416.304,12 € - 67.649,42 €) beträgt.

Erfahrungswertansatz (Gebäudesachwertverfahren):

Ist der „Gutachter" nicht in der glücklichen Lage, über die Anschaffungs- und Herstellungskosten oder die Vergleichskosten zu verfügen, so bleibt nur der Ansatz von Erfahrungswerten. Der rheinland-pfälzische Gesetzgeber hat hier das Erfordernis erkannt, den Gemeinden möglichst umfangreiche Hilfestellungen zur Verfügung zu stellen, um zum einen die Bewertungsarbeiten zu vereinfachen und zum anderen landesweit eine möglichst einheitliche Schätzung auf der Grundlage von Erfahrungswerten zu erreichen.[200] Das Verfahren zur Schätzung von Erfahrungswerten sieht ein vereinfachtes Gebäudesachwertverfahren vor.[201] Diese Vorgabe soll es den Gemeinden ermöglichen, die Schätzung durch eigenes sachverständiges Personal und ohne die Hilfe Dritter (beispielweise Sachverständige oder Gutachter) durchführen zu können.[202]

---

[199] Art. 8 § 6 Abs. 3 KomDoppikLG
[200] Landeslenkungsgruppe (2006), S. 70
[201] Landeslenkungsgruppe (2006), S. 83
[202] Marretek et al. (2006), S. 74 ff.

Zur Ermittlung des Gebäudewertes ist eingangs die Bestimmung der wirtschaftlichen Restnutzungsdauer des zu bewertenden Gebäudes vorzunehmen. Auch wenn das tatsächliche Baujahr des Gebäudes bekannt ist, so ist dennoch eine Schätzung der Restnutzungsdauer zum Bewertungsstichtag zwingend vorgesehen.[203] Folge dessen ist grundsätzlich eine, wenn auch fiktive, Restnutzungsdauer zum Bewertungsstichtag vorhanden, auch wenn die tatsächliche Nutzungsdauer die regelmäßige Abschreibungsdauer bereits überschritten hat.

Zur Ermittlung der fiktiven Restnutzungsdauer sind die künftigen Nutzungsmöglichkeiten, das Alter sowie der Modernisierungsgrad des Gebäudes zu bestimmen bzw. sachgerecht zu schätzen.[204] Hierbei wird der Zustand einzelner Gebäudeteile bzw. Bauelemente nach einem festgelegten Punkteraster beurteilt, welches eine Vergabe von maximal 22 Punkten in acht verschiedenen Bereichen vorsieht und wie folgt aufgebaut ist:[205]

Modernisierungselemente	**max. Punkte**	**tats. Punkte**
Dacherneuerung	3	2
Verbesserung der Fenster	2	0
Verbesserung der Leitungssysteme (Strom, Gas, Wasser, Abwasser, EDV)	4	2
Einbau einer Sammelheizung bzw. Etagenheizung	3	1
Wärmedämmung der Außenwände	2	0
Modernisierung von sanitären Anlagen	2	0
Modernisierung des Innenausbaus (z.B. Decken, Fußböden)	3	1
Wesentliche Änderung und Verbesserung der Grundrissgestaltung	3	2
Summe:	**22**	**8**

Abbildung 10: Modernisierungselemente

Die Beurteilung des Modernisierungsgrades erfolgt über die Vergabe von „tatsächlichen Punkten" für das zu bewertende Objekt. Wobei eine umfassende Modernisierung zur Vergabe der maximalen Punktzahl führt, wohingegen für gänzlich unterlassene Modernisierungen keine Punkte vergeben werden.[206] Wie der vorangegangenen Übersicht zu entnehmen ist, werden die vergebenen

[203] Art. 8 § 6 Abs. 2 KomDoppikLG / Landeslenkungsgruppe (2006), S. 82
[204] vgl. Anlage 1 zu § 3 Abs. 4 GemEBilBewVO
[205] vgl. Anlage 1 zu § 3 Abs. 4 GemEBilBewVO
[206] vgl. Anlage 1 zu § 3 Abs. 4 GemEBilBewVO

Punkte den tatsächlichen Punkten gegenübergestellt. In unserem Fall ist davon auszugehen, dass keine wesentlichen Modernisierungen durchgeführt worden sind. Das Gebäude weist in Teilen einen recht guten Zustand auf, der Gesamtzustand entspricht einem mittleren Modernisierungsgrad. Die ermittelte Gesamtpunktzahl, in unserem Beispiel 8 Punkte, dient der Ermittlung der Restnutzungsdauer und ist wie folgt zu interpretieren:

0 - 1	Punkte	=	nicht modernisiert
2 - 5	Punkte	=	kleine Modernisierungen im Rahmen der Instandhaltung
6 - 10	Punkte	=	mittlerer Modernisierungsgrad
11 - 17	Punkte	=	überwiegend modernisiert
18 - 22	Punkte	=	umfassend modernisiert

Abbildung 11: Ausprägungen des Modernisierungsstandes

Problematisch ist an dieser Stelle die subjektive Einschätzung des „Gutachters", der die Bewertung vornimmt. Seine Beurteilung ist ausschlaggebend für die weitergehende Bewertung der Immobilie.[207] Da es an konkreten gesetzlichen Vorgaben zur Beurteilung sowie der Punktevergabe fehlt, bietet es sich speziell in großen Gemeinden, bei denen oftmals ganze Abteilungen mit der Gebäudebewertung befasst sind, an, eine interne Richtlinie zur Beurteilung des Modernisierungsgrades zu erlassen. Dies wird dem Erfordernis der Bilanzkontinuität gerecht und dient der Bewertungstransparenz. Eine solche Vorgehensweise bietet einerseits den Mitarbeitern eine gewisse Hilfestellung, in ähnlich gelagerten Bewertungssachverhalten zu weitgehend ähnlichen Ergebnissen zu gelangen. Andererseits ist es auch eine große Erleichterung für Räte, Gemeinde- und Rechnungsprüfungsämter sowie Wirtschaftsprüfer, um erzielte Bewertungsergebnisse nachvollziehen und deren Richtigkeit beurteilen zu können.

Eine solche Richtlinie könnte folgende Ausprägung besitzen:

Die Modernisierungspunkte der einzelnen Bewertungskriterien werden anhand eines zeitlichen Schemas, hier in 5-Jahres-Intervallen, bewertet. Beurteilt wird

---

[207] Gablenz/Laib (2007), S. 110

hierbei der Zeitraum in dem die aufgeführte Maßnahme letztmalig durchgeführt wurde. Die Einschätzung erfolgt anhand von baufachlichen Erfahrungswerten bezüglich der technischen Nutzungsdauer der einzelnen Gewerke. Beispielhaft vermittelt die nachfolgende Übersicht solche Erfahrungswerte, die von Gemeinde zu Gemeinde in ihrer Ausprägung variieren können.

<table>
<tr><th>Ermittlung des Modernisierungsgrades</th><th>0-5 Jahre</th><th>6-10 Jahre</th><th>11-15 Jahre</th><th>16-20 Jahre</th><th>21-30 Jahre</th><th>Ab 30 Jahren</th></tr>
<tr><td>Dacherneuerung</td><td colspan="2">3</td><td>2</td><td>1</td><td colspan="2">0</td></tr>
<tr><td>Verbesserung der Fenster</td><td>2</td><td>1</td><td colspan="4">0</td></tr>
<tr><td>Verbesserung der Leitungssysteme (Strom, Gas, Wasser, Abwasser, EDV)</td><td>4</td><td>3</td><td>2</td><td>1</td><td colspan="2">0</td></tr>
<tr><td>Einbau einer Sammelheizung bzw. Etagenheizung</td><td>3</td><td>2</td><td>1</td><td colspan="3">0</td></tr>
<tr><td>Wärmedämmung der Außenwände</td><td>2</td><td>1</td><td colspan="4">0</td></tr>
<tr><td>Modernisierung von sanitären Anlagen</td><td>2</td><td>1</td><td colspan="4">0</td></tr>
<tr><td>Modernisierung des Innenausbaus (z.B. Decken, Fußböden)</td><td>3</td><td>2</td><td>1</td><td colspan="3">0</td></tr>
<tr><td>Wesentliche Änderung und Verbesserung der Grundrissgestaltung</td><td colspan="2">3</td><td colspan="2">2</td><td>1</td><td>0</td></tr>
</table>

Abbildung 12: Ermittlung des Modernisierungsgrades

Ebenso wäre eine verbale Zustandsbeschreibung der einzelnen Bewertungskriterien mit einer entsprechenden Zuordnung der Bewertungspunkte denkbar.

Nachdem der Modernisierungsgrad bestimmt ist, in unserem Fall wurde ein mittlerer Modernisierungsgrad ermittelt, ist die Bestimmung der fiktiven Restnutzungsdauer möglich. Hierzu werden das tatsächliche Gebäudealter (hier: Baujahr 1995, also 13 Jahre), welches auf der linken Seite der nachfolgenden Matrix abzulesen ist, und der ermittelte Modernisierungsgrad bei dem jeweiligen Punktewert innerhalb der Matrix abgetragen.[208] Zwischen den betreffenden Stufen kann eine Interpolarisation der Werte vorgenommen werden, d.h. in unserem Fall liegt das tatsächliche Baujahr zwischen 10 und 20 Jahren, folglich

[208] vgl. Anlage 1 zu § 3 Abs. 4 GemEBilBewVO

liegt das fiktive Baujahr zwischen 65 und 70 Jahren. Hier wird eine Gewichtung zwischen den Werten vorgenommen, um das fiktive Baujahr genauer zu bestimmen. In unserem Fall wäre das fiktive Baujahr mit 67 Jahren anzusetzen.

Gebäudealter (real)	Modernisierungsgrad 0 - 1 Punkte	2 - 5 Punkte	6 - 10 Punkte	11 - 17 Punkte	18 - 22 Punkte
Jahre	**modifizierte Restnutzungsdauer *)**				
≥ 80 Jahre	10	20	35	50	65
70 Jahre	15	25	40	55	70
60 Jahre	25	30	45	60	80
50 Jahre	30	35	50	65	80
40 Jahre	40	40	55	70	80
30 Jahre	50	50	60	75	80
20 Jahre	60	60	65	75	80
10 Jahre	70	70	70	75	80
0 Jahre	80	80	80	80	80

*) Die Rundung muss im Einzelfall durch den Anwender erfolgen.

Abbildung 13: Ermittlung der modifizierten Restnutzungsdauer

Im nächsten Schritt ist die Bruttogrundfläche bzw. der Bruttorauminhalt zu bestimmen.[209] Für Gebäude, die dem Gebäudetyp 30.1 – 30.2 zugeordnet sind, also Industriegebäude, Feuerwehrgerätehäuser und Werkstätten, ist der Bruttorauminhalt maßgeblich, bei allen übrigen Gebäuden wird auf die Bruttogrundfläche abgestellt.

In unserem Fall handelt es sich um eine Kindertagesstätte, welche dem Gebäudetyp 11 zugeordnet ist,[210] somit ist auf die Bruttogrundfläche abzustellen.

Zur Berechnung der Grundflächen und Rauminhalte nach DIN 277 werden die einzelnen Gebäudebestandteile ihrer Eigenschaft nach in drei Bereiche gegliedert:

---

209 DIN 277/1987

210 siehe Verzeichnis der Ausstattungsstandards, Anlage 3 zu § 3 Abs. 4 Nr. 1 GemEBilBewVO; NHK 2000, S. 42

Bereich a: überdeckt und allseitig in voller Höhe umschlossen,

Bereich b: überdeckt, jedoch nicht allseitig in voller Höhe umschlossen,

Bereich c: nicht überdeckt.

Die jeweiligen Bereiche werden nach Grundrissebenen wie beispielsweise nach Geschossen, sowie differenziert nach deren unterschiedlichen Höhen, ermittelt. Hierbei sind waagerechte Flächen nach ihren tatsächlichen Maßen und schräg liegende Flächen aus ihrer senkrechten Projektion auf eine waagerechte Ebene zu berechnen.

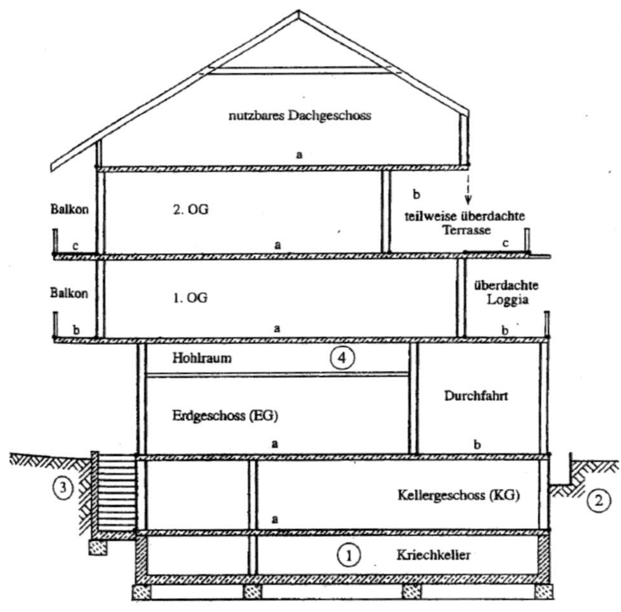

Abbildung 14: Bereiche der Bruttogrundflächenermittlung

Die Bruttogrundfläche besteht aus der Summe der Grundflächen aller Grundrissebenen eines Gebäudes. Dachflächen, nicht nutzbare Flächen und konstruktionsbedingte Hohlräume wie abgehängte Decken und belüftete Dachflächen werden bei der Ermittlung der Bruttogrundfläche nicht mit einbezogen.

Die Bruttogrundfläche eines Gebäudes setzt sich aus der Konstruktionsgrundfläche und der Nettogrundfläche zusammen.

Die Konstruktions-Grundfläche umfasst alle Flächen der sogenannten aufgehenden Bauteile der Grundrissebenen eines Gebäudes. Hierzu zählen die Flächen von Wänden, Stützen und Pfeilern sowie die Grundflächen von Schornsteinen, nicht begehbaren Schächten und Türöffnungen.

Zur Berechnung der Bruttogrundfläche werden die äußeren Maße des Gebäudes einschließlich der Bekleidung, wie beispielsweise dem Putz, in Fußbodenhöhe ermittelt. „Konstruktive und gestalterische Vor- und Rücksprünge an den Außenflächen bleiben dabei unberücksichtigt. Brutto-Grundflächen des Bereichs b sind an den Stellen, an denen sie nicht umschlossen sind, bis zur senkrechten Projektion ihrer Überdeckungen zu rechnen. Brutto-Grundflächen von Bauteilen (Konstruktions-Grundflächen), die zwischen den Bereichen a und b liegen, sind zum Bereich a zu rechnen.“[211]

Die Konstruktions-Grundfläche berechnet sich aus den Grundflächen der aufgehenden Bauteile. Hierbei werden die Fertigmaße der jeweiligen Bauteile in Fußbodenhöhe, einschließlich Putz oder Bekleidung, angesetzt. „Konstruktive und gestalterische Vor- und Rücksprünge an den Außenflächen, soweit sie die Netto-Grundfläche nicht beeinflussen, Fuß-, Sockelleisten, Schrammborde sowie vorstehende Teile von Fenster- und Türbekleidungen, bleiben unberücksichtigt. Die Konstruktions-Grundfläche darf auch als Differenz aus Brutto- und Netto-Grundfläche ermittelt werden.“[212]

Alle nutzbaren Flächen, die sich zwischen den Konstruktionsflächen befinden, werden zur Nettogrundfläche zusammengefasst. Hierzu gehören insbesondere alle Nutz-, Funktions- und Verkehrsflächen eines Gebäudes, einschließlich der Grundflächen von freiliegenden Installationen und fest eingebauten Gegenständen wie Heizkörpern. Demnach sind alle diejenigen Flächen, die zur zweckbestimmten Nutzung des Gebäudes und zur Unterbringung der betriebstechnischen Anlagen dienen, sowie sämtliche Zugänge zu den einzelnen Bereichen innerhalb des Gebäudes, unter die Nettogrundfläche zu subsumieren.

---

[211] DIN 277/1987
[212] DIN 277/1987

Der Brutto-Rauminhalt ist definiert als der Rauminhalt des Baukörpers, welcher von der Unterfläche und den äußeren Begrenzungsflächen des Bauwerkes umschlossen wird. Die Rauminhalte von Fundamenten; Bauteilen und Gebäudeteilen, die für den Rauminhalt von untergeordneter Bedeutung sind, wie z.B. Kellerlichtschächte, Eingangsüberdachungen und Dachgauben sowie alle untergeordneten Bauteile, wie z.B. konstruktive und gestalterische Vor- und Rücksprünge an den Außenflächen, Lichtkuppeln, Schornsteinköpfe, Dachüberstände, soweit sie nicht Überdeckungen für Bereich b nach Abschnitt 3.1.1 sind, bleiben bei der Ermittlung unberücksichtigt.[213]

Grundrissebene (Geschoss)	BGF = Länge x Breite (äußere Maße der Bauteile) Länge in m	Breite in m	BGF in m²
Bereich a: überdeckt und allseitig in voller Höhe umschlossen			
Kellergeschoss	7,66	4,78	36,61
Erdgeschoss	17,13	10,75	184,15
1. Obergeschoss	10,08	7,63	76,91
-geschoss			0,00
-geschoss			0,00
		Bereich a:	**297,67**
Bereich b: überdeckt, jedoch nicht allseitig in voller Höhe umschlossen			
-geschoss			0,00
-geschoss			0,00
-geschoss			0,00
-geschoss			0,00
-geschoss			0,00
		Bereich b:	**0,00**
		Summe Bereich a und b:	**297,67**

Abbildung 15: Ermittlung der Bruttogrundfläche

Nach der Ermittlung der Bruttogrundfläche ist der Ausstattungsstandard des Gebäudes zu ermitteln. Hierzu sind die Vorgaben der Typenklassen für das Bewertungsobjekt anzuwenden (siehe Anhang 9). In unserem Fall ist anhand der erreichten Punktzahl 2,10 von einem mittleren Ausstattungsstandard auszugehen.

[213] DIN 277/1987

Kindergärten, Schulen, Hochschulen **Typ 11 - 14**

Normalherstellungskosten (ohne Baunebenkosten) entsprechend Kostengruppe 300 und 400 DIN 276/1993 einschließlich 16% Mehrwertsteuer, Preisstand 2000

NHK 2000
WERTR

Typ 11 **KINDERGÄRTEN, KINDERTAGESSTÄTTEN**
eingeschossig, nicht- bzw. teilunterkellert, Dach geneigt (nicht ausgebaut) oder Flachdach

Kosten der Brutto-Grundfläche in €/m², durchschnittliche Geschosshöhe 3,80 m							
Ausstattungs-standards	vor 1925	1925 bis 1945	1946 bis 1959	1960 bis 1969	1970 bis 1984	1985 bis 1999	2000
einfach	-	-	855 - 920	925 - 980	980 - 1035	1035 - 1125	1125
mittel	-	-	930 - 1000	1005 - 1060	1065 - 1125	1125 - 1220	1225
gehoben	-	-	1185 - 1275	1280 - 1355	1360 - 1435	1435 - 1560	1560

Abbildung 16: Normalherstellungskosten: Gebäude Typ 11 (Kindergärten)[214]

Anhand der ermittelten Daten ist nunmehr die Angabe der Kosten der Bruttogrundfläche pro Quadratmeter möglich. Hierbei sind jeweils Wertebereiche angegeben, in unserem Fall von 1.125,00 € bis 1.220,00 €, die wiederum interpoliert werden müssen, um die anzusetzenden Quadratmeterkosten zu bestimmen. In unserem Bewertungsbeispiel ergeben sich Quadratmeterkosten in Höhe von 1.194,67 €.

Der Gebäudewert wird anschließend durch Multiplikation der Quadratmeterkosten mit der Bruttogrundfläche berechnet. Hier 297,67 m² * 1.194,67 € = 355.616,43 €. Diesem Gebäudewert werden pauschal 15 % als Baunebenkosten zugeschlagen (hier: 53.342,46 €), die Summe ergibt den vorläufigen Gebäudewert (fiktiver Herstellungswert) in Höhe von 408.958,89 €.

Dieser Wert ist im nächsten Schritt um die Alterswertminderung (lineare Abschreibung zum Wertermittlungsstichtag) zu reduzieren. Diese errechnet sich wie folgt:

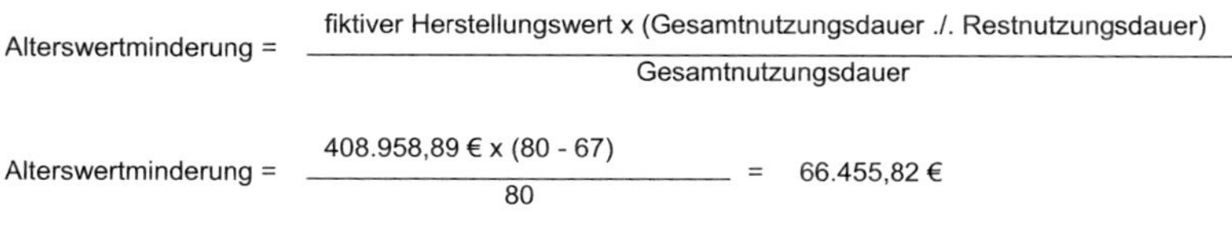

$$\text{Alterswertminderung} = \frac{\text{fiktiver Herstellungswert x (Gesamtnutzungsdauer ./. Restnutzungsdauer)}}{\text{Gesamtnutzungsdauer}}$$

$$\text{Alterswertminderung} = \frac{408.958{,}89\ \text{€ x } (80 - 67)}{80} = 66.455{,}82\ \text{€}$$

[214] Wertermittlungsrichtlinien - WertR 2006

Neben der Alterswertminderung sind auch die Kosten für Bauschäden und Baumängel vom fiktiven Herstellungswert abzusetzen. In unserem Fall liegen keine Bauschäden oder Baumängel vor und werden demnach nicht in Ansatz gebracht. Dennoch ist dieser Bereich von wesentlicher Bedeutung für die künftige Haushaltswirtschaft, weshalb an dieser Stelle trotz des Fehlens im Rahmen des gewählten Bewertungsbeispiels auf diese Punkte eingegangen wird.

Ein Sachmangel, unter welchen auch Baumängel zu subsumieren sind, ist jede dem Käufer ungünstige Abweichung der Ist-Beschaffenheit von der vereinbarten Soll-Beschaffenheit.[215] Die Arbeiten müssen den anerkannten Regeln der Technik entsprechen und dürfen nicht mit Fehlern behaftet sein. Demnach müssen die Arbeiten zum Zeitpunkt der Abnahme so ausgeführt sein, dass der Wert und die Tauglichkeit zum vertraglich vereinbarten Gebrauch weder gemindert noch aufgehoben werden.[216] Zur Abgrenzung zwischen Baumängeln und Bauschäden können die Wertermittlungsrichtlinien des Bundesministeriums für Verkehr, Bau und Stadtentwicklung herangezogen werden. Hiernach entstehen Baumängel während der Bauzeit durch unsachgemäße Bauausführung oder Einsparungen zu Lasten der zu stellenden Qualitätsanforderungen.[217] Bauschäden wiederum entstehen durch äußere Einwirkungen nach der Fertigstellung des Gebäudes. Diese äußeren Einwirkungen können einerseits in einen Reparaturstau (unterlassene Instand-haltung), Wasser- und Brandschäden oder Schädlingsbefall etc. bestehen, aber auch als Folge von Baumängeln auftreten.[218]

Wertminderungen aufgrund von Bauschäden oder Baumängeln sind wiederum nur dann im Rahmen der Gebäudebewertung zu berücksichtigen, wenn diese nicht bereits bei den bisherigen Ermittlungen berücksichtig worden sind. Folglich scheidet ein Ansatz von Wertminderungen durch Bauschäden oder –mängeln immer in den Fällen aus, in denen bereits die Herstellungskosten

215 Palandt et al. (2003), S. 627, § 434 Rn. 1-24
216 Gondring et al. (2004), S. 155
217 Wertermittlungsrichtlinien - WertR 2006
218 Gablenz/Laib (2007), S. 78

reduziert wurden oder die fiktive Restnutzungsdauer bereits aufgrund einer Reduzierung der Punkteverteilung des Modernisierungsgrades angemessen verkürzt worden ist.

Der darüber hinausgehende Ansatz von Bauschäden und –mängeln ist nur dann zusätzlich denkbar, wenn Gebäudeelemente von der Beurteilung des Modernisierungsgrades nicht schon erfasst worden sind oder der Schaden so schwerwiegend ist, dass die Verkürzung der Restnutzungsdauer nicht ausreichend ist.
Die Ermittlung der anzusetzenden Wertminderung ist auf der Grundlage von Erfahrungswerten oder durch eine Schätzung der zu veranschlagenden Beseitigungskosten vorzunehmen.[219]

Das Ergebnis der vorgenannten Berechnungen ist der sog. bereinigte Gebäudewert zum Wertermittlungsstichtag (342.503,07 €). Dieser wird nun mittels Baupreisindex[220] (101,3) auf das fiktive Baujahr (1995) zurückindiziert.

Dieser zurückindizierte bereinigte Gebäudewert (346.955,61 €) ist der Wertansatz mit dem das Bewertungsobjekt in die Eröffnungsbilanz einfließt, es sei denn es liegen unterlassene Instandhaltungen vor, deren Behebung innerhalb der nächsten drei Jahre geplant sind. In diesem Falle sind die geschätzten Instandhaltungskosten offen vom Gebäudewert abzusetzen und als Instandhaltungsrückstellung in der Bilanz auszuweisen.

1.2.3. Straßen, Wege, Plätze

Dem Infrastrukturvermögen, also den Straßen, Wegen und Plätzen, die sich im Eigentum einer Gemeinde befinden, kommt eine wesentliche Bedeutung zu. Vielerorts, speziell in kleinen Gemeinden, entfallen bis zu 70 % des gesamten Gemeindevermögens auf diese Vermögensgegenstände.[221] Demnach ist neben der Bewertung des gemeindeeigenen Grund- und Gebäudevermögens speziell

[219] Gablenz/Laib (2007), S. 79
[220] VV-GemHSys, Anlage 4 (siehe Anhang 16)
[221] Suhre [online], 23.08.2008

die Bewertung des Infrastrukturvermögens von zentraler Bedeutung für die kommunale Vermögensrechnung.

Der überaus umfangreiche Bestand an kommunalem Infrastrukturvermögen erfordert für die Erstellung des Inventars der kommunalen Eröffnungsbilanz einen extrem hohen Erfassungsaufwand. Es erscheint daher als sinnvoll, neben den Überlegungen, die in direktem Zusammenhang mit der Bewertung zur Umstellung auf die Doppik stehen, auch eine weitere Verwendung der erhobenen Daten vorzusehen. In diesem Zusammenhang ist möglicherweise eine weitergehende Datenerhebung erforderlich, als diese rein zu Bilanzierungszwecken erforderlich wäre. Der hierdurch entstehende Mehraufwand ist hingegen in der Regel vergleichsweise gering, sodass diese Option in jedem Fall einen wirtschaftlichen Nutzen enthält. Die Ersterfassung sollte demnach so angelegt sein, dass einerseits ein künftiges Unterhaltungsmanagement und andererseits Stichprobeninventuren für künftige Jahresabschlüsse an den erhobenen Datenbestand angeknüpft werden können. Eine fachbereichsübergreifende Zusammenarbeit ist infolgedessen unumgänglich, um Erfassungsaufwand und Nutzungspotentiale zu optimieren. Die mögliche Ausprägung dieser Zusammenarbeit ist in der nachfolgenden Abbildung dargestellt.

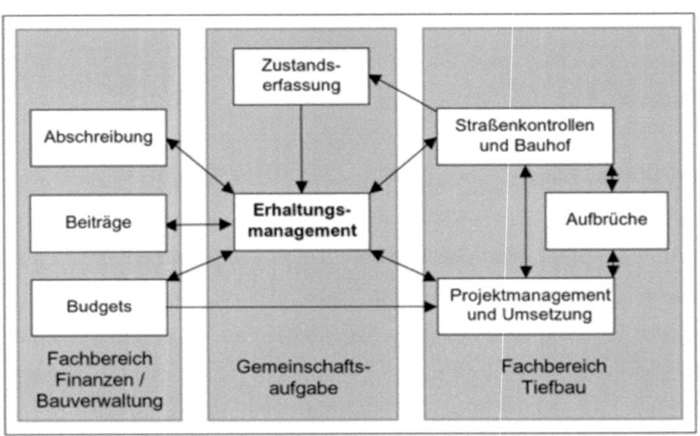

Abbildung 17: Aufgabenverteilung und künftige Nutzungspotentiale[222]

[222] Suhre [online], 23.08.2008

Zur Ermittlung des Straßenwertes ist im ersten Schritt die Erstellung eines vollständigen Straßenverzeichnisses notwendig.[223] Hierbei kann grundsätzlich auf die bereits erhobenen Daten aus der Bewertung der Straßengrundstücke zurückgegriffen werden. Erfahrungsgemäß bestehen zwischen den im Kataster ausgewiesenen Straßenparzellen und den tatsächlichen Straßenflächen an einigen Stellen noch Differenzen, die einen manuellen Anpassungsbedarf erfordern.[224] Denn die getrennt vom Straßenvermögen auszuweisenden Vermögensgegenstände,[225] wie beispielsweise Geh- und Radwege[226] sowie ausgeprägte Grün- und Ausgleichsflächen,[227] sind häufig nicht als separates Grundstück ausgewiesen und müssen demnach bei der Straßenbewertung in Abzug gebracht werden. Im Hinblick auf das anzuwendende Erfassungsverfahren zur Anpassung der tatsächlichen Straßenflächen ist zwischen der angestrebten Fehlerquote und dem dafür erforderlichen Erfassungsaufwand abzuwägen. Die Zugrundelegung sogenannter Regelquerschnitte,[228] also angenommene Standardbreiten für Straßen, Gehwege, Bankette etc., stellt das einfachste Erfassungsverfahren dar. Fehlerquoten von rund 10 % bei dem Datenabgleich sind hierbei die Regel. Die Genauigkeit dieses Verfahrens reicht jedoch grundsätzlich für die Straßenbewertung zur Erstellung der kommunalen Eröffnungsbilanz aus. Verfahren, die eine wesentlich höhere Genauigkeit aufweisen, jedoch auch einen höheren Erfassungsaufwand verursachen, sind beispielsweise die Luftbildauswertung oder die stationierte Erfassung, also die Vermessung vor Ort.[229] Einerseits senken diese Verfahren die Fehlerquote im Vergleich zum Regelquerschnitt-Verfahren deutlich, andererseits steigt jedoch auch der Erfassungsaufwand erheblich an. Der höhere Erfassungsaufwand erhöht unweigerlich auch die entstehenden Kosten deutlich, sodass der Kosten-Nutzen-Aspekt im Vorfeld der Verfahrensauswahl genauestens abzuwägen ist.

Neben der Abgrenzung der Straßenflächen ist auch eine Zuordnung der Straßenausstattung zu treffen. Demnach ist eine Abgrenzung zwischen Ver-

---

[223] Haas/Wöltering (2007), S. 123

[224] Suhre [online], 23.08.2008

[225] § 3 Abs. 4 Nr. 4 Satz 5 a) bis m) GemEBilBewVO

[226] § 3 Abs. 4 Nr. 4 Satz 5 a) GemEBilBewVO

[227] Umkehrschluss aus § 3 Abs. 4 Nr. 4 Satz 4 b) GemEBilBewVO

[228] Voth (1995), S. 300 ff.

[229] Suhre [online], 23.08.2008

mögensgegenständen, die grundsätzlich zusammen mit dem Vermögensgegenstand „Straße" erfasst werden und Vermögensgegenständen, die einzeln erfasst werden können oder müssen. Zum Vermögensgegenstand „Straße" gehören die einzelnen Schichten des Straßenkörpers, Fahrbahnmarkierungen, Verkehrsinseln und dergleichen.[230] Verkehrszeichen, Grünstreifen, Schutzplanken etc. können ebenfalls dem Vermögensgegenstand „Straße" zugeordnet werden, soweit sie von untergeordneter Bedeutung sind.[231] Dahingegen sind beispielsweise Verkehrslenkungsanlagen (Kreisel), Signalanlagen (Ampeln), die Straßenbeleuchtung einschließlich deren Versorgungskabel und noch einige weitere Straßenausstattungen explizit als selbstständigen Vermögensgegenstand zu erfassen.[232]

Nachdem die zu bewertenden Straßenflächen ermittelt worden sind, ist im nächsten Schritt eine Strukturierung des gesamten Straßenetzes, d.h. die Einteilung in die jeweiligen Bewertungsobjekte durchzuführen. Hierbei können einerseits gesamte Straßen sowie andererseits einzelne Straßenabschnitte, sogenannte Netzknoten, als Bewertungsobjekt vorgesehen werden.[233]

Die gebildeten Bewertungsobjekte sind anschließend in Abhängigkeit ihrer Verkehrsbelastung in die Bauklassen I bis VI im Sinne der „Richtlinie für Standardisierung des Oberbaus von Verkehrsflächen (RStO)"[234] einzuteilen.[235]

Im nachfolgenden Schritt ist die Ermittlung der tatsächlichen Anschaffungs- und Herstellungskosten sowie dem tatsächlichen Anschaffungs- und Herstellungsdatum durchzuführen, soweit die Bestimmung dieser Werte überhaupt und mit einem vertretbaren Ermittlungsaufwand möglich ist. Erfahrungsgemäß wird dies für den überwiegenden Teil des gemeindlichen Infrastrukturvermögens nicht möglich sein.[236]

---

[230] § 3 Abs. 4 Nr. 4 Satz 3 a) bis l) GemEBilBewVO
[231] § 3 Abs. 4 Nr. 4 Satz 4 a) bis g) GemEBilBewVO
[232] § 3 Abs. 4 Nr. 4 Satz 5 a) bis m) GemEBilBewVO
[233] Haas/Wöltering (2007), S. 123
[234] FSGV (2001), S. 1-52
[235] Voth (1995), S. 316 ff.
[236] Gablenz/Laib (2007), S. 100

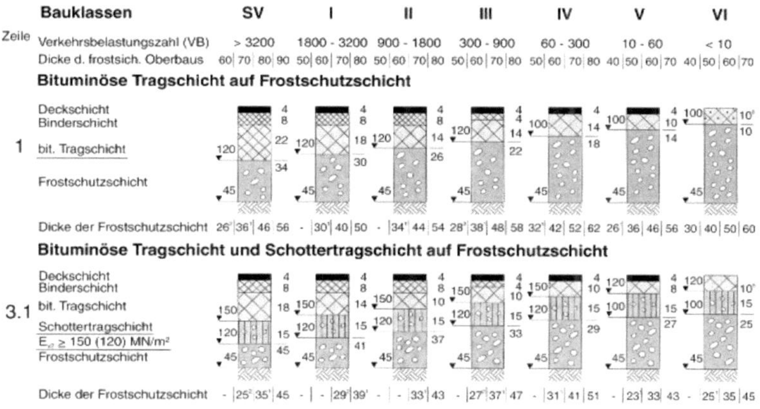

Tab. 1 - Bewährte Bauweisen: RStO, Tafel 1, Zeilen 1 und 3.1

Abbildung 18: Straßenbauklassen nach RStO[237]

Abschließend ist die technische Beurteilung des Bauzustandes der einzelnen Bewertungsobjekte vorzunehmen. Diese erfolgt anhand der gesetzlichen Vorgaben unter Zuhilfenahme einer Bewertungsmatrix, die sechs Beurteilungskriterien,[238] jeweils in der Schadensausprägung, „nicht ausgeprägt", „ausgeprägt" und „stark ausgeprägt" kategorisiert und mit einem prozentualen Bewertungssollwert belegt.[239] Den Beurteilungskriterien wird darüber hinaus jeweils eine unterschiedliche Gewichtung in einer Bandbreite von 5 % bis 25 % unterstellt. Die Zustandsermittlung ist unabhängig vom Vorliegen der tatsächlichen Anschaffungs- oder Herstellungskosten bzw. -daten zur Bestimmung der wirtschaftlichen Restnutzungsdauer durchzuführen. Diese ist für jedes einzelne Bewertungsobjekt zum Bewertungsstichtag neu zu ermitteln, unabhängig von der tatsächlichen Nutzungsdauer.[240] Im Ergebnis besteht also keine Möglichkeit, Straßen, deren Nutzungsdauer laut Abschreibungstabelle bereits überschritten ist, als bereits voll abgeschrieben in der Bilanz auszuweisen. Somit verbleibt eine minimale Restnutzungsdauer von mindestens 11

237 Deutscher Asphaltverband (1995), S. 9

238 Spurrinnen; Allgemeine Unebenheiten; Einzel-/Netzrisse, offene Pflasterungen; Oberflächenschäden; Flickstellen; Zustand Rinne/Bord

239 § 3 Abs. 4 Nr. 4 GemEBilBewVO, siehe hierzu Anlage 8 VVGemEBilBewVO

240 Art. 8 § 6 Abs. 3 KomDoppikLG

Jahren zum Bewertungsstichtag, selbst wenn deren Zustand extrem schlecht ist.[241]

Die Straßenbewertung an sich ist nach der durchgängig anzuwendenden Bewertungshierarchie durchzuführen, d.h. Bewertung nach Anschaffungs- und Herstellungskosten, soweit diese zu ermitteln sind, andernfalls auf der Grundlage von Vergleichswerten aus der Anschaffung und Herstellung ähnlicher Vermögensgegenstände. Soweit diese Werte nicht oder nur mit einem nicht zu vertretenden Aufwand zu ermitteln sind, kann die Bewertung auch auf der Grundlage von Erfahrungswerten vorgenommen werden.

Fall:

Die Gemeinde hat am 01.08.1988 die Bahnhofstraße mit einer Verkehrsfläche von 1.647 m² für insgesamt 210.855,79 DM (107.808,46 €) neu hergestellt.
Die Straße weist zum Zeitpunkt der Erfassung ausgeprägte Schäden in jeder der sechs Zustandsbeurteilungskriterien auf, welche den Gebrauchswert der Straße insgesamt sowie deren künftige Nutzungsdauer negativ beeinflussen.

Das Tiefbauamt der Gemeinde hat hierzu die Zustandsermittlung im Rahmen einer Ortsbegehung durchgeführt und kommt zu der in Anlage 10 detailliert dargestellten Beurteilung. Im Ergebnis wird der Straßenzustand mit der Zustandskennziffer 65 bewertet.

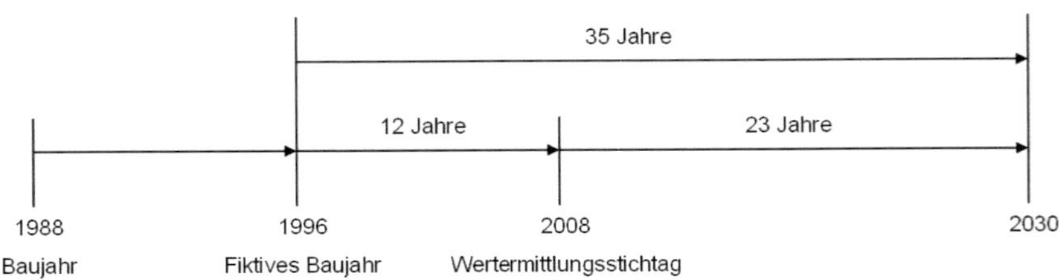

Abbildung 19: Fiktives Herstellungsdatum (Straßen)

241 § 3 Abs. 4 Nr. 4 GemEBilBewVO, siehe hierzu Anlage 8 VVGemEBilBewVO (Zustandsbewertung min. 30 %)

Die fiktive Restnutzungsdauer beträgt demnach 23 Jahre und errechnet sich aus der regelmäßigen Nutzungsdauer von 35 Jahren,[242] multipliziert mit der Zustandskennziffer, dividiert durch 100. Hieraus ist ein fiktives Herstellungsdatum durch Rückrechnung der bereits abgelaufenen Nutzungsdauer zum Bilanzstichtag (35 Jahre – 23 Jahre = 12 Jahre) abzuleiten, in unserem Fall also 1996.

Nach dem Herstellungskostenprinzip ist die vorgenannte Straße mit dem Restbuchwert ihrer tatsächlichen Herstellungskosten in der Eröffnungsbilanz auszuweisen. Dieser Wert (70.845,56 €) wird ermittelt, indem die tatsächlichen Herstellungskosten in Höhe von umgerechnet 107.808,46 € um die kumulierten Abschreibungen (36.962,90 €) bis zum Bilanzstichtag reduziert werden. Die kumulierten Abschreibungen werden auf der Grundlage der neugeschätzten Restnutzungsdauer der Straße zum Bilanzstichtag (23 Jahre) errechnet, indem der jährliche Abschreibungsbetrag (107.808,46 € / 35 Jahre = 3.080,24 €) mit der bereits abgelaufenen Nutzungsdauer (12 Jahre) multipliziert wird. Eine Rückindizierung dieses Wertes ist nicht erforderlich.[243] Der insgesamt schlechte Straßenzustand beeinflusst diesen Wertansatz ebenfalls nicht, sondern lediglich die künftige (fiktive) Restnutzungsdauer sowie die damit einhergehenden Abschreibungen der Straße.

Anders stellt sich der Sachverhalt dar, wenn die tatsächlichen Herstellungskosten nicht bekannt und auch nicht zu ermitteln sind. In diesem Fall muss der Restbuchwert für die Eröffnungsbilanz (der Annahme folgend, dass auch keine Vergleichswerte zu ermitteln sind) mit Hilfe des Straßenbewertungsverfahrens errechnet werden.

Mit Hilfe der Angaben zur Bauklasse und Größe der Straße können somit fiktive Herstellungskosten in Höhe von 139.995,00 € ermittelt werden, in dem Baukosten in Höhe von 85 €/m² (Vergleichswert)[244] mit der Straßenfläche von 1.647 m² multipliziert werden.

---

242 Abschreibungsrichtlinie - VV-AfA (siehe Anhang 15)

243 Landeslenkungsgruppe [online], E-Mail-Anfrage vom 12. März 2008, 07.08.2008

244 Gablenz/Laib (2007), S. 97

Die fiktiven Herstellungskosten sind im nächsten Schritt auf das fiktive Herstellungsjahr zurückzuindizieren, was durch Multiplikation der Herstellungskosten mit dem Preisindex[245] des Herstellungsjahrs geschieht (139.995 € x 100,6 = 140.835 €).

Die indizierten Herstellungskosten werden abschließend um die bereits aufgelaufenen Abschreibungsbeträge reduziert, woraus sich der Restbuchwert zum Bilanzstichtag ergibt (140.835 € / 35 Jahre x 12 Jahre = 48.286 € bisherige AfA; 140.835 € - 48.286 € = 92.549 € Restbuchwert zum Eröffnungsbilanzstichtag).

Eine Besonderheit im Zusammenhang mit der Straßenbewertung besteht hinsichtlich der Behandlung von Dämmen und Geländeeinschnitten, die im Zuge der erstmaligen Herstellung erbaut wurden. Diese Straßenbestandteile werden als nicht abnutzbarer Teil der Straße klassifiziert und demnach nicht bei der Abschreibung berücksichtigt. Hintergrund dieser Vorgehensweise ist die Überlegung, dass diese Kosten nur einmalig im Zuge der Erstherstellung einer Straße entstehen. Bei künftigen Maßnahmen, selbst einem vollständigen Neuausbau der Straße, bleiben Bauwerke wie der Damm bzw. der Geländeeinschnitt in der bereits hergestellten Form erhalten, ohne, dass hierfür erneut Kosten aufzuwenden sind.[246]

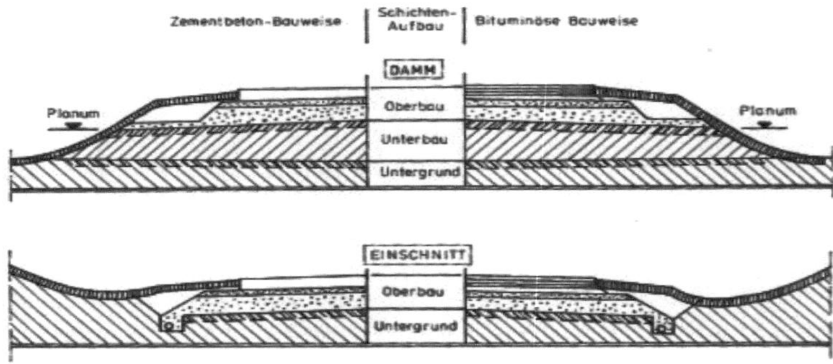

Abbildung 20: Damm und Geländeeinschnitt[247]

245 VV-GemHSys, Anlage 4 (siehe Anhang 16)
246 Rechnungshof Rheinland-Pfalz (2008), S. 44
247 Voth (1995), S. 315

Die Bewertung von Wegen und Plätzen ist grundsätzlich analog dem dargestellten Straßenbewertungsverfahren durchzuführen.

Zur Bewertung land- und forstwirtschaftlicher Wege können 50 % der bei der Straßenbewertung zugrunde gelegten Vergleichswerte angesetzt werden. Die Reduzierung der Vergleichswerte soll der Tatsache Rechnung tragen, dass Wirtschaftswege grundsätzlich über einen schlechteren Unterbau als vergleichbare Straßen verfügen.[248] Dieser Richtwert soll zur Bewertungsvereinfachung beitragen und kann bei abweichender Einschätzung des mit der Bewertung betrauten Sachbearbeiters durch andere Werte ersetzt werden, die den zu bewertenden Sachverhalt treffender beschreiben.

Richtwerte zur Bewertung von Straßen, Wegen und Plätzen		
Oberbau	Bauklasse	Richtpreis pro m²
Asphalt	3	85,-
Asphalt	4	75,-
Asphalt	5	75,-
Pflaster	3	85,-
Pflaster	4	65,-
Pflaster	5	65,-
Mischbauweise	3	85,-
Mischbauweise	4	70,-
Mischbauweise	5	70,-
Rasen		15,-
Rasen/Pflaster Mix		35,-
Sand/Rasen Mix		15,-
Nur Sand		5,-
Sand/Rasen/Pflaster Mix		25,-
Asphalt/Rasen Mix		35,-
Wirtschaftswege		Anschlag v. 50 %

Abbildung 21: Richtwerte zur Bewertung von Straßen, Wegen, Plätzen[249]

[248] Gablenz/Laib (2007), S. 97
[249] Gablenz/Laib (2007), S. 97

1.2.4. Bewegliches Vermögen

Das bewegliche Vermögen ist ebenfalls Teil des Sachanlagevermögens und verkörpert alle mobilen Vermögensgegenstände des Anlagevermögens. Demnach sind umfangreiche Bestände an mobilen Gegenständen einer Gemeinde, angefangen bei Büroausstattungen innerhalb der Verwaltung über Einrichtungen von Schulen und Kindergärten, Kunstgegenstände in Museen und Sammlungen bis hin zu Feuerwehr- und Rettungsdienstfahrzeugen, unter diese Rubrik des Anlagevermögens zu subsumieren.[250] Der Umfang des zu erfassenden Vermögens wird bereits anhand dieses einfachen Beispiels deutlich. Insbesondere im Hinblick auf die Erstellung der Eröffnungsbilanz kommt dieser Umstand zum Tragen, da in den meisten Fällen eine vollständige Bestandsaufnahme erforderlich ist und nur begrenzt auf vorhandene Vermögensverzeichnisse zurückgegriffen werden kann.[251]

Die beweglichen Vermögensgegenstände nehmen aller Wahrscheinlichkeit nach zahlenmäßig die größte Position innerhalb des gemeindlichen Vermögens ein.

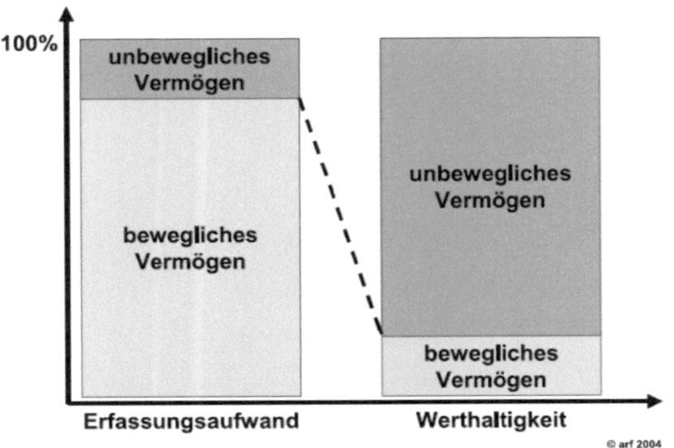

Abbildung 22: Erfassungsaufwand vs. Werthaltigkeit von beweglichem Vermögen[252]

---

[250] Marretek et al. (2006), S. 197

[251] Körner (2005), S. 194 ff. (zusammengefasste Auswertungsergebnisse der arf GmbH aus 2005)

[252] Körner (2005), S. 194

Bezogen auf die Werthaltigkeit der Vermögensgegenstände wandelt sich das Bild, denn in dieser Hinsicht umfasst das bewegliche Vermögen verglichen mit den anderen Positionen des Sachanlagevermögens oftmals nur einen Bruchteil des Wertes. In Relation zwischen Erfassungsaufwand und Werthaltigkeit kann von einer „90:10-Regel" ausgegangen werden, d.h. 90 % des Erfassungsaufwandes, aber nur 10 % des Wertes der Anlagegüter, werden voraussichtlich auf die beweglichen Vermögensgegenstände entfallen.[253]

Dieses augenfällige Missverhältnis verdeutlicht das Erfordernis, im Zuge der Ersterfassung und -bewertung des kommunalen Vermögens eine möglicht effektive Vorgehensweise zu wählen. Das Hauptaugenmerk sollte dabei stets auf das Verhältnis zwischen „Arbeitsaufwand und -ertrag" gerichtet werden. Die Erfassung des beweglichen Vermögens erfolgt regelmäßig im Wege einer körperlichen Inventur,[254] d.h. Mitarbeiter der Verwaltung oder beauftragte Dritte müssen in den einzelnen Verwaltungseinrichtungen durch Zählen, Messen, Wiegen etc. eine tatsächliche Bestandsaufnahme durchführen. Dieses grundsätzlich unumgängliche Verfahren bedeutet einen immensen Arbeitsaufwand und eine umfangreiche Bindung personeller Ressourcen.[255]

Hierbei können selbst in kleineren Kommunen bei der Erfassung weniger Objekte umfangreiche (Über)Stundkontingente entstehen, die leicht in die hunderte reichen können.[256] Um diese Effekte abzumildern, wurden verschiedene Inventurvereinfachungsverfahren bei der (erstmaligen) Erfassung des Vermögens zugelassen. So können neben der vollständigen körperlichen Inventur auch Stichprobeninventuren durchgeführt werden, deren Ergebnisse mit Hilfe von mathematisch-statistischen Verfahren auf die Gesamtheit aller Vermögensgegenstände übertragen werden. Die vorgenannten Vereinfachungsverfahren müssen den Grundsätzen ordnungsgemäßer Buchführung entsprechen.[257]

---

253 Körner (2005), S. 194
254 § 31 Abs. 3 GemHVO
255 Körner (2005), S. 193
256 Bausch (2005), S. 10
257 § 32 Abs. 1 GemHVO

Des Weiteren kann von einer körperlichen Bestandsaufnahme in den Fällen abgesehen werden, in denen Art, Menge und Wert der Vermögensgegenstände auch ohne körperliche Inventur im Rahmen einer Buch- oder Beleginventur genau bestimmt werden können. Die Anwendung der Buch- bzw. Beleginventur muss ebenfalls mit den Grundsätzen ordnungsgemäßer Buchführung vereinbar sein.[258]

Des Weiteren wird für die Erfassung der Vermögensgegenstände eine untere Wertgrenze in Höhe von 60,00 € ohne Umsatzsteuer definiert. Gegenstände, deren Anschaffungs- und Herstellungskosten unterhalb dieser Wertgrenze liegen, müssen nicht erfasst werden.[259] Gleiches gilt für selbst hergestellte oder unentgeltlich beschaffte Gegenstände.[260]

Darüber hinaus wurden die bekannten Vereinfachungsregelungen des Steuerrechts[261] bezüglich der Behandlung geringwertiger Wirtschaftsgüter in der Gemeindehaushaltsverordnung übernommen.[262]
Die Anwendung dieser Vereinfachungsverfahren ist jedoch nicht verpflichtend. Den Gemeinden steht vielmehr ein Wahlrecht zur Handhabung geringwertiger Wirtschaftsgüter zu, welches lediglich durch den Grundsatz der Bewertungsstetigkeit und der Bilanzkontinuität insofern beschränkt wird, als dass die Bewertungsverfahren nicht willkürlich und/oder ständig wechselnd angewandt werden dürfen. Neben den gesetzlichen Bestimmungen für GWG müssen demnach gesonderte Bestimmungen zur Ersterfassung und -bewertung im Rahmen individueller Bewertungsrichtlinien der Gemeinden näher definiert werden.
Grundsätzlich können die Kommunen zur Behandlung von geringwertigen Vermögensgegenständen (GWG), deren Anschaffungs- und Herstellungskosten zwischen 60,- € und 410,- € ohne Umsatzsteuer liegen, zwischen fünf verschiedenen Alternativen wählen.

---

[258] § 32 Abs. 2 GemHVO
[259] § 32 Abs. 5 GemHVO
[260] § 32 Abs. 4 GemHVO
[261] § 6 Abs. 2 EStG
[262] § 35 Abs. 3 Satz 2 GemHVO

a) GWG können als laufender Aufwand im Jahr der Anschaffung erfasst werden, ein Bilanzausweis sowie die statistische Fortführung des Bestandes sind nicht erforderlich.[263]

b) GWG können im Zugangsjahr auf einem gesonderten Konto erfasst und im gleichen Jahr in voller Höhe ohne Ansatz eines Erinnerungswertes abgeschrieben werden. Ein Bilanzausweis sowie die statistische Fortführung des Bestandes sind auch hier nicht erforderlich.[264]

c) GWG können wie unter Punkt b) beschrieben behandelt werden, jedoch erfolgt eine statistische Fortschreibung des Bestandes. Ein Bilanzausweis ist auch hier nicht vorgesehen.[265]

d) GWG können im Zugangsjahr auf einen Erinnerungswert von 1,- € abgeschrieben werden, der Erinnerungswert ist über den Zeitraum der tatsächlichen Nutzung des Gegenstandes in der Bilanz auszuweisen. Darüber hinaus erfolgt eine Fortschreibung des Bestandes.[266]

e) GWG können über deren betriebsgewöhnliche Nutzungsdauer planmäßig abgeschrieben werden, der jeweilige Restbuchwert ist in der Bilanz auszuweisen.[267]

Hat sich eine Gemeinde für die Anwendung der vorgenannten Vereinfachungsregeln entschieden, ist das bewegliche Vermögen bei der Erfassung und Bewertung grundsätzlich in zwei Rubriken aufzugliedern: Vermögensgegenstände mit Anschaffungs- und Herstellungskosten über 410,00 € (netto) und geringwertige Vermögensgegenstände mit Anschaffungs- und Herstellungskosten unter 410,00 € (netto). Von der Behandlung als GWG ausgeschlossen sind Vermögensgegenstände, die im Einzelfall zwar unter die Rubrik der GWG zu

---

263 Landeslenkungsgruppe (2005), S. 431, Alternative 5
264 Landeslenkungsgruppe (2005), S. 431, Alternative 1
265 Landeslenkungsgruppe (2005), S. 431, Alternative 2
266 Landeslenkungsgruppe (2005), S. 431, Alternative 3
267 Landeslenkungsgruppe (2005), S. 431, Alternative 4

subsumieren sind, jedoch im Rahmen einer Festwert- oder Gruppenbewertung eine Bewertungseinheit bilden.

Die Bildung von Festwerten ist eine der Bewertungsvereinfachungen, die im Zuge der Erstbewertung eine wesentliche Rolle spielen kann. Vorraussetzung für die Bildung vom Festwerten ist, dass die zugrundeliegenden Vermögensgegenstände in ihrem Bestand, Wert und Zusammensetzung nur geringen Schwankungen unterliegen und ihr Gesamtwert für die Gemeinde von nachrangiger Bedeutung ist. Die Bildung von Festwerten ist also immer dann von Vorteil, wenn ein gewisser Bestand an gleichartigen Anlagegütern durch regelmäßige Nachkäufe von abgängigen Vermögensgegenständen auf einem annähernd stabilen Niveau gehalten wird. Ein gängiges Beispiel, welches auch in der GemEBilBewVO seinen Niederschlag findet,[268] ist der Ansatz eines Festwertes für den Medienbestand von Gemeindebibliotheken.[269] In diesem konkreten Beispiel werden regelmäßig die Bestände auf einem annähernd gleichen Niveau gehalten, indem ausgesonderte Werke durch Neubeschaffungen ersetzt werden. Der Festwert, der in regelmäßigen Abständen zu überprüfen ist, wäre also nur in den Fällen anzupassen, in denen der Gesamtbestand nennenswert und dauerhaft reduziert oder erhöht werden würde. Ein weiteres Beispiel wäre die Bildung eines Festwertes für die Ausstattung an Schlauchmaterial der Gemeindefeuerwehren.[270]

Vielerorts sind die Bestände anhand der Normbeladung der Fahrzeuge zuzüglich erforderlicher Austauschreserven in ihrem Gesamtbestand festgelegt und ändern sich lediglich durch dauerhafte Zu- oder Abgänge von Fahrzeugen inkl. Beladung oder organisatorischer Veränderungen innerhalb der Gemeindefeuerwehr. Der Abgang auszusondernder Schläuche wird laufende Ersatzbeschaffungen aufgefangen, sodass die Gesamtzahl konstant bleibt. Ähnlich verhält es sich bei der Spielzeugausstattung von Kindergärten sowie der Lehr- und Lernmittelausstattung in Schulen, sodass auch hier bei Vorliegen der gesetzlichen Vorraussetzungen die Bildung von Festwerten in Betracht käme.

---

[268] § 3 Abs. 4 Nr. 13 GemEBilBewVO

[269] Landeslenkungsgruppe [online], E-Mail-Anfrage vom 11. März 2008, 07.08.2008

[270] Spirres [online], 29.08.2008

Ein weiteres Bewertungsvereinfachungsverfahren von erheblicher praktischer Relevanz ist die Gruppenbewertung. Hiernach können gleichartige oder annähernd gleichartige Vermögensgegenstände, abweichend vom Grundsatz der Einzelbewertung, mit einem gewogenen Durchschnittswert in einer Gruppe zusammengefasst und bewertet werden.[271]

Gängige Beispiele aus der kommunalen Praxis sind hierbei die Zusammenfassung von einzelnen Büromöbeln, Schultischen und –stühlen sowie EDV-Ausstattungen innerhalb der einzelnen Verwaltungseinheiten. Die Gruppenbewertung kann hierbei entweder auf einzelne Gegenstände angewandt werden, beispielsweise können alle vorhandenen und vergleichbaren Stühle in einer Schule zu einer Gruppe zusammengefasst werden. Oder die Gruppenbewertung wird auf die gesamte Ausstattung eines Bereichs angewandt, worunter der vielzitierte Klassensatz an Geräten und Ausstattungsgegenständen eines Klassenzimmers zu subsumieren ist.

In anderen Bereichen, speziell bei kommunalen Bauhöfen und den Feuerwehreinheiten, ist die Gruppenbewertung sehr differenziert und vorausschauend anzuwenden, da hier insbesondere die Auswirkungen auf die künftige Haushaltswirtschaft zu berücksichtigen sind.

Fallbeispiel:

Anhand der nachfolgenden Darstellung ist zu erkennen, welchen Umfang die Beladung eines Feuerwehrfahrzeuges regelmäßig annimmt.

Eine Bewertung jedes einzelnen Gegenstandes ist mit einem extrem hohen Erfassungsaufwand verbunden, welcher vielerorts nur bedingt als sinnvoll und erforderlich angesehen wird. Andererseits würde die Zusammenfassung der gesamten Beladung, möglicherweise sogar inklusive des Fahrzeuges, nicht den Bewertungserfordernissen gerecht aufgrund verschiedener wirtschaftlicher Nutzungsdauern einzelner Geräte.

---

[271] § 32 Abs. 10 GemHVO

Abbildung 23: Feuerwehrfahrzeug mit Beladung[272]

Darüber hinaus würde die Erfassung und Inventarisierung als einheitlicher Bewertungsgegenstand dazu führen, dass mögliche Folge- und Ersatzbeschaffungen der Beladung nicht als Investitionen, sondern als Aufwand im laufenden Haushaltsjahr zu erfassen wäre.[273] Eine Finanzierung unter zu Hilfenahme von Investitionskrediten scheidet demnach aus, sodass nicht zuletzt aus diesem Grund eine differenzierte Erfassung und Bewertung verschiedener Sachverhalte das Mittel der Wahl sein sollte. Ein geeigneter Kompromiss zwischen Einzel- und Globalerfassung/-bewertung könnte folgendermaßen aussehen:

Das Fahrzeug, Fahrgestell und Spezialaufbauten, werden als ein Wirtschaftsgut erfasst. Die DIN-Beladung, also die Gegenstände, die zur ordnungsgemäßen Klassifizierung des Fahrzeuges vorgehalten werden müssen, wie eine bestimmte Anzahl an Schläuchen, tragbarer Leitern etc., können zu einer Gruppe zusammengefasst werden, da diese Gegenstände zur Erhaltung eines normgemäßen Zustandes erforderlich sind und entsprechend auf dem Fahrzeug als

[272] Quelle: Freiwillige Feuerwehr Stadt Oppenheim, siehe auch www.ff-oppenheim.de

[273] Rechnungshof Rheinland-Pfalz (2008), S.33

Mindestausstattung vorgehalten werden müssen. Ausgenommen hiervon sollten besonders hochwertige Vermögensgegenstände, wie Pumpen und Aggregate, trotz ihrer Zugehörigkeit zur Normbeladung einzeln erfasst und bewertet werden.

Alle weiteren verladenen Gegenstände, wie Zusatz- und Sonderbeladungen jeglicher Art, die nicht zwingend auf dem Fahrzeug vorgehalten werden müssen und somit jederzeit grundsätzlich auch anderweitig zu verladen wären, werden einzeln erfasst und bewertet. Neben der detaillierteren Darstellung der jeweiligen Vermögenswerte trägt diese Vorgehensweise insbesondere auch den verschiednen Nutzungsdauern der einzelnen Geräte Rechnung. Darüber hinaus wird die buchhalterische Nachvollziehbarkeit im Falle einer Umverteilung von Zusatz- und Sonderbeladungen gesteigert und der Arbeitsaufwand innerhalb der Anlagenbuchhaltung reduziert.

Fallbeispiel:

Die Gemeinde hat am 01.01.1995 insgesamt 10 Tische für jeweils 120,- DM (61,36 €) zur Einrichtung eines Besprechungsraums in ihrem Verwaltungsgebäude beschafft. Diese Tische wurden im Zuge einer körperlichen Inventur erfasst und liegen nun der Fachabteilung zur Bewertung vor. (siehe Anhang 11: Erfassungsbogen für bewegliches Anlagevermögen)

Variante 1: Bewertung mit Anschaffungskosten

Liegen die oben genannten Anschaffungskosten der Fachabteilung vor, so könnte diese die 10 Tische als jeweils ein Wirtschaftsgut in der Eröffnungsbilanz erfassen.[274] Alternativ dazu könnte die Gemeinde die 10 Tische aber auch im Rahmen der Bewertungsvereinfachung zu einer Bewertungseinheit zusammenfassen und nur ein Wirtschaftsgut, bestehend aus 10 Tischen, entweder als Gruppen- oder Festwert,[275] in der Eröffnungsbilanz ausweisen. Der

---

[274] Die Abgrenzungsproblematik der GWG bleibt in unserem Fall vorerst unberücksichtigt

[275] Bei Vorliegen der entsprechenden Tatbestandsvoraussetzungen

Wert der Anlagegüter wäre vorerst in Summe identisch. Die Auswirkungen der jeweiligen Bewertungsentscheidung liegen in der jeweiligen Abschreibung, die wiederum einerseits den auszuweisenden Restbuchwert sowie die künftige Belastung des Ergebnishaushaltes der Gemeinde andererseits berührt.

a) Im Falle der getrennten Ausweisung der einzelnen Tische stellt sich grundsätzlich die Frage, ob diese als GWG bereits bei der Anschaffung voll abzuschreiben gewesen wären. Hätte sich die Gemeinde für diese Variante entschieden, so wären die Tische, je nach Ausgestaltung der internen Inventurrichtlinien der Gemeinde, entweder mit einem Erinnerungswert oder aber überhaupt nicht in der Eröffnungsbilanz auszuweisen. Aufwand in Form von Abschreibungen entsteht in den folgenden Jahren nicht.

b) Wären die Tische einzeln und nicht als GWG respektive als Bewertungseinheit im Zuge der Gruppenbewertung von der Gemeinde bewertet worden, so wären die Anschaffungskosten abzüglich der kumulierten Abschreibungen, folglich der Restbuchwert zum Bilanzstichtag, in der Eröffnungsbilanz auszuweisen. In unserem Fallbeispiel also 61,36 € x 10 Tische = 613,60 € - 531,79 € AfA von 1995 bis 2007 (613,60 € / 15 Jahre (Büromöbel = 15 Jahre) x 13 Jahre) = 81,81 € Restbuchwert. Für die folgenden beiden Jahre entsteht darüber hinaus ein Abschreibungsaufwand in der Ergebnisrechnung der Gemeinde von insgesamt 81,81 €.[276]

c) Durch die Anwendung des Festwertverfahrens wären die Anschaffungskosten in voller Höhe, also 613,60 €, in der Eröffnungsbilanz auszuweisen. Abschreibungen sind hierbei keine zu bilden, sodass dieser Wert unverändert bleibt. Aufgrund der fehlenden Abschreibungen entsteht der Gemeinde grundsätzlich kein plangemäßer Folgeaufwand. Dieser entsteht erst, wenn die zugrundeliegenden Vermögensgegenstände ausgetauscht oder neubeschafft werden müssen, dann jedoch in Höhe der gesamten Anschaffungskosten des Ergänzungskaufs.

[276] Ohne Berücksichtigung des anzusetzenden Erinnerungswertes nach Vollabschreibung

Variante 2: Bewertung mit Vergleichs- oder Erfahrungswerten bei Vorliegen des tatsächlichen Anschaffungszeitpunktes

Dieser Variante liegt die Annahme zugrunde, dass zwar das Anschaffungsjahr eindeutig identifizierbar ist, die tatsächlichen Anschaffungskosten jedoch nicht zu ermitteln sind. Die Bewertung erfolgt demnach auf der Grundlage von Vergleichswerten aus der Anschaffung vergleichbarer Vermögensgegenstände oder von Erfahrungswerten, wie Katalogpreisen und ähnlichem. Der Annahme folgend, dass auch keine Vergleichswerte vorliegen, würde nun die Verwaltung die Anschaffungs- und Herstellungskosten auf der Grundlage von Erfahrungswerten auf der Basis heutiger Katalogpreise auf 100,- € je Tisch schätzen. Dieser Erfahrungswert müsste auf das bekannte Anschaffungsjahr zurückindiziert werden, sodass der fiktive Anschaffungswert je Tisch 98,- € beträgt (100 € Schätzwert x 0,98 Indexwert 1995 = 98,- €). Hiervon wären nun analog der Vorgehensweise aus Variante 1 die Abschreibungen, soweit erforderlich abzusetzen.

a) Ausweis der Tische in der Eröffnungsbilanz mit einem Erinnerungswert bzw. keine Ausweis in der Eröffnungsbilanz.

b) Einzel- oder Gruppenbewertung der Tische, d.h. Anschaffungskosten abzüglich der kumulierten Abschreibungen, folglich Ansatz des Restbuchwertes zum Bilanzstichtag in der Eröffnungsbilanz. In unserem Fallbeispiel also 98,- € x 10 Tische = 980,- € - 849,33 € AfA von 1995 bis 2007 (980,- € / 15 Jahre (Büromöbel = 15 Jahre) x 13 Jahre) = 130,67 € Restbuchwert. Für die folgenden beiden Jahre entsteht folglich ein Abschreibungsaufwand in der Ergebnisrechnung der Gemeinde von insgesamt 130,67 €.[277]

c) Festwertansatz in Höhe von 980,- € in der Eröffnungsbilanz ohne planmäßige Abschreibungen in den kommenden Jahren. Aufwand entsteht demnach ebenfalls erst mit dem Austausch oder der Neubeschaffung von Vermögensgegenständen in Höhe der Ergänzungsbeschaffungskosten.

---

[277] Ohne Berücksichtigung des anzusetzenden Erinnerungswertes nach Vollabschreibung

Variante 3: Bewertung mit Vergleichs- oder Erfahrungswerten bei Schätzung eines fiktiven Anschaffungszeitpunktes

Bei dieser Fallvariante wird davon ausgegangen, dass weder die tatsächlichen Anschaffungskosten noch das tatsächliche Anschaffungsdatum zu ermitteln ist. Die mit der Bewertung betrauten Sachbearbeiter der Gemeinde schätzen das Alter der Tische auf 8 bis 10 Jahre und kommen somit zu einem fiktiven Anschaffungszeitpunkt von 9 Jahren, also dem 01.01.1999. Die geschätzten Anschaffungskosten aus Variante 2 bleiben unverändert.
Im Ergebnis entstehen durch die veränderte Basis im Zuge der Rückindizierung, nämlich dem Indexwert „99,9“ von 1999 verglichen mit dem Indexwert „98“ des tatsächlichen Anschaffungsjahrs 1995, fiktive Anschaffungskosten in Höhe von 999,- €.

Im Übrigen bleibt die Vorgehensweise analog der vorgenannten Fallvarianten.

a) Ausweis der Tische in der Eröffnungsbilanz mit einem Erinnerungswert bzw. keine Ausweis in der Eröffnungsbilanz.

b) Einzel- oder Gruppenbewertung der Tische, d.h. Anschaffungskosten abzüglich der kumulierten Abschreibungen, folglich Ansatz des Restbuchwertes zum Bilanzstichtag in der Eröffnungsbilanz. In unserem Fallbeispiel also 99,90 € x 10 Tische = 999,- € - 865,80 € AfA von 1995 bis 2007 (980,- € / 15 Jahre (Büromöbel = 15 Jahre) x 13 Jahre) = 133,20 € Restbuchwert. Für die folgenden beiden Jahre entsteht folglich ein Abschreibungsaufwand in der Ergebnisrechnung der Gemeinde von insgesamt 133,20 €.[278]

c) Festwertansatz in Höhe von 999,- € in der Eröffnungsbilanz ohne planmäßige Abschreibungen in den kommenden Jahren. Aufwand entsteht demnach ebenfalls erst mit dem Austausch oder der Neubeschaffung von Vermögensgegenständen in Höhe der Ergänzungsbeschaffungskosten.

---

[278] Ohne Berücksichtigung des anzusetzenden Erinnerungswertes nach Vollabschreibung

Die Abweichungen vom tatsächlichen Bilanzwert beweglicher Vermögensgegenstände aufgrund von Schätzdifferenzen können, wie dargestellt, die Bilanz unbegründeter Weise verbessern. In Abhängigkeit von dem mit der Schätzung betrauten Gutachter können die Werte die Bilanz ebenfalls auch unbegründeter Weise verschlechtern. Eine weitergehende Analyse der hierdurch entstehenden Abweichungen der Bilanzwerte ist Gegenstand des IV. Kapitels.

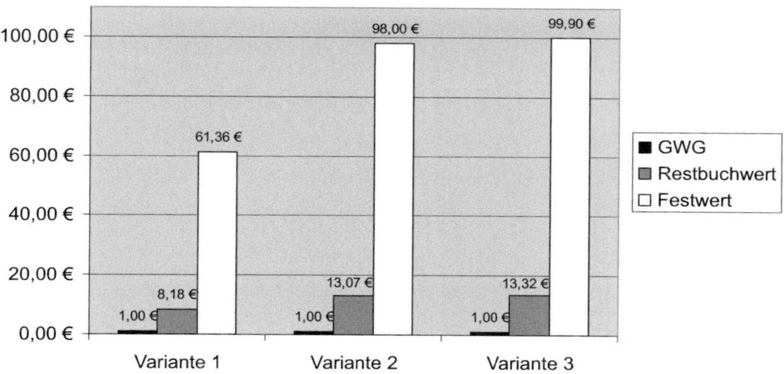

Abbildung 24: Abweichender Bilanzausweis von Vermögensgegenständen

Einen Sonderfall im Rahmen der Bewertung beweglicher Vermögensgegenstände bilden die beweglichen Kunstgegenstände und historischen Medien. In Anlehnung an die allgemeingültige Bewertungssystematik sind auch diese Vermögensgegenstände grundsätzlich mit deren Anschaffungs- und Herstellungskosten zu bewerten. Doch genau darin liegt in diesem speziellen Fall das Problem, denn die Anschaffungs- bzw. Herstellungszeitpunkte dieser Vermögensgegenstände reicht oft Jahrhunderte zurück, sodass ein Ausweis der tatsächlichen Kosten meist von vornherein ausscheidet und nur in den seltensten Fällen zu brauchbaren Ergebnissen führt. Darüber hinaus kann auf keine erprobte Bewertungspraxis auf der Grundlage des Handels- und Steuerrechts zurückgegriffen werden, da sich diese Bewertungsprobleme den Wirtschaftsunternehmen nicht in dieser Form stellen. Folge dessen betreten die Kommunen mit der Erstellung der Eröffnungsbilanz nicht nur für sich selbst

„Neuland“, sondern werfen auch völlig neuartige und bisher nicht dagewesene Bewertungsprobleme bei der Bilanzierung von verschiedenen Vermögensgegenständen auf.[279]

Des Weiteren verlieren Kunstgegenstände mit zunehmendem Alter nicht an Wert, oftmals ist das Gegenteil der Fall, sodass der Ansatz von Abschreibungen nicht sinnvoll erscheint. Der rheinland-pfälzische Gesetzgeber hat dieser Tatsache im Rahmen der GemEBilBewVO Rechnung getragen und die Bildung von Abschreibungen für bewegliche Kunstgegenstände und historische Medien ausgeschlossen. Ausgenommen hiervon ist die sogenannte Gebrauchskunst, für die der Ansatz von Abschreibungen grundsätzlich zugelassen ist.[280]

Zur Bewertung der beweglichen Kunstgegenstände etc. sind Vergleichswerte aus dem An- und Verkauf oder aus Katalogpreisen vergleichbarer Gegenstände unter Beachtung eines möglichen Anpassungsbedarfs heranzuziehen.[281]
Dieses Verfahren ist besonders für die Bewertung sammelwürdiger und in größerer Zahl existierender Gegenstände hilfreich. Im Hinblick auf einmalige oder historisch besondere Güter besteht einerseits kein Markt im eigentlichen Sinne, da diese Güter nicht am Markt angeboten werden.
Andererseits fehlen per se auch Vergleichswerte, da keine vergleichbaren Gegenstände existieren.[282]

Für die vorgenannten Fälle, in denen keine Vergleichs- oder Marktwerte ermittelbar sind, können Versicherungswerte oder Ergebnisse aus Wertgutachten angesetzt werden.[283] Dieser Bewertungsansatz liefert sehr zuverlässige Bewertungsergebnisse, die durch sachverständige Fachkompetenz geprägt sind. Dieser Ansatz findet jedoch regelmäßig dann seine Grenzen, wenn in der Vergangenheit keine Versicherungen abgeschlossen worden sind oder im Zuge der Erstellung der Eröffnungsbilanz großflächig Wertgutachten für umfangreiche

279 Stein/Franke (2005), 271
280 § 3 Abs. 4 Nr. 9 Satz 4 GemEBilBewVO
281 § 3 Abs. 4 Nr. 9 Satz 1 GemEBilBewVO
282 Stein/Franke (2005), 271
283 § 3 Abs. 4 Nr. 9 Satz 2 GemEBilBewVO

Sammlungen zu erstellen wären. In den Fällen steht der zu erwartende monetäre Aufwand für gewöhnlich in keiner wirtschaftlich sinnvollen Relation zu dem zu erwartenden Nutzen. Es empfiehlt sich [284]daher, auf die flächendeckende Erstellung von Wertgutachten zu verzichten und stattdessen nur für ausgewählte Gegenstände von besonderem Wert zu erstellen.

Diejenigen Kunstgegenstände und historischen Medien, für die keines der bisher dargestellten Bewertungsverfahren zu einem brauchbaren Ergebnis geführt hat, sind mit einem Erinnerungswert von 1,- € in der Bilanz auszuweisen.[285]

Neben der dargestellten Bewertungsproblematik stellt sich bei den Vermögensgegenständen, die Gegenstand diverser Ausstellungen, Museen und historischer Sammlungen sind, insbesondere auch die Frage der dauerhaften Erhaltung. Die hierfür zu erwartenden Aufwendungen sollten sich neben den Anlagewerten der Kunstgegenstände ebenfalls in der kommunalen Bilanz widerspiegeln. Hierbei besteht grundsätzlich die Möglichkeit des Ansatzes von Instandhaltungsrückstellungen, um einen bilanziellen Ausgleich zwischen dem Wert des Gegenstandes einerseits und den zu erwartenden Erhaltungsaufwendungen andererseits zu schaffen.[286]

Die Ersterfassung und –bewertung des beweglichen Anlagevermögens stellt die Kommunen einerseits vor die Frage, wie diese Arbeiten am effizientesten durchzuführen sind. Andererseits wird die Erstellung des Erstinventars trotz guter Projektplanung und Anwendung der dargestellten Inventurvereinfachungsverfahren einige Zeit in Anspruch nehmen, sodass sich ebenfalls die Frage nach der laufenden Aktualisierung der erhobenen Daten stellt.

Die Steuerung der Folgeerfassung aller Zugänge an Vermögensgegenständen innerhalb der Kernverwaltung ist weniger problematisch und kann durch die zentrale Sammlung und Auswertung der einschlägigen Rechnungen, beispiels-

[284] Stein/Franke (2005), 272
[285] § 3 Abs. 4 Nr. 9 Satz 3 GemEBilBewVO
[286] Stein/Franke (2005), 274

weise durch die Einrichtung einer Zentralen Finanz- respektive Anlagenbuchhaltung oder durch Mitarbeiter der Gemeindekasse, gewährleistet werden.
Die Erfassung der Abgänge an bereits erfassten Vermögensgegenständen stellt die Verwaltung vor weit schwierigere Aufgaben, denn viele angegliederte Verwaltungseinheiten, wie Bauhöfe, Feuerwehren etc., verwalten ihren Bestand an beweglichem Anlagevermögen autark, sodass Abgänge in der Regel nicht mit der Kernverwaltung abgestimmt werden müssen. Zur Lösung dieses Problems ist eine Sensibilisierung aller involvierten Mitarbeiter in der Kernverwaltung einerseits, aber speziell in den angegliederten Verwaltungseinheiten, unumgänglich. Folglich müssen sich die Sachbearbeiter in der Verwaltung bei der Anweisung einer Rechnung die Frage stellen, ob es sich hierbei um eine Ersatz- oder Neubeschaffung handelt und gegebenenfalls Rückfragen.
Andererseits müssen Vermögensabgänge aller Art mittels einfacher, standardisierter Verfahren an eine zentrale Stelle in der Verwaltung gemeldet werden, um den Vermögensbestand auf einem aktuellen Stand halten zu können.

1.3. Finanzanlagen

Kommunale Finanzanlagen sind Sondervermögen, Zweckverbände, rechtsfähige Anstalten einschließlich Ausleihungen an diese, Anteile und Ausleihungen an verbundene Unternehmen sowie Unternehmen, mit denen ein Beteiligungsverhältnis besteht. Darüber hinaus werden den Finanzanlagen auch sonstige Wertpapiere des Anlagevermögens sowie sonstige Ausleihungen zugeordnet.[287]

Die Abgrenzung der jeweiligen Finanzanlagen gegeneinander erfolgt zum Einen über die Art der Beteiligung und zum Anderen über deren Umfang. Die Art der Beteiligung ist recht einfach über deren Rechtsform vorzunehmen, wobei der Kontenplan in Rheinland-Pfalz sehr detaillierte Vorgaben liefert. Der Umfang der Beteiligung richtet sich grundsätzlich nach der Höhe des eingelegten Kapitals und dem damit verbundenen Einfluss auf die Geschäfts- und Finanz-

287 Gablenz/Laib (2007), S. 182

politik des „Zielunternehmens". Erreicht die Beteiligung einen Umfang von mehr als 20 % des Stimmrechtsanteils des „Zielunternehmens", so wird ein maßgeblicher Einfluss auf das

Unternehmen vermutet, sodass die Finanzanlage auf jeden Fall unter die Beteiligungen zu subsumieren ist.[288] Liegt der Anteil unter 20 %, so besteht auch die Möglichkeit, anstelle eines Ausweises als Beteiligung den Bilanzansatz unter den Wertpapieren des Anlagevermögens auszuweisen.

Die Bewertung von Finanzanlagen erfolgt grundsätzlich über deren Anschaffungskosten.[289] Sollte dies nicht möglich sein, so kann auch hier ein Wertansatz nach Erfahrungswerten erfolgen. Des Weiteren ist die sogenannte Eigenkapitalspiegelmethode in Rheinland-Pfalz als Schätzwert zugelassen, welche im Wesentlichen an die kaufmännische Equity-Methode angelehnt ist.[290] Nach dieser Methode wird das auf die Gemeinde entfallende (anteilige) Eigenkapital der Beteiligung bei der beteiligten Gemeinde als Finanzanlage bilanziert. Neben diesen Bewertungsmethoden ist bei börsennotierten bzw. frei handelbaren, verbrieften Wertpapieren auch ein Ansatz des Tiefstwertes der letzten zwölf Wochen vor dem Bilanzstichtag zugelassen.[291]

Sondermögen sind vorrangig die rechtlich unselbstständigen Ver- und Entsorgungsbetriebe (wie Wasser- und Abwasserwerke), kommunale Regiebetriebe,[292] rechtlich unselbstständige Stiftungen sowie sonstige öffentliche Einrichtungen, für die eine Sonderrechnung geführt werden muss.[293]

Der Wertansatz bei Sondervermögen erfolgt mit dem Eigenkapital zum Bilanzstichtag. Weist das Sondervermögen zum Bilanzstichtag einen nicht durch Eigen-kapital gedeckten Fehlbetrag aus, so ist ein Erinnerungswert von 1,00 € in der gemeindlichen Bilanz auszuweisen, zusätzlich ist in Höhe des zu erwartenden Verlustausgleichs eine Rückstellung zu bilden.[294]

---

[288] Küting/Weber (2001), S. 398 f.
[289] § 4 Abs. 1 GemEBilBEwVO
[290] Küting/Weber (2001), S. 398
[291] § 4 Abs. 2 GemEBilBewVO
[292] wirtschaftliche Unternehmen ohne eigene Rechtspersönlichkeit
[293] Deisenroth et al. (2007), S. 20
[294] § 4 Abs. 2 GemEBilBewVO

Weiterhin sind Mitgliedschaften in Zweckverbänden und Beteiligungen an rechtsfähigen Anstalten auf kommunaler Ebene weit verbreitet, bei diesen Beteiligungsformen erfolgt der Wertansatz mit dem auf die Gemeinde entfallenden anteiligen Eigenkapital.[295]

Kommunale Beteiligungen sind Anteile an Unternehmen mit dem Zweck, durch eine dauerhafte Verbindung die eigenen Leistungserstellungsprozesse zu unterstützen. Diese Definition ist analog auch auf verbundene Unternehmen anwendbar.[296]

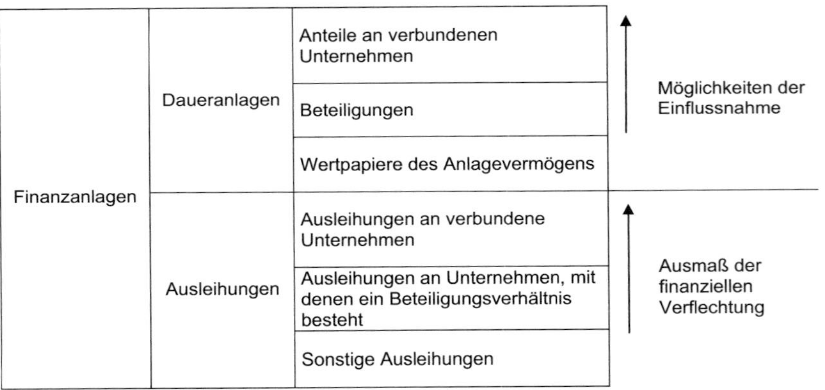

Abbildung 25: Aufgliederung der Finanzanlagen[297]

Speziell in großen Städten bestehen oft sehr umfangreiche Beteiligungen, was am nachfolgenden Beispiel der Stadt Mainz erkennbar wird.
Die Stadt Mainz ist an 23 Gesellschaften unmittelbar und an mehr als 50 Gesellschaften mittelbar beteiligt. In den Beteiligungsunternehmen sowie den 4 städtischen Eigenbetrieben sind insgesamt ca. 3.033 Beschäftigte angestellt. Die jährlichen Umsatzerlöse liegen insgesamt bei rd. 537 Mio. €, die zusammengefasste Bilanzsumme beträgt ca. 2,44 Mrd. €.[298] In anderen großen Städten zeichnen sich ähnliche Verhältnisse ab, sodass dieses Beispiel zwar

[295] § 4 Abs. 2 GemEBilBewVO
[296] Coenenberg (2000), S. 162
[297] Coenenberg (2000), S. 162
[298] Stadt Mainz [online], Beteiligungsbericht 2006, 17.08.2008

aufgrund einer fehlenden detaillierten Erhebung nicht als repräsentativ, jedoch ohne weiteres als Trend angesehen werden kann.

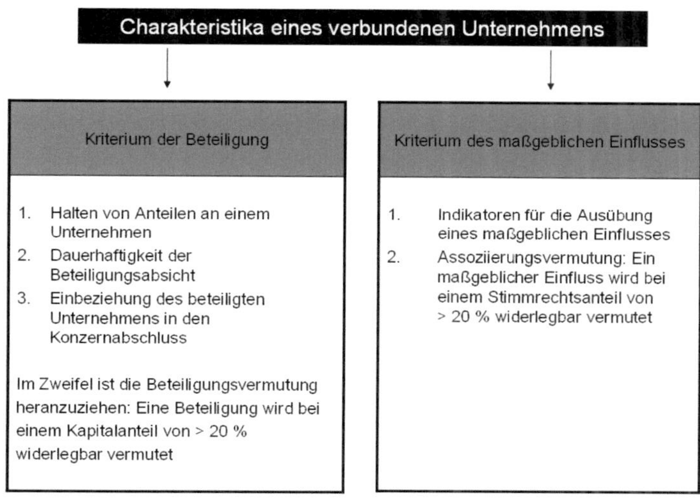

Abbildung 26: Charakteristika eines verbundenen Unternehmens[299]

Beteiligungen an Stiftungen, bei deren Gründung die Gemeinde als Stifter aufgetreten ist, sind mit dem Buchwert der Stiftungseinlage zum Zeitpunkt der Gründung zu bewerten. Soweit diese Beträge nicht zu ermitteln sind, kann auch hier eine sachgerechte Schätzung vorgenommen werden.

Ist die Gemeinde wiederum nicht bei der Gründung der Stiftung als Stifter, sondern erst im Nachhinein mit einer Einlage zur Anschaffung oder Herstellung von Stiftungsvermögen aufgetreten, so erfolgt die Bilanzierung der geleisteten Zuwendung als immaterielles Vermögen und nicht als Finanzanlage.[300]

Trägerschaften an Sparkassen sind in der Bilanz nicht zu erfassen, Einlagen in das Stamm- bzw. Dotationskapital hingegen sind analog der vorgenannten Beteiligungsformen zu erfassen und zu bewerten.[301]

[299] Küting/Weber (2001), S. 399
[300] Landeslenkungsgruppe (2006), S. 475
[301] § 4 Abs. 1 und 2 GemEBilBewVO

Wertpapiere[302] des Anlagevermögens sind zur langfristigen oder dauerhaften Nutzung durch die Kommune bestimmt. Sie sind als Finanzanlagen auszuweisen, soweit sie nicht aufgrund der Höhe des Anteils den Beteiligungen zuzuordnen sind. Wertpapiere werden immer dann dem Anlagevermögen zugeordnet, wenn deren Anlagehorizont mehr als vier Jahre betragen soll.[303] Herbei werden besonders die Beteiligungen kleineren Umfangs, d.h. mit weniger als 20 % des Nennkapitals, unter der Rubrik der Wertpapiere erfasst.[304] Die Bewertung erfolgt über Anschaffungskostenprinzip, wonach die Wertpapiere des Anlagevermögens zum Bilanzstichtag mit den Anschaffungskosten zu bewerten sind.[305] Sofern diese zur Erstellung der Eröffnungsbilanz nicht mehr zu ermitteln sind, können Vergleichswerte unter Berücksichtigung des jeweiligen Anpassungsbedarfs angesetzt werden.[306] Liegen solche Vergleichswerte nicht vor, so ist der Tiefstkurs der letzten zwölf Wochen vor dem Bilanzstichtag als Bewertungsgrundlage heranzuziehen.

Ausleihungen stellen unverbriefte langfristige Kapitalforderungen dar, deren Zweck darin besteht, dem Kapitalempfänger langfristig, d.h. länger als ein Jahr, aber dennoch zeitlich begrenzt Kapital zur Verfügung zu stellen.[307] Die Bewertung erfolgt in Höhe des ursprünglich zur Verfügung gestellten Kapitals. Eine Abzinsung von unverzinslichen oder niedrig verzinslichen Ausleihungen ist in Rheinland-Pfalz nicht vorgesehen. Die Anteile an einer Gesellschaft mit beschränkter Haftung, die unter der Position „sonstige Ausleihungen" zu erfassen sind, werden mit dem anteiligen Eigenkapital ausgewiesen.[308]

Für alle Finanzanlagen gilt das Niederstwertprinzip. Demnach müssen Abschreibungen[309] auf den niedrigeren Wert vorgenommen werden, wenn zum Bilanzstichtag von einer voraussichtlich dauerhaften Wertminderung ausge-

---

302 Bsp. Aktien, Anleihen, langfristige Beteiligungen
303 Deisenroth et al. (2007), S. 21 (Umkehrschluss)
304 Deisenroth et al. (2007), S. 20
305 § 4 Abs. 1 GemEBilBewVO
306 § 4 Abs. 2 GemEBilBewVO
307 Marretek et al. (2006), S. 242
308 § 4 Abs. 2 GemEBilBewVO
309 § 35 Abs. 4 GemHVO

gangen werden muss.[310] Nach Wegfall der Abschreibungsgründe dürfen die Wertsteigerungsbeträge bis zur Obergrenze der ursprünglichen Anschaffungskosten in der Folgeperiode wieder zugeschrieben werden.[311]

2. Umlaufvermögen

Neben dem Anlagevermögen bildet das Umlaufvermögen den zweiten wesentlichen Teil des auf der Aktivseite auszuweisenden Vermögens. Im Gegensatz zum Anlagevermögen werden dem Umlaufvermögen solche Vermögensgegenstände zugeordnet, die nicht dauerhaft, sondern nur vorübergehend dem Geschäftsbetrieb der Gemeinde dienen sollen.[312]

Vermögensgegenstände des Umlaufvermögens unterliegen dem aus dem Handels- und Steuerrecht nachgebildeten strengen Niederstwertprinzip.[313]
Demnach dürfen Vermögensgegenstände des Umlaufvermögens höchstens mit deren Anschaffungs- und Herstellungskosten angesetzt werden, es sei denn, zum Bilanzstichtag ergeben sich niedrigere Werte, dann ist zwingend auf die niedrigeren Werte abzuschreiben. Diese Abschreibungsverpflichtung besteht nur beim Umlaufvermögen, beim Anlagevermögen ist diese Korrektur nur angezeigt, wenn von einer dauernden Wertminderung des Vermögensgegenstandes auszugehen ist.[314] Im Falle einer nachträglichen Wertsteigerung bzw. dem Wegfall der wertmindernden Umstände kann eine erneute Zuschreibung bis zu den ursprünglichen Anschaffungs- und Herstellungskosten als Obergrenze erfolgen. Im Gegensatz zur Abschreibung ist die erneute Zuschreibung nicht zwingend vorgeschrieben, sondern eine „kann"-Bestimmung.[315]

Diese Regelungen sind in Rheinland-Pfalz bei der Einführung der kommunalen Doppik in nahezu unveränderter Form übernommen worden.[316]

---

310 § 4 Abs. 3 Satz 1 GemEBilBewVO
311 § 4 Abs. 3 Satz 2 GemEBilBewVO
312 Schuster (2007), S. 22
313 § 253 Abs. 3 HGB
314 Baumbach et al. (2006), S. 936 f., § 253 Rn. 13
315 § 253 Abs. 5 HGB
316 § 35 Abs. 5 GenHVO

Dem kommunalen Umlaufvermögen sind die Vorräte, Forderungen und sonstige Vermögensgegenstände, Wertpapiere des Umlaufvermögens und die liquiden Mittel (beispielsweise der Kassenbestand und Bankguthaben) zugeordnet.[317]

2.1. Vorratsvermögen

Vorräte sind körperliche Gegenstände, die sich auf Lager befinden und zum Eingang in die Produktion oder zum Absatz bestimmt sind.[318] Das Vorratsvermögen setzt sich aus den Roh-, Hilfs- und Betriebsstoffen sowie fertigen Erzeugnissen, Waren und unfertigen Erzeugnissen, aber auch geleisteten Anzahlungen zusammen.[319]

Rohstoffe sind alle Stoffe, die unmittelbar als Hauptbestandteil in die kommunalen Erzeugnisse eingehen. Neben den originären Rohstoffen, wie Holz, Sand, Steine, können auch vorgefertigte Produkte Dritter hierunter zu subsumieren sein, wie beispielsweise Papier, Zement und ähnliche Baumaterialien sowie Ersatzteile.[320]

Hilfsstoffe gehen ebenfalls in das Produkt ein, stellen jedoch nur einen untergeordneten Bestandteil dar und haben daher nur eine Hilfsfunktion, wie beispielsweise Toner, Schrauben und Nägel.[321]

Betriebsstoffe sind keine Bestandteile des kommunalen Produktes, sondern werden nur für den Produktionsprozess benötigt und dabei verbraucht, beispielsweise Benzin und Schmierstoffe.[322]

Roh-, Hilfs- und Betriebsstoffe sind dazu bestimmt, in die Produktion einzugehen. Der Begriff der Produktion entstammt der Bilanzierung in industriellen

[317] § 47 Abs. 4 GemHVO
[318] Schmalen (2002), S. 681
[319] Coenenberg (2000), S. 212
[320] Marretek et al. (2006), S. 249
[321] Marretek et al. (2006), S. 250
[322] Marretek et al. (2006), S. 250

Betrieben. Auf die Kommunalverwaltung übertragen lässt sich hierunter die Erstellung der kommunalen Produkte und Leistungen in ihrer gesamten Bandbreite verstehen. Da sich der überwiegende Teil der gemeindlichen Tätigkeiten auf die Erstellung von Dienstleistungen beziehen, ist diese Position anders als in industriellen Betrieben im Gesamtgefüge der Bilanz von nachrangiger Bedeutung.

Fertige Erzeugnisse und Waren sind solche Vermögensgegenstände des Vorratsvermögens, die entweder selbst gefertigt oder durch Kauf bezogen werden und ein verkaufsreifes Produktionsstadium erreicht haben. Hierunter können auch Gegenstände fallen, die ohne wesentliche Be- oder Verarbeitung zum Weiterverkauf vorgesehen sind.[323] Der kommunale Warenbestand erstreckt sich von Verkaufsgegenständen aus Touristikshops, Stammbücher etc., über das geschlagene Holz aus kommunalen Wäldern, und insbesondere auch auf alle zum Verkauf bestimmte Immobilien, wie Baugrundstücke und zur Veräußerung bestimmte kommunale Gebäude. Im Falle einer konkreten Verkaufsabsicht, wie bei ausgewiesenen Baugrundstücken, entfällt die dauerhafte betriebliche Nutzung des Vermögensgegenstandes. Somit sind diese Immobilien nicht mehr dem Anlage-, sondern dem Umlaufvermögen zuzuordnen und entsprechend in der Bilanz auszuweisen. Demnach kann speziell diese Position des Umlaufvermögens besonders bei kleineren Gemeinden eine wesentliche Bilanzposition darstellen.

Unfertige Erzeugnisse sind selbst hergestellte Vermögensgegenstände, in die bereits im Rahmen des Produktionsprozesses Roh-, Hilfs- und Betriebsstoffe sowie weitere Fertigungsaufwendungen eingegangen sind. Sie stellen aber noch keine verkaufs- und versandfertigen Produkte dar.[324]

Geleistete Anzahlungen, die im Umlaufvermögen auszuweisen sind, erfassen Geldleistungen, die aufgrund von Liefer- und Dienstleistungsverträgen mit Dritten bereits im Voraus gezahlt werden und deren Gegenleistung in Form der

---

[323] Coenenberg (2000), S. 213
[324] Coenenberg (2000), S. 213

Lieferung oder Dienstleistung zum Bilanzstichtag noch aussteht. Entscheidend für die Bilanzierung ist grundsätzlich der Erhalt der Ware bzw. der Zeitpunkt des Gefahrübergangs. Folglich werden nur solche Geschäftsvorfälle unter dieser Bilanzposition verbucht, deren Gegenleistung auch tatsächlich noch aussteht. Hierdurch werden Vorauszahlungen aus schwebenden Geschäften, die nicht der Schaffung von Anlagevermögen dienen, bilanziell erfasst.[325] Geleistete Anzahlungen zur Schaffung von Anlagevermögen werden bilanziell unter der Kontenklasse 0 dem Anlagevermögen zugeordnet.

2.2. Forderungen und sonstige Vermögensgegenstände

Die kommunale Forderungsstruktur unterscheidet sich sehr deutlich von der eines privaten Handelsunternehmens, neben privatrechtlichen Forderungen entstehen im kommunalen Bereich auch öffentlich-rechtliche Forderungen aus Steuern, Gebühren und Beiträgen (siehe Anhang 12: Forderungsübersicht). Die Zuordnung der Forderungen zur jeweiligen Bilanzposition erfolgt nach der Art des zugrundeliegenden Geschäftsvorfalls, somit ist es erforderlich abzuwägen, auf welcher rechtlichen Grundlage die Forderung entstanden ist.[326]

Privatrechtliche Forderungen entstehen aufgrund von gegenseitigen Verträgen, wie Kauf-, Miet- und Pachtverträgen, deren Leistung durch die bilanzierende Vertragspartei bereits erbracht wurde, deren Gegenleistung jedoch noch aussteht.[327]
Öffentlich-rechtliche Forderungen entstehen aufgrund gesetzlicher Vorgaben und erfordern nicht zwingend eine Gegenleistung.[328] Eine öffentlich-rechtliche Forderung entsteht demnach mit der Bekanntgabe des ihr zugrundeliegenden Bescheides.[329]
In beiden Fällen ist die Forderung zu aktivieren, sobald diese bilanzierungsfähig wird, d.h. rechtskräftig gegen einen Dritten zugunsten der Kommune besteht.

[325] Coenenberg (2000), S. 214
[326] Wöhe (1997), S. 504
[327] Coenenberg (2000), S. 216
[328] Bsp. Eingriffsverwaltung, wie Abrissverfügung etc.
[329] Gablenz/Laib (2007), S. 184

Mit anderen Worten, nachdem der Gläubiger den Anspruch auf Leistungserbringung gegenüber dem Schuldner erbracht hat und die Gefahr auf den Vertragspartner übergegangen ist, respektive nach erfolgter Bekanntgabe eines Bescheides.[330]

Die Bewertung der kommunalen Forderungen hat grundsätzlich zu deren Nominalwert zu erfolgen.[331] Forderungen, die unter einem jährlich Zins von 3 % verzinst werden, gelten als niedrig verzinsliche Forderungen. Sie sind neben den unverzinslichen und zinslos mit einer Laufzeit von mehr als drei Jahren gestundeten Forderungen mit dem Barwert anzusetzen. Die Berechnung des Barwertes erfolgt auf der Grundlage finanzmathematischer Verfahren[332] unter Zugrundelegung eines internen Zinsfußes von 5,5 %.[333]

Der Forderungsbestand einer Gebietskörperschaft verursacht einerseits Kosten für dessen Finanzierung, Verwaltung und Beitreibung (Realisierung), andererseits besteht darüber hinaus immer das Risiko eines teilweisen oder vollständigen Ausfalls der Forderungen.[334] Nach dem Prinzip kaufmännischer Vorsicht ist deshalb der Forderungsbestand regelmäßig auf dessen Werthaltigkeit, also deren tatsächliche Realisierbarkeit, zu überprüfen; auch hier gilt das strenge Niederstwertprinzip.[335]

Die bilanzielle Behandlung lässt sich anhand der Qualität der Forderungen abschätzen. Grundsätzlich können Forderungen in Hinblick auf deren Realisierbarkeit in drei Gruppen eingeteilt werden, nämlich einwandfreie, zweifelhafte und uneinbringliche Forderungen.

Der größte Teil der gesamten Forderungen ist in der Regel den einwandfreien Forderungen zuzuordnen. Das bedeutet, die Einziehung dieser Forderungen ist nahezu sicher, es besteht kein Zweifel an der Einbringlichkeit; der Schuldner ist

---

[330] Wöhe (1997), S. 503
[331] § 34 Abs. 5 GemHVO
[332] Brealey/Myers (2003), S. 33 ff.
[333] § 6 Abs. 4 GemEBilBewVO
[334] Perridon/Steiner (2004), S. 165
[335] Coenenberg (2000), S. 237

als zahlungsfähig und zahlungswillig einzustufen. Des Weiteren bestehen in der Regel auch Forderungen gegenüber anderen Gebietskörperschaften, wie dem Bund oder den Ländern, diese können als risikofreie Forderungen eingestuft werden, da ein Ausfallrisiko grundsätzlich nicht besteht.[336] Im kommunalen Bereich können Forderungen auch anhand deren Natur grundsätzlich als einwandfreie Forderungen eingestuft werden, nämlich wenn es sich um solche Forderungen handelt, die als sogenannte öffentliche Last auf dem Grundstück ruhen. Öffentliche Lasten, wie Grundsteuern, Abwassergebühren und Erschließungsbeiträge werden dem Grundstück unabhängig von dessen Eigentümer zugerechnet, im Falle der Zahlungsunfähigkeit des Eigentümers werden diese Forderungen im Falle eines Verkaufs bzw. einer Zwangsversteigerung an den nächsten Eigentümer übertragen. Ein Ausfall dieser Forderungen ist in Ausnahmefällen dennoch möglich, aber grundsätzlich nicht anzunehmen. Solche einwandfreien Forderungen werden in voller Höhe in der Bilanz erfasst.
Die nächste Forderungsgruppe sind die zweifelhaften Forderungen. Sie lassen aufgrund der äußeren Umstände und der Konstellation des Einzelfalles darauf schließen, dass deren Einbringung nicht oder nicht in voller Höhe möglich sein könnte. Ein vollständiger oder zumindest teilweiser Forderungsausfall ist wahrscheinlich oder wird zumindest vermutet, steht jedoch noch nicht fest.

Zweifelhafte Forderungen werden in der Bilanz nicht in voller Höhe angesetzt, sondern nur mit dem Wert, der aller Wahrscheinlichkeit nach tatsächlich einbringlich sein wird.

Die dritte Forderungsgruppe umfasst die uneinbringlichen Forderungen. Definitionsgemäß sind diese Forderungen mit Gewissheit nicht mehr zu realisieren. Die Bilanzierung solcher Forderungen ist nicht zulässig, sie sind in voller Höhe abzuschreiben und somit aus dem Forderungsbestand herauszulösen.
Zur Prüfung der Werthaltigkeit des Forderungsbestandes ist eine weitere sachliche Untergliederung der Forderungen notwendig, denn Ausfallquote und Forderungsart korrelieren sehr stark. Dies ist anhand eines einfachen Beispiels zu verdeutlichen, so fallen in der Regel Grundsteuerforderungen kaum aus,

---

[336] Schnelle [online], 26.07.2008

wohingegen Rückforderungen aus überzahlter Hilfe zum Lebensunterhalt wesentlich häufiger vom Forderungsausfall betroffen sind. In den Kontengruppen 15 bis 17 des rheinland-pfälzischen Kontenrahmenplans sind die einzelnen Forderungsarten sehr detailliert nach deren Entstehung untergliedert, es bietet sich daher an, diese Grundstruktur zur Differenzierung des Forderungsbestandes zu übernehmen, um dessen Werthaltigkeit zu prüfen. Innerhalb der einzelnen Forderungsarten sollte dann eine sogenannte ABC-Analyse[337] durchgeführt werden, um die Überprüfung der Forderungen einerseits zu strukturieren und andererseits zu erleichtern.

Eine ABC-Analyse könnte beispielsweise eine Einteilung der Forderungen nach deren Höhe enthalten, z.B. Forderungen unter 1.000,00 €, von 1.000,00 € bis 10.000,00 € und über 10.000,00 €.

Forderungsart	Wertanteil in %	Mengenanteil in %
A-Forderungen (über 10.000 €)	ca. 80 %	ca. 10 %
B-Forderungen (1.000 € bis 10.000 €)	ca. 15 %	ca. 20 %
C-Forderungen (bis 1.000 €)	ca. 5 %	ca. 70 %

Abbildung 27: ABC-Analyse (Forderungen)[338]

Die Höhe ist sehr stark an der Gemeindegröße auszurichten, kleine Gemeinden werden eine Forderung in Höhe von 1.000,00 € tendenziell als hohe Forderung einstufen, wohingegen Großstädte aller Wahrscheinlichkeit nach dieselbe Summe nicht als hohe Forderung einstufen werden.

Die Wertberichtigung von Forderungen erfolgt in einem zweistufigen Verfahren. Im ersten Schritt erfolgt eine sogenannte Einzelwertberichtigung.[339] Nach dem Grundsatz der Einzelbewertung, dem auch die Forderungen unterliegen, sind

---

337 Wöhe (2005), S. 396 ff.

338 angelehnt an Wöhe (2005), S. 397

339 § 6 Abs. 3 GemEBilBewVO

alle Forderungspositionen einzeln auf deren Werthaltigkeit zu prüfen und gegebenenfalls zu korrigieren, falls ein Ausfall vermutet werden muss.[340] Im Zuge der Einzelwertberichtigung sollen demnach die zweifelhaften Forderungen aufgespürt, bewertet und dementsprechend abgeschrieben werden. Außerdem sollen bereits einzelwertberichtigte Forderungen aus Vorjahren, deren Einbringlichkeitseinschätzung sich positiv entwickelt hat, wieder zugeschrieben werden.

Diese Vorgehensweise ist in der Praxis kaum umsetzbar und erfordert deshalb eine rechtlich und sachlich vertretbare Vereinfachung. Eine Möglichkeit besteht darin, nach Abschluss der ABC-Analyse die Forderungen der A- und B-Gruppe im Einzelnen zu durchleuchten und deren Ausfallrisiko abzuwägen. Wohingegen die Forderungen der C-Gruppe um einen pauschalen Betrag bereinigt werden, der auf Erfahrungswerten der Gebietskörperschaft basiert.

	Forderungsbestand zum 31.12.
-	Abzuschreibende Forderungen
+	Zuzuschreibende Forderungen
-	Zweifelhafte Forderungen
=	Einwandfreie Forderungen
-	Risikofreie Forderungen
=	Risikobehaftete Forderungen
x	Prozentsatz der Pauschalwertberichtigung
=	Wert der Pauschalwertberichtigung zum 31.12.
-	Wert der Pauschalwertberichtigung zum 01.01
=	Zu- bzw. Abgang zur Pauschalwertberichtigung

Abbildung 28: Pauschalwertberichtigung[341]

Einer sogenannten Pauschalwertberichtigung[342] werden die einzelnen Forderungsarten im zweiten Schritt unterzogen. Diese Pauschalwertberichtung erstreckt sich auf die einwandfreien Forderungen, also dem gesamten Forderungsbestand abzüglich der risikofreien Forderungen und der bereits einzel-

[340] Coenenberg (2000), S. 238
[341] Schnelle [online], 26.07.2008
[342] § 6 Abs. 2 GemEBilBewVO

wertberichtigten Forderungen. Die Pauschalwertberichtung wird nunmehr in Form eines prozentualen Abschlags für einen zu erwartenden, jedoch nicht im Einzelnen zuzuordnenden Betrag aufgrund von Erfahrungswerten gebildet. Die Pauschalwertberichtigung bildet somit eine Ausnahme vom Grundsatz der Einzelbewertung, legitimiert sich jedoch durch das Prinzip der kaufmännischen Vorsicht.

Zur Beurteilung der Höhe der anzusetzenden Pauschalwertberichtigung ist es ratsam, eine verwaltungsinterne Richtlinie zu erarbeiten, die zur einheitlichen Schätzung von Ausfallrisiken herangezogen wird. Hierbei könnte für jede Forderungsart anhand einer Matrix die Ausfallwahrscheinlichkeit in Abhängigkeit des Alters der Forderung abgebildet werden.

Die Ausfallwahrscheinlichkeit wiederum stützt sich auf verwaltungsinterne Erfahrungswerte bezüglich der jeweiligen Forderungsart und gibt den prozentualen Abzug der entsprechenden Forderung an.[343] Als Erfahrungswerte können Beitreibungsquoten aus der Verwaltungsvollstreckung sowie durchschnittliche Forderungsniederschlagungen, also der vorübergehende Forderungsverzicht sowie Forderungserlasse, also der endgültige Forderungsverzicht,[344] dienen.[345]

0 - 6 Monate	=	0 %	Abschlag
7 - 12 Monate	=	25 %	Abschlag
13 - 18 Monate	=	50 %	Abschlag
19 - 24 Monate	=	75 %	Abschlag
Ab 24 Monaten	=	100 %	Abschlag

Abbildung 29: Bewertung von Forderungen[346]

Im Hinblick auf die Beurteilung von Forderungen wird es verwaltungsübergreifend höchst wahrscheinlich zu starken Abweichungen kommen.

343 Theil [online], 02.08.2008
344 Marretek et al. (2006), S. 256
345 Marretek et al. (2006), S. 257
346 Theil [online], 26.07.2008

In Ermangelung konkreter gesetzlicher Vorgaben bestehen keine einheitlich festgelegten Beurteilungskriterien, demnach richtet sich die Einschätzung des Forderungsausfalls nach dem Prinzip kaufmännischer Vorsicht. Dieser unbestimmte Rechtsbegriff ist grundsätzlich durch den Anwender nach subjektiven Einschätzungen auszulegen und eröffnet demnach ein Spektrum an individuellen Beurteilungsmöglichkeiten, die zu erheblichen Schwankungs-breiten bei der Ergebnisermittlung führen können. Darüber hinaus besteht auch ein erheblicher Spielraum für bilanzpolitische Einflussnahmen, denn trotz vernünftiger kaufmännischer Beurteilung besteht die Möglichkeit, die Höhe der auszuweisenden Forderungen im Sinne des Bilanz-Erstellers zu beeinflussen.

Zur Erstellung der Eröffnungsbilanz ist eine Überleitung der bestehenden Forderungen aus der kameralen Haushaltsführung in die vorgenannten doppischen Komponenten notwendig. Die bestehenden Kassenreste sowie die offenen Forderungen aus Mahn- und Vollstreckungsverfahren und die laufenden Stundungs-,[347] Niederschlagungs-[348] und Erlassverfahren[349] sind in das neue Forderungsschema einzuordnen.[350]

Als sonstige Vermögensgegenstände werden alle die Vermögensgegenstände ausgewiesen, die keiner anderen Position eindeutig zuzuordnen sind, dies könnten zum Beispiel zeitanteilige Zins- und Dividendenforderungen aus Wertpapieren des Anlagevermögens[351] oder Guthaben bei Bausparkassen[352] sein.

2.3. Wertpapiere des Umlaufvermögens

Wertpapiere[353] des Umlaufvermögens sind nicht zur dauerhaften Nutzung durch die Kommune bestimmt und werden vor allem durch ihren Anlagehorizont von

[347] § 23 Abs. 1 GemHVO
[348] § 23 Abs. 2 GemHVO
[349] § 23 Abs. 3 GemHVO
[350] Marretek et al. (2006), S. 256
[351] Marretek et al. (2006), S. 243
[352] Coenenberg (2000), S. 220
[353] Bsp. Aktien, Investmentanteile, festverzinsliche Wertpapiere, kurz- und mittelfristige Beteiligungen

Wertpapieren des Anlagevermögens abgegrenzt.[354] Grundsätzlich ist davon auszugehen, dass Wertpapiere des Umlaufvermögens nur kurz- bis mittelfristig zum Verbleib im gemeindlichen Besitz bestimmt sind, als Richtwert kann von einer maximalen Anlagedauer von nicht mehr als vier Jahren ausgegangen werden.[355]

Das Anschaffungskostenprinzip gilt auch für die Wertpapiere des Umlaufvermögens, somit sind diese zum Bilanzstichtag mit den Anschaffungskosten zu bewerten.[356] Sofern diese zur Erstellung der Eröffnungsbilanz nicht mehr zu ermitteln sind, so sind Vergleichswerte unter Berücksichtigung des jeweiligen Anpassungsbedarfs anzusetzen.[357] Auch hier gilt das strenge Niederstwertprinzip, somit müssen Abschreibungen[358] auf den niedrigeren Wert vorgenommen werden, sobald der Wert zum Bilanzstichtag den Anschaffungswert unterschreitet.[359] Nach Wegfall der Abschreibungsgründe in Folge einer nachträglichen Wertsteigerung dürfen die Wertsteigerungsbeträge bis zu Obergrenze der ursprünglichen Anschaffungskosten in den Folgeperioden wieder zugeschrieben werden.[360]

2.4. Liquide Mittel

Unter der Position der liquiden Mittel werden jegliche Formen von kurzfristig verfügbaren Zahlungsmitteln zusammengefasst.[361] Dies sind einerseits Kassenbestände, wie in- und ausländische Bargeldbestände, sowie Briefmarken und Guthaben in Frankiermaschinen. Darüber hinaus werden Bankguthaben auf Kontokorrent-, Fest- und Termingeldkonten sowie Schecks den liquiden Mitteln zugeordnet.[362] Liquide Mittel können nur durch positive Zahlungsmittelbestände ausgewiesen werden, negative Bankkontenbestände werden den Verbindlichkeiten auf der Passivseite zugeordnet.

---

[354] Marretek et al. (2006), S. 260
[355] Deisenroth et al. (2007), S. 21
[356] § 7 Abs. 1 GemEBilBewVO
[357] § 7 Abs. 2 GemEBilBewVO
[358] § 35 Abs. 5 GemHVO
[359] § 7 Abs. 1 GemEBilBewVO
[360] § 7 Abs. 4 GemEBilBewVO
[361] Coenenberg (2000), S. 220
[362] Marretek et al. (2006), S. 261

Die Bewertung der liquiden Mittel einschließlich der nachträglich verbuchten Zinsen erfolgt stets zum Nominalwert.[363] Abweichend von diesem Grundsatz ist ein geringerer Wert auszuweisen, wenn dies aufgrund der Anwendung des strengen Niederstwertprinzips geboten erscheint.[364] Bestände an ausländischen Währungen sind mit deren Anschaffungskosten, also dem Kursstand zum Zeitpunkt der Hereinnahme der Währung zu bewerten, es sei denn deren Geldkurs liegt am Bilanzstichtag unter dem Anschaffungskurs. In diesem Fall wird der niedrigere Kurswert am Bilanzstichtag angesetzt.[365] Gleiches gilt für Fremdwährungsguthaben.[366] Schecks werden wie Forderungen bewertet.[367]

Eine Besonderheit ergibt sich für die Ortsgemeinden in Rheinland-Pfalz, die im Rahmen der Führung der Einheitskasse bei Verbandsgemeinde, welcher sie angehören, nicht über eigene liquide Mittel verfügen. Vielmehr weist die Verbandsgemeinde in ihrer Bilanz ihre eigenen liquiden Mittel sowie die ihrer angegliederten Ortsgemeinden aus. Die Ortsgemeinden wiederum bilanzieren in Abhängigkeit ihres anteiligen „Kassenbestandes" bei der Verbandsgemeindekasse eine Forderung oder eine Verbindlichkeit gegenüber der Verbandsgemeinde.[368] Die Abwicklung der laufenden Zahlungsströme erfolgt ausschließlich über Verrechnungskonten.[369]

3. Aktive Rechnungsabgrenzungsposten

Aktive oder auch sogenannte transitorische Rechnungsabgrenzungsposten dienen der periodengerechten Abgrenzung von Vermögensänderungen.[370] Sie stellen somit einen Korrekturposten innerhalb der Bilanz dar und sind Ausfluss aus dem Grundsatz der periodengerechten Gewinnermittlung.[371]

---

[363] § 8 Abs. 2 GemEBilBewVO
[364] Coenenberg (2000), S. 241
[365] § 8 Abs. 3 GemEBilBewVO
[366] § 8 Abs. 5 GemEBilBewVO
[367] § 8 Abs. 1 GemEBilBewVO
[368] Landeslenkungsgruppe [online], E-Mail-Anfrage vom 20. Februar 2008, 07.08.2008
[369] Kontengruppe 174 und 374
[370] Coenenberg (2000), S. 370
[371] Gablenz/Laib (2007), S. 34

Zu den aktiven Rechnungsabgrenzungsposten gehören Aufwendungen, die bereits im abzuschließenden Geschäftsjahr im Voraus bezahlt und gebucht wurden, aber entweder nur zum Teil oder auch ganz wirtschaftlich dem neuen Geschäftsjahr zuzurechnen sind.[372] In der Kommunalverwaltung fallen solche Aufwendungen speziell in Bereich der im Voraus zu zahlenden Beamtenbesoldungen,[373] aber auch für Versicherungsleistungen, Mietzahlungen sowie jahresübergreifenden Darlehenszahlungen, die im Voraus erfolgen.[374]

Die Bewertung der aktiven Rechnungsabgrenzungsposten erfolgt in Höhe des Betrages, welcher der auf den Bilanzstichtag folgenden Periode wirtschaftlich zuzurechnen ist.[375]

II. Passiva

1. Eigenkapital

Das Eigenkapital stellt sich in der kommunalen Eröffnungsbilanz als Residualgröße dar. Ein spezielles Bewertungsproblem besteht im Zusammenhang mit dem Eigenkapital nicht, denn es kann nicht direkt berechnet werden, sondern ergibt sich aus dem Saldo des gesamten Vermögens (Bilanz Aktivseite) abzüglich der gesamten Schulden (Bilanz Passivseite).[376,377]

Das Eigenkapital darf demnach nicht mit liquiden Mitteln, die der Gemeinde zur Verfügung stehen, verwechselt werden.[378] Vielmehr umschreibt das Eigenkapital eine Bilanzkennzahl, die den Anteil des Gesamtkapitals darstellt, der nicht dem Fremdkapital[379] zuzuordnen ist. Es umschreibt also dem Grunde

---

[372] § 37 Abs. 2 GemHVO
[373] § 9 Abs. 1 GemEBilBewVO
[374] Schuster (2007), S. 119
[375] § 9 Abs. 2 GemEBilBewVO
[376] vereinfachte Darstellung, ohne Rechnungsabgrenzungsposten
[377] Wöhe (2005), S. 910
[378] Laib (2007), S. 6
[379] Mezzanine-Kapital (Finanzierungsinstrumente, die aufgrund ihrer rechtlichen und wirtschaftlichen Charakteristika bilanziell zwischen Eigenkapital und Fremdkapital einzuordnen sind) bleibt aus Vereinfachungsgründen unberücksichtigt.

nach das Potential einer Gebietskörperschaft, aus eigener Kraft künftig eintretende Verluste der Ergebnisrechnung auffangen zu können.[380]

Die im Kontenrahmenplan als Untergliederung des Eigenkapitals ausgewiesene Kapitalrücklage[381] sowie die sonstigen Rücklagen[382] sind Teile des Eigenkapitals im kaufmännischen Sinne. Sie dürfen keinesfalls mit kameralen Rücklagen verwechselt werden.

Rücklagen im kameralistischen Sinne entsprechen den im allgemeinen Sprachgebrauch üblichen „Notreserven" an liquiden Mitteln, die tatsächlich in Form von Sparguthaben etc. vorliegen. Sie werden immer dann eingesetzt, wenn aufgrund außergewöhnlicher Ereignisse die Mittel des laufenden Geschäftsbetriebes zur Deckung der Zahlungsverpflichtungen nicht ausreichen.

Im kaufmännischen Sinne entsprechen die Rücklagen zwar auch konkreten Reservevorräten, diese liegen jedoch in der Regel nicht in Form liquider Mittel innerhalb des Unternehmens vor. Rücklagen als Teil des Eigenkapitals, die entweder in Form von offenen Rücklagen[383] oder stillen Rücklagen[384], auch als stille Reserven bekannt, im Unternehmen angesammelt werden.

Demnach können Rücklagen im kaufmännischen Sinne, teilweise durch ausdrückliche gesetzliche Verbote,[385] nicht unbedingt innerhalb der Bilanz ausgewiesen werden und darüber hinaus noch gar nicht tatsächlich realisiert worden sein (beispielsweise bei unterbewerteten Vermögensgegenständen).[386] Der explizite Zwang zur Bildung gesetzlicher Rücklagen, wie beispielsweise bei Kapitalgesellschaften, dient hierbei in erster Linie dem Gläubigerschutz und

---

380 Wöhe (2005), S. 911

381 Kontenart 201

382 Kontenart 202

383 z.B. Kapital- und Gewinnrücklage, Wöhe (1997), S. 577 ff.

384 z.B. unterbewertete Vermögensgegenstände oder überhöhte Rückstellungen, Wöhe (1997), S. 603 ff.

385 §§ 252, 253 HGB

386 Wöhe (1997), S. 573

steht in keinem unmittelbaren Zusammenhang mit den vorhandenen Liquiditätsreserven des Unternehmens.[387]

Kamerale Rücklagen werden in der Doppik nicht mehr weitergeführt und entfallen teilweise „ersatzlos“, wie beispielsweise die allgemeine Rücklage.[388] Die Mittel der kameralen allgemeinen Rücklage stellen, wie bereits beschrieben, liquide Mittel dar und gehen demnach im Bank- und Kassenbestand innerhalb der gemeindlichen Bilanz unter. Ein gesonderter Ausweis ist demnach nicht mehr erforderlich.

Anders verhält es sich mit gebildeten Sonderrücklagen. Diese sind in Abhängigkeit ihres vorgesehenen Verwendungszwecks unter die Bilanzpositionen, Sonderposten, Anzahlungen auf Sonderposten, geleistete Anzahlungen, Rückstellungen oder sonstige Verbindlichkeiten auszuweisen. Demnach wären Finanzmittel, die von einem Dritten zur Schaffung von Anlagevermögen zweckgebunden bereitgestellt werden, als Anzahlungen auf Sonderposten zu erfassen. Im Falle der Mittelbereitstellung für laufende Zwecke wären wiederum sonstige Verbindlichkeiten auszuweisen.[389]

Ein Ausweis unter dem Eigenkapital[390] im Zuge der Umstellung auf die kommunale Doppik wäre falsch. Die einzige Ausnahme bilden die unter der Kontenart 202 „Sonstige Rücklagen“ auszuweisenden zweckgebundenen Rücklagen. Diese zweckgebundenen Rücklagen werden ausschließlich für erhaltene Zuwendungen, deren ertragswirksame Auflösung durch den Zuwendungsgeber ausgeschlossen wurde, gebildet.[391]

Neben dieser Form der Rücklagen sieht die kommunale Doppik in Rheinland-Pfalz noch die Bildung einer Kapitalrücklage vor. Diese ist aus vorgetragenen Jahresüberschüssen aus der Ergebnisrechnung zu bilden, soweit die Über-

---

387 Wöhe (1997), S. 579
388 Landeslenkungsgruppe [online], Frage 3.0.38, 27.08.2008
389 Landeslenkungsgruppe [online], Frage 3.0.38, 27.08.2008
390 Kontengruppe 20
391 § 38 Abs. 3 GemHVO

schüsse nicht innerhalb der nächsten fünf Jahre zum Haushaltsausgleich verwandt werden.[392]

Die Bilanzierung von gesetzlichen und freien Rücklagen, die ebenfalls unter der Kontenart 202 „Sonstigen Rücklagen“ auszuweisen wären, ist zurzeit in Rheinland-Pfalz nicht vorgesehen.[393]

Des Weiteren ist eine strikte Unterscheidung zwischen Rückstellungen, die detailliert im nachfolgenden Kapitel dargestellt werden, und Rücklagen notwendig. Im Gegensatz zu den Rücklagen, die dem Eigenkapital zugerechnet werden, sind die Rückstellungen dem Fremdkapital zuzuordnen. Die wissenschaftlich kontrovers diskutierte Frage, ob durch eine zu hoch bewertete Rückstellung möglicherweise auch eine verdeckte Rücklage entstehen kann, beeinflusst die grundsätzliche Abgrenzung vom Eigenkapital nicht.[394] Darüber hinaus sind Rückstellungen immer zweckgebunden, was insbesondere bei Rücklagen im kaufmännischen Bereich nicht zwangsläufig der Fall sein muss.[395]

Zur Verbuchung der Mittel aus den ehemaligen kameralen Rücklagen in der Eröffnungsbilanz sollten nicht besetzte Kontenarten unter der jeweiligen Bilanzposition gewählt werden. Der Grund liegt vorrangig in der künftigen Handhabung dieser Positionen, da die dort ausgewiesenen Mittel, wie bereits ausgeführt, liquide Mittel gegenüberstehen, die in Form von Bankguthaben etc. vorhanden sind. Diese Mittel dienen der Liquiditätssteigerung und sind demnach im Rahmen der Führung der Einheitskasse entsprechend zu verzinsen. Die Zinsen stehen dem Inhaber der bisherigen kameralen Rücklagen zu. Eine Verzinsung von ausgewiesenen Rückstellungen etc. kommt jedoch nur für diese Form der Rückstellungen etc. in Frage, für die auch tatsächlich liquide Mittel an die Einheitskasse geflossen sind. Für alle übrigen Rückstellungen etc. kommt diese Vorgehensweise nicht in Betracht, da keine liquiden Mittel hierfür „hinterlegt“ worden sind. Zur Erleichterung der Abgrenzung dieser Sachverhalte

---

[392] § 18 Abs. 3 GemHVO

[393] Landeslenkungsgruppe [online], Häufig gestellte Fragen 3.0.37, 27.08.2008

[394] Wöhe (1997), S. 518 f.

[395] z.B. Gewinnrücklage

bietet es sich daher an, nicht besetzte Kontengruppen, beispielsweise bei Rückstellungen Kontengruppe 298, als „Rückstellungen aus kameralen Rücklagen" zu deklarieren.

2. Sonderposten

Ein erheblicher Teil des kommunalen Vermögens wird mit Hilfe von Sach- und Finanzmitteln Dritter, sogenannter Zuwendungen, erstellt oder beschafft.
Die Begrifflichkeit der Zuwendungen stammt aus dem Bereich staatlicher Förderungen und ist als Oberbegriff für alle Finanz- und Sachmittel zu verstehen, die zur Unterstützung Dritter außerhalb der staatlichen Verwaltung vorgesehen sind. Nach Art und Herkunft der Mittel unterscheidet man zwischen Zuweisungen und Zuschüssen. Zuwendungen zwischen verschiedenen Gebietskörperschaften innerhalb der öffentlichen Verwaltung werden als Zuweisungen bezeichnet, wohingegen Zuschüsse den öffentlichen Bereich verlassen und an Private ausgehändigt werden.[396]

Die finanziellen Zuwendungen können in Abhängigkeit ihres Verwendungszwecks grundsätzlich in zwei Bereiche untergliedert werden, nämlich in Investitions- und Aufwandszuwendungen.[397] Aufwandszuwendungen werden grundsätzlich in Höhe des tatsächlichen Zuwendungsbetrages als Sonderposten erfasst und über den Zeitraum ihrer Zweckbestimmung ertragswirksam aufgelöst.[398] Die Bilanzierung der Investitionszuwendungen wird in den nachfolgenden Ausführungen detailliert erläutert.

Die Mittel, gleich ihren Ursprungs, bei denen die kommunale Gebietskörperschaft auf der Empfängerseite steht, werden in der kommunalen Doppik als Sonderposten erfasst.[399] Sonderposten stellen somit die bilanzielle Abbildung der von der kommunalen Gebietskörperschaft empfangenen Zuwendungen dar.

---

396 Gemeinde- und Städtebund Rheinland-Pfalz (2006), S. 413 ff.

397 Marretek et al. (2006), S. 265

398 Sach- und Aufwandszuwendungen sowie bedingte Rückzahlungs- und Gegenleistungsverpflichtungen von Zuwendungen werden im Rahmen dieser Arbeit nicht detailliert behandelt. Der Fokus liegt im Investitionsbereich.

399 § 10 Abs. 1 GemEBilBewVO

Sie sind für zweckgebundene Zuwendungen zur Anschaffung oder Erstellung von Vermögensgegenständen zu bilden und auf der Passivseite der Bilanz auszuweisen.[400] Die ertragswirksame Auflösung der Sonderposten erfolgt analog zu der jeweiligen Abschreibungsdauer des zugrundeliegenden Vermögensgegenstandes. Sie stellen somit ein Korrektiv zur Abschreibung des durch die Zuwendung finanzierten Vermögensgegenstandes dar.[401]

Erfasst werden grundsätzlich solche Fälle, in denen die Kommune einen Vermögensgegenstand erwirbt oder erstellt und vollständig in das Eigentum der Gemeinde übergeht, jedoch nicht oder nicht vollständig von der Kommune selbst bezahlt wird. Diese Konstellation bildet im kommunalen Alltag keineswegs einen Ausnahmefall, vielmehr hat sich diese „Finanzierungsform" aufgrund der desolaten Haushaltslage der meisten Kommunen in den letzten Jahren zur Regel gewandelt. Die „Geldgeber" sind annähernd so vielfältig wie das kommunale Aufgabenspektrum selbst, sodass die Bandbreite der sog. Zuwendungsgeber von verschiedensten privaten Förderern und Fördervereinen, über Beitragspflichtige, dem Land Rheinland-Pfalz, der Bundesrepublik Deutschland bis hin zur Europäischen Union reicht.[402]

Nach rheinland-pfälzischem Recht ist, wie bereits dargelegt, der Bruttoausweis empfangener Zuwendungen vorgesehen, d.h. sowohl das von der Zuwendung erfasste Anlagegut als auch die Zuwendung selbst werden in voller Höhe bilanziell erfasst. Ein Nettoausweis, d.h. eine aktivische Absetzung des Zuwendungsbetrages von den Anschaffungs- oder Herstellungskosten des zugrundeliegenden Anlagegutes, gekoppelt an den Bilanzausweis der reduzierten Anschaffungs- und Herstellungskosten, ist nicht zugelassen.[403]
Zu Systematisierung der Erfassung von Sonderposten bietet es sich demnach an, diese entweder differenziert nach Zuwendungsgebern oder nach der Art der Zuwendung zu konzipieren.[404] Die Datenerhebung kann anhand der original

[400] § 38 Abs. 2 bis 5 GemHVO
[401] § 10 Abs. 2 GemEBilBewVO
[402] Kontengruppe 22 und 23
[403] Gablenz/Laib (2007), S. 47
[404] Marretek et al. (2006), S. 261

Zuwendungs- und Beitragsbescheide, einer Auswertung der jeweiligen kameralen Haushaltsstellen[405] oder auf der Grundlage von Erfahrungswerten ähnlich gelagerter Fälle vorgenommen werden. Darüber hinaus ist auch eine Kombination der vorgenannten Auswertungsverfahren ohne weiteres denkbar.[406] Hierbei ist zu beachten, dass grundsätzlich die gewährte Zuwendung dem geförderten Vermögensgegenstand sachgerecht zuzuordnen ist.[407]

2.1. Sonderposten für Investitionszuwendungen und Beiträge

Investitionszuwendungen, also Zuweisungen und Zuschüsse für Investitionsmaßnahmen, werden grundsätzlich in Höhe des tatsächlichen Zuwendungsbetrags, vermindert um die bis zum Bilanzstichtag vorzunehmenden Auflösungen, auf der Passivseite der kommunalen Eröffnungsbilanz ausgewiesen.[408] Die Höhe der Auflösungen des Sonderpostens sind analog des Verhältnisses der vorzunehmenden Abschreibungen des Vermögensgegenstandes zum Bilanzstichtag auszuweisen.[409]

Aus dieser gesetzlichen Vorgabe erwächst eine Besonderheit im Hinblick auf die erstmalige Erstellung einer kommunalen Bilanz, für die, wie bereits in den vorangegangenen Punkten ausgeführt, besondere Regelungen gelten. Diese Besonderheiten, speziell die vorzunehmende Neueinschätzung der Restnutzungsdauer des vorhandenen Sachanlagevermögens, wirken sich demnach nicht nur auf den jeweiligen Vermögensgegenstand selbst, sondern auch auf den Ansatz des damit einhergehenden Sonderpostens aus. Es wäre nicht mit dem Grundgedanken des Sonderpostens, der als Korrektiv zu den Abschreibungen fungieren soll, vereinbar, wenn die Restsnutzungsdauer eines an sich bereits voll abgeschriebenen Vermögensgegenstandes zum Bilanzstichtag neu geschätzt würde, die Auflösung der Zuwendung jedoch den tatsächlichen Verhältnissen entsprechend anzusetzen wäre. Dies würde zu einer Verzerrung der tatsächlichen Verhältnisse und zu einer ungerechtfertigt hohen Belastung

---

[405] Gruppierungsziffer 35xx und 36xx
[406] Marretek et al. (2006), S. 271
[407] § 10 Abs. 4 GemEBilBewVO
[408] § 10 Abs. 1 GemEBilBewVO
[409] § 10 Abs. 2 GemEBilBewVO

durch vorzunehmende Abschreibungen in der Ergebnisrechnung künftiger Haushaltsjahre führen, welche die Jahresergebnisse der kommenden Jahre massiv verschlechtern würden. Demnach müssen auch die Auflösungen der sachbezogenen Sonderposten an die neu geschätzten Restnutzungsdauern der jeweiligen Vermögensgegenstände gekoppelt werden.[410]

Im Zuge der Ersterfassung und –bewertung des kommunalen Vermögens sollte demnach bei den einzelnen Vermögensgegenständen des Sachanlagevermögens möglichst auch die Erfassung und Bewertung des zugehörigen Sonderpostens vorgenommen werden. Insbesondere bei der Bewertung von Gebäuden und Infrastrukturvermögen, aber auch bei dem überwiegenden Teil des beweglichen Vermögens können die mit der Bewertung betrauten Sachbearbeiter aufgrund ihrer Fachkenntnisse in der Regel auch die zugehörigen Sonderposten ohne größere Schwierigkeiten ermitteln oder zumindest sachgerecht schätzen.[411]

Fallbeispiel (Fortführung):

Für den Bau der Kindertagesstätte (siehe Fallbeispiel Gebäudebewertung) hat die Ortsgemeinde Zuweisungen des Landes Rheinland-Pfalz in Höhe von 102.258,38 € sowie des Landkreises, dem sie angehört, in Höhe von 63.911,43 €, also insgesamt 166.169,81 € erhalten. Dieser Betrag mindert die Last der Anschaffungskosten der Ortsgemeinde und ist entsprechend in der Eröffnungsbilanz als Sonderposten zu berücksichtigen. Analog der neu eingeschätzten Restnutzungsdauer des Gebäudes (67 Jahre) ist auch der (fiktive) Restbuchwert des Sonderpostens über die neue Restnutzungsdauer aufzulösen. Die jährlichen Auflösungsbeträge in Höhe von 2.077,12 € werden durch Division der Anschaffungs- und Herstellungskosten durch die Nutzungsdauer (166.169,81 € / 80 Jahre) ermittelt. Zum Bilanzstichtag sind bereits 13 Jahre hinsichtlich der ermittelten fiktiven Restnutzungsdauer des Gebäudes vergangen, sodass insgesamt 27.002,59 € (2.077,12 € p.a. x 13 Jahre) bereits aufgelöst sind und dementsprechend von den Anschaffungs- und Herstellungskosten zu Bilanz-

---

[410] Landeslenkungsgruppe [online], Häufig gestellte Frage 1.5.01, 30.08.2008

[411] Hufnagel/Schoofs (2005), S. 248

ausweis abgesetzt werden müssen. Der Restbuchwert des Sonderpostens beträgt somit zum Bilanzstichtag 139.167,22 € (166.169,81 € - 27.002,59 €). Die zweite wesentliche Säule zur Finanzierung öffentlicher Vermögensgegenstände durch Finanzmittel Dritter sind die Beiträge. Geldleistungen, die für den Ersatz des Aufwandes zur Herstellung, Anschaffung oder Erweiterung öffentlicher Anlagen und Einrichtungen, wie Straßen und Kanäle, erhoben werden, sind unter die Beiträge zu subsumieren.[412] Sie sind als eine Gegenleistung für die entstehenden wirtschaftlichen Vorteile, die den Nutzungsberechtigten durch die Inanspruchnahme der Einrichtung oder Anlage entstehen können. Es handelt sich insoweit um eine Fiktion, denn die tatsächliche Nutzung oder ein nachweislich entstandener Vorteil sind bei der Beurteilung nicht relevant, vielmehr wird der Vorteil schon durch die Möglichkeit der Nutzung unterstellt.[413]

Die Beiträge werden, wie die Investitionszuwendungen auch, als Sonderposten auf der Passivseite der kommunalen Bilanz erfasst und über die Nutzungsdauer der beitragsfinanzierten Anlagegüter ertragswirksam aufgelöst.[414]

Problematisch ist der Ansatz von Zuwendungen zur Bildung entsprechender Sonderposten immer in den Fällen, in denen die tatsächlichen Anschaffungs- und Herstellungskosten der entsprechenden Vermögensgegenstände nicht vorliegen und demnach anhand der bereits dargestellten Bewertungsverfahren sachgerecht zu schätzen sind. In diesen Fällen führt der Ausweis des tatsächlichen Zuwendungsbetrages, soweit dieser überhaupt zu ermitteln ist, regelmäßig zu keinem brauchbaren Ergebnis. Vielmehr entsteht durch den Ansatz der tatsächlichen Zuwendungsbeträge eine Über- oder Unterdeckung der fiktiven Anschaffungs- und Herstellungskosten, was zur Folgen hat, dass entweder zu hohe oder zu niedrige Auflösungen den künftigen Abschreibungen des Anlagegutes in der Ergebnisrechnung gegenübergestellt werden. Folglich würde das Jahresergebnis künftiger Haushaltsjahre durch die auftretende Schieflage innerhalb der Ergebnisrechnung verfälscht. Um diese Effekte zu

[412] § 7 Abs. 2 KAG
[413] Fudalla (2007), S. 86 f.
[414] § 10 Abs. 1 und 2 GemEBilBewVO

vermeiden, oder besser gesagt auf ein vertretbares Maß zu reduzieren, sind parallel zur Bewertung der Anlagegüter unter Verwendung von Vergleichs- oder Erfahrungswerten auch die dazugehörigen Zuwendungen sachgerecht zu schätzen.[415]

Fallbeispiel (Fortführung):

Für die erstmalige Herstellung der Bahnhofstraße (siehe Fallbeispiel Straßenbewertung) erhält die Gemeinde Zuwendungen in Höhe von 75 % der beitragsfähigen Herstellungskosten in Form von Erschließungsbeiträgen der anliegenden Grundstückseigentümer.

In der kommunalen Praxis können Sonderposten aus Beiträgen nur anteilig auf der Grundlage der beitragsfähigen Herstellungskosten gebildet werden. Die beitragsfähigen Herstellungskosten weichen jedoch in der Regel von den tatsächlichen Herstellungskosten dergestalt ab, dass einzelne Teile der Herstellungskosten nicht beitragsfähig sind. Hierzu gehören beispielsweise Planungs- und Bauleitungskosten, diese Kosten sind den Herstellungskosten zuzurechnen, dürfen jedoch nicht durch erhobene Beiträge gedeckt werden. Des Weiteren ist in der Praxis regelmäßig eine Aufteilung der zugeflossenen Beiträge auf mehrere Wirtschaftsgüter (Straße, Gehwege, Straßenbeleuchtung etc) erforderlich. Aus Vereinfachungsgründen wird eine Abgrenzung dieser Sachverhalte in unserem Fallbeispiel nicht durchgeführt.

Die tatsächlichen Herstellungskosten in unserem Sachverhalt belaufen sich auf umgerechnet 107.808,46 €, folglich erhielt die Gemeinde tatsächliche Zuwendungsbeträge in Höhe von insgesamt 80.856,35 €.

Unter Berücksichtigung der bis zum Bilanzstichtag aufgelaufenen Auflösungen über 23 Jahre wäre demnach ein Sonderposten in Höhe von 53.134,17 € in der Eröffnungsbilanz auszuweisen.

Die Auflösung dieser Zuwendungen analog der neugeschätzten Restnutzungsdauer der Bahnhofstraße von 12 Jahren würde demnach zu jährlichen Erträgen aus der Auflösung von Sonderposten in Höhe von 4.427,85 € führen.

---

[415] Landeslenkungsgruppe [online], E-Mail-Anfrage vom 15. Januar 2008, 27.07.2008

Die Differenz aus der Auflösung des Sonderpostens und der Abschreibungen würde somit zu einer jährlichen Unterdeckung in Höhe von 1.475,95 € führen. Wandelt sich nun der Fall dergestalt, dass zwar die tatsächliche Zuwendung in Höhe von 53.134,17 € zu ermitteln wäre, die Höhe der Herstellungskosten der Bahnhofstraße jedoch anhand von Erfahrungswerten geschätzt worden wäre, so stünden nun die vorgenannten Zuwendungen fiktiven Herstellungskosten in Höhe von 92.549,00 € gegenüber. Die hieraus zu ermittelnden Abschreibungen über die Restnutzungsdauer von 12 Jahre beträgt 7.712,42 € p.a. und würden sodann den Auflösungsbeträgen von 4.427,85 € gegenübergestellt, was zu einer Unterdeckung in Höhe von 3.284,57 € führen würde. Folgerichtig würde sich der jährliche Aufwand der Gemeinde mehr als verdoppeln und das Rechnungsergebnis entsprechend verschlechtern.
Somit scheint es geboten, auf den Ansatz der tatsächlichen Zuwendungsbeträge zugunsten einer sachgerechten Schätzung zu verzichten. Eine solche Schätzung könnte in unserem Fall anhand der Beitragsdeckungsquote in Höhe von 75 % erfolgen. Eine solche Schätzung von Deckungsquoten ist aufgrund von Erfahrungswerten und Fachkenntnis für die Mitarbeiter der Beitragsabteilungen und Tiefbauämter in der Regel ohne größere Schwierigkeiten vorzunehmen.

Legen wir eine solche Einschätzung in unserem Fall zugrunde, so würde die fiktive Zuwendung in Höhe von 75 % der fiktiven Herstellungskosten 69.411,75 € betragen. Die jährliche Auflösung würde nun auf 5.784,31 € ansteigen und somit die Unterdeckung von 3.284,57 € auf 1.928,10 € sinken lassen.
Die somit entstehende Unterdeckung überschreitet zwar nach wie vor die Unterdeckung, die auf der Grundlage der Berechnung von tatsächlichen Werten entstehen würde, spiegelt jedoch die tatsächlichen Verhältnisse wider und reduziert die Abweichungen auf ein vertretbares Maß.

Ein weiteres regelmäßig auftretendes Problem im Zuge der Erfassung und Bewertung der Sonderposten aus Zuwendungen ist die häufig vorliegende zeitliche Verzögerung zwischen der Fertigstellung bzw. Anschaffung des Vermögensgegenstandes und dem Zahlungseingang der sachgerecht zuzuordnenden Zuwendung.[416] In der kommunalen Verwaltungspraxis, beispielsweise im Bereich des Feuerwehrwesens, kann zwischen der Anschaffung des Anlagegutes und dem Eingang der entsprechenden Landeszuweisung ein Zeitraum von mehreren Jahren liegen. Ähnlich gelagerte Fälle treten im Zusammenhang mit der Erschließung und dem Ausbau von Gemeindestraßen sowie mit dem Bau kommunaler Immobilien auf. Die Handhabung dieser Fälle sollte durch eine verwaltungsinterne Regelung einheitlich geregelt werden.

2.2. Sonderposten für Grabnutzungsentgelte

Grabnutzungsentgelte sind Gebühren, die von der Gemeinde für öffentlich-rechtliche Dienstleistungen erhoben werden.[417] Die Grabnutzungsgebühren begründen somit eine Gegenleistungsverpflichtung der Gemeinde gegenüber dem Bürger, der die gemeindliche Dienstleistung, also ein konkretes Handeln bzw. die Benutzung der öffentlichen Einrichtung „Friedhof" in Anspruch nimmt. Zur Erhebung von Grabnutzungsentgelten ist es demnach erforderlich, dass zum Einen die öffentliche Einrichtung „Friedhof" besteht, ein Benutzungs- sowie ein Abgabenschuldverhältnis vorliegt und diese Tatbestände im Rahmen einer Gebührensatzung[418] durch die Gemeinde geregelt sind.[419]

Die Bildung von Sonderposten für Grabnutzungsentgelte bildet in Rheinland-Pfalz einen Sonderfall im Vergleich zu den Regelungen anderer Bundesländer. Anders als dies beispielsweise in Hessen der Fall ist, dürfen Grabnutzungsentgelte nicht als Rechnungsabgrenzungsposten erfasst und über Nutzungsdauer aufgelöst werden, sondern sind in einen Sonderposten in der Bilanz einzustellen.[420]

Der Sonderposten für Grabnutzungsentgelte wird in Höhe der tatsächlich eingezahlten Entgelte gebildet und über die Dauer des eingeräumten Nutzungs-

[416] Marretek et al. (2006), S. 285
[417] § 7 Abs. 1 i.V.m. § 8 KAG, jeweilige Gemeindesatzung über die Erhebung von Friedhofsgebühren
[418] § 6 Abs. 1 BestG i.V.m. § 24 GemO
[419] Gemeinde- und Städtebund Rheinland-Pfalz (2007), Band 16, S. 3
[420] § 10 Abs. 1 GemEBilBewVO

rechts ertragswirksam aufgelöst.[421] Der Beginn der Auflösung richtet sich nach dem Beginn der Ruhezeit,[422] also dem Zeitpunkt, zu dem tatsächlich eine Person in dem Grab bestattet wird. Die Ruhezeit, und somit auch die Dauer der Auflösung des Sonderpostens, richtet sich nach der einschlägigen Satzungsregelung der Gemeinde, wobei eine Mindestruhezeit von 15 Jahren in Rheinland-Pfalz verpflichtend vorgeschrieben ist.[423] Im Umkehrschluss ergibt sich hieraus jedoch auch die Möglichkeit, die Ruhezeiten über diese Mindestanforderungen hinaus zu verlängern, was zu einer Erweiterung der Ruhefristen auf bis zu 40 Jahre in der Praxis bedeuten kann. Des Weiteren kann die Dauer der Ruhezeit aufgrund historischer Satzungsänderungen für die gleichen Friedhöfe variieren. Problematisch werden diese Sachverhalte immer dann, wenn ein Grab noch während der Ruhezeit erneut verlängert wird, z.B. durch einen neuen Sterbefall. Die Regelungen der Bilanzierungsrichtlinien von Rheinland-Pfalz sehen in diesen Fällen eine erneute Auflösung des noch nicht aufgelösten Teils des bestehenden Sonderpostens zuzüglich des nachträglich erhaltenen Entgeltes für die Verlängerung des Nutzungsrechtes über die neue Nutzungsdauer vor.[424]

Das Problem besteht nunmehr darin, dass sich im Laufe der Zeit durch das sogenannte Kostendeckungsprinzip bei kostenrechnenden Einrichtungen wie Friedhöfen die Gebühren in regelmäßigen Abständen ändern, so dass im Zuge jeder Verlängerung eine Vermischung historischer und aktueller Friedhofsgebührensätze erfolgt. Zur Ersterfassung und -bewertung ist es demnach teilweise erforderlich, Grabbelegungen bis zu 100 Jahre und länger sowie deren einschlägige satzungsmäßigen Gebührensätze nachzuvollziehen. Da dies in der Praxis kaum möglich sein wird, müssen hier geeignete Schätzverfahren angewandt werden, wie beispielsweise eine Rückindizierung der ältesten verfügbaren Friedhofsatzung oder ähnlichem.

Neben diesen sachlichen Hürden stellt auch die große Anzahl der Gräber hohe Anforderungen an die Sachbearbeiter, die selbst bei kleineren Gemeinden oftmals mehrere hundert solcher Fälle nachvollziehen und bewerten müssen.

---

[421] § 38 Abs. 4 Satz 1 GemHVO

[422] § 5 BestG

[423] § 3 Landesverordnung zur Durchführung des Bestattungsgesetzes

[424] Landeslenkungsgruppe (2006), S. 482

Weiterhin besteht in den meisten Gemeinden auch die Möglichkeit, Gräber bereits vor ihrer tatsächlichen Belegung zu „erwerben“. Folglich kann mangels des Beginns einer Ruhezeit noch keine Auflösung der bereits eingezahlten Gebühren erfolgen. In diesen Fällen ist kein Sonderposten, sondern eine Anzahlung auf Sonderposten in Höhe der eingezahlten Gebühren in der kommunalen Bilanz auszuweisen.[425]

Fallbeispiel:

Das Friedhofamt der Gemeinde verfügt über folgende Daten (Auszug):

Vierergrab

Satzung vom	Gebührenart	Gebühr (DM)	Gebühr (€)	Ruhezeit
27.07.1965	Ersterwerb	120,00 DM	61,35 €	40
	Verlängerung	4,80 DM	2,45 €	
10.01.1976	Ersterwerb	800,00 DM	409,03 €	40
	Verlängerung	20,00 DM	10,23 €	
01.01.1988	Ersterwerb	1.200,00 DM	613,55 €	25
	Verlängerung	30,00 DM	15,34 €	
09.04.1993	Ersterwerb	1.800,00 DM	920,32 €	25
	Verlängerung	45,00 DM	23,01 €	
19.05.1995	Ersterwerb	3.817,60 DM	1.951,90 €	25
	Verlängerung	95,44 DM	48,80 €	
17.09.1999	Verlängerung	127,25 DM	65,06 €	25
01.01.2002	Ersterwerb		2.160,00 €	25
	Verlängerung		72,00 €	
01.01.2004	Ersterwerb		2.460,00 €	25
	Verlängerung		82,00 €	
01.01.2005	Ersterwerb		2.700,00 €	25
	Verlängerung		90,00 €	
01.01.2006	Ersterwerb		3.000,00 €	25
	Verlängerung		100,00 €	
01.01.2007	Ersterwerb		3.150,00 €	25
	Verlängerung		105,00 €	

Abbildung 30: Historische Friedhofgebühren (Auszug)

Familie M. der Gemeinde ist im Besitz eines Familiengrabes, welches bereits seit Januar 1970 im „Besitz“ der Familie ist und gemäß der Satzung der Gemeinde unter die Rubrik der Vierergräber fällt. Die Ruhezeit beträgt nach der

[425] Landeslenkungsgruppe (2006), S. 482

aktuellen Friedhofsatzung 25 Jahre, sie wurde 1988 von 40 auf 25 Jahre verkürzt. Bestattungen fanden in den zurückliegenden Jahren 1970 (Emil M.), 1989 (Berta M.) und 2002 (Hans M.) statt.[426]

Die Familie M. hat nach der seinerzeit aktuellen Friedhofsgebührensatzung der Gemeinde 120,- DM (61,35 €) für den Ersterwerb der Grabstätte eingezahlt. Dieser Betrag wäre nach der heutigen Rechtslage in einen Sonderposten einzustellen und über die damals festgelegte Ruhezeit von 40 Jahren bis 2009 ertragswirksam mit 1,53 € pro Jahr aufzulösen. Zum Zeitpunkt des nächsten Sterbefalls in der Familie M. 1989 wäre der Sonderposten bereits über 19 Jahre aufgelöst gewesen und hätte einen Restbuchwert von 32,21 € aufgewiesen.

Durch die Änderung der Friedhofsatzung 1988 wurde die Ruhezeit auf 25 Jahre verkürzt, sodass eine Verlängerung des Grabes um 4 Jahre erforderlich gewesen wäre, um die Ruhezeit von 25 Jahren zu erreichen. Folglich hätte die Familie für die Verlängerung 30 DM (15,34 €) für 4 Jahre, also noch einmal 61,36 € an die Gemeinde zahlen müssen. Der Restbuchwert des ersten Sonderpostens plus des erneut eingezahlten Betrags wäre sodann der Wert des neu zu bildenden Sonderpostens, der wiederum über die geltende Ruhefrist bis 2013 in Höhe von 3,74 € p.a. aufzulösen wäre.

Der Sterbefall des Jahres 2002 ist analog des beschriebenen Verfahrens zu bewerten, sodass eine weitere Einzahlung 2002 in Höhe von 936,- € geleistet werden müsste, die zusammen mit dem Restbuchwert des 2. Sonderpostens in Höhe von 62,58 €, also insgesamt 998,58 €, jährlich mit 39,94 € bis 2026 aufzulösen wäre.

Zum Bewertungsstichtag besteht demnach ein Restbuchwert des Sonderpostens in Höhe von 758,92 € (998,58 – (6*39,94 € = 239,66 €)), der in die Eröffnungsbilanz eingestellt werden und (vorerst) über die Restlaufzeit bis 2026 aufgelöst werden müsste.

---

[426] aus Vereinfachungsgründen wird von einer monatsgenauen Auflösung der Grabnutzungsentgelte abgesehen

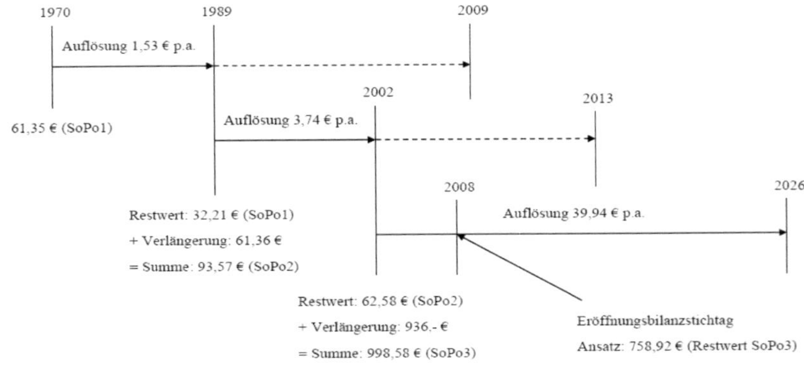

Abbildung 31: Ermittlung der Sonderposten für Grabnutzungsentgelte

3. Rückstellungen

Verbindlichkeiten und Aufwendungen, die im abgelaufenen Haushaltsjahr wirtschaftlich verursacht wurden, Höhe und/oder Fälligkeit der künftigen Zahlungsverpflichtung jedoch noch nicht bekannt ist, müssen dennoch im Rechnungswesen der Kommune in Form von Rückstellungen dargestellt werden.[427] Rückstellungen werden demnach für Verpflichtungen der Kommune gebildet, die dem Grund, der Höhe und/oder der Fälligkeit nach zum Zeitpunkt der Bilanzerstellung ungewiss sind.

Rückstellungen dienen dazu, die bestehenden Verpflichtungen einer Kommune vollständig auszuweisen. Durch das Instrument der Rückstellungen werden diese Verpflichtungen dem Fremdkapital der Gemeinde zugeordnet und infolgedessen auf der Passivseite der Bilanz erfasst. Die Rückstellungen sind auf den Betrag der künftigen Inanspruchnahme zu beschränken.[428] Die Höhe des Rückstellungsbetrages ist somit nicht einfach nach dem vollen Betrag der Eventualverbindlichkeit zu bemessen, sondern nach vernünftiger kaufmän-

[427] Fudalla et al. (2007), S. 149
[428] § 36 Abs. 2 GemHVO

nischer Beurteilung mit dem Betrag, mit dem am ehesten zu rechnen ist.[429] Die kommunale Doppik in Rheinland-Pfalz beschränkt die Möglichkeit der Bildung von Rückstellungen auf eine Liste von zehn denkbaren Fällen.[430] Für andere Zwecke gilt ein Rückstellungsverbot.[431]

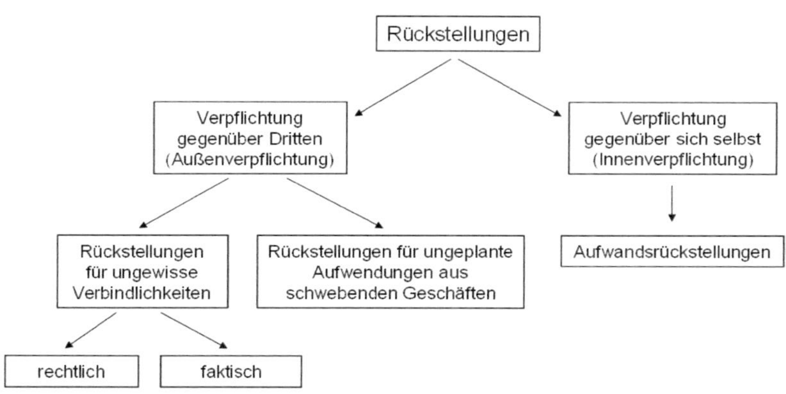

Abbildung 32: Rückstellungsarten[432]

Die Bildung von Rückstellungen erhöht den Aufwand im laufenden Haushaltsjahr und führt demnach zu einer Verschlechterung des Ergebnisses. Die Aufwendungen in Form einer Rückstellungszuführung werden bei dem Konto gebucht, welches auch durch eine tatsächliche Inanspruchnahme betroffen worden wäre.[433] Tritt nunmehr die Verpflichtung in einer der auf die Rückstellungsbildung folgenden Rechnungsperioden ein, so wird der entstehende Aufwand durch die Rückstellung gedeckt, sodass dieser Vorgang bei ausreichender Höhe der gebildeten Rückstellung ergebnisneutral ist.[434] Bei der Erstellung der Eröffnungsbilanz werden wiederum, abweichend von der künftigen Behandlung von Rückstellungen, bei der Bilanzierung keine Aufwendungen oder Erträge durch die Bildung/Auflösung von Rückstellungen fest-

429 Baumbach et al. (2006), S. 934, § 253 Rn. 4
430 § 36 Abs. 1 Satz 1 Nr. 1-10 GemHVO
431 § 36 Abs. 1 Satz 2 GemHVO
432 Fudalla et al. (2007), S. 150
433 Fudalla et al. (2007), S. 153
434 Ahrweiler [online], 10.06.2008

gestellt. Vielmehr werden die bis zum Zeitpunkt der Erstellung der Eröffnungsbilanz aufgelaufenen Verpflichtungen der Gemeinde dargestellt, die in der Vergangenheit zur Bildung einer Rückstellung geführt hätten.[435]

Finanzierungseffekte auf der Grundlage einer innerbetrieblichen Fremdfinanzierung aus Rückstellungen, wie in privaten Handelsunternehmen,[436] entfallen in der Regel im kommunalen Bereich, da nur in wenigen Ausnahmefällen Steuern für Unternehmensgewinne gezahlt werden müssen. Dennoch sind die gesetzlichen Regelungen bezüglich der Rückstellungen der kommunalen stark an die Vorschriften des Handels- und Steuerrechts angelehnt. Basierend auf den handels- und steuerrechtlichen Vorschriften, die wie bereits erwähnt im Wesentlichen mit den Regelungen der kommunalen Doppik korrespondieren, werden Rückstellungen im Folgenden in drei Hauptgruppen eingeteilt:[437]

3.1. Rückstellungen für ungewisse Verbindlichkeiten

Rückstellungen für ungewisse Verbindlichkeiten beinhalten eine Verpflichtung gegenüber einem Dritten (Außenverpflichtung) und werden auf der Grundlage der Abgrenzungsgrundsätze gebildet. Zur Bildung einer Rückstellung für ungewisse Verbindlichkeiten müssen eine oder mehrere der folgenden drei Tatbestandsvoraussetzungen vorliegen. Erstens, es besteht bereits eine rechtswirksame Verpflichtung gegenüber einem Dritten, diese ist jedoch in ihrer Höhe noch ungewiss. Zweitens, eine Verpflichtung kann bereits verursacht worden sein, die jedoch noch nicht festgesetzt ist. Drittens, die Vermutung aufgrund der Erfahrung, dass mit hoher Wahrscheinlichkeit eine Verpflichtung der Gemeinde gegenüber einem Dritten entstehen wird. Alle diese Fälle haben ihren wirtschaftlichen Grund in der abgelaufenen Abrechnungsperiode, die Auszahlung oder Mindereinzahlung wir jedoch erst in einer der kommenden Perioden eintreten.[438]

---

[435] Deisenroth et al. (2007), S. 22 f.
[436] Perridon/Steiner (2004), S. 488 ff.
[437] Fudalla et al. (2007), S. 150
[438] Wöhe (1997), S. 516

Im Zuge der Umstellung auf die kommunale Doppik haben kommunale Dienstherren erstmals auch die Pflicht, ihre Pensionsanwartschaften der aktiven bzw. die Pensionsverpflichtungen gegenüber ehemaligen Beamten[439] im Rechnungswesen abzubilden. Pensions- und Beihilfeverpflichtungen sind dem Grunde nach Verbindlichkeiten, die für spätere Pensions- bzw. Beihilfeverpflichtungen entstehen. Sie sind jedoch zum Bilanzstichtag ungewiss, die Frage, ob, wann und in welcher Höhe die künftigen Pensionen und Beihilfen gezahlt werden müssen, ist nicht bekannt. Demnach können diese Verpflichtungen nicht als Verbindlichkeiten ausgewiesen werden, vielmehr sind hier Rückstellungen in der zu erwartenden Höhe zu bilden.[440]

Der Anspruch auf Pension (sog. Ruhegehalt) entsteht mit dem Eintritt in den Ruhestand[441] und wird auf der Grundlage der ruhegehaltsfähigen Dienstbezüge und ruhegehaltsfähigen Dienstzeit berechnet.[442] Das Ruhegehalt wird nach einer ruhegehaltsfähigen Dienstzeit von mindestens fünf Jahren sowie bei Eintreten der Dienstunfähigkeit infolge von Krankheit, Verwundung oder sonstiger Beschädigung ohne grobes Verschulden in Ausübung des Dienstes oder aus dienstlicher Veranlassung gezahlt.[443] Auf die gesetzlich vorgeschriebene Versorgung kann weder ganz noch teilweise verzichtet werden.[444] Folglich tritt die Versorgungsverpflichtung der kommunalen Gebietkörperschaft als Dienstherr gegenüber ihrer Beamten nur unter der Voraussetzung nicht ein, dass der Beamte vor Eintritt in den Ruhestand die Gemeinde als Dienstherren verlässt.[445]

Das gesetzliche Erfordernis Pensionsrückstellungen[446] bilden zu müssen, soll im Kommunalen Bereich zu mehr Generationengerechtigkeit beitragen. Bereits

---

[439] §§ 87, 90, 94 i.V.m. 229 LBG

[440] Schuster (2007), S. 76

[441] § 4 Abs. 2 BeamtVG

[442] § 4 Abs. 3 BeamtVG

[443] § 4 Abs. 2 BeamtVG

[444] § 3 BeamtVG

[445] Auf die bilanzielle Abbildung von Versorgungssplittings, gemäß § 107 b Beamtenversorgungsgesetz sowie anderer Detailprobleme im Zusammenhang mit der Bildung und Bewertung von Pensionsrückstellungen wird an dieser Stelle aus Vereinfachungsgründen verzichtet. Siehe hierzu Ellerich / Lickfett (2005), S. 121 ff.

[446] § 36 Abs. 1 Nr. 1 GemHVO

heute für die Zukunft eingegangene Verpflichtungen in Form von Pensionszusagen bzw. bereits bestehende Pensionsverpflichtungen sollen nicht erst dann die öffentlichen Haushalte belasten, wenn deren tatsächliche Zahlung anfällt, sondern bereits zum Zeitpunkt der Zusage.[447] Die Passivierungspflicht erstreckt sich auf alle bestehenden beamtenrechtlichen Versorgungsansprüche, also auch Anwartschaften, Beihilfen und sonstige nach dem Ausscheiden aus dem Dienst fortgeltenden Ansprüche.[448] Die graphische Darstellung des Idealverlaufs einer Pensionsrückstellung ist als Anhang 13 beigefügt.

Die Berechnung der Pensionsrückstellungen erfolgt auf der Grundlage versicherungsmathematischer Verfahren unter Berücksichtigung der biometrischen Rechtsgrundlagen der Invaliditäts- und Sterbewahrscheinlichkeiten.[449] Die bereits bestehenden Versorgungsverpflichtungen sind mit dem Barwert anzugeben, als Zinsfuß ist der im Einkommensteuergesetz jeweils vorgeschriebene Satz von derzeit 6 %[450] anzusetzen. Anwartschaften werden mit dem Teilwert im Sinne des Einkommensteuergesetzes[451] ausgewiesen.[452]

Die Passivierungspflicht entfällt, wenn die Gemeinde sich eines Dritten[453] zur Erfüllung ihrer Pensionsverpflichtungen bedient und somit nicht mehr unmittelbar gegenüber ihren Bediensteten verpflichtet ist. Die Zahlung von Umlagen durch die Mitgliedschaft in einer Versorgungskasse befreit die Gemeinde nicht von ihrer Passivierungspflicht. In dieser Konstellation werden nur bestehende Verpflichtungen durch die Umlagenzahlung abgedeckt. Eine „Ansparung“ von Vermögen für die Erfüllung künftiger Verpflichtungen für aktive Versorgungsempfänger erfolgt hierdurch nicht, somit bleibt die unmittelbare Versorgungsverpflichtung bei der Gebietkörperschaft.[454,455]

---

447 Wöhe (1997), S. 539
448 Ellerich / Lickfett (2005), S. 121
449 § 11 Abs. 1 GemEBilBEwVO
450 § 6 a Abs. 3 Satz 3 EStG
451 § 6 a Abs. 3 Satz 2 Nr. 1 EStG
452 § 11 Abs. 1 GemEBilBEwVO
453 Pensions- und Unterstützungskassen, Versicherungsunternehmen
454 Landeslenkungsgruppe [online], Häufig gestellte Fragen 10.1.03, 28.07.2008
455 Ellerich / Lickfett (2005), S. 122

Eine Besonderheit im Hinblick auf die kommunalen Pensionsverpflichtungen ergibt sich aus den Bestimmungen zur Altersteilzeit.[456] Hierbei kommen zwei Modelle in Betracht, zwischen denen der Arbeitnehmer wählen kann. Die erste Modellvariante sieht die Möglichkeit vor, die tägliche Arbeitszeit mit Beginn der Altersteilzeit bis zum Eintritt in den Ruhestand zu reduzieren.

Das zweite Modell, auch bekannt als „Blockmodell", sieht eine Aufgliederung der Altersteilzeit in eine Beschäftigungs- und anschließende Freistellungsphase vor. Während der Beschäftigungsphase arbeitet der Bedienstete weiterhin Vollzeit, um dann anschließenden in der Freistellungsphase vollständig vom Dienst befreit zu werden. In beiden Fällen ist eine Aufstockung des Bruttogehaltes um ca. 20 % erforderlich, um den Arbeitnehmer so zu stellen, dass er mindestens 83 % des pauschalierten Nettogehaltes erhält, welches er ohne die Minderung der Arbeitszeit im Rahmen der Altersteilzeit erhalten würde.[457]

In der Eröffnungsbilanz sind die Aufstockungsbeträge bei beiden Modellvarianten zu Beginn der Altersteilzeitvereinbarung für die gesamte Laufzeit der Altersteilzeit in einer Summe als sonstige Verbindlichkeiten zu passivieren. Die Aufstockungszahlungen sind nicht als monatliches Entgelt, sondern vielmehr als Abfindungsverpflichtung der Gemeinde gegenüber ihrem Arbeitnehmer zu bewerten.[458]

Beim Teilzeitmodell sind die monatlichen Auszahlungsbeträge, abgesehen von den Aufstockungsbeträgen, als Aufwand in der jeweiligen Rechnungsperiode auszuweisen. Rückstellungen müssen hierfür nicht gebildet werden.[459]

Beim Blockmodell ergibt sich im Laufe der Beschäftigungsphase ein sogenannter Erfüllungsrückstand, dadurch dass der Mitarbeiter Vollzeit arbeitet,

---

[456] Altersteilzeitgesetz; Auf Berechnungsbeispiele und die Darstellung von Erstattungsansprüchen gegenüber der Bundesagentur für Arbeit wurde aus Vereinfachungsgründen verzichtet, siehe hierzu BMF-Schreiben vom 28.03.2007, Landeslenkungsgruppe [online], Häufig gestellte Fragen 10.1.21, 27.07.2008, Wöhe (1997), S.546 ff.
[457] Ahrweiler [online], 17.07.2008
[458] Landeslenkungsgruppe [online], Häufig gestellte Fragen 10.1.21, 27.07.2008
[459] Stephan (2007), S. 252

jedoch nur einen Teilbetrag der Gesamtvergütung erhält. Dieser Erfüllungsrückstand ist in Raten zu einer Rückstellung für ungewisse Verbindlichkeiten anzusammeln[460] und innerhalb der Freistellungsphase ebenfalls in Raten in Zuge der Inanspruchnahme wieder aufzulösen.[461] Die Rückstellung umfasst neben der Vergütung als solches auch sämtliche darauf entfallenden Lohnnebenkosten. Kostensteigerungen während der aktiven Phase sind bei der Rückstellung nicht zu berücksichtigen, sie ist erst mit erreichen der Freistellungsphase auf die notwendigen Beträge aufzufüllen.[462]

Die zu bildenden Beihilferückstellungen[463] werden mit einer Erstbewertung in Höhe von 25 % der Pensionsrückstellungen in der Eröffnungsbilanz angesetzt.[464]

Bestehen zum Bilanzstichtag noch Ansprüche der Bediensteten aus nicht genommenem Erholungsurlaub oder geleisteter Mehrarbeit gegenüber der Gemeinde, so ist hierfür ebenfalls eine Rückstellung zu bilden.[465] Den ersparten Urlaubs- oder Überstundenaufwendungen stehen in der nächsten Rechnungsperiode keine Arbeitsleistungen mehr gegenüber, da diese bereits im Vorjahr abgeleistet wurden.

Folgerichtig würde das Ergebnis ohne die Bildung einer geeigneten Rückstellung ungerechtfertigter Weise verbessert. Zur Bewertung der Überstunden- und Urlaubsrückstellungen sind die Personalaufwendungen pro noch zu gewährendem Urlaubstag bzw. Überstunde zu ermitteln, hierzu sind neben dem Bruttojahresentgelt, einschließlich Weihnachtsgeld, auch sämtliche anteiligen Lohnnebenkosten sowie die Arbeitgeberanteile bei der Berechnung mit in Betracht zu ziehen.[466]

---

[460] Vogel (2007), S. 263

[461] BMF-Schreiben vom 28. März 2007

[462] Landeslenkungsgruppe [online], Häufig gestellte Fragen 10.1.21, 27.07.2008

[463] § 36 Abs. 1 Nr. 2 GemHVO

[464] Ministerium des Innern und für Sport Rheinland-Pfalz, Haushaltsrundschreiben 2007 vom 28. November 2006

[465] § 36 Abs. 1 Nr. 10 GemHVO

[466] Landeslenkungsgruppe [online], Häufig gestellte Fragen 10.1.11, 17.07.2008

3.2. Rückstellungen für drohende Verluste aus schwebenden Geschäften

Ähnlich wie die im vorangegangenen Rückstellungen für ungewisse Verbindlichkeiten beinhalten die Rückstellungen für drohende Verluste aus schwebenden Geschäften[467] ebenfalls eine Verpflichtung gegenüber einem Dritten (Außenverpflichtung). Ausgangspunkt für die Bildung dieser Rückstellungen ist das Imparitätsprinzip, also ein Gesichtspunkt kaufmännischer Vorsicht.[468] Ein schwebendes Geschäft entsteht immer in den Fällen, in denen ein zweiseitig verpflichtendes Rechtsgeschäft[469] nicht Zug um Zug abgewickelt wird, sondern der Zeitpunkt des Verpflichtungs- und des Erfüllungsgeschäftes auseinanderfallen.[470]

Fallbeispiel:

Die Gemeinde A verkauft noch vor der Erstellung ihrer Eröffnungsbilanz ein Grundstück am Rande ihres Neubaugebietes. Der Kaufpreis beträgt 250.000,00 €. Nach der vollständigen Zahlung des Kaufpreises, jedoch vor der Umschreibung des Eigentums im Grundbuch, beginnt der Käufer mit dem Aushub seiner Baugrube. Dabei entdeckt er eine ihm und der Gemeinde unbekannte Müllablagerung aus der Vergangenheit. Vereinbarungsgemäß war das Grundstück frei von Altlasten durch die Gemeinde verkauft worden, deshalb verlangt der Käufer nunmehr die Beseitigung der Altlasten sowie angemessenen Schadensersatz für die Verzögerungen des Baufortschritts von der Gemeinde. Ein beauftragter Gutachter wird sein Gutachten, bedingt durch die aufwendige Entnahme und Auswertung der Bodenproben, voraussichtlich erst nach der Erstellung der Eröffnungsbilanz vorlegen können. Die Gemeinde schätzt den Schaden auf rund 100.000,00 €.

In diesem Fall hätte die Gemeinde eine Rückstellung in Höhe von 100.000,00 € in ihrer Eröffnungsbilanz auszuweisen.

---

[467] § 36 Abs. 1 Nr. 10 GemHVO
[468] Wöhe/Kussmaul (2006), S. 282
[469] §§ 320 ff. BGB
[470] Wöhe/Kussmaul (2006), S. 287

3.3. Aufwandsrückstellungen

Im Gegensatz zu den beiden in den vorangegangenen Abschnitten behandelten Rückstellungsarten beinhalten die Aufwandsrückstellungen keine Verpflichtung gegenüber einem Dritten, sondern gegenüber der bilanzierenden Gebietskörperschaft selbst (Innenverpflichtung).[471] Aufwandsrückstellungen werden auf der Grundlage der Abgrenzungsgrundsätze gebildet und sollen zu einer periodengerechten Zuordnung von Aufwendungen beitragen.
In der kommunalen Eröffnungsbilanz kommt im Rahmen der Gebäudebewertung (Punkt 1.2.2) den Rückstellungen für unterlassene Instandhaltungen im Bereich der Aufwandsrückstellungen eine Schlüsselstellung zu. Gebäude, wie auch viele andere Vermögensgegenstände, erreichen ihre vorgesehene Nutzungsdauer nur dann, wenn regelmäßige Instandhaltungsarbeiten durchgeführt werden. Werden die Instandhaltungsmaßnahmen immer in der Periode ausgeführt, in der sie auch fällig sind, so handelt es sich um Aufwendungen, die erfolgswirksam in der Ergebnisrechnung der jeweiligen Rechnungsperiode auszuweisen sind.[472] Vielerorts bestehen jedoch teilweise massive Instandhaltungsstaus an öffentlichen Gebäuden, also Aufwendungen, die in vergangenen Perioden fällig waren, jedoch nicht ausgeführt wurden. Der „Wert" dieser verschobenen Aufwendungen ist in der kommunalen Bilanz abzubilden. Neben der aktivischen Absetzung der Wertminderung durch unterlassene Instandsetzungen im Wege einer Reduzierung der fiktiven Herstellungskosten, also des in der Eröffnungsbilanz auszuweisenden Gebäudewertes, besteht auch die Möglichkeit, Instandhaltungsrückstellungen zu bilden. In diesem Zusammenhang besteht jedoch kein Wahlrecht nach freiem Ermessen der Gemeinde, vielmehr ist die Beurteilung anhand gesetzlicher Kriterien angezeigt.

Zur Bildung einer Instandhaltungsrückstellung muss die Nachholung der unterlassenen Instandhaltungen innerhalb der nächsten drei Jahre hinreichend konkret geplant sein und zum Zeitpunkt der Bilanzerstellung einzeln bestimmbar und wertmäßig zu beziffern sein.[473] Liegen diese Voraussetzungen

---

[471] Wöhe (2005), S. 924
[472] Wöhe (1997), S. 559
[473] § 36 Abs. 1 Nr. 5 GemHVO

kumulativ vor, so ist eine Rückstellung in geeigneter Höhe zu bilden, was insoweit der handelsrechtlichen Passivierungspflicht[474] nachgebildet ist. Neben diesen gesetzlich verankerten Voraussetzungen liegt es auch in der Natur der Sache, dass es sich bei den unterlassenen Instandhaltungen um Erhaltungsaufwendungen mit konsumtivem Charakter handelt. Aktivierungsfähiger Herstellungsaufwand scheidet dem gemäß zur Bildung von Instandhaltungsrückstellungen von vorneherein aus. Umso wichtiger ist es, die im praktischen Bewertungsumfeld oftmals nicht ganz einfache Abgrenzung zwischen Unterhaltungs- und Herstellungsaufwendungen präzise durchzuführen. Im Ergebnis wird zwar der Vermögenswert per Saldo gleich bleiben, jedoch sind die Folgen für die künftige Haushaltswirtschaft in beiden Fällen sehr unterschiedlich ausgeprägt. Die Behebung von Bauschäden und Baumängeln, die in Form einer Sonderabschreibung bei der Eröffnungsbilanz berücksichtigt wurden, berechtigt in den Folgejahren zu außerordentlichen Zuschreibungen bis maximal in Höhe der Anschaffungs- und Herstellungskosten ohne die vorgenommene Sonderabschreibung. Dieser Vorgang ist insoweit erfolgswirksam, dass die „gestiegenen“ Anschaffungs- und Herstellungskosten zu höheren Abschreibungen des Wirtschaftsgutes führen. Währenddessen die Auflösung einer Instandhaltungsrückstellung zu einem Periodenerfolg führt, der die Aufwendungen für die nachgeholte Instandhaltung im Ergebnis neutralisiert.

Ein bilanzpolitischer Spielraum besteht im Zusammenhang mit der Bildung von Instandhaltungsrückstellungen grundsätzlich nicht, denn die Voraussetzungen, unter denen eine solche Rückstellung gebildet werden kann, sind aus rechtstheoretischer Sicht eindeutig gesetzlich fixiert. In der Praxis wiederum stellt sich die Frage, inwieweit die Kommune selbst Einfluss auf die Voraussetzungen nehmen kann, die zur Bildung einer Instandhaltungsrückstellung führen. An dieser Stelle zeichnet sich sehr wohl ein nicht zu unterschätzender Spielraum für bilanzpolitische Entscheidungen ab. Die Kommune entscheidet nämlich grundsätzlich autonom über den Umfang der künftig geplanten Vorhaben, die zur Bildung von Rückstellungen berechtigen.[475] Somit wäre es

---

[474] § 249 Abs. 1 Nr. 1 HGB

[475] Heynen/Visarius [online], 26.07.2008

ohne weiteres denkbar, dass die Durchführung verschiedener Instandhaltungsmaßnahmen, beispielsweise mittels Ratsbeschluss, für die nächsten drei Jahre hinreichend konkretisiert und hierfür Rückstellungen gebildet werden. Da es sich bei der Bildung von Rückstellungen im Zuge der Eröffnungsbilanz um erfolgsneutrale Vorgänge handelt (eine Ergebnisrechnung ist im Zusammenhang mit der Eröffnungsbilanz nicht vorzulegen), entsteht der Gemeinde hierdurch kein Aufwand. Im Umkehrschluss bildet die Auflösung einer Rückstellung in den folgenden Rechnungsperioden sehr wohl einen erfolgswirksamen Vorgang, nämlich einen Ertrag, der die Instandhaltungsaufwendungen neutra-lisiert und demnach die Ergebnisrechnung in dieser Periode verbessert.[476] Periodenübergreifend betrachtet gleicht sich das Ergebnis beider Bilanzierungsmöglichkeiten per Saldo aus, sodass insgesamt keine tatsächliche Veränderung der gesamten Aufwendungen entsteht. Die Beeinflussung des Ergebnisses einzelner Perioden ist dennoch möglich.

Die zeitliche Beschränkung der Rückstellungen nach den geltenden Vorschriften des Handels- und Steuerrechts, wonach die unterlassenen Instandhaltungen im folgenden Geschäftsjahr innerhalb von drei Monaten nachgeholt werden müssen,[477] besteht in der Doppik nicht. Hier sind Rückstellungen generell aufzulösen, wenn der Grund für deren Bildung entfallen ist.[478]

Rückstellungen für unterlassene Instandhaltungen können nicht für sogenannte Schönheitsreparaturen gebildet werden, da es sich in diesen Fällen um turnusmäßig auftretende Reparaturaufwendungen handelt, die von dem gesetzlichen Rückstellungsverbot der GemHVO[479] erfasst werden.[480]

Ähnliche Fragestellungen tauchen im Zusammenhang mit der Bilanzierung von Rückstellungen für Deponien[481] und Altlasten[482] auf. Ähnlich wie bei der Ge-

---

476 Heynen/Visarius [online], 26.07.2008
477 § 249 Abs. 1 Satz 2 Nr. 1 HGB
478 § 36 Abs. 3 GemHVO
479 § 36 Abs. 1 Satz 2 GemHVO
480 Ahrweiler [online], 17.07.2008
481 § 36 Abs. 1 Nr. 6 GemHVO
482 § 36 Abs. 1 Nr. 7 GemHVO

bäudebewertung kann auch hier, je nach vorliegen der entsprechenden Voraussetzungen entweder der Wert des betroffenen Grundstücks aktivisch gemindert werden oder neben dem (ggf. schon geminderten) Grundstückswert eine Aufwandsrückstellung gebildet werden.
Zur Rekultivierung von bestehenden Deponien, die bei der Kommune als Regiebetrieb geführt werden, ist erstmals eine Rückstellung zu bilden, um die künftigen Belastungen der Gemeinde bilanziell abzubilden.[483]

Anders verhält es sich beim Vorliegen von Altlasten auf Grundstücken, da hier eine Schätzung der Sanierungskosten vielfach nahezu unmöglich ist und die tatsächliche Sanierung in vielen Fällen nicht konkret geplant werden kann. Dies liegt zum Einen in der Tatsache, dass die Eintragung eines Grundstücks in ein sogenanntes Altlastenkataster nur ein Indikator für das mögliche Vorliegen von Altlasten ist. Zum Anderen reicht die Zuständigkeit der kommunalen Gebietskörperschaften nach dem Bundesbodenschutzgesetz[484] auch über die eigenen Grundstücke hinaus, d.h. Altlasten auf fremden Grundstücken können ebenfalls von einer kommunalen Sanierungspflicht erfasst werden. In diesen Fällen kann weder der Umfang, anfangs selbst das Vorliegen von Altlasten nicht bekannt sein. In beiden Fällen kann für die Sanierungskosten eine Rückstellung gebildet werden, soweit deren Höhe hinreichend bestimmbar ist und die Sanierung vorhersehbar ist. Deshalb empfiehlt es sich, erst dann eine Rückstellung zu bilden, wenn sowohl ein konkretes Sanierungsvorhaben besteht, als auch eine geeignete Kostenschätzung vorliegt.[485]

4. Verbindlichkeiten

Zahlungsverpflichtungen einer Gebietskörperschaft, deren Grund, Höhe und Fälligkeit bekannt sind und eindeutig feststehen, werden als Verbindlichkeiten bezeichnet.[486] Die Verbindlichkeit stellt demnach eine rechtlich oder wirtschaft-

---

483 Auf Berechnungen und eine detaillierte Darstellung wird an dieser Stelle aus Vereinfachungsgründen verzichtet,siehe hierzu Böckels [online], 26.07.2008
484 § 4 Abs. 3 BBodSchG
485 Böckels [online], 26.07.2008
486 Wöhe (2005), S. 928

lich unumgängliche Verpflichtung gegenüber einem Dritten dar, die zu einer wirtschaftlichen Belastung der Gebietskörperschaft führt.[487] Eine Verbindlichkeit beschreibt demnach eine Schuld, die vom Gläubiger gegenüber dem Schuldner, also der Gemeinde, juristisch erzwingbar ist, ohne dass eine wirksame Einrede entgegen gesetzt werden kann. Die bestehende Schuld muss demnach nicht zwangsläufig in Form einer Geldleistung bestehen, vielmehr erstreckt sich die Begrifflichkeit auch auf Verpflichtungen zur Erbringung von (Dienst-)Leistungen sowie zur Lieferung von Produkten.[488]

Verbindlichkeiten werden nach den Grundsätzen ordnungsgemäßer Buchführung einzeln mit dem jeweiligen Rückzahlungsbetrag bilanziert.[489]

Der rheinland-pfälzische Kontenplan sieht zurzeit die Untergliederung in die Kontengruppen Anleihen,[490] Verbindlichkeiten aus Kreditaufnahmen für Investitionen[491] sowie zur Liquiditätssicherung,[492] aus Vorgängen, die einer Kreditaufnahme wirtschaftlich gleichkommen,[493] erhaltene Anzahlungen auf Bestellungen,[494] Verbindlichkeiten aus Lieferungen und Leistungen,[495] aus Transferleistungen[496] und sonstige Verbindlichkeiten[497] vor (siehe Anlage 14: Verbindlichkeitenübersicht).

Bei der Erstellung der Eröffnungsbilanz sind insbesondere die Verbindlichkeiten aufgrund von Kassenausgaberesten aus der Kameralistik, Darlehensforderungen der Kreditinstitute und sonstigen Darlehensgebern sowie die sonstigen Verbindlichkeiten, die im Zusammenhang mit der Auflösung der kameralen Rücklagen entstehen können, von Bedeutung.

---

487 Hauptmann/Weber [online], 07.08.2008
488 Coenenberg (2000), S. 328
489 § 33 Abs. 1 und 2 GemHVO, §12 Abs. 1 GemEBilBewVO
490 Kontengruppe 30
491 Kontengruppe 31
492 Kontengruppe 32
493 Kontengruppe 33
494 Kontengruppe 34
495 Kontengruppe 35
496 Kontengruppe 36
497 Kontengruppe 37

Die bestehenden Inventurvereinfachungsverfahren, wie beispielsweise die Gruppenbewertung,[498] sind analog der Ausführungen für die Erfassung und Bewertung der Verbindlichkeiten anwendbar.

Besondere Bewertungsprobleme bestehen bei der Bewertung von Verbindlichkeiten grundsätzlich nicht. Die Erfassung und Zuordnung zu dem jeweils korrekten Verbindlichkeitskonto, welche speziell aus statistischen Gründen sehr detailliert untergliedert sind, dürfte die anspruchsvollste Aufgabe darstellen.
Die in den beiden Schlussberichten der Landeslenkungsgruppe vorgesehene Bewertung von unverzinslichen oder niedrigverzinslichen Verbindlichkeiten mit deren Barwert,[499] analog der Bewertung entsprechender Forderungen, wurde durch den Gesetzgeber in der aktuellen Fassung der Gemeindeeröffnungsbilanz-Bewertungsverordnung sowie der Gemeindehaushaltsverordnung nicht vorgesehen.[500]

Trotz der gesetzlich vorgesehenen Tiefengliederung der in der Bilanz ausgewiesenen Verbindlichkeiten sieht die rheinland-pfälzische Gemeindeordnung zudem eine Verbindlichkeitsübersicht als Bilanzanlage zwingend vor.[501] In dieser Verbindlichkeitsübersicht sollen die Gesamtbeträge der Verbindlichkeiten zu Beginn und zum

Ende des Haushaltsjahres, analog der Bilanzgliederung, nach deren Laufzeit in drei Kategorien, Laufzeit bis ein Jahr, einem bis fünf Jahre und mehr als fünf Jahren, unterteilt dargestellt werden.[502] Dies ermöglicht es dem Bilanzleser, die Struktur der bestehenden Verbindlichkeiten nachzuvollziehen. Somit ist zu beurteilen, in welchem Umfang und welcher zeitlichen Abfolge die Gemeinde ihren (künftigen) Zahlungsverpflichtungen nachkommen muss und ob insgesamt eine tendenziell kurz-, mittel- oder langfristige Verschuldung vorliegt.

---

[498] § 32 Abs. 10 GemHVO
[499] Landeslenkungsgruppe (2006), S. 111
[500] § 34 GemHVO, §12 GemEBilBewVO
[501] § 52 GemHVO
[502] § 52 Abs. 2 GemHVO

5. Passive Rechnungsabgrenzungsposten

Ähnlich wie die aktiven Rechnungsabgrenzungsposten dienen auch die passiven oder auch antizipativen Rechnungsabgrenzungsposten zur periodengerechten Zuordnung von Vermögenswerten.[503] Die passive Rechnungsabgrenzung dient dazu, Erträge, die vor dem Bilanzstichtag eingezahlt werden, wirtschaftlich jedoch ganz oder teilweise dem folgenden Geschäftsjahr zuzurechnen sind, periodengerecht zuzuordnen.[504]

Im kommunalen Bereich können passive Rechnungsabgrenzungen erforderlich werden, wenn beispielsweise Mieten im Voraus an die Gemeinde gezahlt werden, deren Fälligkeit erst im folgenden Geschäftsjahr liegt.[505]
Die Bewertung der passiven Rechnungsabgrenzungsposten erfolgt in Höhe des Betrages, welcher der auf den Bilanzstichtag folgenden Periode wirtschaftlich zuzurechnen ist.[506]

---

[503] Coenenberg (2000), S. 370
[504] Schuster (2007), 122
[505] Heynen [online], 02.08.2008
[506] § 13 Abs. 1 GemEBilBewVO

IV. Auswirkungen der Bewertungsergebnisse auf die Haushaltswirtschaft

1. Zusammenfassung der Bewertungsergebnisse

Das Anlagevermögen verkörpert zwischen 70 % und 80 % des gesamten kommunalen Vermögens. In Folge dessen liegt der Fokus der nachfolgenden Analyse der Bewertungsergebnisse auf dem Anlagevermögen sowie den damit eng verknüpften Sonderposten aus Zuwendungen und Beiträgen. Die übrigen Ergebnisse bleiben in diesem Teil der Arbeit weitgehend unberücksichtigt.

Anhand der Ergebnisse der vorangegangenen Bewertungsbeispiele ist zu erkennen, wie weit die Ansätze einzelner Bilanzpositionen in Abhängigkeit zur verwandten Datenbasis sowie des zugrundeliegenden Bewertungsverfahrens voneinander abweichen können. Am Beispiel des Sachanlagevermögens und der damit eng verwobenen Sonderposten aus Zuwendungen und Beiträgen wird dies besonders deutlich. Die nachfolgende Gegenüberstellung der ermittelten Bewertungsergebnisse des Sachanlagevermögens sowie der zugehörigen Sonderposten verdeutlicht die auftretenden Diskrepanzen zwischen dem Ansatz tatsächlicher Anschaffungs- und Herstellungskosten, verglichen mit dem Bilanzausweis aufgrund einer gesetzlich zulässigen Bewertung nach Erfahrungswerten.[507] Auf eine Dopplung gleicher Bilanzpositionen sowie den Ausweis von Bilanzpositionen mit nur einer Bewertungsalternative wurde verzichtet.

Im Ergebnis entstehen starke Abweichungen zwischen den Bewertungsergebnisse, speziell bei Vermögensgegenständen, die sich bereits sehr lange im Besitz der Gemeinde befinden. Insbesondere bei Grundstücken kann der ermittelte Erfahrungswert[508] den seinerzeit tatsächlich gezahlten Kaufpreis um mehrere hundert Prozent überschreiten.

---

[507] Der Ansatz von Vergleichswerten, die als adjustierte AHK eines vergleichbaren Vermögensgegenstandes anzusehen sind, wird aus Vereinfachungsgründen nicht mit angeführt. Ein Wahlrecht zwischen den Bewertungsverfahren ist nicht zulässig, es gilt die vorher beschriebene und gesetzlich fixierte Bewertungshierarchie: AHK, Vergleichs-, Erfahrungswerte

[508] Ähnliches gilt für den Ansatz von Vergleichswerten

	Bilanzansatz nach tatsächlichen AHK	Bilanzansatz nach Erfahrungswerten	Differenz (€)	Differenz (%)
Aktivseite				
Immaterielle Vermögensgegenstände	1.350,42 €	3.115,63 €	1.765,21 €	230,72%
Grundstücke und grundstücksgleiche Rechte	2.936,03 €	24.652,80 €	21.716,77 €	839,66%
Bebaute Grundstücke (Gebäude)	348.654,70 €	346.955,61 €	- 1.699,09 €	- 0,49%
Infrastrukturvermögen (Grundstücke)	766,94 €	17.742,20 €	16.975,26 €	2313,38%
Infrastrukturvermögen (Straßen, Wege, Plätze)	70.845,56 €	92.549,00 €	21.703,44 €	130,63%
Betriebs- und Geschäftsausstattung	81,81 €	130,67 €	48,86 €	159,72%
Passivseite				
Sonderposten aus Zuwendungen	139.167,22 €	138.782,24 €	- 384,98 €	- 0,28%
Sonderposten aus Beiträgen	53.134,17 €	69.411,75 €	16.277,58 €	130,63%

Abbildung 33: Zusammengefasste Bewertungsergebnisse

Stellt man die erhobenen Werte anhand einer vereinfachten Darstellung einer kommunalen Eröffnungsbilanz gegenüber, so ist erkennbar, welche Auswirkungen diese Bewertungsdifferenzen in Summe auf die jeweilige Eröffnungsbilanz haben.

Die Eröffnungsbilanz, basierend auf den ermittelten tatsächlichen Anschaffungs- und Herstellungskosten der aufgeführten Bewertungsbeispiele, stellt sich wie folgt dar:

Aktiva	**Eröffnungsbilanz zum 01.01.2008**				**Passiva**
Posten	Bezeichnung		Posten	Bezeichnung	
1	Anlagevermögen		1	Eigenkapital	232.334,07
1.1.3	Gezahlte Investitionszuschüsse	1.350,42	2	Sonderposten	
1.2.3.1	Bebaute Grundstücke und grundstücksgleiche Rechte	2.936,03	2.2.1	Sonderposten aus Zuwendungen	139.167,22
1.2.3.2	Bebaute Grundstücke und grundstücksgleiche Rechte (Gebäude)	348.654,70	2.2.2	Sonderposten aus Beiträgen und ähnlichen Entgelten	53.134,17
1.2.4.1	Infrastrukturvermögen (Grundstücke)	766,94			
1.2.4.2	Infrastrukturvermögen (Straßen)	70.845,56			
1.2.8	Betriebs- und Geschäftsausstattung	81,81			
	Bilanzsumme	424.635,46		Bilanzsumme	424.635,46

Abbildung 34: Eröffnungsbilanz (tatsächliche AHK)

Die Eröffnungsbilanz, basierend auf den ermittelten Erfahrungswerten der aufgeführten Bewertungsbeispiele, stellt sich wie folgt dar:

Aktiva	Eröffnungsbilanz zum 01.01.2008				Passiva
Posten	Bezeichnung		Posten	Bezeichnung	
1	Anlagevermögen		1	Eigenkapital	276.951,92
1.1.3	Gezahlte Investitionszuschüsse	3.115,63	2	Sonderposten	
1.2.3.1	Bebaute Grundstücke und grundstücksgleiche Rechte	24.652,80	2.2.1	Sonderposten aus Zuwendungen	138.782,24
1.2.3.2	Bebaute Grundstücke und grundstücksgleiche Rechte (Gebäude)	346.955,61	2.2.2	Sonderposten aus Beiträgen und ähnlichen Entgelten	69.411,75
1.2.4.1	Infrastrukturvermögen (Grundstücke)	17.742,20			
1.2.4.2	Infrastrukturvermögen (Straßen)	92.549,00			
1.2.8	Betriebs- und Geschäftsausstattung	130,67			
	Bilanzsumme	485.145,91		Bilanzsumme	485.145,91

Abbildung 35: Eröffnungsbilanz (Erfahrungswerte)

Durch die Bewertung des Anlagevermögens und den damit einhergehenden Sonderposten wird insbesondere das Eigenkapital beeinflusst. Das Eigenkapital stellt eine reine Residualgröße dar und wird somit direkt von der Schwankungsbreite der Bewertungsergebnisse beeinflusst. Aufgrund dieser Korrelation führt eine hohe Bewertung des Vermögens automatisch auch zu einem Anstieg des Eigenkapitals.[509] Vielerorts stehen genau diese Kennzahl sowie deren Entwicklung im Zentrum des Interesses kommunaler Entscheidungsträger.

Des Weiteren sind auch die Rückstellungen, insbesondere die Pensionsrückstellungen, ein neuartiges Instrumentarium zur Abbildung des künftigen Ressourcenverbrauches. Die Höhe der Rückstellungen wirkt sich ebenfalls unmittelbar auf das auszuweisende Eigenkapital aus. Die Einflussfaktoren sind jedoch weniger im Ansatz der Bewertungsverfahren, sondern vielmehr in der Struktur der Bewertungskriterien[510] verankert, die von der Gemeinde im Zuge der Erstellung der Eröffnungsbilanz im Wesentlichen nicht beeinflussbar sind. Aus diesem Grund werden lediglich die Rückstellungen für unterlassene In-

509 der umgekehrte Fall ist ebenso denkbar

510 Bsp. Alterstruktur der Mitarbeiter

standhaltungen, die in direktem Zusammenhang mit der dargestellten Gebäudebewertung steht, in den Bilanzbeispielen aufgeführt. Der Ansatz weiterer Rückstellungen, insbesondere von Pensionsrückstellungen, wird aus Vereinfachungsgründen unterlassen, da durch deren Ansatz keine relevanten Einflüsse auf die Kernaussage zu erwarten sind.

2. Analyse der Eröffnungsbilanzalternativen

Die beiden vereinfachten Eröffnungsbilanzalternativen aus dem vorangegangenen Kapitel bilden die möglichen Abweichungen zwischen den Ergebnissen der Bewertungsverfahren ab. Die Aussagefähigkeit dieser Daten ist jedoch nicht ohne weiteres gegeben, sodass in diesem Zusammenhang eine Modifizierung der Ergebnisse in Form einer Gewichtung sowie verschiedener Grundannahmen notwendig erscheint.

Prämissen:

Die Anschaffungskosten der Bewertungsbeispiele basieren auf realen Daten einer rheinland-pfälzischen Gemeinde. Alle Bewertungen sind auf der Grundlage von Erfahrungswerten sowie auf der Grundlage tatsächlicher Datenbestände durchgeführt worden. Die Auswahl dieser Daten erfolgte jedoch nicht auf der Grundlage einer statistisch korrekten Datenerhebung, sondern beispielhaft anhand der Auswahl eines vorhandenen Datenbestandes. Zurzeit besteht in Rheinland-Pfalz keine Möglichkeit, anhand des existierenden Datenbestandes eine fundierte und vor allem repräsentative Datenbasis zu gewinnen. Jeder Versuch, eine zuverlässige Aussage im Hinblick auf die Grundgesamtheit aller kommunalen Eröffnungsbilanzen mit Hilfe einer Stichprobenerhebung zu treffen, wäre derzeit aufgrund fehlender Daten und der hohen Fehleranfälligkeit wenig aussagekräftig. Um von einer Stichprobe verlässliche Aussagen bezogen auf die Grundgesamtheit treffen zu können, muss die Stichprobe die Grundgesamtheit in ihrer Struktur möglichst gut widerspiegeln, nur dann ist die erhobene Stichprobe repräsentativ.[511]

---

[511] Bücker (2003), S. 170

Die nachfolgende Übersicht präsentiert die bisherigen Daten der Doppikeinführung bezogen auf die Anzahl der bereits in Jahr 2007 „umgestiegenen" Gebietskörperschaften im Verhältnis zu der Gesamtzahl der jeweiligen Gebietskörperschaft.

Gebietskörperschaft	Gesamtzahl	2007	2008 / 2009	Anteil 2007
Kreisfreie Städte	12	1	11	8,33%
Landkreise	24	5	19	20,83%
Verbandsfreie Gemeinden	37	4	33	10,81%
Verbandsgemeinden	163	23	140	14,11%
Ortsgemeinden	2.257	369	1.888	16,35%

Abbildung 36: Doppikeinführung bei Gebietskörperschaften im Jahr 2007[512]

Erkennbar ist, dass die Erhebung einer repräsentativen Stichprobe, bezogen auf die Kreisfreien Städte, zurzeit ausgeschlossen ist, da bisher nur eine Stadt tatsächlich eine Eröffnungsbilanz vorgelegt hat. Fraglich erscheint auch die Möglichkeit einer aussagefähigen Stichprobenerhebung bei den Verbandsgemeinden und Verbandsfreien Gemeinden. Hingegen könnten die bereits gestarteten Landkreise und Ortsgemeinden auf den ersten Blick die Möglichkeit einer repräsentativen Stichprobe bieten. Folgende Argumente sprechen jedoch gegen die Möglichkeit einer repräsentativen Stichprobenerhebung:

Da in Rheinland-Pfalz bisher erst rund ein Drittel der Kommunen ihre Eröffnungsbilanz vorgelegt haben und die letzten Eröffnungsbilanzen erst zum 30.11.2009 vorzulegen sind, besteht derzeit keine Möglichkeit, Stichprobenteile aus allen drei Umstellungsjahren zu erheben. Die Auswahl ist somit auf die bisher existenten Werte beschränkt, sodass aus diesen Daten keine repräsentative Stichprobe zu erheben ist.[513]
Aus zwei weiteren Gründen wird die Repräsentativität einer möglichen Stichprobe verneint; der Ausschluss der Kreisfreien Städte führt zu einer unvollständigen empirischen Untersuchung der erhobenen Stichprobe. Rückschlüsse

[512] Rechnungshof Rheinland-Pfalz (2008), S. 7
[513] Bücker (2003), S. 23

aus der Stichprobe wären nicht ohne weiteres auf die Kreisfreien Städte übertragbar und würden die die Ergebnisse verzerren.

Darüber hinaus würde die erhobene Stichprobe in ihrer Struktur zu stark von der Grundgesamtheit abweichen. Durch den Anstieg der Lernkurve innerhalb der Kommunalverwaltungen, aufgrund von Erfahrungen anderer Verwaltungseinheiten, klarer Gesetzesvorgaben und umfassenderer Literaturbasis, ist davon auszugehen, dass die Fehlerhäufigkeit von Umstellungsjahr zu Umstellungsjahr abnimmt. Nicht zuletzt, da während der Umstellung auf die Kommunale Doppik im Jahr 2007 noch umfassende Gesetzesänderungen vorgenommen wurden, die folglich auch die Bewertungen innerhalb der Eröffnungsbilanzen tangierten. Diese Änderungen sind mit hoher Wahrscheinlichkeit nicht vollständig in den bisher vorgelegten Eröffnungsbilanzen berücksichtigt worden, da der Bewertungsprozess sich regelmäßig über einen Zeitraum von mehr als einem Jahr erstreckt. Ausgehend von der Notwendigkeit einer Normalverteilung der Stichprobe muss an dieser Stelle davon ausgegangen werden, dass bei den „Umstellern" aus 2007 tendenziell mit einer höheren Fehlerhäufigkeit in den Bewertungsergebnissen zu rechnen ist, als bei den folgenden „Umstellern".[514] Aus der Summe dieser Fehlerquellen ist absehbar, dass die Elemente der Stichprobe stark fehlerbehaftet wären und somit zu falschen Schlussfolgerungen führen würden. Ein korrekter Repräsentationsschluss, also der Rückschluss von Stichprobenergebnissen auf die Grundgesamtheit, ist demnach nicht möglich.

Weiterhin sind die im vorangegangenen Kapitel ausgewiesenen Bilanzwerte nicht homogen im Hinblick auf die tatsächliche Werteverteilung einer realen Eröffnungsbilanz. In beiden Bilanzbeispielen dominiert der Bilanzwert des bewerteten Gebäudes, tatsächlich kommt dieser Bilanzposition verglichen mit den übrigen Positionen des Sachanlagevermögens eine solche Bedeutung nicht zu. Aus dieser Grundüberlegung heraus wurde im nachfolgenden Schritt eine prozentuale Gewichtung der einzelnen Bilanzpositionen vorgenommen. Diese Gewichtung erfolgt auf der Grundlage einer zahlenmäßigen Auswertung des tat-

[514] Rechnungshof Rheinland-Pfalz (2008), S. 18 ff.

sächlichen Bilanzumfangs bilanzierter Wirtschaftsgüter von zehn mittelgroßen rheinland-pfälzischen Gemeinden. Diese wurden nach den vorher aufgeführten Bilanzpositionen differenziert und in Relation zu der Gesamtzahl der bilanzierten Wirtschaftsgüter pro Position ins Verhältnis gesetzt.

Die Verteilung der Wirtschaftsgüter nach der jeweiligen Bilanzposition stellt sich wie folgt dar:

Bilanzierte Wirtschaftgüter	Gemeinde 1	Gemeinde 2	Gemeinde 3	Gemeinde 4	Gemeinde 5
Immaterielle Vermögensgegenstände	63	79	38	64	70
Grundstücke und grundstücksgleiche Rechte	40	238	64	95	51
Bebaute Grundstücke (Gebäude)	28	25	9	19	17
Infrastrukturvermögen (Grundstücke)	257	524	122	245	191
Infrastrukturvermögen (Straßen, Wege, Plätze)	99	209	57	109	72
Betriebs- und Geschäftsausstattung	165	291	118	274	170
Summe	652	1.366	408	806	571

Bilanzierte Wirtschaftgüter	Gemeinde 6	Gemeinde 7	Gemeinde 8	Gemeinde 9	Gemeinde 10
Immaterielle Vermögensgegenstände	97	510	106	603	73
Grundstücke und grundstücksgleiche Rechte	93	361	102	549	88
Bebaute Grundstücke (Gebäude)	29	49	26	43	11
Infrastrukturvermögen (Grundstücke)	355	556	362	1.276	268
Infrastrukturvermögen (Straßen, Wege, Plätze)	135	227	121	489	97
Betriebs- und Geschäftsausstattung	345	795	281	653	110
Summe	1.054	2.498	998	3.613	647

Abbildung 37: Anzahl bilanzierter Wirtschaftsgüter

Die Datenerhebung erfolgte unter den Prämissen, dass die Straßenbeleuchtungsanlagen als immaterielle Vermögensgegenstände bilanziert sind und nicht dem Sachanlagevermögen zuzuordnen sind. Die Anzahl der ausgewiesenen Betriebs- und Geschäftsausstattung enthält eine Vielzahl von Vermögensgegenständen, die unter Verwendung der zugelassenen Bewertungsvereinfachungen zu einer Bewertungsgruppe zusammengefasst wurden und demnach als ein Wirtschaftsgut in die Bilanz einfließen. Beispielsweise werden 1.000 Stühle einer Schule als 1 Wirtschaftsgut veranlagt und nicht einzeln ausgewiesen. Folglich ist der Anteil der Betriebs- und Geschäftsausstattung niedriger angesetzt, als dies im Zuge der durchgängigen Anwendung der Einzelbewertung der Fall wäre. Die Gesamtgewichtung erstreckt sich nur auf das bilanzierte Anlagevermögen, alle weiteren Aktiva werden nicht in die Gewichtung mit einbezogen.

Aus den tatsächlichen Stückzahlen der vorangegangenen Verteilung der Wirtschaftsgüter wurden im folgenden Schritt prozentuale Verteilungsgrößen generiert, die in den folgenden Übersichten abgebildet werden:

Prozentuale Verteilung der Wirtschaftsgüter	Gemeinde 1	Gemeinde 2	Gemeinde 3	Gemeinde 4	Gemeinde 5
Immaterielle Vermögensgegenstände	9,66%	5,78%	9,31%	7,94%	12,26%
Grundstücke und grundstücksgleiche Rechte	6,13%	17,42%	15,69%	11,79%	8,93%
Bebaute Grundstücke (Gebäude)	4,29%	1,83%	2,21%	2,36%	2,98%
Infrastrukturvermögen (Grundstücke)	39,42%	38,36%	29,90%	30,40%	33,45%
Infrastrukturvermögen (Straßen, Wege, Plätze)	15,18%	15,30%	13,97%	13,52%	12,61%
Betriebs- und Geschäftsausstattung	25,31%	21,30%	28,92%	34,00%	29,77%
Summe	100,00%	100,00%	100,00%	100,00%	100,00%

Prozentuale Verteilung der Wirtschaftsgüter	Gemeinde 6	Gemeinde 7	Gemeinde 8	Gemeinde 9	Gemeinde 10
Immaterielle Vermögensgegenstände	9,20%	20,42%	10,62%	16,69%	11,28%
Grundstücke und grundstücksgleiche Rechte	8,82%	14,45%	10,22%	15,20%	13,60%
Bebaute Grundstücke (Gebäude)	2,75%	1,96%	2,61%	1,19%	1,70%
Infrastrukturvermögen (Grundstücke)	33,68%	22,26%	36,27%	35,32%	41,42%
Infrastrukturvermögen (Straßen, Wege, Plätze)	12,81%	9,09%	12,12%	13,53%	14,99%
Betriebs- und Geschäftsausstattung	32,73%	31,83%	28,16%	18,07%	17,00%
Summe	100,00%	100,00%	100,00%	100,00%	100,00%

Abbildung 38: Prozentuale Verteilung bilanzierter Wirtschaftsgüter

Die Auswertung der beiden vorangegangenen Übersichten ergibt folgendes:

Die Anzahl der Wirtschaftsgüter bewegt sich bei den untersuchten Gemeinden in einer breiten Spanne, die in der Spalte „Niedrigster Wert“ und „Höchster Wert“ unten abgebildet wird. Aus diesem Grund ergeben sich ebenfalls bemerkenswerte Differenzen zwischen dem Mittel- und dem Medianwert der erhobenen Daten. Zur Begrenzung der Schwankungsbreite wurde entschieden, für alle nachfolgenden Gewichtungen den Medianwert als Berechnungsgrundlage zu verwenden. Die Ergebnisse im Einzelnen gliedern sich wie folgt:

Auswertung bilanzierter Wirtschaftgüter	Niedrigster Wert	Höchster Wert	Mittelwert	Medianwert
Immaterielle Vermögensgegenstände	38	603	170	76
Grundstücke und grundstücksgleiche Rechte	40	549	168	94
Bebaute Grundstücke (Gebäude)	9	49	26	26
Infrastrukturvermögen (Grundstücke)	122	1.276	416	312
Infrastrukturvermögen (Straßen, Wege, Plätze)	57	489	162	115
Betriebs- und Geschäftsausstattung	110	795	320	278
Summe			1.261	902

Abbildung 39: Auswertung bilanzierter Wirtschaftsgüter

Prozentuale Auswertung bilanzierter Wirtschaftsgüter	Niedrigster Wert	Höchster Wert	Mittelwert	Medianwert
Immaterielle Vermögensgegenstände	5,78%	20,42%	11,32%	10,14%
Grundstücke und grundstücksgleiche Rechte	6,13%	17,42%	12,23%	12,69%
Bebaute Grundstücke (Gebäude)	1,19%	4,29%	2,39%	2,28%
Infrastrukturvermögen (Grundstücke)	22,26%	41,42%	34,05%	34,50%
Infrastrukturvermögen (Straßen, Wege, Plätze)	9,09%	15,30%	13,31%	13,53%
Betriebs- und Geschäftsausstattung	17,00%	34,00%	26,71%	28,54%
Summe			100,00%	100,00%

Abbildung 40: Prozentuale Auswertung bilanzierter Wirtschaftsgüter

Die ermittelte Gewichtung des Anlagevermögens wird auf die damit verbundenen Passivpositionen übertragen. Es wird die Annahme getroffen, dass außer den mit den Positionen des Anlagevermögens verbundenen Passivpositionen keine weiteren Passiva vorliegen, mit Ausnahme des Eigenkapitals, dem hier eine Sonderstellung zukommt.

Darüber hinaus wird unterstellt, dass nur den Positionen „1.2.3.2 Bebaute Grundstücke und grundstücksgleiche Rechte (Gebäude)“ und „1.2.4.2 Infrastrukturvermögen (Straßen)“ des Anlagevermögens eine entsprechende Passivposition gegenübersteht. Die Einbeziehung weiterer Passivpositionen, insbesondere der (Pensions-) Rückstellungen, würde zwar das ausgewiesene Eigenkapital der Bilanzen stark reduzieren, jedoch beide Fallvarianten in gleichem Maße betreffen, sodass hieraus keine weitergehenden Erkenntnisse abzuleiten wären. Speziell der Auswirkungen der Pensionslasten im Hinblick auf die zu bildenden Pensionsrückstellungen ist Gegenstand eines gesonderten Punktes im nächsten Abschnitt dieser Arbeit.

Durch diese Modifizierung der Daten werden die ermittelten Daten in ihrem Verhältnis untereinander, sowie im Verhältnis zur Bilanzsumme, näher an eine reale Verteilung der Bilanzpositionen herangeführt. Die gewichteten Bilanzwerte verkörpern somit den möglichen Umfang von Geldeinheiten, die im Zuge einer Vermögensbewertung anhand der beiden Bewertungsverfahren unter Berücksichtigung des zahlenmäßigen Umfangs der einzelnen Wirtschaftsgüter der jeweiligen Bilanzposition entstanden wären.

Auf dieser Grundlage stellt sich die modifizierte Eröffnungsbilanz auf der Grundlage gewichteter tatsächlicher Anschaffungs- und Herstellungskosten wie folgt dar:

Aktiva	Eröffnungsbilanz zum 01.01.2008				Passiva
Posten	Bezeichnung		Posten	Bezeichnung	
1	Anlagevermögen		1	Eigenkapital	6.126,36
1.1.3	Gezahlte Investitionszuschüsse	136,93	2	Sonderposten	
1.2.3.1	Bebaute Grundstücke und grundstücksgleiche Rechte	372,58	2.2.1	Sonderposten aus Zuwendungen	3.173,01
1.2.3.2	Bebaute Grundstücke und grundstücksgleiche Rechte (Gebäude)	7.949,33	2.2.2	Sonderposten aus Beiträgen und ähnlichen Entgelten	9.032,81
1.2.4.1	Infrastrukturvermögen (Grundstücke)	264,59			
1.2.4.2	Infrastrukturvermögen (Straßen)	9.585,40			
1.2.8	Betriebs- und Geschäftsausstattung	23,35			
	Bilanzsumme	18.332,18		Bilanzsumme	18.332,18

Abbildung 41: Eröffnungsbilanz (gewichtete tatsächliche AHK)

Die modifizierte Eröffnungsbilanz auf der Grundlage von Erfahrungswerten hingegen stellt sich wie folgt dar:

Aktiva	Eröffnungsbilanz zum 01.01.2008				Passiva
Posten	Bezeichnung		Posten	Bezeichnung	
1	Anlagevermögen		1	Eigenkapital	15.070,95
1.1.3	Gezahlte Investitionszuschüsse	315,92		Sonderposten	
1.2.3.1	Bebaute Grundstücke und grundstücksgleiche Rechte	3.128,44	2	Sonderposten aus Zuwendungen	3.164,24
1.2.3.2	Bebaute Grundstücke und grundstücksgleiche Rechte (Gebäude)	7.910,59	2.2.1	Sonderposten aus Beiträgen und ähnlichen Entgelten	11.800,00
1.2.4.1	Infrastrukturvermögen (Grundstücke)	6.121,06			
1.2.4.2	Infrastrukturvermögen (Straßen)	12.521,88			
1.2.8	Betriebs- und Geschäftsausstattung	37,29			
	Bilanzsumme	30.035,18		Bilanzsumme	30.035,18

Abbildung 42: Eröffnungsbilanz (gewichtete Erfahrungswerte)

Deutlich erkennbar wird hierbei neben einer massiven Erhöhung des Eigenkapitals auch die Schwankungsbreite der einzelnen Bilanzpositionen. Obwohl diese Ergebnisse wie bereits ausgeführt keineswegs als repräsentativ angesehen werden können, zeigt sich dennoch eine eindeutige Tendenz dahin gehend, dass zwischen dem Ansatz der tatsächlichen Anschaffungs- und Herstellungskosten und einer Bewertung nach Erfahrungswerten sehr starke Differenzen innerhalb der Bilanz auftreten. Die Bilanzsumme nach der Bewertung auf der Grundlage von Erfahrungswerten ist nahezu doppelt so hoch wie die der Bilanz aufgrund tatsächlicher Werte. Das Eigenkapital hat sich analog hierzu sogar mehr als verdoppelt.

Die Auswirkungen dieser Differenzen erstrecken sich wiederum nicht nur auf die Bilanzwerte der innerhalb der kommunalen Eröffnungsbilanz, sondern entfalten ihre Wirkung weit über diese hinaus. Die Eröffnungsbilanz fungiert als Fundament für alle Folgebilanzen künftiger Jahre, sodass die Einflüsse der Eröffnungsbilanz über einen sehr langen Zeitraum präsent sind. Weiterhin

bilden die bilanzierten Wirtschaftsgüter auch die Grundlage für die Berechnung künftiger Abschreibungen, also von erfolgswirksamen Vorgängen, die sich auf die kommenden Rechnungsergebnisse nachhaltig auswirken.
Anhand der dargestellten Bewertungsbeispiele lassen sich die Abschreibungen der bilanzierten Wirtschaftsgüter der modifizierten Eröffnungsbilanzen bestimmen. Ausgangspunkt der Ermittlung der Abschreibungswerte sind die festgestellten Restnutzungsdauern der Bewertungsbeispiele, die mit den modifizierten Anschaffungs- und Herstellungskosten und Erfahrungswerten aus den vorangegangenen Bilanzbeispielen ermittelt wurden.

	AfA in Jahren
Immaterielle Vermögensgegenstände	10
Grundstücke und grundstücksgleiche Rechte	keine
Bebaute Grundstücke (Gebäude)	67
Infrastrukturvermögen (Grundstücke)	keine
Infrastrukturvermögen (Straßen, Wege, Plätze)	12
Betriebs- und Geschäftsausstattung	2

Abbildung 43: Abschreibungsdauer pro Bilanzposition

	Tats. AHK	Median	Tats. AHK (gewichtet)	AfA p.a.
Immaterielle Vermögensgegenstände	1.350,42 €	10,14%	136,93 €	13,69 €
Grundstücke und grundstücksgleiche Rechte	2.936,03 €	12,69%	372,58 €	
Bebaute Grundstücke (Gebäude)	348.654,70 €	2,28%	7.949,33 €	118,65 €
Infrastrukturvermögen (Grundstücke)	766,94 €	34,50%	264,59 €	
Infrastrukturvermögen (Straßen, Wege, Plätze)	70.845,56 €	13,53%	9.585,40 €	798,78 €
Betriebs- und Geschäftsausstattung	81,81 €	28,54%	23,35 €	11,67 €
Summe	424.635,46 €		18.332,19 €	942,80 €

Abbildung 44: Abschreibungen bei gewichteten tatsächlichen AHK

	Erfahrungswerte	Median	Erfahrungswerte (gew)	AfA p.a.
Immaterielle Vermögensgegenstände	3.115,63 €	10,14%	315,92 €	31,59 €
Grundstücke und grundstücksgleiche Rechte	24.652,80 €	12,69%	3.128,44 €	
Bebaute Grundstücke (Gebäude)	346.955,61 €	2,28%	7.910,59 €	118,07 €
Infrastrukturvermögen (Grundstücke)	17.742,20 €	34,50%	6.121,06 €	
Infrastrukturvermögen (Straßen, Wege, Plätze)	92.549,00 €	13,53%	12.521,88 €	1.043,49 €
Betriebs- und Geschäftsausstattung	130,67 €	28,54%	37,29 €	18,65 €
Summe	485.145,91 €		30.035,19 €	1.211,80 €

Abbildung 45: Abschreibungen bei gewichteten Erfahrungswerten

Aus dieser Überlegung heraus sollten die Bewertungen der Bilanzansätze auch auf deren Auswirkungen auf die künftige Haushaltswirtschaft hin kritisch hinterfragt und nicht unreflektiert angesetzt werden. Folgerichtig sind die Bilanzansätze kommunaler Eröffnungsbilanzen nur in Verbindung mit einer fundierten Analyse der eingesetzten Bewertungsverfahren sowie der ermittelten Datenbasis aussagefähig.

Vor diesem Hintergrund sollte auch der Erfassungs- und Bewertungsaufwand sowie die Genauigkeit bei der Projektarbeit nicht allein nach den gesetzlichen Erfordernissen, sondern insbesondere auch am Wesen der Wirtschaftsgüter ausgerichtet werden. Es ist demnach nicht zwangsläufig erforderlich, jedes einzelne bewegliche Anlagegut genauestens zu inspizieren und mit aufwändigen Verfahren dessen Restwert und -nutzungsdauer bis in kleinste Detail abbilden zu können, da sich Fehler und Ungenauigkeiten bei diesen Wirtschaftsgütern aufgrund ihrer recht kurzen wirtschaftlichen Nutzungsdauer relativ schnell „verwachsen". Anders hingegen ist die Bewertung eines Grundstücks, eines Gebäudes oder einer Straße zu beurteilen, da diese Anlagegüter entweder keiner oder einer recht langen Abschreibungsdauer unterliegen. Fehlerhafte Bilanzansätze werden über Jahrzehnte in den kommunalen Bilan-zen präsent sein oder müssen im Laufe der Zeit ergebniswirksam korrigiert werden.

3. Kritische Würdigung der Bewertungsergebnisse

Die formellen und materiellen Erfordernisse der Erstbewertung des kommunalen Vermögens werden vorrangig aus der GemEBilBewVO und der GemHVO abgeleitet. Soweit in diesem Zusammenhang noch ein Auslegungsbedarf besteht, sind die Empfehlungen zur Ausgestaltung einer Bewertungsrichtlinie sowie die umfassenden Erläuterungen der Landeslenkungsgruppe unter dem Online-Portal „www.rlp-doppik.de" sowie weitere Internet-Ressourcen verfügbar.

Auf der Grundlage dieser detaillierten Vorgaben ist somit ein Bewertungs- bzw. bilanzpolitischer Spielraum tatsächlich nur sehr eingeschränkt gegeben. Es gilt die durchgängige Bewertungshierarchie: Anschaffungs- und Herstellungskosten, Vergleichswerte, Erfahrungswerte, ein Wahlrecht bei Vorliegen verschiedener Werte für ein Wirtschaftsgut ist ausdrücklich ausgeschlossen.[515]

Trotz des Fehlens eines explizit ausgewiesenen bilanzpolitischen Spielraums verfügt jede einzelne Gemeinde im Rahmen der gesetzlichen Vorgaben über eine Vielzahl kleiner Stellschrauben, mit Hilfe derer gravierende gestalterische Einflüsse auf die Eröffnungsbilanz und damit auch auf die künftige Haushaltswirtschaft möglich sind.[516] Zudem wird in der kommunalen Praxis vielerorts ein theoretisch nicht gegebener bilanzpolitischer Spielraum, speziell im Hinblick auf die Bewertung von vorhandenem „Altvermögen", entgegen der gesetzlich vorgeschriebenen Bewertungshierarchie aus Unkenntnis oder für bilanzpolitische Zwecke angewandt. Zu diesem Ergebnis kam der Landesrechnungshof Rheinland-Pfalz anlässlich einer durchgeführten Orientierungsprüfung im Februar dieses Jahres, bei der die Gemeinden geprüft wurden, die bereits 2007 auf die kommunale Doppik umgestellt haben.[517]
Die Tragweite von Bewertungsfehlern, unzulässigen Schätzungen und fehlerhaft angewandter Bewertungsverfahren werden anhand der beschriebenen Bewertungsbeispiele deutlich. Die herausgearbeiteten Ergebnisse zeigen eine deutliche Schwankungsbreite der Bilanzansätze in Abhängigkeit der eingesetzten Bewertungsverfahren.
Eine Bilanz, die rein auf dem Ansatz von tatsächlichen Anschaffungs- und Herstellungskosten basiert, vermittelt ein vollkommen anderes Bild der Gebietskörperschaft, als eine Bilanz auf der Grundlage von Erfahrungswerten.
In der kommunalen Praxis sind die Eröffnungsbilanzen immer eine Mischung aus Anschaffungs- und Herstellungskosten, Vergleichs- und Erfahrungswerten, weder die eine noch die andere der im vorangegangenen Kapitel aufgezeigten Bilanzalternativen werden in der Praxis anzutreffen sein. Dennoch bietet die Gegenüberstellung der jeweils theoretisch hergeleiteten Bilanzalternativen auf der Basis von realen Werten aus der kommunalen Praxis ein wichtiges Indiz zur Einschätzung ausgewiesener Eröffnungsbilanzwerte. Hieran wird deutlich, dass jegliche Form der Interpretation kommunaler Bilanzen sowie eines interkommu-

[515] Landeslenkungsgruppe (2005), S. 205
[516] Gablenz/Laib (2007), S. 41
[517] Rechnungshof Rheinland-Pfalz (2008), S. 35

nalen Vergleichs anhand der ausgewiesenen Bilanzwerte grundsätzlich keine brauchbaren Ergebnisse zu Tage fördern kann, ohne, dass die Bewertungsgrundlagen im Einzelnen hinterfragt worden sind.

Umso erforderlicher erscheint es daher, bereits im Vorfeld der Bewertung verwaltungsinterne Regelungen zu treffen, die festlegen, welche Bewertungsverfahren für die erfassten Wirtschaftsgüter angewandt werden und in welchem Umfang Vereinfachungs- und Schätzverfahren für welche Bewertungssachverhalte Anwendung finden. Im Ergebnis sollte somit sichergestellt sein, dass gleiche Bewertungssachverhalte verwaltungsintern einheitlich bewertet werden und bilanzpolitische Steuerungsmöglichkeiten gesetzeskonform angewandt werden.

In diesem Zusammenhang ist auch zu beachten, dass sich die Gemeinde nicht überschulden darf, d.h. einen nicht durch Eigenkapital gedeckten Fehlbetrag in ihrer Bilanz auszuweisen.[518] Die Überschuldung einer Gemeinde in der Form, dass die Schulden das Vermögen übersteigen und demnach das Eigenkapital negativ würde und somit auf der Aktivseite ausgewiesen werden müsste, ist grundsätzlich denkbar[519] und auch gesetzlich normiert.[520]

Es erscheint daher auf den ersten Blick durchaus als sachgerecht, im Rahmen der gesetzlichen Vorgaben einen möglichst hohen Vermögensnachweis anzustreben, da dieser die Höhe des Eigenkapitals positiv beeinflusst.[521]
Die bisherigen Erfahrungen mit der kommunalen Doppik zeigen, dass es bei der Aufstellung der Eröffnungsbilanzen mit hoher Wahrscheinlich nicht zum Ausweis eines negativen Eigenkapitals kommen wird.
Sehr viel wahrscheinlicher hingegen erscheint es, dass in den kommenden Jahren durch den Umfang des Anlagevermögens und dessen hohe Bewertung, die damit einhergehende Last der Abschreibungen, nicht vollständig mit Erträgen zu decken sind, das Eigenkapital negativ beeinflusst wird.

---

[518] § 93 Abs. 6 GemO
[519] Laib (2007), S. 7
[520] § 39 GemHVO
[521] Gablenz/Laib (2007), S. 41

Auf der Grundlage dieser Überlegungen zeigt sich auch, dass die Höhe der jährlichen Abschreibungen mit hoher Wahrscheinlichkeit immanente Auswirkungen auf die jährlichen Rechnungsergebnisse künftiger Jahre haben wird. Der Haushaltsausgleich im Ergebnishaushalt wird somit zusätzlich erschwert, sodass die hierdurch auftretenden Jahresfehlbeträge das Eigenkapital kontinuierlich reduzieren werden. Die Bewertungsspielräume sollten dementsprechend vorzugsweise konservativ genutzt werden, um die Last künftiger Jahre zu reduzieren. Die Entwicklung der modifizierten Bewertungsergebnisse zeigt zwar, dass im Falle einer hohen Bewertung das Eigenkapital stärker anwächst, als die künftigen Abschreibungen. Dennoch ist hierbei zu beachten, dass es sich nicht um absolute Werte, sondern um gewichtete Geldeinheiten handelt. In der Praxis kann sich das in den Ergebnissen ausgewiesene Delta von rund „300 €“, in Abhängigkeit zur Größe der Gebietskörperschaft, auf mehrere (hundert-)tausend oder gar Millionen Euro auswachsen. Immerhin entspricht der Anstieg der jährlichen Abschreibungen in unserem Beispiel rund 1 % der gestiegenen Bilanzsumme.

Fälle, in denen das Eigenkapital einer Kommune vollständig aufgebraucht ist, sind bislang nicht bekannt geworden. Andererseits ist zurzeit jedoch auch völlig unklar, wie in solchen Fällen zu Verfahren ist, in denen eine Kommune faktisch von der Insolvenz betroffen wäre.[522] Die gesetzlichen Regelungen der Insolvenzordnung, die für Handelsunternehmen der freien Wirtschaft konzipiert sind, können auf Teile des Staates prinzipiell nicht ohne weiteres übertragen werden. Der Insolvenzfall einer Gebietskörperschaft unter den Gesichtspunkten der Insolvenzordnung ist jedoch faktisch im Rahmen der Doppik nicht ausgeschlossen. Im Gegensatz zu anderen Bundesländern, wie beispielsweise Nordrhein-Westfalen, sind seitens des Gesetzgebers in Rheinland-Pfalz derzeit keine einschlägigen gesetzlichen Regelungen vorgegeben worden, sodass diese Frage vorerst offen im Raum steht.
Des Weiteren ist eine Differenzierung der Vermögensgegenstände im Hinblick auf deren Realisierbarkeit im rheinland-pfälzischen Landeskonzept nicht vorgesehen. In Folge dessen muss im Zusammenhang mit der Interpretation der

---

[522] § 19 InsO

Eigenkapitalposition besonders auf die Frage Rücksicht genommen werden, welcher Teil des in der Eröffnungsbilanz ausgewiesenen Vermögens überhaupt realisierbar ist. Mit anderen Worten, welche Vermögensgegenstände könnten im Falle von auftretenden Zahlungsschwierigkeiten veräußert werden, ohne die öffentliche Aufgabenerfüllung zu beeinträchtigen. Dies wird in der Regel nur ein Bruchteil des vorhandenen Vermögens sein, denn der überwiegende Teil des kommunalen Vermögens erstreckt sich zum einen auf das sogenannte Verwaltungsvermögen und zum anderen auf Vermögen im Gemeingebrauch. Das Verwaltungsvermögen bezeichnet diejenigen Vermögensgegenstände,[523] die der Verwaltung zur Erstellung ihrer öffentlichen Dienstleistungen dienen. Wohingegen das Vermögen im Gemeingebrauch die Vermögensgegenstände[524] bezeichnet, die der Allgemeinheit, üblicherweise unentgeltlich, zur Nutzung bereitgestellt werden.[525]

Darüber hinaus fehlt es in vielen Fällen auch an einem Markt, über den öffentliche Vermögensgegenstände ihrer Bestimmung entsprechend veräußert werden könnten, insbesondere in den Fällen, in denen die Verwendung per Gesetz geregelt ist. Somit wäre beispielsweise die Veräußerung der Vermögensgegenstände, die zur Mindestausstattung für den Brandschutz gehören, dem Grunde nach ohne weiteres möglich, da in diesem Bereich ein florierender Gebrauchtmarkt existiert. Die Aufgabenträgerschaft obliegt jedoch per Gesetz weiterhin den Gemeinden, Landkreisen und Kreisfreien Städten im Rahmen ihrer jeweiligen Zuständigkeit.[526] Folglich würde ein Verkauf der Vermögensgegenstände die gesetzlich normierte Aufgabenerfüllung unmöglich machen. Die Kopplung kommunaler Pflichtaufgaben an die dafür notwendigen Vermögensgegenstände schließt deren Veräußerung nahezu aus. Darüber hinaus treffen sämtliche Veräußerungsüberlegungen immer dann auf ihre Grenzen, wenn, wie in diesem konkreten Fall, die Art und Weise der Aufgabenerledigung zusätzlich normiert sind. Die Möglichkeit, Einsatztätigkeiten der Feuerwehr, beispielsweise durch einen privaten Investor, kostendeckend und vor allem für

---

523 Mobiliar- und EDV-Ausstattung der Kernverwaltung
524 Straßen, Wege, Plätze, Kulturgüter
525 Marretek et al. (2006), S. 53
526 § 2 LBKG

das gesamte Einsatzspektrum der Feuerwehr abzurechnen, ist kraft Gesetzes ausgeschlossen, da nur in wenigen Ausnahmefällen Einsatzkosten abgerechnet werden dürfen.[527]

Folglich wäre es in einigen Fälle an sich problemlos möglich, einzelne Vermögensgegenstände zu liquidisieren, jedoch nicht unter der Bedingung, dass im Anschluss an die Veräußerung damit auch weiterhin die Aufgabenerfüllung, sprich hier die Sicherstellung des Brandschutzes, gewährleistet wird.

Folgerichtig ist ein überwiegender Teil des Vermögens grundsätzlich nicht ohne weiteres veräußerbar, sodass trotz eines hohen Eigenkapitals und immenser Anlagewerte in der Bilanz dieses Vermögen zur Deckung von Zahlungsverpflichtungen nicht herangezogen werden kann. Demnach schwebt das „Damokles-Schwert" der Zahlungsunfähigkeit (Insolvenz), trotz der positiven Bestände in der Bilanz, über den Gebietskörperschaften.

Christian Magin führt in seinem Artikel „Kommunale Doppik: (Miss-)Verständnisse und Weiterentwicklung" ein sehr plastisches Beispiel an, welches jedoch den Kern der Problematik vollends erfasst, denn „ein Pensionär möchte als Pension keine Anteile an einer Stadtmauer, sondern eine Geldüberweisung auf sein Bankkonto erhalten".[528] Es ist demnach unabdingbar, dass die Entscheidungsträger der kommunalen Gebietskörperschaften sich nicht auf die Vermögenskomponente respektive die Entwicklung des Eigenkapitals fokussieren, sondern vielmehr um den Anteil, der zur Deckung bestehender und künftiger Zahlungsverpflichtungen notwendig ist.

Im Hinblick auf die prognostizierte Demographische Entwicklung kann es sogar ohne weiteres notwendig und sinnvoll sein, kommunales Vermögen und somit auch das Eigenkapital nicht in der vorliegenden Form zu erhalten, sondern zu reduzieren. Eine Konzentration auf die kommunalen Kernbereiche sowie die Auslagerung von Randaktivitäten sowie die Veräußerung der Vermögensgegenstände, die nicht mehr zur Erfüllung staatlicher Aufgaben benötigt werden, sollte Teil einer strategischen Neuausrichtung der Kommunen sein.[529] Finanzielle Belastungen durch vorhandene Instandhaltungsstaus an öffent-

---

[527] § 36 LBKG

[528] Magin (2007), S. 176

[529] Ehrsam (2008), S. 4

lichen Vermögensgegenständen stellen in diesem Zusammenhang ein zusätzliches Problem dar. Im Wege der Abgrenzung zwischen Erhaltungsaufwand und aktivierungsfähigen Herstellungskosten ist der überwiegende Teil dieser Aufwendungen nicht als Investition einzustufen und somit als Aufwand im laufenden Haushalt zu verbuchen. Da eine Finanzierung mit Hilfe von Darlehen grundsätzlich nur für Investitionen zugelassen ist, scheidet diese Finanzierungsform aus, was gravierende Folgen im Hinblick auf die künftige Finanzlage in sich birgt. Ein Großteil der seitherigen Ausgaben des Vermögenshaushaltes im kameralen Rechnungswesen belastet demnach ebenfalls den laufenden Haushalt.

Eine Reduzierung des kommunalen Vermögens hätte demnach den Wegfall der Unterhaltungslast einerseits sowie der Abschreibungsaufwendungen andererseits zur Folge und würde zu einer Verbesserung künftiger Ergebnisrechnungen führen.

Ein weiteres Problem, welches in unmittelbarem Zusammenhang mit der Demographischen Entwicklung in Deutschland steht, ist die steigende Zahl der Versorgungsempfänger. Dies führt wiederum zu einer steigenden Zahl der Versorgungsausgaben innerhalb der Kommunalverwaltungen und wird weiterhin signifikante Auswirkungen auf die kommunale Haushaltswirtschaft haben.

Nach aktuellen Schätzungen werden die Versorgungslasten zu Kostensteigerungen auf bis zu über 70 % des heutigen Niveaus führen. Die entstehenden Gesamtkosten bewegen sich in Abhängigkeit von prognostizierten Steigerungen im Versorgungsbereich in einer Bandbreite zwischen rund 1 Mrd. Euro bis zu 8 Mrd. Euro im kommunalen Bereich.[530] An dieser Entwicklung partizipieren alle Gemeinden mehr als bisher im neuen kommunalen Rechnungswesen durch höhere Zuführungsbeträge zu Pensionsrückstellungen, die jährlichen Aufwand in der Ergebnisrechnung darstellen. Darüber hinaus sind ebenfalls steigende Beihilfeverpflichtungen zu befürchten, die zu einer höheren

[530] Bundesministerium des Inneren (2005), S. 61 ff.

Last an Beihilferückstellungen führen, deren jährliche Zuführung ebenfalls ergebniswirksam ist.

Die nachfolgende Übersicht verdeutlicht den Anstieg der Zahl der Versorgungsempfänger sowie der damit einhergehenden Versorgungskosten der kommunalen Gebietskörperschaften.

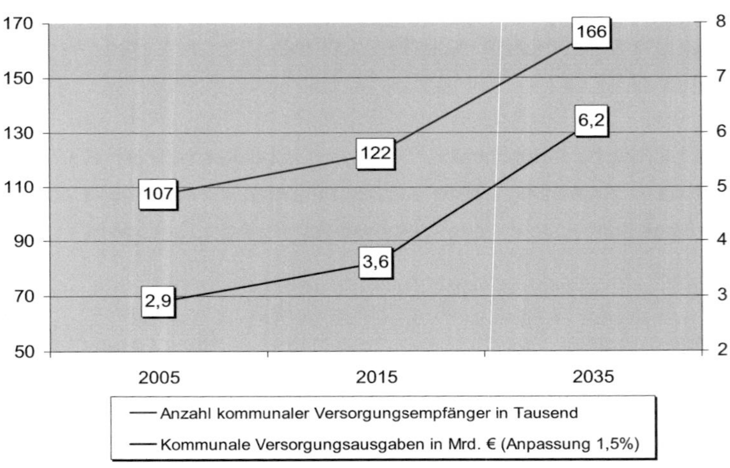

Abbildung 46: Entwicklung kommunaler Versorgungsempfänger und –ausgaben[531]

Diese Entwicklung ist nicht direkt mit dem Wertansatz des kommunalen Vermögens verbunden, verdeutlicht aber einerseits das Erfordernis, alternative Finanzierungsmöglichkeiten zu beleuchten.[532] Andererseits werden durch überhöhte Bewertungen ausgelöste Abschreibungssteigerungen die ohnehin stark belasteten Ergebnishaushalte zusätzlich belasten. Im Rahmen der Gesamtbeurteilung des Kommunalen Vermögens sind somit auch die Einflüsse der Bilanzpositionen, die nicht in direktem Zusammenhang mit der Bewertung des Vermögens stehen, kritisch zu beurteilen.

531 Bundesministerium des Inneren (2005), S. 61 ff. / Graphik angelehnt an Commerzbank AG (2007), S. 24

532 Commerzbank AG (2007), S. 24 f.

Nicht zuletzt durch die Ergebnisse der Orientierungsprüfung des Landesrechnungshofes wird deutlich, dass derzeit noch das Problembewusstsein, insbesondere im Hinblick auf die weitreichenden Folgen für die künftige Haushaltswirtschaft, bei vielen Kommunen noch nicht stark genug ausgeprägt ist. Die Tragweite der Einführung des neuen Rechnungswesens wird in den meisten Fällen zurzeit noch weit unterschätzt und nicht mit der gebotenen Priorität bemessen.

V. Fazit und Ausblick

Die Umstellung des kommunalen Rechnungswesens auf die doppelte Buchführung ist ein Paradigmenwechsel für die kommunalen Gebietskörperschaften im gesamten Bundesgebiet und eine der größten Herausforderungen unserer Zeit.

Die Abwendung von der Kameralistik und dem über Jahrzehnte vorherrschenden Kassenwirksamkeitsprinzip, welches auf eine reine Abbildung von Zahlungsströmen ausgelegt war, hin zu einem modernen Ressourcenverbrauchskonzept, umschreibt einen weiteren wichtigen Schritt in Richtung Verwaltungsmodernisierung. Der Weg von einem Geldverbrauchskonzept, hin zu einem umfassenden und funktionsfähigen Ressourcenverbrauchskonzept, ist demnach eingeschlagen. Jedoch wird die Umstellung des Rechnungswesens allein kein Allheilmittel für die finanzielle Schieflage vieler Gebietskörperschaften sein, die künftig veränderte Darstellungsweise innerhalb des Rechnungswesens ändert nichts an den tatsächlichen Verhältnissen. Vielmehr werden durch die Einführung neuer, aus dem Handelsrecht abgeleiteter Instrumente, wie Rückstellungen und Abschreibungen, die den tatsächlichen Ressourcenverbrauch und nicht allein nur den Geldverbrauch der Kommunen abbilden, die kommunalen Haushalte noch stärker als bisher unter Druck gesetzt.

Das Umstellungsmotiv, mehr Generationengerechtigkeit auf kommunaler Ebene zu schaffen und mit Hilfe stärkerer Transparenz die Verlagerung heutiger finanzieller Lasten in die Zukunft abzubilden, ist mit der Einführung der kommunalen Doppik gelungen. Aus diesen Informationen die richtigen strategischen Entscheidungen abzuleiten, ist jedoch nach wie vor die Aufgabe der kommunalen Entscheidungsträger. Eine breitere Informationsbasis mündet nicht zwangsläufig auch in qualitativ hochwertigeren Entscheidungen, hieran wird auch die Umstellung des kommunalen Rechnungswesens nichts ändern. Somit bleibt abzuwarten, in welcher Form die neu erschlossenen Informationsquellen durch die Entscheidungsträger genutzt werden.

Dennoch ist das Rechnungswesen das Herzstück eines jeden Unternehmens, sodass die Modernisierung in diesem Bereich eine wichtige Verbindung der bislang sehr zersplitterten Modernisierungsprojekte im Rahmen der Neuen Steuerungsmodelle herstellt.

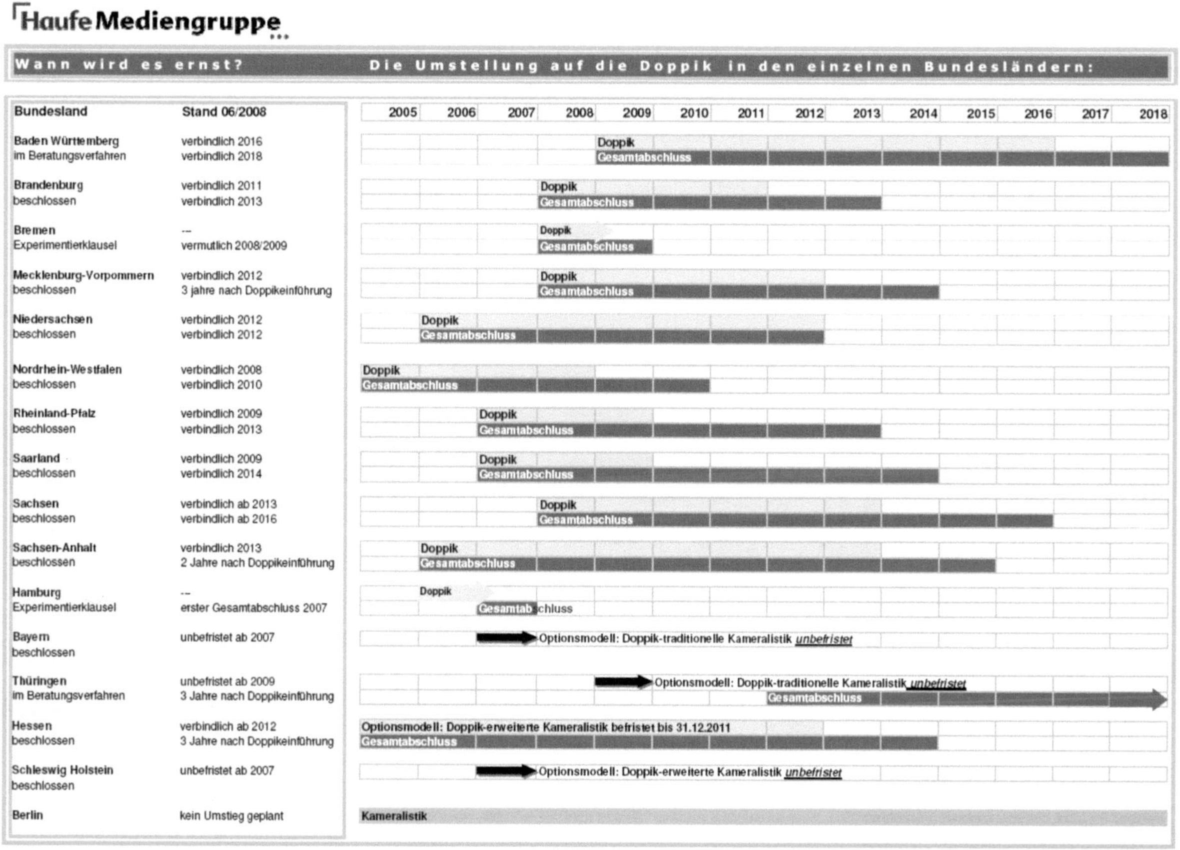

Haufe Mediengruppe

Wann wird es ernst? Die Umstellung auf die Doppik in den einzelnen Bundesländern:

Bundesland	Stand 06/2008	2005	2006	2007	2008	2009	2010	2011	2012	2013	2014	2015	2016	2017	2018
Baden Württemberg im Beratungsverfahren	verbindlich 2016 verbindlich 2018					Doppik Gesamtabschluss									
Brandenburg beschlossen	verbindlich 2011 verbindlich 2013				Doppik Gesamtabschluss										
Bremen Experimentierklausel	-- vermutlich 2008/2009				Doppik Gesamtabschluss										
Mecklenburg-Vorpommern beschlossen	verbindlich 2012 3 jahre nach Doppikeinführung				Doppik Gesamtabschluss										
Niedersachsen beschlossen	verbindlich 2012 verbindlich 2012		Doppik Gesamtabschluss												
Nordrhein-Westfalen beschlossen	verbindlich 2008 verbindlich 2010	Doppik Gesamtabschluss													
Rheinland-Pfalz beschlossen	verbindlich 2009 verbindlich 2013			Doppik Gesamtabschluss											
Saarland beschlossen	verbindlich 2009 verbindlich 2014			Doppik Gesamtabschluss											
Sachsen beschlossen	verbindlich ab 2013 verbindlich ab 2016				Doppik Gesamtabschluss										
Sachsen-Anhalt beschlossen	verbindlich 2013 2 Jahre nach Doppikeinführung		Doppik Gesamtabschluss												
Hamburg Experimentierklausel	-- erster Gesamtabschluss 2007		Doppik	Gesamtabschluss											
Bayern beschlossen	unbefristet ab 2007				Optionsmodell: Doppik-traditionelle Kameralistik *unbefristet*										
Thüringen im Beratungsverfahren	unbefristet ab 2009 3 Jahre nach Doppikeinführung						Optionsmodell: Doppik-traditionelle Kameralistik *unbefristet*		Gesamtabschluss						
Hessen beschlossen	verbindlich ab 2012 3 Jahre nach Doppikeinführung	Optionsmodell: Doppik-erweiterte Kameralistik befristet bis 31.12.2011 Gesamtabschluss													
Schleswig Holstein beschlossen	unbefristet ab 2007				Optionsmodell: Doppik-erweiterte Kameralistik *unbefristet*										
Berlin	kein Umstieg geplant	Kameralistik													

Quelle: o.V. [online] Haufe Doppik Office Online. Stand der Doppik Einführung, Zugriff am 18.07.2008

Finanzrechnung für Ortsgemeinden

Erläuterung		lfd. Nr.	Einzahlungs- und Auszahlungsarten (gem. § 3 Abs. 1 GemHVO)	Verweis auf Anhang (lfd. Nr.)	Ergebnis des Haushaltsvorjahres	Ansätze des Haushaltsjahres einschl. Nachträge	Ergebnsi des Haushaltsjahres	Abweichung (Ergebnis Ansatz) im Haushaltsvorjahr	Ergebnisveränderung gegenüber Haushaltsvorjahr	Erläuterung Rechenvorschrift	Erläuterung Kontonummer
					in EUR						
Entstehung des Finanzmittelüberschusses/ -fehlbetrags	Ordentlichen und außerordentliche Tätigkeit	1	+ Steuern und ähnliche Abgaben								60
		2	+ Zuwendungen, allgemeine Umlagen und sonstige Transfererträge								61
		3	+ Einzahlungen der sozialen Sicherung								62
		4	+ Öffentlich-rechtliche Leistungsentgelte								63
		5	+ Privatrechtliche Leistungsentgelte								641
		6	+ Kostenerstattungen und Kostenumlagen								642
		7	+ Erhöhungs des Bestands an fertigen und unfertigen Erzeugnissen - Verminderung des Bestands an fertigen und unfertigen Erzeugnissen								651
		8	+ Andere aktivierte Eigenleistungen								652
		9	+ Sonstige laufende Einzahlungen								66 ./. 669
		10	**Summe der laufenden Einzahlungen aus Verwaltungstätigkeit**							Σ 1 bis 9	
		11	- Personalauszahlungen								70
		12	-Versorgungsauszahlungen								71
		13	- Auszahlungen für Sach- und Dienstleistungen								72
		14	- Zuwendungen, Umlagen und sonstige Transferaufwendungen								74
		15	- Auszahlungen der sozialen Sicherung								75
		16	- Sonstige laufende Auszahlungen								76 ./. 7695
		17	**Summe der laufenden Auszahlungen aus Verwaltungstätigkeit**							Σ 11 bis 16	
		18	**Saldo der laufenden Ein- und Auszahlungen aus Verwaltungstätigkeit**							10 ./. 17	
		19	+ Zinseinzahlungen und Sonstige Finanzeinzahlungen								67
		20	- Zinsauszahlungen und Sonstige Finanzauszahlungen								77
		21	**Saldo der Zins- und sonstigen Finanzein- und auszahlungen**							19 ./. 20	
		22	**Saldo der ordentlichen Ein- und Auszahlungen**							18 + 21	
		23	+ Außerordentliche Einzahlungen								669
		24	- Außerordentliche Auszahlungen								7695
		25	**Saldo der außerordentlichen Ein- und Auszahlungen**							23 ./. 24	
		26	**Saldo der ordentlichen und außerordentlichen Ein- und Auszahlungen**							22 + 25	
	Investitionstätigkeit	27	+ Einzahlungen aus Investitionstätigkeit								681
		28	+ Einzahlungen Aus Beiträgen und ähnlichen Entgelten								682 +683
		29	+ Einzahlungen für immaterielle Vermögensgegenstände								684
		30	+ Einzahlungen für Sachanlagen								685
		31	+ Einzahlungen für Finanzanlagen								686
		32	+ Einzahlungen aus sonstigen Ausleihungen und Kreditgewährung								687
		33	+ Einzahlungen aus der Veräußerung von Vorräten								688
		34	+ Sonstige Investitionseinzahlungen								689
		35	**Summe der Einzahlungen aus Investitionstätigkeit**							Σ 27 bis 34	
		36	- Auszahlungen für immaterielle Vermögensgegenstände								781 + 784
		37	- Auszahlungen für Sachanlagen								785
		38	- Auszahlungen für Finanzanlagen								786
		39	- Auszahlungen für sonstigen Ausleihungen und Kreditgewährung								787
		40	- Auszahlungen für den Erwerb von Vorräten								788
		41	- Sonstige Investitionsauszahlungen								789
		42	**Summe der Auszahlungen aus Investitionstätigkeit**							Σ 36 bis 41	
		43	**Saldo der Ein- und Auszahlungen aus Investitionstätigkeit**							35 ./. 42	
	X	44	**Finanzmittelüberschuss/ -fehlbetrag**							26 + 43	
Verwendung des Finanzmittelüberschusses/ Deckung des Finanzmittelfehlbetrags	Finanzierungstätigkeit	45	+ Einzahlungen aus aus der Aufnahme von Investitionskrediten								691 + 692
		46	- Auszahlungen zur Tilgung von Investitionskrediten								791 + 792
		47	**Saldo der Ein- und Auszahlungen aus Investitionskrediten**							45 ./. 46	
		48	Verbandsgemeinde aus der Aufnahme von Krediten zur Liquiditätssicherung								693 + 694
		49	- Abnahme der Verbindlichkeiten gegenüber der Verbandsgemeinde aus der Aufnahme von Krediten zur Liquiditätssicherung								793 + 794
		50	**Veränderung der Verbindlichkeiten gegenüber der Verbandsgemeinde aus Krediten zur Liquiditätssicherung**							48 ./. 49	
		51	+ Abnahme der Forderungen gegenüber der Verbandsgemeinde aus dem Zahlungsmittelbestand								795 + 796
		52	- Zunahme der Forderungen gegenüber der Verbandsgemeinde aus dem Zahlungsmittelbestand								695 + 696
		53	**Veränderung der Forderungen gegenüber der Verbandsgemeinde aus dem Zahlungsmittelbestand**							51 ./. 52	
		54	**Saldo der Ein- und Auszahlungen aus Finanzierungstätigkeit**								
		55	Einzahlungen aus durchlaufenden Geldern								699
		56	Auszahlungen aus durchlaufenden Geldern								799

[1] Angaben können auch in 1.000€ erfolgen

Finanzrechnung für kreisfreie Städte, verbandsfreie Gemeinden, Verbandsgemeinden und Landkreise

Erläuterung		lfd. Nr.	Einzahlungs- und Auszahlungsarten (gem. § 3 Abs. 1 GemHVO)	Verweis auf Anhang (lfd. Nr.)	Ergebnis des Haushaltsvorjahres	Ansätze des Haushaltsjahres einschl. Nachträge	Ergebnsi des Haushaltsjahres	Abweichung (Ergebnis - Ansatz) im Haushaltsvorjahr	Ergebnisveränderung gegenüber Haushaltsvorjahr	Erläuterung: Rechenvorschrift	Erläuterung: Kontonummer
				in EUR							
Entstehung des Finanzmittelüberschusses/ -fehlbetrags	Ordentlichen und außerordentliche Tätigkeit	1	+ Steuern und ähnliche Abgaben								60
		2	Transfererträge								61
		3	+ Einzahlungen der sozialen Sicherung								62
		4	+ Öffentlich-rechtliche Leistungsentgelte								63
		5	+ Privatrechtliche Leistungsentgelte								641
		6	+ Kostenerstattungen und Kostenumlagen								642
		7	Erzeugnissen - Verminderung des Bestands an fertigen und unfertigen Erzeugnissen								651
		8	+ Andere aktivierte Eigenleistungen								652
		9	+ Sonstige laufende Einzahlungen								66 ./. 669
		10	**Summe der laufenden Einzahlungen aus Verwaltungstätigkeit**							Σ 1 bis 9	
		11	- Personalauszahlungen								70
		12	-Versorgungsauszahlungen								71
		13	- Auszahlungen für Sach- und Dienstleistungen								72
		14	- Zuwendungen, Umlagen und sonstige Transferaufwendungen								74
		15	- Auszahlungen der sozialen Sicherung								75
		16	- Sonstige laufende Auszahlungen								76 ./. 7695
		17	**Summe der laufenden Auszahlungen aus Verwaltungstätigkeit**							Σ 11 bis 16	
		18	**Saldo der laufenden Ein- und Auszahlungen aus Verwaltungstätigkeit**							10 ./. 17	
		19	+ Zinseinzahlungen und Sonstige Finanzeinzahlungen								67
		20	- Zinsauszahlungen und Sonstige Finanzauszahlungen								77
		21	**Saldo der Zins- und sonstigen Finanzein- und auszahlungen**							19 ./. 20	
		22	**Saldo der ordentlichen Ein- und Auszahlungen**							18 + 21	
		23	+ Außerordentliche Einzahlungen								669
		24	- Außerordentliche Auszahlungen								7695
		25	**Saldo der außerordentlichen Ein- und Auszahlungen**							23 ./. 24	
		26	**Saldo der ordentlichen und außerordentlichen Ein- und Auszahlungen**							22 + 25	
	Investitionstätigkeit	27	+ Einzahlungen aus Investitionszuwendungen								681
		28	+ Einzahlungen Aus Beiträgen und ähnlichen Entgelten								682 +683
		29	+ Einzahlungen für immaterielle Vermögensgegenstände								684
		30	+ Einzahlungen für Sachanlagen								685
		31	+ Einzahlungen für Finanzanlagen								686
		32	Kreditgewährung								687
		33	+ Einzahlungen aus der Veräußerung von Vorräten								688
		34	+ Sonstige Investitionseinzahlungen								689
		35	**Summe der Einzahlungen aus Investitionstätigkeit**							Σ 27 bis 34	
		36	- Auszahlungen für immaterielle Vermögensgegenstände								781 + 784
		37	- Auszahlungen für Sachanlagen								785
		38	- Auszahlungen für Finanzanlagen								786
		39	- Auszahlungen für sonstigen Ausleihungen und Kreditgewährung								787
		40	- Auszahlungen für den Erwerb von Vorräten								788
		41	- Sonstige Investitionsauszahlungen								789
		42	**Summe der Auszahlungen aus Investitionstätigkeit**							Σ 36 bis 41	
		43	**Saldo der Ein- und Auszahlungen aus Investitionstätigkeit**							35 ./. 42	
		44	**Finanzmittelüberschuss/ -fehlbetrag**							26 + 43	
Verwendung des Finanzmittelüberschusses/ Deckung des Finanzmittelfehlbetrags	Finanzierungstätigkeit	45	+ Einzahlungen aus aus der Aufnahme von Investitionskrediten								691 + 692
		46	- Auszahlungen zur Tilgung von Investitionskrediten								791 + 792
		47	**Saldo der Ein- und Auszahlungen aus Investitionskrediten**							45 ./. 46	
		48	+ Einzahlungen aus der Aufnahme von Krediten zur Liquiditätssicherung								693 + 694
		49	- Auszahlungen zur Tilgung von Krediten zur Liquiditätssicherung								793 + 794
		50	**Saldo der Ein- und Auszahlungen aus Krediten zur Liquiditätssicherung**							48 ./. 49	
		51	+ Abnahme der liquiden Mittel								795 + 796
		52	- Zunahme der liquiden Mittel								695 + 696
		53	**Veränderung der liquiden Mittel**							51 ./. 52	
		54	**Saldo der Ein- und Auszahlungen aus Finanzierungstätigkeit**								
		55	Einzahlungen aus durchlaufenden Geldern								699
		56	Auszahlungen aus durchlaufenden Geldern								799

[1] Angaben können auch in 1.000 € erfolgen

Ergebnisrechnung

lfd. Nr.	Ertrags- und Aufwandsarten (gem. § 2 Abs. 1 GemHVO)	Verweis auf Anhang (lfd. Nr.)	Ergebnis des Haushhalts-vorjahres	Ansätze des Haushalts-jahres einschl. Nachträge	Ergebnsi des Haushalts-jahres	Abweichung (Ergebnis - Ansatz) im Haushaltsjahr	Ergebnisveränderung gegenüber Haushalts-vorjahr	Erläuterung: Rechen-vorschrift	Erläuterung: Konto-nummer
		in EUR							
1	+ Steuern und ähnliche Abgaben								40
2	+ Zuwendungen, allgemeine Umlagen und sonstige Transfererträge								41
3	+ Erträge der sozialen Sicherung								42
4	+ Öffentlich-rechtliche Leistungsentgelte								43
5	+ Privatrechtliche Leistungsentgelte								441+443 +444+445
6	+ Kostenerstattungen und Kostenumlagen								442
7	+ Erhöhungs des Bestands an fertigen und unfertigen Erzeugnissen - Verminderung des Bestands an fertigen und unfertigen Erzeugnissen								451
8	+ Andere aktivierte Eigenleistungen								452
9	+ Sonstige laufende Erträge								46
10	**Summe der laufenden Erträge aus Verwaltungstätigkeit**							Σ 1 bis 9	
11	- Personalaufwendungen								50
12	-Versorgungsaufwendungen								51
13	- Aufwendungen für Sach- und Dienstleistungen								52
14	- Abschreibungen gem. § 2 Abs. 1 Nr. 14 GemHVO								53
15	-Abschreibungen gem. § 2 Abs. 1 Nr. 15 GemHVO								
16	- Zuwendungen, Umlagen und sonstige Transferaufwendungen								54
17	- Aufwendungen der sozialen Sicherung								55
18	- Sonstige laufende Aufwendungen								56
19	**Summe der laufenden Aufwendungen aus Verwaltungstätigkeit**							Σ 11 bis 18	
20	**Laufendes Ergebnis aus Verwaltungstätigkeit**							10 ./. 19	
21	+ Zinserträge und Sonstige Finanzerträge								47
22	- Zinsaufwendungen und Sonstige Finanzaufwendungen								57
23	**Finanzergebnis**							21 ./. 22	
24	**Ordentliches Ergebnis**							20 + 23	
25	+ Außerordentliche Erträge								499
26	- Außerordentliche Aufwendungen								599
27	**Außerordentliches Ergebnis**							25 ./. 26	
28	**Jahresergebnis (Jahresüberschuss/ Jahresfehlbetrag)**							24 +27	
29 [2]	- Einstellungen in den Sonderposten für Belastungen aus dem kommunalen Finanzausgleich								591
30 [2]	+ Entnahmen aus dem Sonderposten für Belastungen aus dem kommunalen Finanzausgleich								491
31 [2]	**Jahresergebnis nach Veränderung des Sonderpostens für Belastungen aus dem kommunalen Finanzausgleich**							28 ./. 29 + 30	

[1] Angaben können auch in 1.000€ erfolgen

[2] gem § 38 Abs. 6 GemHVO nur für kreisangehörige Gemeinden

Aktiva	Eröffnungsbilanz zum 01.01.2008						Passiva
Posten	Bezeichnung	Verweis auf Anhang (lfd. Nr.)	31.12. Haushaltsjahr	Posten	Bezeichnung	Verweis auf Anhang (lfd. Nr.)	31.12. Haushaltsjahr
1	**Anlagevermögen**			1	**Eigenkapital**		
1.1	Immaterielle Vermögensgegenstände			1.1	Kapitalrücklage		
1.1.1	Gewerbliche Schutzrechte und ähnliche Rechte und Werte sowie Lizenzen an solchen Rechten und Werten			1.2	Sonstige Rücklagen		
1.1.2	Geleistete Zuwendungen			1.3	Ergebnisvortrag		
1.1.3	Gezahlte Investitionszuschüsse			1.4	Jahresüberschuss/Jahresfehlbetrag		
1.1.4	Geschäft- oder Firmenwert			2	**Sonderposten**		
1.1.5	Anzahlungen auf immaterielle Vermögensgegenstände			2.1	Sonderposten für Belastungen aus dem kommunalen Finanzausgleich		
1.2	Sachanlagen			2.2	Sonderposten zum Anlagevermögen		
1.2.1	Wald, Forsten			2.2.1	Sonderposten aus Zuwendungen		
1.2.2	Sonstige unbebaute Grundstücke und grundstücksgleiche Rechte			2.2.2	Sonderposten aus Beiträgen und ähnlichen Entgelten		
1.2.3	Bebaute Grundstücke und grundstücksgleiche Rechte			2.2.3	Sonderposten aus Anzahlungen für Anlagevermögen		
1.2.4	Infrastrukturvermögen			2.3	Sonderposten für den Gebührenausgleich		
1.2.5	Bauten auf fremden Grund und boden			2.4	Sonderposten mit Rücklagenanteil		
1.2.6	Kunstgegenstände, Denkmäler			2.5	Sonderposten aus Grabnutzungsentgelten		
1.2.7	Maschinen, technische Anlagen, Fahrzeuge			2.6	Sonderposten aus Anzahlungen für Grabnutzungsentgelte		
1.2.8	Betriebs-und Geschäftsausstattung			2.7	Sonstige Sonderposten		
1.2.9	Pflanzen und Tiere			3	**Rückstellungen**		
1.2.10	Geleistete Anzahlungen, Anlagen im Bau			3.1	Rückstellungen für Pensionen und ähnliche Verpflichtungen		
1.3	Finanzanlagen			3.2	Steuerrückstellungen		
1.3.1	Anteile an verbundenen Unternehmen			3.3	Rückstellungen für latente Steuern		
1.3.2	Ausleihungen an verbundene Unternehmen			3.4	Sonstige Rückstellungen		
1.3.3	Beteiligungen			4	**Verbindlichkeiten**		
1.3.4	Ausleihungen an Unternehmen, mit denen ein Beteiligungsverhältnis besteht			4.1	Anleihen		
1.3.5	Sondervermögen, Zweckverbände, Anstalten des öffentlichen Rechts, rechtsfähige kommunale Stiftungen			4.2	Verbindlichkeiten aus Kreditaufnahmen		
1.3.6	Ausleihungen an Sondervermögen, Zweckverbände, Anstalten des öffentlichen recht, rechtsfähige kommunale Stiftungen			4.2.1	Verbindlichkeiten aus Kreditaufnahmen für Investitionen		
1.3.7	Sonstige Wertpapiere des Anlagevermögens			4.2.2	Verbindlichkeiten aus Kreditaufnahmen zur Liquiditätssicherung		
1.3.8	Sonstige Ausleihungen			4.3	Verbindlichkeiten aus Vorgängen, die wirtschaftlich einer Kreditaufnahme gleichkommen		
2	**Umlaufvermögen**			4.4	Erhaltene Anzahlungen auf Bestellungen		
2.1	Vorräte			4.5	Verbindlichkeiten aus Lieferungen und Leistungen		
2.1.1	Roh- Hilfs- und Betriebsstoffe			4.6	Verbindlichkeiten aus Transferleistungen		
2.1.2	Unfertige Erzeugnisse, unfertige Leistungen			4.7	Verbindlichkeiten gegenüber verbundenen Unternehmen		
2.1.3	Fertige Erzeugnisse, fertige Leistungen und Waren			4.8	Verbindlichkeiten gegenüber Unternehmen, mit denen ein Beteiligungsverhältnis besteht		
2.1.4	Geleistete Anzahlungen auf Vorräte			4.9	Verbindlichkeiten gegenüber Sondervermögen, Zweckverbänden, Anstalten des öffentlichen Rechts, rechtsfähigen Stiftungen		
2.2	Forderungen und sonstige Vermögensgegenstände			4.10	Verbindlichkeiten gegenüber dem sonstigen öffentlichen Bereich		
2.2.1	Öffentlich-rechtliche Forderungen, Forderungen aus Transferleistungen			4.11	Sonstige Verbindlichkeiten		
2.2.2	Privatrechtliche Forderungen aus Lieferungen und Leistungen			5	**Rechungsabgrenzungsposten**		
2.2.3	Forderungen gegen verbundene Unternehmen						
2.2.4	Forderungen gegen Unternehmen, mit denen ein Beteiligungsverhältnis besteht						
2.2.5	Forderungen gegen Sondervermögen, Zweckverbände, Anstalten des öffentlichen Rechts, rechtsfähige kommunale Stiftungen						
2.2.6	Forderungen gegen den sonstigen öffentlichen Bereich						
2.2.7	Sonstige Vermögensgegenstände						
2.3	Wertpapiere und Umlaufvermögen						
2.3.1	Anteile an verbundenen Unternehemen						
2.3.2	Sonstige Wertpapiere des Umlaufvermögens						
2.4	Kassenbestand, Bankguthaben, Guthaben bei der Europäischen Zentralbank, Guthaben bei Kreditinstituten und Schecks						
3	**Ausgleichsposten für latente Steuern**						
4	**Rechungsabgrenzungsposten**						
4.1	Disagio						
4.2	Sonstige Rechungsabgrenzungs-posten						
5	**Nicht durch Eigenkapital gedecker Fehlbetrag**						
	Bilanzsumme				**Bilanzsumme**		

[1] Angaben können auch in 1.000 € erfolgen

Anlagenübersicht

Posten	Art (gem. § 47 Abs. 4 Nr.1 GemHVO)	Anschaffungs- und Herstellungskosten					Abschreibungen, Wertberichtigungen						Restbuchwerte		Kennzahlen		Wertminderung durch unterlassene Instandhaltung, Altlasten, Sonstiges
		Stand zum 31.12. Haushaltsvorjahr[1]	Zugänge im Haushaltsjahr	Abgänge im Haushaltsjahr	Umbuchungen im Haushaltsjahr	Stand zum 31.12. Haushaltsjahr	aufgelaufene Abschreibungen zum 31.12. Haushaltsvorjahr	Zuschreibungen im Haushaltsjahr	Abschreibungen im Haushaltsjahr	Umbuchungen im Haushaltsjahr	aufgelaufene Abschreibungen auf Abgänge	Abschreibungen zum 31.12. Haushaltsjahr	Restbuchwert am Ende des Haushaltsjahres	Restbuchwert am Ende des Haushaltsvorjahres	Durchschnittlicher Abschreibungssatz	Durchschnittlicher Restbuchwert	
		in EUR[2]															
1.1	Immaterielle Vermögensgegenstände																
1.1.1	Gewerbliche Schutzrechte und ähnliche Rechte und Werte sowie Lizenzen an solchen Rechten und Werten																
1.1.2	Geleistete Zuwendungen																
1.1.3	Gezahlte Investitionszuschüsse																
1.1.4	Geschäft- oder Firmenwert																
1.1.5	Anzahlungen auf immaterielle Vermögensgegenstände																
1.2	Sachanlagen																
1.2.1	Wald, Forsten																
1.2.2	Sonstige unbebaute Grundstücke und grundstücksgleiche Rechte																
1.2.3	Bebaute Grundstücke und grundstücksgleiche Rechte																
1.2.4	Infrastrukturvermögen																
1.2.5	Bauten auf fremden Grund und boden																
1.2.6	Kunstgegenstände, Denkmäler																
1.2.7	Maschinen, technische Anlagen, Fahrzeuge																
1.2.8	Betriebs-und Geschäftsausstattung																
1.2.9	Pflanzen und Tiere																
1.2.10	Geleistete Anzahlungen, Anlagen im Bau																
1.3	Finanzanlagen																
1.3.1	Anteile an verbundenen Unternehmen																
1.3.2	Ausleihungen an verbundene Unternehmen																
1.3.3	Beteiligungen																
1.3.4	Ausleihungen an Unternehmen, mit denen ein Beteiligungsverhältnis besteht																
1.3.5	Sondervermögen, Zweckverbände, Anstalten des öffentlichen Rechts, rechtsfähige kommunale Stiftungen																
1.3.6	Ausleihungen an Sondervermögen, Zweckverbände, Anstalten des öffentlichen recht, rechtsfähige kommunale Stiftungen																
1.3.7	Sonstige Wertpapiere des Anlagevermögens																
1.3.8	Sonstige Ausleihungen																

[1] Einschließlich aller aufgelaufener Zu- und Abgänge sowie Umbuchungen

[2] Angaben können auch in 1.000 € erfolgen

Bestandsübersicht

Vermessungs- und Katasteramt

Eingetragen beim Amtsgericht
im Grundbuch von Ortsgemeinde
Grundbuchblatt 100

Ortsgemeinde
Anschrift

1 Bestandsverzeichnisnummer 1
Gemarkung Ortsgemeinde
Flur 7 Flurstück 10/2
Flurstücksfläche 322 m²
Lage: Bäckergasse
Tatsächliche Nutzung Einbahnige Straße

2 Bestandsverzeichnisnummer 2
Gemarkung Ortsgemeinde
Flur 8 Flurstück 70
Flurstücksfläche 2.359 m²
Lage: Bauern Weg
Tatsächliche Nutzung Ackerland

3 Bestandsverzeichnisnummer 3
Gemarkung Ortsgemeinde
Flur 5 Flurstück 138/3
Flurstücksfläche 24 m²
Lage: Michael-Straße
Tatsächliche Nutzung Einbahnige Straße

4 Bestandsverzeichnisnummer 4
Gemarkung Ortsgemeinde
Flur 6 Flurstück 245
Flurstücksfläche 1.011 m²
Lage: Jan-Straße
Tatsächliche Nutzung Bauplatz

5 Bestandsverzeichnisnummer 5
Gemarkung Ortsgemeinde
Flur 1 Flurstück 425
Flurstücksfläche 665 m²
Lage: Marien-Straße
Tatsächliche Nutzung Bauplatz

6 Bestandsverzeichnisnummer 6
Gemarkung Ortsgemeinde
Flur 1 Flurstück 414
Flurstücksfläche 785 m²
Lage: Wiesengasse
Tatsächliche Nutzung Grünland

7 Bestandsverzeichnisnummer 7
Gemarkung Ortsgemeinde
Flur 4 Flurstück 186/9
Flurstücksfläche 240 m²
Lage: Im Feld
Tatsächliche Nutzung Ackerland

8 Bestandsverzeichnisnummer 8
Gemarkung Ortsgemeinde
Flur 10 Flurstück 341
Flurstücksfläche 170 m²
Lage: Am großen Klauer
Tatsächliche Nutzung Ackerland

9 Bestandsverzeichnisnummer 9
Gemarkung Ortsgemeinde
Flur 11 Flurstück 50/2
Flurstücksfläche 10.935 m²
Lage: Am Waldsee
Tatsächliche Nutzung Wiese, Gartenland

10 Bestandsverzeichnisnummer 10
Gemarkung Ortsgemeinde
Flur 8 Flurstück 40/9
Flurstücksfläche 30 m²
Lage: Marktstraße
Tatsächliche Nutzung Einbahnige Straße

11 Bestandsverzeichnisnummer 11
Gemarkung Ortsgemeinde
Flur 13 Flurstück 349
Flurstücksfläche 117 m²
Lage: Poststraße
Tatsächliche Nutzung Einbahnige Straße

12 Bestandsverzeichnisnummer 12
Gemarkung Ortsgemeinde
Flur 2 Flurstück 35/6
Flurstücksfläche 1.541 m²
Lage: In der Wiesentheid
Tatsächliche Nutzung Streuwiese

13 Bestandsverzeichnisnummer 13
Gemarkung Ortsgemeinde
Flur 3 Flurstück 37/2
Flurstücksfläche 192 m²
Lage: An der Wasserburg
Tatsächliche Nutzung Gebäude- und Freifläche

14 Bestandsverzeichnisnummer 14
Gemarkung Ortsgemeinde
Flur 9 Flurstück 76/2
Flurstücksfläche 120 m²
Lage: An der Viehweide
Tatsächliche Nutzung Weingarten

15 Bestandsverzeichnisnummer 15
Gemarkung Ortsgemeinde
Flur 17 Flurstück 28/7
Flurstücksfläche 297 m²
Lage: Am Wasserwerk
Tatsächliche Nutzung Betriebsfläche

16 Bestandsverzeichnisnummer 16
Gemarkung Ortsgemeinde
Flur 24 Flurstück 147
Flurstücksfläche 301 m²
Lage: Dorfwiese
Tatsächliche Nutzung Gartenland

17 Bestandsverzeichnisnummer 17
Gemarkung Ortsgemeinde
Flur 13 Flurstück 111/3
Flurstücksfläche 1.136 m²
Lage: An der Mühle
Tatsächliche Nutzung Ackerland

18 Bestandsverzeichnisnummer 18
Gemarkung Ortsgemeinde
Flur 15 Flurstück 27/1
Flurstücksfläche 355 m²
Lage: In den Gärten
Tatsächliche Nutzung Kleingarten

19 Bestandsverzeichnisnummer 19
Gemarkung Ortsgemeinde
Flur 17 Flurstück 85
Flurstücksfläche 4.651 m²
Lage: An der Tagweide
Tatsächliche Nutzung Ackerland

20 Bestandsverzeichnisnummer 20
Gemarkung Ortsgemeinde
Flur 3 Flurstück 110/4
Flurstücksfläche 1.587 m²
Lage: Am Friedhof
Tatsächliche Nutzung Friedhof

Betrieb:	**Gemeinde A**	Inventurjahr:	01.10.1997
Waldbesitzart:	Gemeindewald / Stadtwald	FE - ab:	01.10.1997
Forstamt:	RHEINHESSEN (FA)	Verarbeitungsdatum:	25.07.2006

Waldvermögens - Bewertung

Baumartengruppe	Altersklasse	**Fläche Holzboden** [ha]	**Ertrags-klasse**	**Bestock-ungsgrad** (B°)	**Bestandeswert je ha** [Euro]	**Gesamtwert** [Euro]
Eiche	1-20 Jahre	5,2	1,5	1,0	12.128,32	62.825,24
	21-40 Jahre	0,0				
	41-60 Jahre	2,1	2,0	0,5	14.235,54	30.221,22
	61-80 Jahre	0,8	1,2	0,8	17.967,05	14.943,52
	81-100 Jahre	0,0				
	101-120 Jahre	0,5	1,1	0,7	21.773,47	10.764,30
	121-140 Jahre	0,0				
	141-160 Jahre	0,1	1,5	0,9	21.700,15	1.958,45
	über 160 Jahre	1,8	2,7	0,6	14.879,70	27.475,02
					Eiche:	**148.187,75**
Buche	1-20 Jahre	5,0	1,5	1,0	9.406,86	46.565,33
	21-40 Jahre	8,8	1,5	0,8	11.550,75	101.299,01
	41-60 Jahre	42,7	2,0	0,7	12.186,07	520.944,55
	61-80 Jahre	19,7	1,6	1,1	16.519,36	324.862,38
	81-100 Jahre	2,5	2,1	0,9	15.514,83	38.930,13
	101-120 Jahre	0,3	1,9	0,9	16.924,66	5.127,01
	121-140 Jahre	0,0				
	über 140 Jahre	0,0				
					Buche:	**1.037.728,40**
Fichte	1-20 Jahre	0,0				
	21-40 Jahre	0,0				
	41-60 Jahre	0,0				
	61-80 Jahre	0,0				
	81-100 Jahre	0,0				
	über 100 Jahre	0,0				
					Fichte:	**0,00**
Kiefer	1-20 Jahre	0,0				
	21-40 Jahre	0,0				
	41-60 Jahre	0,0				
	61-80 Jahre	0,0				
	81-100 Jahre	0,1	2,0	0,8	6.496,77	566,83
	101-120 Jahre	0,0				
	121-140 Jahre	0,0				
	über 140 Jahre	0,0				
					Kiefer:	**566,83**
Douglasie	1-20 Jahre	0,0				
	21-40 Jahre	0,0				
	41-60 Jahre	0,0				
	61-80 Jahre	0,0				
	über 80 Jahre	0,0				
					Douglasie:	**0,00**

Nichtholzboden:	12,0	**Summe:**	**1.186.482,99**
Nebenflächen:	32,7	**Abschlag 50 %:**	**593.241,49**
Blößen sonstiger Wald:	0,0	**Blößen: 1 Euro / ha:**	**2,10**
sonstiger Wald ohne Blößen:	0,0	**sonstiger Wald: 1 Euro / ha:**	**0,00**
Blößen Wirtschaftswald:	2,1	**Bilanzansatz:**	**593.243,59**
Wirtschaftswald ohne Blößen:	89,6		

AUSSTATTUNGSSTANDARD Grundschule										
Kostengruppe / Gewichtung	**einfach**			**mittel**			**gehoben**			**Produkt / Summe**
Fassade 7%	Mauerwerk mit Putz oder Fugenglattstrich und Anstrich	1		Wärmedämmputz, Wärmedämmverbundsystem, Sichtmauerwerk mit Fugenglattstrich und Anstrich, Holzbekleidung, mittlerer	2	X	Verblendmauerwerk, Metallbekleidung, hoher Wärmedämmstandard	3		0,14
Fenster 9%	Holz, Einfachverglasung	1		Kunststoff, Isolierverglasung	2		Aluminium, Rollladen, Sonnenschutzvorrichtung, Wärmeschutzverglasung	3	X	0,27
Dächer 29%	Wellfaserzement-, Blecheindeckung, Bitumen-, Kunststofffolienabdichtung	1		Betondachpfannen, mittlerer Wärmedämmstandard	2	X	Tondachpfannen, Schiefer-, Metalleindeckung, Gasbetonfertigteile, Stegzementdielen, hoher Wärmedämmstandard	3		0,58
Sanitär 9%	einfache Toilettenanlagen, Installation auf Putz	1		ausreichende Toilettenanlagen, Duschräume, Installation unter Putz	2	X	gut ausgestattete Toilettenanlagen und Duschräume	3		0,18
Innenwandbekleidung der Nassräume 1%	Ölfarbanstrich	1		Fliesensockel (1,50 m)	2		Fliesen raumhoch	3	X	0,03
Bodenbeläge 11%	Holzdielen, Nadelfilz, Linoleum, PVC (untere Preiskl.) Nassräume: PVC	1		Teppich, PVC, Fliesen, Linoleum (mittlere Preiskl.) Nassräume: Fliesen	2	X	großformatige Fliesen, Parkett, Betonwerkstein Nassräume: großformatige Fliesen, beschichtete Sonderfliesen	3		0,22
Innentüren 7%	Füllungstüren, Türblätter und Zargen gestrichen	1		Kunststoff-/ Holztürblätter, Stahlzargen	2	X	beschichtete oder furnierte Türblätter und Zargen, Glasausschnitte, Glastüren	3		0,14
Heizung	Einzelöfen, elektr. Speicherheizung, Boiler für	1		Zentralheizung mit Radiatoren (Schwerkraftheizung),	2	X	Zentralheizung, Warmwasserbereitung zentral	3		0,22
Elektroinstallation 16%	je Raum 1 Lichtauslass und 1 - 2 Steckdosen, Fernseh-/ Radioanschluss, Installation auf	1		je Raum 1 - 2 Lichtauslässe und 2-3 Steckdosen, Blitzschutz, Installation unter Putz	2	X	je Raum mehrere Lichtauslässe und Steckdosen, informationstechnische Anlagen	3		0,32
										2,10

Bitte den ermittelten Standard ankreuzen !	Ausstattungsstandard	Bewertungskategorie
	einfach	1,00 - 1,50
X	mittel	1,51 - 2,50
	gehoben	2,51 - 3,00

* nur bei Kindergärten und Kindertagesstätten

Straßenzustandsbewertung

Stadt / Verbandsgemeinde / Gemeinde	Ortsteil	lfd. Nr.
		1

Straße	lfd. Nr. der Straße	Netzknoten-Anfang	Netzknoten-Ende
Bahnhofstraße	1		

Länge des Abschnitts	lfd. Nr. des Abschnitts	Querstraße-Anfang	Querstraße-Ende

Länge des Unterabschnitts	lfd. Nr. des Unterabschnitts	von Hausnummer	bis Hausnummer

Verkehrsfläche (m²)	Breite min. (m)	Breite max. (m)	Breite durchschn. (m)
1.647			

Belag	Bauklasse	Art der Straße	Zuständiges Bauamt + Nr.
Pflaster	3	**Anliegerstraße**	

		Bewertungssatz / Soll	Bewertungssatz / Ist	Gewichtung	Gewichtete Bewertung
Spurrinnen	nicht ausgeprägt	100%		15%	0,00
	ausgeprägt	65%	65	15%	9,75
	stark ausgeprägt	30%		15%	0,00
Allgemeine Unebenheiten	nicht ausgeprägt	100%		15%	0,00
	ausgeprägt	65%	65	15%	9,75
	stark ausgeprägt	30%		15%	0,00
Einzel-/Netzrisse, Offene Pflasterungen	nicht ausgeprägt	100%		20%	0,00
	ausgeprägt	65%	65	20%	13,00
	stark ausgeprägt	30%		20%	0,00
Oberflächenschäden	nicht ausgeprägt	100%		25%	0,00
	ausgeprägt	65%	65	25%	16,25
	stark ausgeprägt	30%		25%	0,00
Flickstellen	nicht ausgeprägt	100%		20%	0,00
	ausgeprägt	65%	65	20%	13,00
	stark ausgeprägt	30%		20%	0,00
Zustand Rinne / Bord soweit das Bord nicht zum Gehweg gehört	nicht ausgeprägt	100%		5%	0,00
	ausgeprägt	65%	65	5%	3,25
	stark ausgeprägt	30%		5%	0,00
Zustandskennziffer					**65,00**

Abschreibungsdauer der Straße lt. Abschreibungstabelle	35	Jahre
Restnutzungsdauer [1]	23	Jahre
Anschaffungs- oder Herstellungskosten [2]	139.995	Euro
Index für das Jahr 1996 entsprechend der Abschreibungsdauer [3]	100,6	%
indizierte Anschaffungs- oder Herstellungskosten in der Eröffnungsbilanz [4]	140.835	Euro
Restbuchwert in der Eröffnungsbilanz [5]	**92.549**	Euro
Besondere Bemerkungen lt. Beiblatt	Anzahl der Beiblätter:	

Erfasst am: **02.11.2007**	Erfasser: Eric Zöller

[0] Nicht Zutreffendes steichen

[1] Abschreibungsdauer der Straße lt. Abschreibungstabelle * Zustandskennziffer / 100

[2] Ermittelt nach besonderem Formblatt oder aus Rechnung entnommen

[3] Entnommen aus der Indexübersicht, hier Annahme: Anschaffungs- oder Herstellungskosten ermittelt auf der Grundlage des Preisniveaus 2000, bis zum Bewertungsstichtag abgelaufene Nutzungsdauer von 12 Jahren. Es ergibt sich ein fiktives Anschaffungsjahr von 1996.

[4] Anschaffungs- oder Herstellungskosten * Index

[5] indizierte Anschaffungs- oder Herstellungskosten, abzüglich den Abschreibungen

Erfassungsbogen mobiles Anlagevermögen

Inventarnummer

Mandant.-Nr. ______ **Ortsgemeinde** ______

Bezeichnung ______

Gerätenummer ______

Anschaffungsdatum ______

Baujahr ______

Datum Inbetriebnahme ______

Beschreibung ______

Standort, Gebäude ______

Standort, Grundstück ______

Sonst. Standort ______

Systemzugehörigkeit ______

Menge ______ Mengeneinheit ☐ Stück ☐ Bündel ☐ Pack

Zustandsbeschreibung ☐ Keine ☐ Normal ☐ Neuwertig ☐ Gut, geringe Nutzung ☐ Schlecht

Grund ______

verpachteter/vermieteter Vermögensgegenstand ☐ ja ☐ nein ☐ keine Auswahl

Fremdeigentum ☐ ja ______

Sonstige Bemerkung ______

	Erfasst	Kontrolle	Eingabe
Name			
Datum			

Forderungsübersicht									
lfd. Nr.	Art. (gem. § 47 Abs. 4 Nr.2.2 GemHVO)	Forderungen zum 31.12. Haushaltsjahr mit einer Restlaufzeit			Stand zum 31. 12. Haushaltsjahr (Nominalwert)	Abzinsung zum 31.12. Haushaltsjahr	Stand der Wert- berichtigungen zum 31.12. Hushaltsjahr	Stand zum 31.12. Haushaltsjahr (Bilanzwert)	Stand zum 31.12. Haushalts- vorjahr (Bilanzwert)
		bis zu einem Jahr	von über einem bis zu fünf Jahren	von mehr als fünf Jahren					
		in EUR[1]							
1	Forderungen und sonstige Vermögensgegenstände								
1.1	Öffentlich-rechtliche Forderungen, Forderungen aus Transferleistungen								
1.2	Privatrechtliche Forderungenaus Lieferungen und Leistungen								
1.3	Forderungen gegen verbundene Unternehmen								
1.4	Forderungen gegen Unternehmen, mit denen ein Beteiligungverhältnis besteht								
1.5	Forderungen gegen Sondervermögen, Zweckverbände, Anstalten des öffentlichen Rechts, rechtsfähige kommunale Stiftungen								
1.6	Forderungen gegen den sonstigen öffentlichen Bereich								
1.7	Sonstige Vermögensgegenstände								

[1] Angaben können auch in 1.000 € erfolgen.

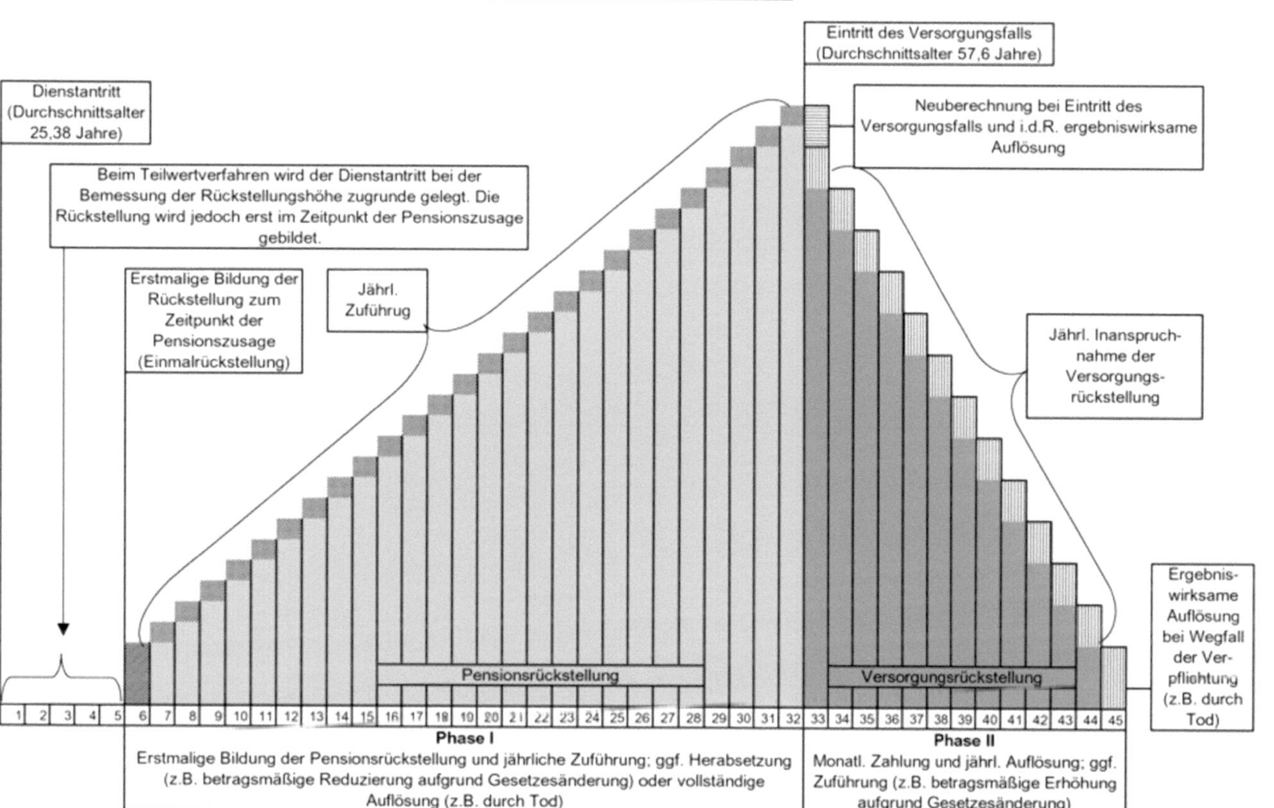

Quelle: **Ahrweiler, Monika**. Rückstellungen korrekt feststellen und richtig buchen. [online] Haufe Doppik Office Online, Zugriff am 17.07.2008

Verbindlichkeitenübersicht										
lfd. Nr.	Art. (gem. § 47 Abs. 5 Nr. 4 GemHVO)	Verbindlichkeiten zum 31.12. Haushaltsjahr mit einer Restlaufzeit			Stand zum 31.12. Haushaltsjahr (Nominalwert)	Abzinsung zum 31.12. Haushaltsjahr	Stand zum 31.12. Haushaltsjahr (Bilanzwert)	davon durch Grundpfand-rechte oder ähnliche Rechte	Art und Form der Sicherheit	Stand zum 31.12. Haushalts-vorjahr (Bilanzwert)
		bis zu einem Jahr	von über einem Jahr bis zu fünf Jahren	von mehr als fünf Jahren						
		in EUR [1]								
1	Anleihen									
2	Verbindlichkeiten aus Kreditaufnahmen									
	davon:									
3	Verbindlichkeiten aus Kreditaufnahmen für Investitionen									
4	Verbindlichkeiten aus Kreditaufnahmen zur Liquiditätssicherung									
5	Verbindlichkeiten aus Vorgängen, die Kreditaufnahmen wirtschaftlich gleichkommen									
6	Erhaltene Anzahlungen auf Bestellungen									
7	Verbindlichkeiten aus Lieferungen und Leistungen									
8	Verbindlichkeiten aus Transferleistungen									
9	Verbindlichkeiten gegenüber verbundenen Unternehmen									
10	Verbindlichkeiten gegenüber Unternehmen, mit denen ein Beteiligungsverhältnis besteht									
11	Verbindlichkeiten gegenüber Sondervermögen, Zweckverbänden, Anstalten des öffentlichen Rechts, rechtsfähigen kommunalen Stiftungen									
12	Verbindlichkeiten gegenüber dem sonstigen öffentlichen Bereich									
13	Sonstige Verbindlichkeiten									
14	**Summe der Verbindlichkeiten**									

[1] Angaben können auch in 1.000 € erfolgen.

Abschreibungstabelle für Gemeinden	Nutzungs-dauer	Abschreibungs-satz
Vermögensgegenstand	**Jahre**	**in %**
A		
Abdeckplanen	**3**	**33,33**
Abfallbehälter und -körbe	**10**	**10,00**
Abfüllanlagen	**10**	**10,00**
Abgasmessgeräte	**10**	**10,00**
Abkanntmaschinen	**15**	**6,67**
Abrichte	**15**	**6,67**
Abrichtmaschinen	**15**	**6,67**
ABS-Stand, -Modell, -Druckluftprüfer	**5**	**20,00**
Absauganlagen (Feuerwehr)	**10**	**10,00**
Absauggeräte (Medizin)	**5**	**20,00**
Absaugpumpen (Feuerwehr	**10**	**10,00**
Abschleppmatte (zum Hartplatz abziehen)	**5**	**20,00**
Abschreckanlage	**12**	**8,33**
Absperrelemente in Terminals (Personenleitsystem)	**10**	**10,00**
Absturzrettung / Höhenrettungssatz	**5**	**20,00**
Abzugsvorrichtungen	**15**	**6,67**
Adressiermaschinen	**10**	**10,00**
Airmixspritzgerät	**13**	**7,69**
Aktenwagen	**5**	**20,00**
Akkumessgeräte	**10**	**10,00**
Akkumulatoren	**10**	**10,00**
Akkutestgeräte	**10**	**10,00**
Alarmanlagen	**15**	**6,67**
Alarmgeber (Rettungsdienst)	**5**	**20,00**
Allessauger	**10**	**10,00**
Alutreppe	**12**	**8,33**
Amboss	**20**	**5,00**
Analysegeräte (medizinsch technische Geräte)	**10**	**10,00**
Anbauseilwinde	**5**	**20,00**
Anhänger	**15**	**6,67**
Anleimmaschinen	**15**	**6,67**
Anrufbeantworter	**5**	**20,00**
Anspitzmaschinen	**15**	**6,67**
Antennenmasten	**10**	**10,00**
Anzeigetafel (elektronisch)	**15**	**6,67**
Aquarium	**15**	**6,67**
Arbeitsbühnen	**15**	**6,67**
Arbeitsplatten	**15**	**6,67**
Arbeitszelte	**6**	**16,67**
Armaturen (Feuerwehr)	**10**	**10,00**
Astzerkleinerer	**6**	**16,67**
Atemluftkompressoren	**15**	**6,67**
Atemschutzmasken	**6**	**16,67**
Atmungsgeräte (z. B. Pressluftatmer, Presslufttauchgerät)	**10**	**10,00**
Ätzmaschinen	**15**	**6,67**
Audiovisuelle Geräte (Fernseher, Audio, Video, Kassettenrecorder, Radio, DVD-Player, Verstärker usw.)	**10**	**10,00**
Auf- und Abrollgerät für Bodenbeläge	**10**	**10,00**
Auflieger	**10**	**10,00**

Abschreibungstabelle für Gemeinden	Nutzungs-dauer	Abschreibungs-satz
Vermögensgegenstand	**Jahre**	**in %**
Aufzugsanlagen (auch Treppenlift, Rollstuhltreppenschrägaufzug)	15	6,67
Ausfahrtvorrichtungen (elektronische Einfahrtstore)	10	10,00
Ausschmelzofen	8	12,50
Auswuchtmaschine	5	20,00
Außenbeleuchtung	20	5,00
Außenbord-Bootsmotor	10	10,00
Autosampler	10	10,00
Autotelefone	5	20,00
Autowaschstraßen	10	10,00
B		
Bachverrohrung u. ä.	35	2,86
Badeanstalten, künstlich angelegte Badebecken	35	2,86
Badebecken, künstlich angelegt	35	2,86
Badestuhl	10	10,00
Bädereinrichtungen	10	10,00
Bagger	10	10,00
Baggerlader	10	10,00
Baggerschaufel	10	10,00
Bahnkörper (nach gesetzlichen Vorschriften)	35	2,86
Bahnkörper (sonstige)	20	5,00
Bahrwagen	10	10,00
Ballenraufe	10	10,00
Banderoliermaschinen	10	10,00
Bandlaufwerke	4	25,00
Bänke aus Holz	10	10,00
Bänke aus Metall oder Kunststoff	20	5,00
Bänke aus Stein, Mauerwerk	40	2,50
Banksysteme	10	10,00
Barkassen	20	5,00
Barrieren (Sportplätze)	20	5,00
Basketballanlage	7	14,29
Batterieladegeräte, Batteriermessgeräte, Batterietestgeräte	10	10,00
Baudenkmäler	50	2,00
Bauentfeuchtungsgeräte	5	20,00
Bäume (Grünanlagen, Parks, Friedhöfen)	100	1,00
Bäume (Straßenbereich)	50	2,00
Baumständer	8	12,50
Baustellensicherungsgeräte	6	16,67
Baustellensicherungshänger	6	16,67
Baustellenwagen	10	10,00
Bautrocknungsgeräte	5	20,00
Be- und Entlüftungsgeräte	15	6,67
Be- und Verarbeitungsmaschinen	10	10,00
Beamer	5	20,00
Beatmungsgeräte (auch Sauerstoffgenerator, -konzentrator)	5	20,00
Beckeneinstiegsleitern	20	5,00
Beckenreiniger	10	10,00
Behandlungstische für Tiere	10	10,00
Behelfsbauten	5	20,00
Beleuchtungsanlagen	20	5,00
Belichtungsautomat	5	20,00

Abschreibungstabelle für Gemeinden	Nutzungs-dauer	Abschreibungs-satz
Vermögensgegenstand	**Jahre**	**in %**
Bepflanzungen in Gebäuden	10	10,00
Beregnungsanlagen	10	10,00
Beschallungsanlagen	10	10,00
Beschichtungsmaschinen	15	6,67
Beschriftungsgerät	8	12,50
Besteck (Geschirr)	10	10,00
Bestückungsautomat	13	7,69
Bestuhlung	20	5,00
Betonmauer	20	5,00
Betonmischer	6	16,67
Betriebsfunk-, Sprechanlagen	8	12,50
Betten (Krankenbett)	10	10,00
Bewässerungssystem (Großflächenberegner)	10	10,00
Bibliotheksmöbel	15	6,67
Biegemaschinen	15	6,67
Bierzelte	10	10,00
Billardtisch	10	10,00
Blechwalze	10	10,00
Blitzschutzanlagen	80	1,25
Blutzuckermessgerät	3	33,33
Bodendenkmäler	50	2,00
Bohnermaschinen	15	6,67
Bohrhämmer	5	20,00
Bohrmaschinen, Schlagbohrmaschinen	5	20,00
Bohrschrauber	5	20,00
Bolzplätze (rote Erde)	10	10,00
Bookreader (Automat zur Bücherleihe)	10	10,00
Bootsanhänger	15	6,67
Brandmeldeanlagen	10	10,00
Brennerkasten	15	6,67
Brennofen (Töpferwerkstatt)	25	4,00
Brennstofftanks	25	4,00
Brücken (Holzkonstruktion)	20	5,00
Brücken (Mauerwerk oder Beton)	65	1,54
Brücken (Stahlkonstruktion)	65	1,54
Brückenwaagen	20	5,00
Brunnen, Zierbrunnen u. dgl. aus Holz	10	10,00
Brunnen, Zierbrunnen u. dgl. aus Metall oder Kunststoff	20	5,00
Brunnen, Zierbrunnen u. dgl. aus Stein oder Mauerwerk	30	3,33
Brunnen, zur Wassergewinnung	20	5,00
Brutschränke	10	10,00
Bücher	10	10,00
Bücherwagen	5	20,00
Buchförderanlage	20	5,00
Buchpressen	20	5,00
Buchsicherungsanlagen	10	10,00
Bügeleisen / Bügelstation	5	20,00
Bühnenausstattung	20	5,00
Bühnenbeleuchtungs-Stellwerk	20	5,00
Bühnenpodium (versenkbar)	20	5,00
Bühnenvorhänge	8	12,50

Abschreibungstabelle für Gemeinden	Nutzungs-dauer	Abschreibungs-satz
Vermögensgegenstand	**Jahre**	**in %**
Bühnenzubehör	20	5,00
Bündelkarren	10	10,00
Büroausstattung / Büromöbel	15	6,67
Büromaschinen (z.B. Rechenmaschinen, Brieföffner usw.)	10	10,00
Bürstmaschinen	10	10,00
Buschhacker	6	16,67
Buswartehallen (Holzkonstruktion)	20	5,00
Buswartehallen (Massive Bauweise)	50	2,00
Buswartehallen (Stahlkonstruktion)	30	3,33
C		
Cardiotokographen	10	10,00
Chirurgisches Besteck	5	20,00
Chlorgas-Dosiergerät	15	6,67
CO 2- Füllanlage	10	10,00
Computerprüfstand (Feuerwehr)	10	10,00
Computertomographen	10	10,00
Container	10	10,00
Curtansystem	10	10,00
D		
Dachkanthefter / Heftmaschinen (Druckerei)	10	10,00
Dampferzeuger	20	5,00
Dampfkessel	20	5,00
Dampfmaschinen	20	5,00
Dampfturbinen	20	5,00
Dampfversorgungsleitungen	20	5,00
Datenhallen (mobil)	10	10,00
Datenkabelnetz	10	10,00
Datensicherungssysteme	5	20,00
Datensichtgeräte	10	10,00
Defibrillatoren	10	10,00
Deiche	100	1,00
Dekontaminationsdusche	10	10,00
Dekorationsmatte	5	20,00
Denkmäler (außer Bau- und Bodendenkmäler)	80	1,25
Desinfektionsgeräte	10	10,00
Destilliergeräte (medizinsch technische Geräte)	10	10,00
Dienstuniform	5	20,00
Dialysegeräte	10	10,00
Diasammlung, soweit aktivierungsfähig	15	6,67
Digitalisiertische	5	20,00
Digitalkameras einschließlich Zubehör	10	10,00
Diktiergeräte	10	10,00
Direktbelichtungssysteme (für Offsetdruckplatten)	5	20,00
Dosierpumpen	10	10,00
Draht-Abrollschlitten	10	10,00
Drahtblechwalze	13	7,69
Drahtheftmaschine	8	12,50
Drainagen (aus Beton oder Mauerwerk)	35	2,86
Drainagen (aus Ton oder Kunststoff)	15	6,67
Drechselbank	10	10,00
Drechselmaschine	10	10,00

Abschreibungstabelle für Gemeinden	Nutzungsdauer	Abschreibungssatz
Vermögensgegenstand	**Jahre**	**in %**
Drehbänke	20	5,00
Drehbühnen	20	5,00
Drehflügler (Hubschrauber)	20	5,00
Drehkreuz (Einlass)	15	6,67
Drehscheiben (nach gesetzlichen Vorschriften)	35	2,86
Drehscheiben (sonstige)	20	5,00
Dreibock	5	20,00
Dreiseitenkipper	8	12,50
Drucker	5	20,00
Druckereimaschinen	15	6,67
Druckerhöhungsanlagen	20	5,00
Druckerhöhungsgerät	10	10,00
Druckkessel	20	5,00
Druckluftanlagen	15	6,67
Druckschläuche	10	10,00
Druckschlauchprüfgerät	10	10,00
Druckwasserkessel	20	5,00
Dübelmaschine	5	20,00
Durchlauferhitzer	10	10,00
DV-Anlagen (Anlagen der mittleren Datentechnik)	4	25,00
DVD-Payer	10	10,00
Dynamomaschinen	15	6,67
E		
EC-, Kreditkartenleser	10	10,00
Einäscherungsöfen	20	5,00
Einbauküchen	20	5,00
Einbauspinde	10	10,00
Einfahrtstore elektronisch	10	10,00
Einfriedung (aus Draht)	20	5,00
Einfriedung (aus Eisen m. Sockel)	15	6,67
Einfriedung (aus Holz)	10	10,00
Einfriedung (aus Mauerwerk und Beton)	30	3,33
Eingangshallen (Freibäder)	40	2,50
Einmannbohrer	5	20,00
Einscheibenmaschine	6	16,67
Einsatzkleidung	5	20,00
Einsatzleitwagen	10	10,00
Eisbearbeitungsmaschinen	10	10,00
Eisendreher	13	7,69
Eiserzeuger	10	10,00
Eislaufhallen	25	4,00
EKG-Geräte	10	10,00
Elektrische Staffelei	5	20,00
Elektrofahrzeuge	10	10,00
Elektromotoren	15	6,67
Elektronische Stimmgeräte	10	10,00
Elektroschrank	20	5,00
Elektrotherapiegeräte	8	12,50
Eloxiermaschinen	15	6,67
Emissionsmessgeräte	10	10,00
Endoskopiegeräte	10	10,00

Abschreibungstabelle für Gemeinden	Nutzungs-dauer	Abschreibungs-satz
Vermögensgegenstand	**Jahre**	**in %**
Entfernungsmesser	10	10,00
Entfettungsmaschinen	15	6,67
Entgratmaschinen	15	6,67
Enthornungsgerät	5	20,00
Entlastungsbrunnen	40	2,50
Entlüftungsgeräte	10	10,00
Entnebelungsanlagen	15	6,67
Entstaubungsvorrichtungen	15	6,67
Entwässerungsbrunnen	40	2,50
Entwässerungsleitungen	40	2,50
Entwässerungssystem Kompostwerk	15	6,67
Entwicklungströge	10	10,00
Erdbohrgerät	5	20,00
Erdfräse	5	20,00
Erdspeicher	10	10,00
Ernährungspumpe	5	20,00
Erodiermaschinen	15	6,67
Erste Hilfe-Schränke	10	10,00
Erste-Hilfe-Kasten (Notfallkoffer)	5	20,00
Erste-Hilfe-Puppen	5	20,00
Etikettendrucker	5	20,00
Etikettenmaschine	8	12,50
Explosionsgrenzenmessgerät (Ex-Meter)	10	10,00
Exzenterschleifer	5	20,00
F		
Fadenmessgeräte	10	10,00
Fahnen	10	10,00
Fahnenmasten	10	10,00
Fahrkartenentwerter	10	10,00
Fahrkartenverkaufsautomat	10	10,00
Fahrräder	10	10,00
Fahrradständer	10	10,00
Fahrradständer (überdacht)	20	5,00
Fahrregalanlagen	15	6,67
Fallschutzmatten (Spielplätze)	5	20,00
Falzmaschinen	15	6,67
Färbmaschinen	15	6,67
Faxgerät	5	20,00
Feilmaschinen	15	6,67
Feinmühle	10	10,00
Fernmeldekabeltrassen (Rohre, Schächte)	20	5,00
Fernseher	10	10,00
Fernwirkempfänger	20	5,00
Fettabscheider	5	20,00
Feuerlöschfahrzeuge	15	6,67
Feuerlöschgeräte	10	10,00
Feuermeldeanlagen	10	10,00
Feuerwehrfahrzeuge	15	6,67
Feuerwehrleitern (mechanisch)	15	6,67
Feuerwehrschränke	10	10,00
Feuerwehrschutzanzug (Gas-Säure-Kontaminations-Schutzanzug)	3	33,33

Abschreibungstabelle für Gemeinden	Nutzungs-dauer	Abschreibungs-satz
Vermögensgegenstand	**Jahre**	**in %**
Feuerwehrschutzhelm	5	20,00
Filmentwicklungsgerät/-maschine (Druckerei)	10	10,00
Filteranlagen	15	6,67
Fitnessgeräte	10	10,00
Flipcharts	10	10,00
Fleischzerkleinerungsanlagen (Fleischwolf)	7	14,29
Flugzeuge (unter 20 t höchstzulässigem Fluggewicht)	20	5,00
Flüssigkeitssauger	10	10,00
Flutlichtanlagen	20	5,00
Folienschweißgeräte	15	6,67
Förderbänder	15	6,67
Förderschnecke	7	14,29
Frankiermaschinen	10	10,00
Fräsmaschinen	10	10,00
Freischneider	4	25,00
Frequenzumrichter	5	20,00
Friedhofskreuze	20	5,00
Frisierhauben	5	20,00
Fugenschneidegerät	6	16,67
Fulltest	10	10,00
Funkanlagen	10	10,00
Funkenerosionsmaschinen	10	10,00
Funkgeräte	10	10,00
Funkmeldeempfänger	5	20,00
Funknetzanbindung	10	10,00
Funk-Sirenensteuerungen	20	5,00
Funksprechgeräte	6	16,67
Furnierfügemaschine	10	10,00
Futterautomat	10	10,00
Futtermischwagen	15	6,67
Fütterungsanlagen	10	10,00
G		
Gabelstapler	10	10,00
Galvanisiermaschinen	15	6,67
Garagen (Fertiggaragen)	30	3,33
Garagen (massiv)	50	2,00
Garderobenausstattung	15	6,67
Gardinen	5	20,00
Gartenmöbel	10	10,00
Gaschromatograph	10	10,00
Gasleitungen	40	2,50
Gas-Säure-Kontaminations-Schutzanzug	3	33,33
Gas-Spürgerät	10	10,00
Gaststätteneinbauten	10	10,00
Gaststätteneinrichtung (Tische, Stühle)	10	10,00
Gaststätteneinrichtung (Schränke, einschl. Einbauschränke)	10	10,00
Gatterspannschienen	10	10,00
Gebäude, Holz- und Blechkonstruktionen	20	5,00
Gebäude, massiv	80	1,25
Gebäude, teilmassiv	40	2,50
Gefriergerät	10	10,00

Abschreibungstabelle für Gemeinden	Nutzungs-dauer	Abschreibungs-satz
Vermögensgegenstand	**Jahre**	**in %**
Gehstützen	10	10,00
Gehwege	35	2,86
Geländer (Schutzgeländer) Eisen	20	5,00
Geländer (Schutzgeländer) Holz	10	10,00
Geldautomat	10	10,00
Geldprüf-, -sortier-, -wechselgeräte	10	10,00
Gemeinschaftsantennen	10	10,00
Generator	8	12,50
Gerätewagen	10	10,00
Gerüste	15	6,67
Geschirr, Porzellane, Gläser, Besteck	10	10,00
Geschwindigkeitsmessgeräte	5	20,00
Getränkeautomaten	10	10,00
Getreideschnecke	7	14,29
Gewächshäuser	20	5,00
Gewässer naturnah ausgebaut (Renaturierung)	50	2,00
Gießmaschinen	10	10,00
Gipsmodelle	5	20,00
Gitarrenverstärker	5	20,00
Gläser (Geschirr)	10	10,00
Gleichrichter	20	5,00
Gleisanlagen, -einrichtungen	30	3,33
Glockentürme (Holz- oder Blechkonstruktion)	20	5,00
Glockentürme (massiv)	80	1,25
Glockentürme (teilmassiv)	40	2,50
Glühofen	8	12,50
Golfplätze	20	5,00
Grabfelder	40	2,50
Grablochaufsetzer	10	10,00
Grabsicherheitslaufroste	10	10,00
Grabsteinprüfgerät (Kipp-Tester)	5	20,00
Grabverbaugerätesatz	10	10,00
Granitplatte	20	5,00
Graviermaschinen	15	6,67
Greifzug	10	10,00
Großflächenberegner	10	10,00
Großrechner	10	10,00
Grünanlagen	15	6,67
Grundfutterwiegeanlage	8	12,50
Grundstücksanschlusskanäle	50	2,00
Grundstückskläreinrichtung mit Zu- und Ableitung	50	2,00
Grupper	8	12,50
Gully-Dichtkissen	5	20,00
Gummiradwalzen	10	10,00
Gymnastikgeräte	10	10,00
H		
Haartrockner	5	20,00
Häcksler	6	16,67
Hallen, Holzkonstruktion	20	5,00
Hallen, massiv	80	1,25
Hallen, teilmassiv	40	2,50

Abschreibungstabelle für Gemeinden	Nutzungs-dauer	Abschreibungs-satz
Vermögensgegenstand	**Jahre**	**in %**
Hallen, Tragluft	**10**	**10,00**
Hallenbäder	**80**	**1,25**
Halogenspots	**5**	**20,00**
Hammer, Sigumat, mit Abnahmemagazin	**10**	**10,00**
Handfunksprechgeräte	**6**	**16,67**
Handhobel	**10**	**10,00**
Handmesskolbenpumpe	**5**	**20,00**
Handscheinwerfer	**6**	**16,67**
Handsprechfunkgeräte	**5**	**20,00**
Hand-Streuwagen	**8**	**12,50**
Handy	**5**	**20,00**
Hängebahnen	**15**	**6,67**
Härtemaschinen	**15**	**6,67**
Härteofen	**8**	**12,50**
Hartplatzpflegegeräte	**5**	**20,00**
Hebebühnen (mobil)	**10**	**10,00**
Hebebühnen (stationär)	**15**	**6,67**
Hebekissen	**10**	**10,00**
Hebelfällkarren	**10**	**10,00**
Hebelschere	**10**	**10,00**
Hebezeuge	**20**	**5,00**
Heckenscheren	**5**	**20,00**
Heckenschneidemaschine	**6**	**16,67**
Heftmaschinen	**15**	**6,67**
Heftmaschinen (Druckerei)	**10**	**10,00**
Heißluftanlagen	**15**	**6,67**
Heißluftballone	**5**	**20,00**
Heißluftgebläse	**15**	**6,67**
Heißmangel	**6**	**16,67**
Heißwasserbereitungsanlage	**10**	**10,00**
Heizkanäle	**50**	**2,00**
Heizungsanlagen	**15**	**6,67**
Herzatemmonitor	**5**	**20,00**
Hitzeschutzanzug, -überwurf	**3**	**33,33**
Hobelbank	**13**	**7,69**
Hobelmaschinen (mobil)	**5**	**20,00**
Hobelmaschinen (stationär)	**10**	**10,00**
Hochdruckreiniger	**10**	**10,00**
Hochdruckschlauch	**5**	**20,00**
Hochdruckspülwagen	**10**	**10,00**
Hochgeschwindigkeitszüge	**25**	**4,00**
Hochleistungslüfter	**15**	**6,67**
Hochsitze (Holz)	**5**	**20,00**
Hochsitze (Stahl)	**10**	**10,00**
Hochwasserschutzanlage (mobil)	**20**	**5,00**
Hofbefestigungen (in Kies, Schotter, Schlacken)	**10**	**10,00**
Höhenrettungssatz (Absturzrettung)	**5**	**20,00**
Hohlstrahlrohre	**10**	**10,00**
Holzbearbeitungsmaschinen	**10**	**10,00**
Holzmesslatten	**10**	**10,00**
Holzspaltgeräte	**10**	**10,00**

Abschreibungstabelle für Gemeinden	Nutzungs-dauer	Abschreibungs-satz
Vermögensgegenstand	**Jahre**	**in %**
Hörgeräteanlage	5	20,00
Hubkorb, -steiger	10	10,00
Hublifte (mobil; auch Patientenlifter, Umsetzungshilfe, Badewannenlifter)	10	10,00
Hublifte (stationär; auch Patientenlifter, Umsetzungshilfe, Badewannenlifter)	15	6,67
Hubschrauber	20	5,00
Hubschrauber	20	5,00
Hubwagen	10	10,00
Hundekotmobil	10	10,00
Hundekottütenspender	5	20,00
Hydraulisches Bremsmodell	8	12,50
Hydraulikgerät	6	16,67
Hydraulikhammer	6	16,67
Hygrograph	8	12,50
I		
Industriedenkmäler	80	1,25
Industriestaubsauger	10	10,00
Infrarotheizungen / Strahler beweglich	5	20,00
Infrarotheizungen / Strahler unbeweglich	10	10,00
Infusionsgeräte (auch Infusionsständer)	5	20,00
Inhalationsgeräte	8	12,50
Inhalationsgeräte (medizinisch technische Geräte)	10	10,00
Instrumentenschränke	10	10,00
Instrumententische	10	10,00
Instrumentenwaagen	10	10,00
Ionenchromatograph	10	10,00
J		
Jugendräume (Einrichtung)	10	10,00
K		
Kabelleitungen	40	2,50
Kabelnetz für Telekommunikationsanlagen	20	5,00
Kabeltrommel	15	6,67
Kälberschlupf	5	20,00
Kälteanlagen	15	6,67
Kälteerzeugungsanlagen	30	3,33
Kaltluftgebläse (mobil)	10	10,00
Kameras (Wärmebild- / Spezial- / Digital- / Polaroid- / Repro- und Zubehör)	10	10,00
Kanalleuchte mit Anschluss	10	10,00
Kantenanleimmaschine	15	6,67
Kapellenausstattung	80	1,25
Kardiotokographen	8	12,50
Kartenleser	10	10,00
Kassenautomat	10	10,00
Kassettenrecorder	10	10,00
Kastenwagen	10	10,00
Kegelbahnen	10	10,00
Kehrmaschinen	10	10,00
Kehrrichtkarren	10	10,00
Kernspintomographen	8	12,50
Kesselwagen	25	4,00
Kettenschleifgeräte	10	10,00
Kettenstemmer	6	16,67

Abschreibungstabelle für Gemeinden	Nutzungs-dauer	Abschreibungs-satz
Vermögensgegenstand	**Jahre**	**in %**
Kindertagsstätten (Einrichtungen)	10	10,00
Kipper	10	10,00
Kipp-Tester (Grabsteinprüfgerät)	5	20,00
Kirchenglocken einschl. Läutwerk	50	2,00
Klauenpflegeeinrichtungen	10	10,00
Klavierbank	20	5,00
Klebebindegerät	8	12,50
Kleintraktoren	10	10,00
Kleintransporter	10	10,00
Klimaanlagen	10	10,00
Kohlensäurelöschanhänger	15	6,67
Kolonnenfahrzeuge	6	16,67
Kombinationsschutzräume	20	5,00
Kombiwagen	10	10,00
Kommando-, Einsatzleitwagen	10	10,00
Kommunikationssysteme	10	10,00
Kommunikationsgeräte	5	20,00
Kompas	10	10,00
Kompostieranlagen, baulicher Teil	25	4,00
Kompostplätze Deponie	9	11,11
Kompostplätze Grünflächen	20	5,00
Kompostwerk	20	5,00
Kompostwerk, Maschinentechnik	10	10,00
Kompressoren	15	6,67
Konvektomat	5	20,00
Kopiergeräte	6	16,67
Kraft-Wärmekopplungsanlagen (Blockheizkraftwerke)	10	10,00
Krananlagen, Hebezeuge	20	5,00
Krankenbetten	10	10,00
Krankenfahrstühle	10	10,00
Krankentragen	10	10,00
Krankentransportwagen	6	16,67
Kranwagen	8	12,50
Kranztransportwagen	10	10,00
Kreiselegge	10	10,00
Kreiselschwader	10	10,00
Kreiselstreuer	8	12,50
Kübelspritze	6	16,67
Kücheneinrichtung	15	6,67
Küchengeräte	10	10,00
Kühlvitrinen und sonstige Kühleinrichtungen	10	10,00
Kühlzellen, Kühlhallen	20	5,00
Kuhbürste	10	10,00
Kur- und Heilbäder	80	1,25
Kuvertiermaschinen	10	10,00
L		
Laboreinrichtungen	15	6,67
Lackiermaschinen	15	6,67
Ladeaggregate	10	10,00
Ladeneinrichtungen, -einbauten	10	10,00
Laderampe, Beton/Mauerwerk	80	1,25

Abschreibungstabelle für Gemeinden	Nutzungs-dauer	Abschreibungs-satz
Vermögensgegenstand	**Jahre**	**in %**
Laderampe, fahrbar	10	10,00
Ladestationen	10	10,00
Ladewagen	15	6,67
Lagerbehälter für Treibstoffe, Altöl etc. (oberirdisch)	25	4,00
Lagereinrichtungen	15	6,67
Landungsbrücken und -stege	20	5,00
Landwirtschaftliche Geräte und Maschinen	10	10,00
Lämmerschlupf	5	20,00
Längsschnittgerät	10	10,00
Laptop	5	20,00
Lastkraftwagen	10	10,00
Laubbläser/Laubsauger	6	16,67
Lautsprecheranlagen	10	10,00
Leergutautomanten	10	10,00
Lehr- und Lernmaterial	5	20,00
Leichenwagen	10	10,00
Leinenwagen / Haspelwagen	10	10,00
Leinwand	5	20,00
Leistungsprüfstand	8	12,50
Leitpfostenwaschgerät	9	11,11
Lesegeräte	7	14,29
Lesepult	10	10,00
Lesepistole	5	20,00
Leuchttisch (Druckerei)	5	20,00
Lichtmaschinenprüfstände	10	10,00
Lichtreklame	10	10,00
Lichtsignalanlagen	20	5,00
Litfasssäulen, Werbetafeln	10	10,00
Lochmaschine (Druckerei)	10	10,00
Lokomotiven	25	4,00
Loren	25	4,00
Löschwasserteiche	20	5,00
Lötgeräte	15	6,67
Luftbefeuchter	8	12,50
Luftentfeuchter	8	12,50
Luftfeuchtemessgerät (Hygrograph)	8	12,50
Luftschiffe	10	10,00
Luftschmiedehammer	12	8,33
M		
Magnetabscheider	5	20,00
Mähgeräte ([Aufsitz-] Rasen-, Sichel-, Spindel-, Balken-, Kreisel-, Frontauslagemäher usw.)	10	10,00
Markierungsmaschine	20	5,00
Markisen (außen)	10	10,00
Marktstände	10	10,00
Marmorkiesreaktor (Chloranlage)	10	10,00
Martinshornanlage	10	10,00
Maschineneckholde	10	10,00
Maskendichtprüfgerät	10	10,00
Materialprüfgeräte	10	10,00
Matratzen (auch Dekubitus-, Wechseldruck-, orthopädische Matratze)	5	20,00

Abschreibungstabelle für Gemeinden	Nutzungs-dauer	Abschreibungs-satz
Vermögensgegenstand	**Jahre**	**in %**
MDA (mobiler digitaler Assistent)	5	20,00
Mediensicherungsanlage	10	10,00
Medientürme	10	10,00
Medikator (Dosiergerät)	15	6,67
Medizinisch-technische Geräte (Analyse-, Destillier-, Inhalationsgeräte, Mikroskope, Röntgen-, Ultraschallgeräte, Zentrifuge)	10	10,00
Megacode-Trainer	6	16,67
Melkstand	10	10,00
Mess- und Regeleinrichtungen (allgemein)	20	5,00
Messkluppe	10	10,00
Metaplantafel, Pinnwand, Magnetwand	10	10,00
Mikrofichelesegerät	8	12,50
Mikrofilmlesegeräte	10	10,00
Mikrofonanlagen	5	20,00
Mikroskope	10	10,00
Mikroskope (medizinisch technische Geräte)	10	10,00
Mikrowellengeräte	10	10,00
Mixer / Verstärker	5	20,00
Mobilfunkendgeräte	5	20,00
Montagewerkzeugschrank	10	10,00
Motorboote	10	10,00
Motoren	15	6,67
Motorkettensäge	6	16,67
Motorräder	10	10,00
Motorroller	10	10,00
Motorsensen	6	16,67
Motor-Tester	8	12,50
Mulchgeräte	8	12,50
Mulde (Großraummulde)	10	10,00
Muldenkipper	10	10,00
Müllentsorgungsfahrzeuge	10	10,00
Mülltonnen	10	10,00
Mülltonneninstandhaltungsgerät	20	5,00
Mülltonnentransportkarren	10	10,00
Müllverdichter	10	10,00
Münzgeräte (z.B. zu Kopierer)	6	16,67
Musikinstrumente (Schlag- und Tasteninstrumente)	10	10,00
Musikinstrumente (Streichinstrumente)	10	10,00
Multimeter	5	20,00
N		
Nähmaschinen	10	10,00
Narkosegeräte	5	20,00
Nassabscheider	5	20,00
Nebelmaschine	5	20,00
Nebelprüfgeräte	7	14,29
Netzwerkverteiler	5	20,00
Neutralisationsanlage	10	10,00
Nietmaschinen	15	6,67
Nivelliergeräte	8	12,50
Notarztwagen	6	16,67
Notebook	5	20,00

Abschreibungstabelle für Gemeinden	Nutzungs-dauer	Abschreibungs-satz
Vermögensgegenstand	**Jahre**	**in %**
Notfallkoffer	5	20,00
Notrufanlage Leitstelle	10	10,00
Notstromaggregate	20	5,00
Nummerierhammer	10	10,00
O		
Oberfräse	10	10,00
Omnibusse	10	10,00
Orchesterpult	25	4,00
Orientierungssysteme	10	10,00
Ozonmessstation	10	10,00
P		
Paginiermaschinen	10	10,00
Palettengabel	10	10,00
Papp-Schere (Buchbinderei)	10	10,00
Parkleitsystem	10	10,00
Parkplätze (in Kies, Schotter, Schlacken)	10	10,00
Parkscheinautomat	10	10,00
Parkuhren	15	6,67
Passbildautomaten	5	20,00
Pausensignalanlagen	10	10,00
Pavillon- Leichtbauweise	20	5,00
PC's (einschl. Server u. Einbaukarten, Workstation, Laptop, Notebook)	5	20,00
PDA (persönlicher digitaler Assistent)	5	20,00
Perforiergerät	5	20,00
Peripheriegeräte (Drucker, Scanner, Etikettendrucker, Lesepistole u.a.)	5	20,00
Permanentsauger	10	10,00
Personenkraftwagen, Kleinbus, Mannschaftstransport-, Kleineinsatzfahrzeug	10	10,00
Personenleitsystem (Absperrelement in Terminals)	10	10,00
Pflegebetten, elektronisch	10	10,00
Pfahlramme	4	25,00
Photometer (Spektral- u. sonstige Photometer)	10	10,00
Photovoltaikanlagen	15	6,67
Planierraupen	10	10,00
Plastiken	10	10,00
Plattenbänder	15	6,67
Plattenschneider	10	10,00
Plätze (aus Asphalt)	35	2,86
Plätze (aus Beton)	35	2,86
Plätze (aus Verbundsteinpflaster)	35	2,86
Plätze (unbefestigt)	10	10,00
Plätze (wassergebunden)	15	6,67
Plexiverglasung Eislaufhalle	10	10,00
Plotter	5	20,00
Pneumatikar	8	12,50
Pneumatikarbeitsplatz	8	12,50
Polaroid Kameras einschließlich Zubehör	10	10,00
Poliermaschinen (mobil)	5	20,00
Poliermaschinen (stationär)	10	10,00
Poller (Straßenverkehr)	10	10,00
Pontons	30	3,33
Portalwaschanlagen	10	10,00

Abschreibungstabelle für Gemeinden	Nutzungs-dauer	Abschreibungs-satz
Vermögensgegenstand	**Jahre**	**in %**
Porzellane	**10**	**10,00**
Porzellane (Geschirr)	**10**	**10,00**
Praxis- / Krankenhauseinrichtungen (auch Röntgenbildbetrachter, Gymnastikgeräte, Gehstützen, Krankentragen, -fahrstühle, Untersuchungstisch, Therapietisch, Toilettenstützgestell)	**10**	**10,00**
Pressen	**15**	**6,67**
Pressluftatmer	**10**	**10,00**
Pressluftflasche	**10**	**10,00**
Presslufthämmer	**10**	**10,00**
Presslufttauchgerät	**10**	**10,00**
Pritschenwagen	**10**	**10,00**
Projektionsgeräte, -wände (mobil)	**10**	**10,00**
Pulsometer	**5**	**20,00**
Pulverlöschanhänger	**10**	**10,00**
Pulversaugmaschine	**10**	**10,00**
Pumpen	**6**	**16,67**
Pumpenhäuser	**20**	**5,00**
Pumpwerk für Sickerwasserbehandlungsanlage (Deponie)	**20**	**5,00**
R		
Radio	**10**	**10,00**
Radlader	**10**	**10,00**
Radwege	**35**	**2,86**
Rappa	**5**	**20,00**
Rasenkantenpflug	**6**	**16,67**
Raumheizgeräte (mobil)	**10**	**10,00**
Reader-Printer	**8**	**12,50**
Reflowofen	**8**	**12,50**
Regaleinrichtungen	**20**	**5,00**
Registerstanze (Druckerei)	**10**	**10,00**
Registrierkassen	**10**	**10,00**
Reifenmontiergerät	**5**	**20,00**
Reinigungsgeräte	**10**	**10,00**
Reisefluchtstäbe	**10**	**10,00**
Reproduktionskameras (Druckerei)	**5**	**20,00**
Requisiten	**10**	**10,00**
Rettungs- / Bergungsgeräte	**10**	**10,00**
Rettungsboote	**10**	**10,00**
Rettungssäge	**10**	**10,00**
Rettungsscheren	**10**	**10,00**
Rettungsspreizer	**10**	**10,00**
Rettungstransport-, Krankentransport-, Notarztwagen	**6**	**16,67**
Rettungswachen	**80**	**1,25**
Rettungsweste	**10**	**10,00**
Rettungszylinder	**10**	**10,00**
Richtbank, -platte	**10**	**10,00**
Rinderbehandlungsstand	**10**	**10,00**
Ringhorn	**20**	**5,00**
Roboter	**5**	**20,00**
Rohrpostanlagen	**10**	**10,00**
Rollschuhbahnen	**25**	**4,00**
Rollstuhl	**10**	**10,00**

Abschreibungstabelle für Gemeinden	Nutzungs-dauer	Abschreibungs-satz
Vermögensgegenstand	**Jahre**	**in %**
Rollstuhlrampe (Holz / Metall)	5	20,00
Rollstuhltreppenschrägaufzug	15	6,67
Rolltacho	10	10,00
Röntgenbildbetrachter	10	10,00
Röntgengeräte	10	10,00
Röntgen-Geräte	10	10,00
Rückgewinnungsanlagen	10	10,00
Rüttelegge	10	10,00
Ruderboote	10	10,00
Rufanlagen	10	10,00
Rüttelmaschinen / Schüttelmaschinen (Druckerei)	10	10,00
Rüttelplatten	10	10,00
S		
Sackkarre	15	6,67
Sägen aller Art (mobil)	10	10,00
Sägen aller Art (stationär)	15	6,67
Sandstrahlgebläse	10	10,00
Sargversenk- und Hebeanlagen (stationär)	30	3,33
Sargversenk- und Hebeanlagen (transportabel)	15	6,67
SAT-Anlagen	5	20,00
Sattelschlepper	10	10,00
Sauerstoffgenerator	5	20,00
Sauerstoffkonzentrator	5	20,00
Sauerstoff-Schutzgerät	10	10,00
Saugschläuche	10	10,00
Saugschlauchprüfgerät	10	10,00
Sauna	10	10,00
Säurebad	10	10,00
Scanner	5	20,00
Schadstoffmobil (LKW)	8	12,50
Schälgeräte	10	10,00
Schallpegelmesser	10	10,00
Schaltanlagen (elektrisch)	15	6,67
Schankanlage	15	6,67
Schaufeltragen	8	12,50
Schaufensteranlagen	10	10,00
Schaukästen, Vitrinen	10	10,00
Schaumrohre	10	10,00
Scheinwerfer	8	12,50
Schiebeleiter	15	6,67
Schilderbrücken	10	10,00
Schlagbohrmaschine	5	20,00
Schlaghammer	5	20,00
Schläuche (Feuerwehr)	5	20,00
Schlauchbindegerät (elektrisch)	10	10,00
Schlauchboote	5	20,00
Schlauchbrücken	10	10,00
Schlauchhaspel	10	10,00
Schlauchklebemaschine	10	10,00
Schlauchprüfgerät	10	10,00
Schlauchwagen (für Bewässerungssystem)	10	10,00

Abschreibungstabelle für Gemeinden	Nutzungs-dauer	Abschreibungs-satz
Vermögensgegenstand	**Jahre**	**in %**
Schlauchwaschmaschine (mobil)	10	10,00
Schlauchwaschstraßen	10	10,00
Schleifbock	10	10,00
Schleifmaschinen (mobil)	10	10,00
Schleifmaschinen (stationär)	15	6,67
Schlepper	15	6,67
Schlepperzubehör	8	12,50
Schleusen (Beton)	80	1,25
Schleusen (Holz)	20	5,00
Schleusen (Stahl)	80	1,25
Schließfachanlagen	15	6,67
Schlitz- und Zapfenmaschine	5	20,00
Schmierstofftankanlagen	10	10,00
Schmierstoffzapfanlagen	10	10,00
Schmutzwasserpumpen	10	10,00
Schneeketten	10	10,00
Schneepflüge	10	10,00
Schneeräumschild	10	10,00
Schneidemaschine	10	10,00
Schornsteine (aus Metall)	15	6,67
Schornsteine (Mauerwerk oder Beton)	50	2,00
Schrankenanlage (elektrisch betrieben)	20	5,00
Schrankenanlage (handbetrieben)	25	4,00
Schraubstock	15	6,67
Schredder	5	20,00
Schreibmaschinen	10	10,00
Schuleinrichtungen / Einrichtungen von Kindertagesstätten	10	10,00
Schultafeln	20	5,00
Schusswaffen	10	10,00
Schutzanzug (Chemie)	3	33,33
Schweißgeräte, -zubehör	15	6,67
Schwenkgrill	8	12,50
Schwimmbecken mit Sprungturm (massiv)	35	2,86
Segelyachten	20	5,00
Sehtestgeräte (Nykometer)	10	10,00
Sehtestgeräte (Schnelltester)	10	10,00
Seitenschwader	12	8,33
Senkerodiermaschine	15	6,67
Server	5	20,00
Servierwagen	5	20,00
Sicherheitsgürtel (Feuerwehr)	5	20,00
Sicherheitslaufroste	10	10,00
Siebdruckanlagen	15	6,67
Signalanlagen (nach gesetzlichen Vorschriften)	20	5,00
Signalanlagen (sonstige)	15	6,67
Sickenmaschine	10	10,00
Sickenmaschine (automatisch)	10	10,00
Silos, Kunststoff	20	5,00
Silos, Mauerwerk oder Beton	40	2,50
Silos, Stahl	25	4,00
Silostreugeräte	8	12,50

Abschreibungstabelle für Gemeinden	Nutzungs-dauer	Abschreibungs-satz
Vermögensgegenstand	**Jahre**	**in %**
Skaterbahn	**7**	**14,29**
Skelett, Torso, Demonstrationspuppe	**10**	**10,00**
Smartphon	**5**	**20,00**
Software (Anwendungen Spezial)	**10**	**10,00**
Software (Anwendungen Standard)	**5**	**20,00**
Solaranlagen	**15**	**6,67**
Sonstige Spezialfahrzeuge	**10**	**10,00**
Spaltenschieber	**5**	**20,00**
Spezialwagen	**25**	**4,00**
Spezielakmeras einschliießlich Zubehör	**10**	**10,00**
Spielgeräte (Wippe, Rutsche, Schaukel, Klettergeräte usw.)	**10**	**10,00**
Spielplätze	**10**	**10,00**
Spielsachen	**5**	**20,00**
Spiel- und Testgeräte (therapeutisch)	**5**	**20,00**
Spindelpresse	**8**	**12,50**
Sportgeräte (Fitness- und Turngeräte)	**10**	**10,00**
Sportgeräte (therapeutisch)	**5**	**20,00**
Sporthafen	**50**	**2,00**
Sportplätze (Rasen-, Tennis- und Hartplätze einschl. Kunstrasen)	**20**	**5,00**
Sprechanlagen	**8**	**12,50**
Sprechanlagen	**10**	**10,00**
Sprechfunkanlagen	**10**	**10,00**
Sprinkleranlagen	**20**	**5,00**
Spritzen	**6**	**16,67**
Spritzenpumpen	**6**	**16,67**
Spritzgussmaschinen	**15**	**6,67**
Spritzmaschine für Haftkleber	**6**	**16,67**
Sprühätzanlage	**5**	**20,00**
Sprungbrett (Schwimmbad)	**10**	**10,00**
Sprungeinrichtungen in Frei- und Hallenbädern	**15**	**6,67**
Sprungrahmen	**5**	**20,00**
Sprungretter	**10**	**10,00**
Spülbecken (Edelstahl)	**10**	**10,00**
Spülmaschinen	**10**	**10,00**
Spülschlauch	**5**	**20,00**
Stadiontribüne	**20**	**5,00**
Staffelei	**8**	**12,50**
Stahlbandmaß	**10**	**10,00**
Stahlregale	**10**	**10,00**
Stahlschränke	**20**	**5,00**
Stampfer	**10**	**10,00**
Standrohr	**6**	**16,67**
Stanzen	**15**	**6,67**
Stapelschneider	**5**	**20,00**
Stapler	**10**	**10,00**
Staubsauger	**5**	**20,00**
Stauchmaschinen	**10**	**10,00**
Steckleiter	**15**	**6,67**
Stehleiter	**15**	**6,67**
Stehpult	**10**	**10,00**
Stellwände	**20**	**5,00**

Abschreibungstabelle für Gemeinden	Nutzungs-dauer	Abschreibungs-satz
Vermögensgegenstand	**Jahre**	**in %**
Stempelmaschinen	10	10,00
Stereoanlage (Eislaufhalle)	5	20,00
Sterilisatoren	10	10,00
Stiefelwaschanlage	10	10,00
Stiefelwaschbecken	10	10,00
Stoppuhren	10	10,00
Strahlenmessausrüstung	10	10,00
Strahlrohre	10	10,00
Straßen (Anliegerstraßen und Plätze ohne Straßenverkehr)	35	2,86
Straßen (aus Beton)	35	2,86
Straßen (aus Verbundsteinpflaster)	35	2,86
Straßen (Hauptverkehrsstraßen)	35	2,86
Straßen (Parkflächen - Straßenverkehr)	35	2,86
Straßen (Sammelstraßen mit Straßenverkehr)	35	2,86
Straßen-, Hinweis-, Verkehrsschilder	20	5,00
Straßenabläufe einschl. Anschlusskanäle	35	2,86
Straßenablaufreinigungswagen	10	10,00
Straßenbeleuchtung	20	5,00
Straßenfräsen	5	20,00
Streufahrzeuge	10	10,00
Streugutbehälter, -kästen	20	5,00
Strickmaschinen	5	20,00
Stromgeneratoren	20	5,00
Strommessgerät	10	10,00
Stromversorgungsleitungen	20	5,00
Stromverteileranlagen (Märkte)	10	10,00
Stützwände (aus Winkelbausteinen)	80	1,25
T		
Tachymeter	8	12,50
Tank- und Waschplätze	25	4,00
Tank- und Zapfanlagen	15	6,67
Taucheranzug, -schutzhelm, -gerät	10	10,00
Tauchertelefon	5	20,00
Tauchpumpen	10	10,00
Teerkocher, -spritzen	10	10,00
Telekommunikationseinrichtungen	10	10,00
Tennis-, Squash- u.ä. Hallen	25	4,00
Teppiche	15	6,67
Terrarium	15	6,67
Theaterkostüme und -perücken	10	10,00
Theken	15	6,67
Theodolit	7	14,29
Therapietische	10	10,00
Therapieschaukel	10	10,00
Thermobinder/Klebebindemaschinen (Druckerei)	10	10,00
Tiefziehmaschine	6	16,67
Tiergehege	25	4,00
Tierkäfige	15	6,67
Titelprägepresse (handbetrieben)	10	10,00
Titelprägepresse (hydraulisch)	5	20,00
Toilettenanlagen (selbstständige Gebäude, massiv)	30	3,33

Abschreibungstabelle für Gemeinden	Nutzungs-dauer	Abschreibungs-satz
Vermögensgegenstand	**Jahre**	**in %**
Toilettenkabinen, -wagen (auch Toilettenstuhl)	10	10,00
Toilettenstützgestelle	10	10,00
Trafostation für Sickerwasserbehandlungsanlage (Deponie)	15	6,67
Tragestühle	5	20,00
Tragkraftspritze	10	10,00
Tragkraftspritzenanhänger	15	6,67
Traktoren	15	6,67
Tränkeanlagen	10	10,00
Transformatoren	25	4,00
Transformatoren- und Schalthäuser	20	5,00
Transportbänder	15	6,67
Transportwagen	15	6,67
Trauringerweiterungsmaschine	13	7,69
Treibstofftankanlagen	10	10,00
Trennmaschinen (mobil)	10	10,00
Trennwände	15	6,67
Treppen außerhalb von Gebäuden (teilmassiv)	40	2,50
Treppen außerhalb von Gebäuden (Holzkonstruktion)	20	5,00
Treppen außerhalb von Gebäuden (massiv)	80	1,25
Treppenlifte	15	6,67
Tresoranlagen	25	4,00
Tribünensitze	15	6,67
Trockengeräte (z.B. Folientrockner)	10	10,00
Trockenschränke	10	10,00
Troghöhler	10	10,00
Türöffnungsgeräte	7	14,29
Tunnelanlagen	50	2,00
Turngeräte	10	10,00
Turnmatten	10	10,00
U		
Überwachungsanlagen	10	10,00
Uferbefestigungen	50	2,00
Uhrenanlagen (auch Turmuhren)	15	6,67
Ultraschallgeräte (medizinisch technische Geräte)	10	10,00
Ultraschallgeräte (medizinisch; auch Ultraschallvernebler)	10	10,00
Ultraschallgeräte (nicht medizinisch)	10	10,00
Umkleideschränke (Holz / Stahl)	10	10,00
Umweltmessstationen	10	10,00
Umzäunung (aus Draht)	15	6,67
Umzäunung (aus Eisen m. Sockel)	15	6,67
Umzäunung (aus Metall)	15	6,67
Umzäunung (aus Holz)	10	10,00
Umzäunung (aus Mauerwerk und Beton)	30	3,33
Unimog	10	10,00
Unkrautbürsten	5	20,00
Unkrautspritzen	5	20,00
Unterhaltungsautomaten	10	10,00
Untersuchungstische	10	10,00
Urnenwände	80	1,25
V		
Vakuummatratzen	15	6,67

Abschreibungstabelle für Gemeinden	Nutzungsdauer	Abschreibungssatz
Vermögensgegenstand	**Jahre**	**in %**
Vakuumiergeräte	6	16,67
Ventilatoren	10	10,00
Verbuchungstheken	15	6,67
Vergleichsmanometer	10	10,00
Verkaufsbuden, -stände	10	10,00
Verkehrsrechner (Verkehrsleitsystem)	10	10,00
Verkehrsüberwachungsgeräte (mobil)	5	20,00
Verkehrszählungsgeräte (Zählgeräte, Zählplatten)	10	10,00
Vermessungsgeräte (elektronisch)	8	12,50
Vermessungsgeräte (mechanisch)	10	10,00
Verpackungsmaschinen	15	6,67
Versorgungsleitungen, Sickerwasserbehandlungsanlage, Sickerwasserleitungen	20	5,00
Verstärker	10	10,00
Verstärkeranlage (Mischpult, Lautsprecher)	10	10,00
Vertikutierer	10	10,00
Vibrationswalze	4	25,00
Videogeräte	10	10,00
Vielkanalgerät	10	10,00
Visitenkartenautomaten	5	20,00
Vitrinen / Schaukästen	10	10,00
Vollschutzanzug	3	33,33
Vollsichtmasken	5	20,00
Vorhänge	10	10,00
W		
Waage, LKW	15	6,67
Waagen	10	10,00
Wachsausschmelzgerät	6	16,67
Wagenwaschanlagen	10	10,00
Waggons, Gelenkwagen-Waggons	25	4,00
Wahlurnen	20	5,00
Waldwege (unbefestigt, ungebunden - Sand, Splitt, Schotter usw.)	25	4,00
Walzenanhänger	10	10,00
Wandbilder, Stiche, Radierungen	10	10,00
Wandschränke	10	10,00
Warenautomaten	5	20,00
Warmhaltebehälter	5	20,00
Wärmebildkamera einschließlich Zubhör	10	10,00
Wärmetauscher	15	6,67
Wärmetherapiegeräte	10	10,00
Wäschetrockner, -maschinen	10	10,00
Wasserfässer	10	10,00
Wasserkessel	15	6,67
Wasserleitungen	30	3,33
Wasserpumpen	6	16,67
Wasserreinigungs-, -aufbereitungsanlagen	10	10,00
Wassersauger	10	10,00
Wasserschlauch	10	10,00
Wasserschöpfbecken/Wasserschöpfstellen	20	5,00
Wasserspeicher	20	5,00
Wasserstrahlpumpe	10	10,00

Abschreibungstabelle für Gemeinden	Nutzungs-dauer	Abschreibungs-satz
Vermögensgegenstand	**Jahre**	**in %**
Wassertretbecken (massiv)	**30**	**3,33**
Wassertürme	**40**	**2,50**
Wechselaufbauten	**10**	**10,00**
Wege und Plätze (aus Asphalt)	**35**	**2,86**
Wege und Plätze (aus Beton)	**35**	**2,86**
Wege und Plätze (aus Verbundsteinpflaster)	**35**	**2,86**
Wege und Plätze (unbefestigt)	**10**	**10,00**
Wege und Plätze (wassergebunden)	**15**	**6,67**
Wegebrücken (aus Holz)	**20**	**5,00**
Wegebrücken (aus Stahl und Beton)	**65**	**1,54**
Wehre (maschinelle Einrichtungen)	**20**	**5,00**
Weichen	**35**	**2,86**
Weihnachtspyramide (elektrisch)	**15**	**6,67**
Werkbank	**13**	**7,69**
Werkstatteinrichtungen	**15**	**6,67**
Werkzeuge	**10**	**10,00**
Wickelautomat	**10**	**10,00**
Winden	**15**	**6,67**
Windkraftanlagen	**15**	**6,67**
Winterdienstgeräte (allgemein)	**10**	**10,00**
Wirtschaftswege (unbefestigt, ungebunden - Sand, Splitt, Schotter usw.)	**10**	**10,00**
Wohnmobile, -wagen	**10**	**10,00**
Workstation	**5**	**20,00**
Z		
Zeichengeräte	**15**	**6,67**
Zeiterfassungsgeräte	**10**	**10,00**
Zeitungsfilmlesegerät	**8**	**12,50**
Zeitungsschränke	**10**	**10,00**
Zentrifugen	**10**	**10,00**
Zentrifugen (medizinisch technische Geräte)	**10**	**10,00**
Ziegelmauer	**20**	**5,00**
Zielrichterturm	**50**	**2,00**
Zigarettenautomaten	**10**	**10,00**
Zumischer	**10**	**10,00**
Zusammentragmaschinen	**10**	**10,00**
Zwinger	**25**	**4,00**
Zylinderkopfplanmaschine	**8**	**12,50**

Preisindizes für Gebäude, sonstige Bauwerke, Grundstücke und bewegliche Vermögensgegenstände[1), 2)]

Jahr	Gebäude	Sonstige Bauwerke	Grundstücke	bewegliche Vermögensgegenstände
1946	6,5	13,6		
1947	7,3	15,0		
1948	8,1	16,4		
1949	8,9	17,8		
1950	9,7	19,2		
1951	10,5	20,6		
1952	11,3	22,0		
1953	12,1	23,4		
1954	12,9	24,8		
1955	13,7	26,2		
1956	14,5	27,6		
1957	15,3	29,0		
1958	16,1	30,4		
1959	17,0	32,1		
1960	18,2	33,7		
1961	19,5	35,4		
1962	21,2	37,7		
1963	22,3	39,2		
1964	23,3	38,9		
1965	24,4	36,8		
1966	25,1	36,3		
1967	24,6	34,7		
1968	25,6	36,2		
1969	27,1	37,8		
1970	31,6	43,3		
1971	34,8	46,7		
1972	37,2	47,4		
1973	39,9	48,8		
1974	42,8	53,5		
1975	43,9	54,9	29,0	62,4
1976	45,4	55,7	32,9	64,4
1977	47,5	57,2	36,8	66,9
1978	50,5	61,0	40,7	68,5
1979	54,9	67,3	46,1	70,9
1980	60,8	75,9	48,5	74,6
1981	64,3	77,9	53,7	78,5
1982	66,2	76,1	47,7	82,3
1983	67,6	75,5	53,5	84,5
1984	69,3	76,5	52,0	86,2
1985	69,6	77,9	46,3	87,6
1986	70,5	79,4	47,3	87,2
1987	71,8	80,4	49,8	87,3
1988	73,4	81,3	56,2	87,8
1989	76,0	83,0	60,8	89,6
1990	81,0	88,2	59,0	91,4
1991	86,6	94,1	56,6	92,0
1992	92,2	99,1	59,9	94,4
1993	96,7	101,3	66,9	96,4
1994	99,0	101,7	75,1	97,4
1995	101,3	102,4	66,0	98,0
1996	101,1	100,6	76,9	98,8
1997	100,4	98,9	79,6	99,3
1998	100,0	98,0	92,7	99,7
1999	99,7	97,8	99,3	99,9
2000	100,0	100,0	100,0	100,0
2001	99,9	100,7	100,5	101,1
2002	99,9	100,5	101,0	101,8
2003	99,9	100,1	101,5	102,0
2004	101,2	100,1	102,0	102,3
2005	101,2	100,1	103,0	102,3
2006	103,5	103,0	103,5	103,2

[1)] Quelle: Statistisches Bundesamt, Fachserie 17, Reihe 4, 2/2004. Bis 1990 Gebietsstand früheres Bundesgebiet.
[2)] Jahr 2000 = 100 v. H.

Kontenrahmenplan / Kontenklasse 0

Kontenklasse	Kontengruppe	Kontenart	Konto	Unterkonto	Bezeichnung	Bilanz-Position Aktivseite (A) Passivseite (B)
0					**Immaterielles Vermögen und Sachanlagevermögen, Aufwendungen für die Ingangsetzung des Geschäftsbetriebs und dessen Erweiterung**	
	00				**Aufwendungen für die Ingangsetzung des Geschäftsbetriebs / der Verwaltung und dessen / deren Erweiterung**	
	01				**Immaterielle Vermögensgegenstände**	
		011			**Gewerbliche Schutzrechte und ähnliche Rechte und Werte sowie Lizenzen an solchen Rechten und Werten**	A 1.1.1.
			0111		Konzessionen	A 1.1.1.
			0112		Datenverarbeitungs-Software	A 1.1.1.
			0113		Sonstige Lizenzen	A 1.1.1.
			0114		Gewerbliche Schutzrechte	A 1.1.1.
			0115		sonstige Rechte und Werte	A 1.1.1.
			0119		Sonstige	A 1.1.1.
		012			**Immaterielle Vermögensgegenstände aus geleisteten Zuwendungen**	A 1.1.2.
		013			**Gezahlte Investitionszuschüsse als Nutzungsberchtigter**	A 1.1.3.
		014			**Geschäfts- oder Firmenwert**	A 1.1.4.
		015			**Nicht besetzt**	
		016			**Nicht besetzt**	
		017			**Nicht besetzt**	
		018			**Nicht besetzt**	
		019			**Anzahlungen auf immaterielle Vermögensgegenstände**	A 1.1.5.
	02				**Unbebaute Grundstücke und grundstücksgleiche Rechte**	
		021			**Wald, Forsten**	A 1.2.1.
			0211		Mischwald	A 1.2.1.
			0212		Laubwald	A 1.2.1.
			0213		Nadelwald	A 1.2.1.
			0214		Gehölz	A 1.2.1.
			0219		Sonstige	A 1.2.1.
		022			**Grünflächen**	A 1.2.2.
			0221		Friedhöfe	A 1.2.2.
				02211	Gräberfelder	A 1.2.2.
				02212	Einfriedungen, Mauern	A 1.2.2.
				02213	Friedhofswege	A 1.2.2.
				02219	sonstige Anlagen	A 1.2.2.
			0222		Parkanlagen	A 1.2.2.
			0223		Kleingartenanlagen, Gartenland	A 1.2.2.
			0224		Sportflächen	A 1.2.2.
			0225		Kinderspielplätze	A 1.2.2.
			0226		Tierparks	A 1.2.2.
			0229		Sonstige	A 1.2.2.
		023			**Ackerland**	A 1.2.2.
			0231		Ackerland	A 1.2.2.
			0232		Brachland	A 1.2.2.
			0233		Öd- und Unland	A 1.2.2.
			0234		Weideland	A 1.2.2.
			0235		Streuobstwiesen	A 1.2.2.
			0236		Moor und Heide	A 1.2.2.
			0237		landwirtschaftliche Weingärten	A 1.2.2.
			0238		landwirtschaftliche Obstanbauflächen	A 1.2.2.
			0239		Sonstige	A 1.2.2.
		024			**Schutzflächen**	A 1.2.2.
			0241		Ökoflächen, Ausgleichsflächen	A 1.2.2.
			0242		Lärmschutz	A 1.2.2.
			0243		Hochwasserschutz	A 1.2.2.
			0249		Sonstige	A 1.2.2.

Kontenrahmenplan / Kontenklasse 0

Kontenklasse	Kontengruppe	Kontenart	Konto	Unterkonto	Bezeichnung	Bilanz-Position Aktivseite (A) Passivseite (B)
		025			**Kiesgruben, Steinbrüche, sonstige Abbauflächen einschließlich Halden**	A 1.2.2.
		026			**Gewässer**	A 1.2.2.
			0261		Flüsse und Bäche	A 1.2.2.
			0262		Seen und Teiche	A 1.2.2.
			0263		Tränklöcher u.ä.	A 1.2.2.
			0269		Sonstige	A 1.2.2.
		027			**Nicht besetzt**	
		028			**Nicht besetzt**	
		029			**sonstige unbebaute Grundstücke**	A 1.2.2.
			0291		Konversionsflächen und Altlastenflächen	A 1.2.2.
			0292		Bauerwartungsland	A 1.2.2.
			0293		Industrie- und Gewerbegrundstücke	A 1.2.2.
			0294		Bauhöfe	A 1.2.2.
			0295		Kompostplätze, Wertstoffsammelplätze	A 1.2.2.
			0296		Bauland	A 1.2.2.
			0297		Splitterparzellen an Drittgrundstücken	A 1.2.2.
			0299		sonstige unbebaute Grundstücke	A 1.2.2.
	03				**Bebaute Grundstücke und grundstücksgleiche Rechte**	A 1.2.3.
		031			**mit Wohnbauten**	A 1.2.3.
			0311		Einfamilienhäuser	A 1.2.3.
			0312		Mehrfamilienhäuser	A 1.2.3.
			0313		Dienstwohnungen	A 1.2.3.
			0314		landwirtschaftliche Gebäude	A 1.2.3.
			0315		forstwirtschaftliche Gebäude	A 1.2.3.
			0319		sonstige Wohnbauten	A 1.2.3.
		032			**mit sozialen Einrichtungen**	A 1.2.3.
			0321		Kindertagesstätten	A 1.2.3.
			0322		Jugendeinrichtungen	A 1.2.3.
			0323		Jugendhilfeeinrichtungen	A 1.2.3.
			0324		Familienberatungsstellen	A 1.2.3.
			0325		Frauen- oder Männerhäuser	A 1.2.3.
			0326		Freizeiteinrichtungen	A 1.2.3.
			0327		Alten- und sonstige Betreuungseinrichtungen	A 1.2.3.
			0329		sonstige soziale Einrichtungen	A 1.2.3.
		033			**mit Schulgebäuden und Schulturnhallen**	A 1.2.3.
			0331		Grundschulen und Hauptschulen	A 1.2.3.
				03311	Grundschulen	A 1.2.3.
				03312	Hauptschulen	A 1.2.3.
				03313	organisatorisch verbundene Grund- und Hauptschulen	A 1.2.3.
			0332		Realschulen, Regionale Schulen	A 1.2.3.
				03321	Realschulen	A 1.2.3.
				03322	Regionale Schulen (kombinierte Haupt- und Realschulen)	A 1.2.3.
			0333		Gymnasien, Kollegs (ohne berufliche Gymnasien)	A 1.2.3.
			0334		Berufliche Schulen	A 1.2.3.
			0335		Sonderschulen (Förderschulen)	A 1.2.3.
			0336		Gesamtschulen und dergleichen	A 1.2.3.
				03361	gemeinschaftliche, nicht aufteilbare Einrichtungen für örtlich vereinigte Schulen	A 1.2.3.
				03362	Gesamtschulen (integrierte und kooperative)	A 1.2.3.
			0337		Schulzentren	A 1.2.3.
				03371	Hauptschule, Realschule, Gymnasium	A 1.2.3.
				03372	Hauptschule, Realschule	A 1.2.3.
				03379	Sonstige	A 1.2.3.
			0339		sonstige Schultypen	A 1.2.3.
		034			**mit Kulturanlagen**	A 1.2.3.
			0341		Theatergebäude	A 1.2.3.
			0342		Büchereien, Bibliotheken	A 1.2.3.
			0343		Museen	A 1.2.3.

Kontenrahmenplan / Kontenklasse 0

Kontenklasse	Kontengruppe	Kontenart	Konto	Unterkonto	Bezeichnung	Bilanz-Position Aktivseite (A) Passivseite (B)
			0344		Stadtarchive	A 1.2.3.
			0345		Volkshochschulen	A 1.2.3.
			0346		Musikschulen	A 1.2.3.
			0347		Mahnmale und Gedenkstätten	A 1.2.3.
			0348		historische Gebäude und Einrichtungen	A 1.2.3.
					Historische Gebäude, die einer regelmäßigen Nutzung als Gebäude unterliegen (z.B. Verwaltungsgebäude), sind entsprechend der jeweiligen Nutzung auszuweisen.	
			0349		sonstige Kulturanlagen	A 1.2.3.
		035			**mit Sportanlagen**	A 1.2.3.
			0351		Schwimm-, Hallen-, und Freibäder	A 1.2.3.
			0352		Turn- und Sporthallen	A 1.2.3.
			0353		Stadien	A 1.2.3.
			0354		Sportplätze	A 1.2.3.
			0359		sonstige Sportanlagen	A 1.2.3.
		036			**mit Gartenanlagen**	A 1.2.3.
			0361		Kleingärten	A 1.2.3.
			0362		zoologische Gärten	A 1.2.3.
			0363		botanische Gärten	A 1.2.3.
			0364		Baumschulen	A 1.2.3.
			0365		Gärtnereien	A 1.2.3.
			0369		sonstige Gartenanlagen	A 1.2.3.
		037			**Verwaltungsgebäuden**	A 1.2.3.
		038			**Nicht besetzt**	
		039			**mit sonstigen Gebäuden**	A 1.2.3.
			0391		Gemeinschafts-, Bürgerhäuser, Stadthallen	A 1.2.3.
			0392		Friedhofsgebäude, Leichenhallen	A 1.2.3.
				03921	Friedhofsgebäude / Leichenhallen	A 1.2.3.
				03922	Gräberfelder	A 1.2.3.
				03923	Einfriedungen, Mauern	A 1.2.3.
				03929	sonstige Anlagen	A 1.2.3.
			0393		Bahnhöfe, Buswartehallen, sonstige Wartehallen	A 1.2.3.
			0394		Werkstätten	A 1.2.3.
			0395		Brand- und Katastrophenschutzeinrichtungen	A 1.2.3.
			0396		Krankenhäuser	A 1.2.3.
			0397		Gewerbe und Industrie	A 1.2.3.
			0398		Bauhof	A 1.2.3.
			0399		sonstige Gebäude, Bauten	A 1.2.3.
				03991	Grillhütten	A 1.2.3.
				03992	Campingplätze	A 1.2.3.
				03993	Freizeitparks	A 1.2.3.
				03994	Messe, Ausstellung	A 1.2.3.
				03995	Beherbergung, Gastronomie	A 1.2.3.
				03996	Kureinrichtungen	A 1.2.3.
				03997	Gründer- und Innovationszentren	A 1.2.3.
				03998	Volksfestplätze	A 1.2.3.
				03999	Sonstige	A 1.2.3.
	04				**Infrastrukturvermögen (einschließlich Grundstücke und grundstücksgleiche Rechte)**	A 1.2.4.

Kontenrahmenplan / Kontenklasse 0						
Kontenklasse	Kontengruppe	Kontenart	Konto	Unterkonto	Bezeichnung	Bilanz-Position Aktivseite (A) Passivseite (B)
					Jede Grundstücksparzelle stellt einen einheitlichen Vermögensgegenstand dar, der grundsätzlich nicht nach möglichen unterschiedlichen Nutzungen aufgeteilt werden kann und einzeln zu erfassen ist. *Unter dem Infrastrukturvermögen sind grundsätzlich sämtliche Grundstücke auszuweisen, auf denen Infrastrukturvermögen errichtet wurde. Darüber hinaus sind sämtliche Grundstücke mit Infrastrukturvermögen auszuweisen, an denen der Gemeinde grundstücksgleiche Rechte eingeräumt wurden. Die grundstücksgleichen Rechte sind im Bürgerlichen Gesetzbuch abschließend geregelt. Zu nennen sind z.B. das Erbbaurecht, die Bergwerksgerechtigkeit (Bergwerkseigentum) und andere Abbaugerechtigkeiten, das Dauerwohn- und Dauernutzungsrecht nach § 31 WoEigG.* *Die Zuordnung zum Infrastrukturvermögen entscheidet sich nach der wesentlichen Nutzung und dem wirtschaftlichen Zusammenhang.* *Mit dem Grundstück sind auch die Grundstückseinrichtungen zu erfassen. Gleiches gilt für den Aufwuchs.*	
		041			**Brücken, Tunnel und ingenieurtechnische Anlagen**	A 1.2.4.
			0411		Grundstücke und grundstücksgleiche Rechte	A 1.2.4.
			0412		Brücken	A 1.2.4.
			0413		Tunnel	A 1.2.4.
			0414		ingenieurtechnische Anlagen	A 1.2.4.
			0415		Stützbauwerke	A 1.2.4.
			0416		Anlagen zur Abwicklung, Sicherung und Unterhaltung von Brücken, Tunneln und ingenieurtechnischen Anlagen	A 1.2.4.
			0417		Felssicherungsmaßnahmen	A 1.2.4.
			0419		Sonstige	A 1.2.4.
		042			**Gleisanlagen mit Streckenausrüstung und Sicherheitsanlagen**	A 1.2.4.
			0421		Grundstücke und grundstücksgleiche Rechte	A 1.2.4.
			0422		Gleisanlagen mit Streckenausrüstungen	A 1.2.4.
			0423		Anlagen zur Abwicklung, Sicherung und Unterhaltung des Verkehrs sowie der Verkehrsflächen	A 1.2.4.
			0429		Sonstige	A 1.2.4.
		043			**Stromversorgungsanlagen**	A 1.2.4.
			0431		Grundstücke und grundstücksgleiche Rechte	A 1.2.4.
			0432		Erzeugungs- und Bezugsanlagen	A 1.2.4.
				04321	Betriebseinrichtungen der Erzeugung	A 1.2.4.
				04322	Betriebseinrichtungen des Bezugs	A 1.2.4.
			0433		Verteilungsanlagen	A 1.2.4.
				04331	Umspannungs- und Umformungsanlagen	A 1.2.4.
				04332	Leitungsnetz und Hausanschlüsse	A 1.2.4.
				04333	Messeinrichtungen (Licht- und Kraftstromzähler, Messwandler, Schaltuhren, Höchstlastanzeiger usw. einschließlich Lagerbestand)	A 1.2.4.
		044			**Gasversorgungsanlagen**	A 1.2.4.
			0441		Grundstücke und grundstücksgleiche Rechte	A 1.2.4.
			0442		Erzeugungs- und Bezugsanlagen	A 1.2.4.
				04421	Betriebseinrichtungen der Erzeugung	A 1.2.4.
				04422	Betriebseinrichtungen des Bezugs	A 1.2.4.
			0443		Verteilungsanlagen	A 1.2.4.
				04431	Speicherung, Verdichtung, Druckregelung	A 1.2.4.
				04432	Leitungsnetz und Hausanschlüsse	A 1.2.4.
				04433	Messeinrichtungen (einschließlich Lagerbestand)	A 1.2.4.
		045			**Wasserversorgungsanlagen**	A 1.2.4.
			0451		Grundstücke und grundstücksgleiche Rechte	A 1.2.4.
			0452		Gewinnungs- und Bezugsanlagen	A 1.2.4.
				04521	Betriebseinrichtungen der Gewinnung	A 1.2.4.

Kontenrahmenplan / Kontenklasse 0

Kontenklasse	Kontengruppe	Kontenart	Konto	Unterkonto	Bezeichnung	Bilanz-Position Aktivseite (A) Passivseite (B)
				04522	Betriebseinrichtungen des Bezugs	A 1.2.4.
			0453		Verteilungsanlagen	A 1.2.4.
				04531	Speicheranlagen	A 1.2.4.
				04532	Leitungsnetz und Hausanschlüsse	A 1.2.4.
				04533	Messeinrichtungen (einschließlich Lagerbestand)	A 1.2.4.
		046			**Abfallbeseitigungsanlagen**	A 1.2.4.
			0461		Grundstücke und grundstücksgleiche Rechte	A 1.2.4.
			0462		Betriebseinrichtungen der Abfallverarbeitungsanlagen	A 1.2.4.
				04621	Abfallbehandlung	A 1.2.4.
				04622	Abfalllagerung	A 1.2.4.
				04623	Abfallablagerung	A 1.2.4.
				04624	Abfallverwertung	A 1.2.4.
			0463		Einbringungsanlagen der Abfallbeseitigung	A 1.2.4.
				04631	Betriebseinrichtungen der Einsammlung	A 1.2.4.
				04632	Betriebseinrichtungen der Beförderung	A 1.2.4.
		047			**Entwässerungs- und Abwasserbeseitigungsanlagen**	A 1.2.4.
			0471		Grundstücke und grundstücksgleiche Rechte	A 1.2.4.
			0472		Abwasserreinigungsanlagen	A 1.2.4.
			0473		Abwassersammlungsanlagen	A 1.2.4.
				04731	Haupt- und Verbindungssammler	A 1.2.4.
				04732	Regenbauwerke	A 1.2.4.
				04733	Pumpwerke	A 1.2.4.
				04734	Sammler in der Ortslage und Hausanschlüsse	A 1.2.4.
				04735	Messeinrichtungen	A 1.2.4.
		048			**Straßen, Wege, Plätze und Verkehrslenkungsanlagen**	A 1.2.4.
			0481		Grundstücke und grundstücksgleiche Rechte	A 1.2.4.
			0482		Straßen	A 1.2.4.
				04821	Bundesstraßen (Nebenanlagen)	A 1.2.4.
				04822	Landesstraßen (Nebenanlagen)	A 1.2.4.
				04823	Kreisstraßen	A 1.2.4.
				04824	Gemeindestraßen	A 1.2.4.
				04825	Gehwege	A 1.2.4.
				04826	Straßenbegleitgrün	A 1.2.4.
				04829	sonstige Straßen	A 1.2.4.
			0483		Wege	A 1.2.4.
				04831	Fußwege	A 1.2.4.
				04832	Wanderwege	A 1.2.4.
				04833	Radwege	A 1.2.4.
				04834	landwirtschaftliche Wege	A 1.2.4.
				04835	Rad- und Wirtschaftswege	A 1.2.4.
				04836	forstwirtschaftliche Wege	A 1.2.4.
				04839	sonstige Wege	A 1.2.4.
			0484		Plätze	A 1.2.4.
				04841	Parkplätze	A 1.2.4.
				04842	Dorfplätze	A 1.2.4.
				04843	Kur- und Erholungseinrichtungen	A 1.2.4.
				04844	Festplätze, Veranstaltungsplätze	A 1.2.4.
				04849	sonstige Plätze	A 1.2.4.
			0485		Verkehrslenkungsanlagen	A 1.2.4.
				04851	Kreisel	A 1.2.4.
				04852	Lichtsignalanlagen	A 1.2.4.
				04853	technische Anlagen der Verkehrslenkung	A 1.2.4.
				04859	sonstige Verkehrslenkungsanlagen	A 1.2.4.
			0486		Anlagen zur Abwicklung, Sicherung und Unterhaltung des Verkehrs sowie der Verkehrsflächen	A 1.2.4.
			0487		Straßenbeleuchtung	A 1.2.4.
				04871	Strom	A 1.2.4.
				04872	Gas	A 1.2.4.
		049			**Sonstiges Infrastrukturvermögen**	A 1.2.4.
			0491		Grundstücke und grundstücksgleiche Rechte	A 1.2.4.
			0492		wasserbauliche Anlagen und Anlagen des Hochwasserschutzes	A 1.2.4.

Kontenrahmenplan / Kontenklasse 0

Kontenklasse	Kontengruppe	Kontenart	Konto	Unterkonto	Bezeichnung	Bilanz-Position Aktivseite (A) Passivseite (B)
				04921	Deiche und deren Messeinrichtungen	A 1.2.4.
				04922	Polder und deren Messeinrichtungen	A 1.2.4.
				04923	Talsperren und deren Messeinrichtungen	A 1.2.4.
				04924	Hafenanlagen	A 1.2.4.
				04925	Schleusen	A 1.2.4.
				04926	Uferbefestigungen, Stützbauwerke	A 1.2.4.
				04927	Anlagen zur Grundwasserregulierung	A 1.2.4.
				04928	sonstige Anlagen des Hochwasserschutzes	A 1.2.4.
				04929	sonstige Gewässerbauten und deren Messeinrichtungen	A 1.2.4.
			0493		Öffentlicher Personennahverkehr	A 1.2.4.
				04931	Bahnhöfe, Buswartehallen, sonstige Wartehallen	A 1.2.4.
				04939	sonstige Anlagen	A 1.2.4.
			0494		sonstige Verkehrsanlagen (z.B. Seilbahn, Luftfahrt)	A 1.2.4.
			0495		sonstige Versorgungsanlagen (z.B. Funk- und Fernmeldewesen, Fernwärme)	A 1.2.4.
			0496		Spring-, Trink- und Zierbrunnen	A 1.2.4.
			0497		Bachrenaturierung	A 1.2.4.
			0499		Sonstige (u.a. Bachverohrung)	A 1.2.4.
	05				**Bauten auf fremdem Grund und Boden**	A 1.2.5.
		051			**Wohnbauten**	A 1.2.5.
			0511		Einfamilienhäuser	A 1.2.5.
			0512		Mehrfamilienhäuser	A 1.2.5.
			0513		Dienstwohnungen	A 1.2.5.
			0519		sonstige Wohnbauten	A 1.2.5.
		052			**Soziale Einrichtungen**	A 1.2.5.
			0521		Kindertagesstätten	A 1.2.5.
			0522		Jugendeinrichtungen	A 1.2.5.
			0523		Jugendhilfeeinrichtungen	A 1.2.5.
			0524		Familienberatungsstellen	A 1.2.5.
			0525		Frauen- oder Männerhäuser	A 1.2.5.
			0526		Freizeiteinrichtungen	A 1.2.5.
			0527		Alten- und sonstige Betreuungseinrichtungen	A 1.2.5.
			0529		Sonstige soziale Einrichtungen	A 1.2.5.
		053			**Schulgebäude und Schulturnhallen**	A 1.2.5.
			0531		Grundschulen und Hauptschulen	A 1.2.5.
				05311	Grundschulen	A 1.2.5.
				05312	Hauptschulen	A 1.2.5.
				05313	organisatorisch verbundene Grund- und Hauptschulen	A 1.2.5.
			0532		Realschulen, Regionale Schulen	A 1.2.5.
				05321	Realschulen	A 1.2.5.
				05322	Regionale Schulen (kombinierte Haupt- und Realschulen)	A 1.2.5.
			0533		Gymnasien, Kollegs (ohne berufliche Gymnasien)	A 1.2.5.
			0534		Berufliche Schulen	A 1.2.5.
			0535		Sonderschulen (Förderschulen)	A 1.2.5.
			0536		Gesamtschulen und dergleichen	A 1.2.5.
				05361	gemeinschaftliche, nicht aufteilbare Einrichtungen für örtlich vereinigte Schulen	A 1.2.5.
				05362	Gesamtschulen (integrierte und kooperative)	A 1.2.5.
				05363	Freie Waldorfschulen	A 1.2.5.
			0537		Schulzentren	A 1.2.5.
				05371	Hauptschule, Realschule, Gymnasium	A 1.2.5.
				05372	Hauptschule, Realschule	A 1.2.5.
				05379	Sonstige	A 1.2.5.
			0539		sonstige Schultypen	A 1.2.5.
		054			**Kulturanlagen**	A 1.2.5.
			0541		Theatergebäude	A 1.2.5.
			0542		Büchereien, Bibliotheken	A 1.2.5.
			0543		Museen	A 1.2.5.
			0544		Stadtarchive	A 1.2.5.
			0545		Volkshochschulen	A 1.2.5.

Kontenrahmenplan / Kontenklasse 0					
Kontenklasse	Kontengruppe	Kontenart	Konto	Unterkonto	Bezeichnung	Bilanz-Position Aktivseite (A) Passivseite (B)

Kontenklasse	Kontengruppe	Kontenart	Konto	Unterkonto	Bezeichnung	Bilanz-Position Aktivseite (A) Passivseite (B)
			0546		Musikschulen	A 1.2.5.
			0547		Mahnmale und Gedenkstätten	A 1.2.5.
			0548		historische Gebäude und Einrichtungen	A 1.2.5.
			0549		sonstige Kulturanlagen	A 1.2.5.
		055			**Sportanlagen**	A 1.2.5.
			0551		Schwimm-, Hallen- und Freibäder	A 1.2.5.
			0552		Turn- und Sporthallen	A 1.2.5.
			0553		Stadien	A 1.2.5.
			0554		Sportplätze	A 1.2.5.
			0559		sonstige Sportanlagen	A 1.2.5.
		056			**Gartenanlagen**	A 1.2.5.
			0561		Kleingärten	A 1.2.5.
			0562		zoologische Gärten	A 1.2.5.
			0563		botanische Gärten	A 1.2.5.
			0564		Baumschulen	A 1.2.5.
			0565		Gärtnereien	A 1.2.5.
			0569		sonstige Gartenanlagen	A 1.2.5.
		057			**Verwaltungsgebäude**	A 1.2.5.
		058			**Grundstückseinrichtungen**	A 1.2.5.
		059			**sonstige Gebäude**	A 1.2.5.
			0591		Gemeinschafts-, Bürgerhäuser, Stadthallen	A 1.2.5.
			0592		Friedhofsgebäude, Leichenhallen	A 1.2.5.
			0593		Werkstätten	A 1.2.5.
			0594		Brand- und Katastrophenschutzeinrichtungen	A 1.2.5.
			0595		Krankenhäuser	A 1.2.5.
			0599		sonstige Gebäude, Bauten	A 1.2.5.
				05991	Grillhütten	A 1.2.5.
				05992	Campingplätze	A 1.2.5.
				05993	Freizeitparks	A 1.2.5.
				05994	Messen, Ausstellungen	A 1.2.5.
				05995	Beherbergung, Gastronomie	A 1.2.5.
				05996	Kureinrichtungen	A 1.2.5.
				05997	Gründer- und Innovationszentren	A 1.2.5.
				05998	Volksfestplätze	A 1.2.5.
				05999	Sonstige	A 1.2.5.
	06				**Kunstgegenstände, Denkmäler**	A 1.2.6.
		061			**Kunstgegenstände**	A 1.2.6.
			0611		Gemälde	A 1.2.6.
			0612		Skulpturen	A 1.2.6.
			0619		sonstige Kunstgegenstände	A 1.2.6.
		062			**Nicht besetzt**	
		063			**Nicht besetzt**	
		064			**Nicht besetzt**	
		065			**Denkmäler**	A 1.2.6.
			0651		Grundstücke und grundstücksgleiche Rechte	A 1.2.6.
			0652		ortsfeste Einzeldenkmäler und Bauwerke	A 1.2.6.
			0653		Sammlungen	A 1.2.6.
			0659		sonstige Kulturdenkmäler	A 1.2.6.
		066			**Denkmalzonen**	A 1.2.6.
			0661		**Skulpturenweg**	A 1.2.6.
			0662		**sonstige Denkmalzonen**	A 1.2.6.
		067			**Nicht besetzt**	
		068			**Nicht besetzt**	
		069			**Nicht besetzt**	
	07				**Maschinen, technische Anlagen und Fahrzeuge**	A 1.2.7.
		071			**Fahrzeuge**	A 1.2.7.
			0711		Dienstfahrzeuge	A 1.2.7.
				07111	PKW	A 1.2.7.
				07112	LKW	A 1.2.7.
				07113	sonstige Dienstfahrzeuge	A 1.2.7.
			0712		Brand- und Katastrophenschutzfahrzeuge	A 1.2.7.

Kontenrahmenplan / Kontenklasse 0

Kontenklasse	Kontengruppe	Kontenart	Konto	Unterkonto	Bezeichnung	Bilanz-Position Aktivseite (A) Passivseite (B)
			0713		Abwasser- und Abfallbeseitigung	A 1.2.7.
			0714		Forstwirtschaft	A 1.2.7.
			0715		Sonderfahrzeuge (z.B. Grabbagger, Straßenreinigung)	A 1.2.7.
			0716		Wasserfahrzeuge	A 1.2.7.
			0717		Luftfahrzeuge	A 1.2.7.
			0718		Zusatzgeräte für Fahrzeuge	A 1.2.7.
				07181	Salzstreugeräte für Winterfahrzeuge	A 1.2.7.
				07182	Schneepflüge	A 1.2.7.
				07183	Mäheinrichtungen	A 1.2.7.
				07184	sonstige Zusatzgeräte	A 1.2.7.
			0719		sonstige Fahrzeuge	A 1.2.7.
		072			**Maschinen und technische Anlagen**	A 1.2.7.
			0721		Energieversorgung	A 1.2.7.
			0722		Betriebstechnik	A 1.2.7.
			0723		Materialbearbeitung, -lagerung und -bereitstellung	A 1.2.7.
			0724		technische Anlagen zum Bau und zur Unterhaltung der Infrastruktur und Landschaftspflege	A 1.2.7.
			0725		technische Anlagen des Brand- und Hochwasser- und Katastrophenschutzes	A 1.2.7.
			0726		Forstwirtschaft	A 1.2.7.
			0727		Abwasser- und Abfallbeseitigung	A 1.2.7.
			0728		Geringwertige Maschinen und technische Anlagen	A 1.2.7.
			0729		Sonstige	A 1.2.7.
				07291	Überwachungs- und Kontrollanlagen	A 1.2.7.
				07292	technische Anlagen der Parkraumbewirtschaftung	A 1.2.7.
		073			**Betriebsvorrichtungen**	A 1.2.7.
		074			**Technische Ausgleichsmaßnahmen**	A 1.2.7.
		075			**Nicht besetzt**	
		076			**Nicht besetzt**	
		077			**Nicht besetzt**	
		078			**Nicht besetzt**	
		079			**Nicht besetzt**	
	08				**Betriebs- und Geschäftsausstattung, Pflanzen und Tiere**	
		081			**Nicht besetzt**	
		082			**Betriebs- und Geschäftsausstattung**	A 1.2.8.
			0821		Betriebsausstattung	A 1.2.8.
				08211	Werkstätteneinrichtungen	A 1.2.8.
				08212	Lagereinrichtungen	A 1.2.8.
				08213	Werkzeuge	A 1.2.8.
				08214	Brand- und Katastrophenschutz	A 1.2.8.
				08219	Sonstige (u.a. Waagen, Transportbehälter)	A 1.2.8.
			0822		Geschäftsausstattung	A 1.2.8.
				08221	Büromöbel	A 1.2.8.
				08222	Büromaschinen	A 1.2.8.
				08223	Organisations- und Arbeitsmittel	A 1.2.8.
				08224	Hardware	A 1.2.8.
				08229	Sonstiges (u.a. Telekommunikationsanlagen, Rohrpostanlagen)	A 1.2.8.
			0823		Medienbestand der Bibliotheken und Büchereien	A 1.2.8.
			0824		Geringwertige Vermögensgegenstände	A 1.2.8.
			0829		sonstige Betriebs- und Geschäftsausstattung	A 1.2.8.
		083			**Nutzpflanzungen und Nutztiere**	A 1.2.9.
			0831		Nutzpflanzungen und Nutztiere	A 1.2.9.
			0832		Nutztiere	A 1.2.9.
		084			**Tiere in Zoos und Wildgehegen**	A 1.2.9.
		085			**Sonstige Pflanzungen**	A 1.2.9.
		086			**Nicht besetzt**	
		087			**Nicht besetzt**	
		088			**Nicht besetzt**	
		089			**Nicht besetzt**	
	09				**Geleistete Anzahlungen, Anlagen im Bau**	A 1.2.10.

Kontenrahmenplan / Kontenklasse 0

Kontenklasse	Kontengruppe	Kontenart	Konto	Unterkonto	Bezeichnung	Bilanz-Position Aktivseite (A) Passivseite (B)
		091			Geleistete Anzahlungen auf Sachanlagen	A 1.2.10.
		092			Nicht besetzt	
		093			Nicht besetzt	
		094			Nicht besetzt	
		095			Nicht besetzt	
		096			Anlagen im Bau	A 1.2.10.
		097			Nicht besetzt	
		098			Nicht besetzt	
		099			Nicht besetzt	

Kontenrahmenplan / Kontenklasse 1

Kontenklasse	Kontengruppe	Kontenart	Konto	Unterkonto	Bezeichnung	Bilanz-Position Aktivseite (A) Passivseite (B)
1					**Finanzanlagen, Umlaufvermögen und aktive Rechnungsabgrenzung**	**A 1.3 A 2. A 3. A 4.**
	10				**Anteile und Ausleihungen an verbundene Unternehmen**	**A 1.3.1. A 1.3.2.**
		101			**Anteile an verbundenen Unternehmen**	**A 1.3.1.**
			1011		Börsennotierte Anteile	A 1.3.1.
			1012		Nichtbörsennotierte Anteile	A 1.3.1.
			1019		Sonstige Anteilsrechte	A 1.3.1.
		102			**Ausleihungen an verbundene Unternehmen**	**A 1.3.2.**
			1021		Börsennotierte Gesellschaften	A 1.3.2.
				10211	Laufzeit von einem bis zu fünf Jahren	A 1.3.2.
				10212	Laufzeit von mehr als fünf Jahren	A 1.3.2.
			1022		Nicht börsennotierte Gesellschaften	A 1.3.2.
				10221	Laufzeit von einem bis zu fünf Jahren	A 1.3.2.
				10222	Laufzeit von mehr als fünf Jahren	A 1.3.2.
			1029		Sonstige	A 1.3.2.
				10291	Laufzeit von einem bis zu fünf Jahren	A 1.3.2.
				10292	Laufzeit von mehr als fünf Jahren	A 1.3.2.
		103			**Nicht besetzt**	
		104			**Nicht besetzt**	
		105			**Nicht besetzt**	
		106			**Nicht besetzt**	
		107			**Nicht besetzt**	
		108			**Nicht besetzt**	
		109			**Nicht besetzt**	
	11				**Beteiligungen und Ausleihungen an Unternehmen, mit denen ein Beteiligungsverhältnis besteht**	**A 1.3.3. A 1.3.4.**
		111			**Beteiligungen**	**A 1.3.3.**
			1111		Börsennotierte Anteile	A 1.3.3.
			1112		Nichtbörsennotierte Anteile	A 1.3.3.
			1119		Sonstige Anteilsrechte	A 1.3.3.
		112			**Ausleihungen an Unternehmen, mit denen ein Beteiligungsverhältnis besteht**	**A 1.3.4.**
			1121		Börsennotierte Gesellschaften	A 1.3.4.
				11211	Laufzeit von einem bis zu fünf Jahren	A 1.3.4.
				11212	Laufzeit von mehr als fünf Jahren	A 1.3.4.
			1122		Nicht börsennotierte Gesellschaften	A 1.3.4.
				11221	Laufzeit von einem bis zu fünf Jahren	A 1.3.4.
				11222	Laufzeit von mehr als fünf Jahren	A 1.3.4.
			1129		Sonstige	A 1.3.4.
				11291	Laufzeit von einem bis zu fünf Jahren	A 1.3.4.
				11292	Laufzeit von mehr als fünf Jahren	A 1.3.4.
		113			**Nicht besetzt**	-
		114			**Nicht besetzt**	-
		115			**Nicht besetzt**	-
		116			**Nicht besetzt**	-
		117			**Nicht besetzt**	-
		118			**Nicht besetzt**	-
		119			**Nicht besetzt**	-

Kontenrahmenplan / Kontenklasse 1

Kontenklasse	Kontengruppe	Kontenart	Konto	Unterkonto	Bezeichnung	Bilanz-Position Aktivseite (A) Passivseite (B)
	12				**Sondervermögen, Zweckverbände, rechtsfähige Anstalten des öffentlichen Rechts einschließlich Sparkassen und Ausleihungen an diese**	**A 1.3.5. A 1.3.6.**
		121			**Sondervermögen**	**A 1.3.5.**
			1211		Eigenbetriebe	A 1.3.5.
			1219		Sonstige	A 1.3.5.
		122			**Ausleihungen an Sondervermögen**	**A 1.3.6.**
			1221		Eigenbetriebe	A 1.3.6.
				12211	Laufzeit von einem bis zu fünf Jahren	A 1.3.6.
				12212	Laufzeit von mehr als fünf Jahren	A 1.3.6.
			1229		Sonstige	A 1.3.6.
				12291	Laufzeit von einem bis zu fünf Jahren	A 1.3.6.
				12292	Laufzeit von mehr als fünf Jahren	A 1.3.6.
		123			**Zweckverbände und Ausleihungen an Zweckverbände**	**A 1.3.5. A 1.3.6.**
			1231		Zweckverbände	A 1.3.5.
			1232		Ausleihungen an Zweckverbände	A 1.3.6.
				12321	Laufzeit von einem bis zu fünf Jahren	A 1.3.6.
				12322	Laufzeit von mehr als fünf Jahren	A 1.3.6.
		124			**rechtsfähige Anstalten des öffentlichen Rechts und Ausleihungen an rechtsfähige Anstalten des öffentlichen Rechts**	**A 1.3.5. A 1.3.6.**
			1241		rechtsfähige Anstalten des öffentlichen Rechts	A 1.3.5.
			1242		Ausleihungen an rechtsfähige Anstalten des öffentlichen Rechts	A 1.3.6.
				12421	Laufzeit von einem bis zu fünf Jahren	A 1.3.6.
				12422	Laufzeit von mehr als fünf Jahren	A 1.3.6.
		125			**Rechtlich selbstständige kommunale Stiftungen und Ausleihungen an rechtlich selbstständige kommunale Stiftungen**	**A 1.3.5. A 1.3.6.**
			1251		Rechtlich selbstständige kommunale Stiftungen	A 1.3.5.
			1252		Ausleihungen an rechtlich selbstständige kommunale Stiftungen	A 1.3.6.
				12521	Laufzeit von einem bis zu fünf Jahren	A 1.3.6.
				12522	Laufzeit von mehr als fünf Jahren	A 1.3.6.
		126			**Sparkassen und Ausleihungen an Sparkassen**	**A 1.3.5. A 1.3.6.**
			1261		Sparkassen	A 1.3.5.
			1262		Ausleihungen an Sparkassen	A 1.3.6.
				12621	Laufzeit von einem bis zu fünf Jahren	A 1.3.6.
				12622	Laufzeit von mehr als fünf Jahren	A 1.3.6.
		126			**Nicht besetzt**	**-**
		127			**Nicht besetzt**	**-**
		128			**Nicht besetzt**	**-**
		129			**Nicht besetzt**	**-**
	13				**Sonstige Wertpapiere des Anlagevermögens und sonstige Ausleihungen**	**A 1.3.7. A 1.3.8.**
		131			**Sonstige Wertpapiere des Anlagevermögens**	**A 1.3.7.**
			1311		Börsennotierte Aktien	A 1.3.7.
			1312		Nichtbörsennotierte Aktien	A 1.3.7.
			1313		Investmentzertifikate	A 1.3.7.
			1314		Kapitalmarktpapiere	A 1.3.7.

Kontenrahmenplan / Kontenklasse 1

Kontenklasse	Kontengruppe	Kontenart	Konto	Unterkonto	Bezeichnung	Bilanz-Position Aktivseite (A) Passivseite (B)
				13141	von verbundenen Unternehmen	A 1.3.7.
				131411	Laufzeit von einem bis zu fünf Jahren	A 1.3.7.
				131412	Laufzeit von mehr als fünf Jahren	A 1.3.7.
				13142	von Unternehmen, mit denen ein Beteiligungsverhältnis besteht	A 1.3.7.
				131421	Laufzeit von einem bis zu fünf Jahren	A 1.3.7.
				131422	Laufzeit von mehr als fünf Jahren	A 1.3.7.
				13143	von Sondervermögen	A 1.3.7.
				131431	von Eigenbetrieben	A 1.3.7.
				1314311	Laufzeit von einem bis zu fünf Jahren	A 1.3.7.
				1314312	Laufzeit von mehr als fünf Jahren	A 1.3.7.
				131439	von sonstigen Sondervermögen	A 1.3.7.
				1314391	Laufzeit von einem bis zu fünf Jahren	A 1.3.7.
				1314392	Laufzeit von mehr als fünf Jahren	A 1.3.7.
				13144	vom öffentlichen Bereich	A 1.3.7.
				131441	von der EU	A 1.3.7.
				1314411	Laufzeit von einem bis zu fünf Jahren	A 1.3.7.
				1314412	Laufzeit von mehr als fünf Jahren	A 1.3.7.
				131442	vom Bund	A 1.3.7.
				1314421	Laufzeit von einem bis zu fünf Jahren	A 1.3.7.
				1314422	Laufzeit von mehr als fünf Jahren	A 1.3.7.
				131443	vom Land	A 1.3.7.
				1314431	Laufzeit von einem bis zu fünf Jahren	A 1.3.7.
				1314432	Laufzeit von mehr als fünf Jahren	A 1.3.7.
				131444	von Gemeinden und Gemeindeverbänden	A 1.3.7.
				1314441	Laufzeit von einem bis zu fünf Jahren	A 1.3.7.
				1314442	Laufzeit von mehr als fünf Jahren	A 1.3.7.
				131445	von Zweckverbänden	A 1.3.7.
				1314451	Laufzeit von einem bis zu fünf Jahren	A 1.3.7.
				1314452	Laufzeit von mehr als fünf Jahren	A 1.3.7.
				131446	von Anstalten	A 1.3.7.
				1314461	Laufzeit von einem bis zu fünf Jahren	A 1.3.7.
				1314462	Laufzeit von mehr als fünf Jahren	A 1.3.7.
				131447	von rechtsfähigen Stiftungen	A 1.3.7.
				1314471	Laufzeit von einem bis zu fünf Jahren	A 1.3.7.
				1314472	Laufzeit von mehr als fünf Jahren	A 1.3.7.
				131449	vom sonstigen öffentlichen Bereich	A 1.3.7.
				1314491	Laufzeit von einem bis zu fünf Jahren	A 1.3.7.
				1314492	Laufzeit von mehr als fünf Jahren	A 1.3.7.
				13145	vom inländischen Geldmarkt	A 1.3.7.
				131451	von Banken	A 1.3.7.
				1314511	Laufzeit von einem bis zu fünf Jahren	A 1.3.7.
				1314512	Laufzeit von mehr als fünf Jahren	A 1.3.7.
				131452	von Sparkassen	A 1.3.7.
				1314521	Laufzeit von einem bis zu fünf Jahren	A 1.3.7.
				1314522	Laufzeit von mehr als fünf Jahren	A 1.3.7.
				131453	von Bausparkassen	A 1.3.7.
				1314531	Laufzeit von einem bis zu fünf Jahren	A 1.3.7.
				1314532	Laufzeit von mehr als fünf Jahren	A 1.3.7.
				131459	vom sonstigen inländischen Geldmarkt	A 1.3.7.

Kontenrahmenplan / Kontenklasse 1

Kontenklasse	Kontengruppe	Kontenart	Konto	Unterkonto	Bezeichnung	Bilanz-Position Aktivseite (A) Passivseite (B)
				1314591	Laufzeit von einem bis zu fünf Jahren	A 1.3.7.
				1314592	Laufzeit von mehr als fünf Jahren	A 1.3.7.
				13146	vom sonstigen inländischen Bereich	A 1.3.7.
				131461	Laufzeit von einem bis zu fünf Jahren	A 1.3.7.
				131462	Laufzeit von mehr als fünf Jahren	A 1.3.7.
				13147	vom sonstigen ausländischen Geldmarkt	A 1.3.7.
				131471	Laufzeit von einem bis zu fünf Jahren	A 1.3.7.
				131472	Laufzeit von mehr als fünf Jahren	A 1.3.7.
				13148	vom sonstigen ausländischen Bereich	A 1.3.7.
				131481	Laufzeit von einem bis zu fünf Jahren	A 1.3.7.
				131482	Laufzeit von mehr als fünf Jahren	A 1.3.7.
				13149	von sonstigen öffentlichen Sonderrechnungen	A 1.3.7.
				131491	Laufzeit von einem bis zu fünf Jahren	A 1.3.7.
				131492	Laufzeit von mehr als fünf Jahren	A 1.3.7.
			1315		Finanzderivate	A 1.3.7.
			1319		Sonstige Anteilsrechte	A 1.3.7.
		132			**Ausleihungen an den öffentlichen Bereich**	**A 1.3.8.**
			1320		EU	A 1.3.8.
				13201	Laufzeit von einem bis zu fünf Jahren	A 1.3.8.
				13202	Laufzeit von mehr als fünf Jahren	A 1.3.8.
			1321		Bund	A 1.3.8.
				13211	Laufzeit von einem bis zu fünf Jahren	A 1.3.8.
				13212	Laufzeit von mehr als fünf Jahren	A 1.3.8.
			1322		Land	A 1.3.8.
				13221	Laufzeit von einem bis zu fünf Jahren	A 1.3.8.
				13222	Laufzeit von mehr als fünf Jahren	A 1.3.8.
			1323		Gemeinden und Gemeindeverbände	A 1.3.8.
				13231	Laufzeit von einem bis zu fünf Jahren	A 1.3.8.
				13232	Laufzeit von mehr als fünf Jahren	A 1.3.8.
			1324		Zweckverbände, sofern die Gemeinde kein Mitglied ist	A 1.3.8.
				13241	Laufzeit von einem bis zu fünf Jahren	A 1.3.8.
				13242	Laufzeit von mehr als fünf Jahren	A 1.3.8.
			1325		Anstalten, sofern die Gemeinde kein Gewährträger ist	A 1.3.8.
				13251	Laufzeit von einem bis zu fünf Jahren	A 1.3.8.
				13252	Laufzeit von mehr als fünf Jahren	A 1.3.8.
			1326		Rechtsfähige Stiftungen, sofern die Gemeinde kein Mitglied ist	A 1.3.8.
				13261	Laufzeit von einem bis zu fünf Jahren	A 1.3.8.
				13262	Laufzeit von mehr als fünf Jahren	A 1.3.8.
			1327		Sonstige öffentliche Sonderrechnungen	A 1.3.8.
				13271	Laufzeit von einem bis zu fünf Jahren	A 1.3.8.
				13272	Laufzeit von mehr als fünf Jahren	A 1.3.8.
			1329		Sonstiger öffentlicher Bereich	A 1.3.8.
				13291	Laufzeit von einem bis zu fünf Jahren	A 1.3.8.
				13292	Laufzeit von mehr als fünf Jahren	A 1.3.8.
		133			**Rückdeckungsversicherungen**	**A 1.3.7.**
					Rückkaufswerte aus Rückdeckungsversicherungen	
		134			**Beteiligungen an der Versorgungsrücklage nach § 14 Bundesbesoldungsgesetz**	**A 1.3.7.**
		135			**Ausleihungen an Kreditinstitute**	**A 1.3.8.**

Kontenrahmenplan / Kontenklasse 1

Kontenklasse	Kontengruppe	Kontenart	Konto	Unterkonto	Bezeichnung	Bilanz-Position Aktivseite (A) Passivseite (B)
			1351		an inländische Kreditinstitute	A 1.3.8.
				13511	Laufzeit von einem bis zu fünf Jahren	A 1.3.8.
				13512	Laufzeit von mehr als fünf Jahren	A 1.3.8.
			1352		an ausländische Kreditinstitute	*A 1.3.8.*
				13521	Laufzeit von einem bis zu fünf Jahren	A 1.3.8.
				13522	Laufzeit von mehr als fünf Jahren	A 1.3.8.
		136			**Ausleihungen an den sonstigen inländischen Bereich**	**A 1.3.8.**
			1361		an private Unternehmen	A 1.3.8.
				13611	Laufzeit von einem bis zu fünf Jahren	A 1.3.8.
				13612	Laufzeit von mehr als fünf Jahren	A 1.3.8.
			1362		an den sonstigen inländischen Bereich	A 1.3.8.
				13621	Laufzeit von einem bis zu fünf Jahren	A 1.3.8.
				13622	Laufzeit von mehr als fünf Jahren	A 1.3.8.
		137			**Ausleihungen an den sonstigen ausländischen Bereich**	**A 1.3.8.**
			1371		an den sonstigen ausländischen Bereich	A 1.3.8.
				13711	Laufzeit von einem bis zu fünf Jahren	A 1.3.8.
				13712	Laufzeit von mehr als fünf Jahren	A 1.3.8.
		138			**Nicht besetzt**	
		139			**Nicht besetzt**	
	14				**Vorräte**	**A 2.1.1.**
		141			**Roh-, Hilfs- und Betriebsstoffe**	**A 2.1.1.**
			1411		Rohstoffe	A 2.1.1.
			1412		Hilfsstoffe	A 2.1.1.
			1413		Betriebsstoffe	A 2.1.1.
		142			**Unfertige Erzeugnisse, unfertige Leistungen**	**A 2.1.2.**
			1421		Unfertige Erzeugnisse	A 2.1.2.
			1422		Unfertige Leistungen	A 2.1.2.
		143			**Fertige Erzeugnisse, fertige Leistungen und Waren**	**A 2.1.3.**
			1431		Fertige Erzeugnisse	A 2.1.3.
			1432		Waren	A 2.1.3.
		144			**Geleistete Anzahlungen auf Vorräte**	**A 2.1.4.**
			1441		Geleistete Anzahlungen auf Vorräte aus erhaltenen Zuwendungen	A 2.1.4.
			1442		sonstige geleistete Anzahlungen auf Vorräte	A 2.1.4.
		145			**Nicht besetzt**	
		146			**Nicht besetzt**	
		147			**Nicht besetzt**	
		148			**Nicht besetzt**	
		149			**Nicht besetzt**	
	15				**Öffentlich-rechtliche Forderungen, Forderungen aus Transferleistungen**	**A 2.2.1.**
		151			**Gebührenforderungen**	**A 2.2.1.**
			1511		gegen verbundene Unternehmen	A 2.2.1.
			1512		gegen Unternehmen, mit denen ein Beteiligungsverhältnis besteht	A 2.2.1.
			1513		gegen Sondervermögen	A 2.2.1.
				15131	gegen Eigenbetriebe	A 2.2.1.
				15139	gegen Sonstige	A 2.2.1.
			1514		gegen den öffentlichen Bereich	A 2.2.1.

Kontenrahmenplan / Kontenklasse 1

Kontenklasse	Kontengruppe	Kontenart	Konto	Unterkonto	Bezeichnung	Bilanz-Position Aktivseite (A) Passivseite (B)
				15140	gegen die EU	A 2.2.1.
				15141	gegen den Bund	A 2.2.1.
				15142	gegen das Land	A 2.2.1.
				15143	gegen Gemeinden und Gemeindeverbände	A 2.2.1.
				15144	gegen Zweckverbände	A 2.2.1.
				15145	gegen Anstalten	A 2.2.1.
				15146	gegen Sparkassen	A 2.2.1.
				15147	gegen rechtsfähige Stiftungen	A 2.2.1.
				15148	gegen sonstige öffentliche Sonderrechnungen	A 2.2.1.
				15149	gegen den sonstigen öffentlichen Bereich	A 2.2.1.
			1515		gegen den privaten Bereich	A 2.2.1.
				15151	gegen private Unternehmen	A 2.2.1.
				15159	gegen den sonstigen privaten Bereich	A 2.2.1.
			1519		gegen Sonstige	A 2.2.1.
		152			**Beitragsforderungen**	**A 2.2.1.**
			1521		gegen verbundene Unternehmen	A 2.2.1.
			1522		gegen Unternehmen, mit denen ein Beteiligungsverhältnis besteht	A 2.2.1.
			1523		gegen Sondervermögen	A 2.2.1.
				15231	gegen Eigenbetriebe	A 2.2.1.
				15239	gegen Sonstige	A 2.2.1.
			1524		gegen den öffentlichen Bereich	A 2.2.1.
				15240	gegen die EU	A 2.2.1.
				15241	gegen den Bund	A 2.2.1.
				15242	gegen das Land	A 2.2.1.
				15243	gegen Gemeinden und Gemeindeverbände	A 2.2.1.
				15244	gegen Zweckverbände	A 2.2.1.
				15245	gegen Anstalten	A 2.2.1.
				15246	gegen Sparkassen	A 2.2.1.
				15247	gegen rechtsfähige Stiftungen	A 2.2.1.
				15248	gegen sonstige öffentliche Sonderrechnungen	A 2.2.1.
				15249	gegen den sonstigen öffentlichen Bereich	A 2.2.1.
			1525		gegen den privaten Bereich	A 2.2.1.
				15251	gegen private Unternehmen	A 2.2.1.
				15252	gegen den sonstigen privaten Bereich	A 2.2.1.
			1529		gegen Sonstige	A 2.2.1.
		153			**Steuerforderungen**	**A 2.2.1.**
			1531		gegen verbundene Unternehmen	A 2.2.1.
			1532		gegen Unternehmen, mit denen ein Beteiligungsverhältnis besteht	A 2.2.1.
			1533		Sondervermögen	A 2.2.1.
				15331	gegen Eigenbetriebe	A 2.2.1.
				15339	gegen Sonstige	A 2.2.1.
			1534		gegen den öffentlichen Bereich	A 2.2.1.
				15340	gegen die EU	A 2.2.1.
				15341	gegen den Bund	A 2.2.1.
				15342	gegen das Land	A 2.2.1.
				15343	gegen Gemeinden und Gemeindeverbände	A 2.2.1.
				15344	gegen Zweckverbände	A 2.2.1.
				15345	gegen Anstalten	A 2.2.1.
				15346	gegen Sparkassen	A 2.2.1.
				15347	gegen rechtsfähige Stiftungen	A 2.2.1.
				15348	gegen sonstige öffentliche Sonderrechnungen	A 2.2.1.

Kontenrahmenplan / Kontenklasse 1

Kontenklasse	Kontengruppe	Kontenart	Konto	Unterkonto	Bezeichnung	Bilanz-Position Aktivseite (A) Passivseite (B)
				15349	gegen den sonstigen öffentlichen Bereich	A 2.2.1.
			1535		gegen den privaten Bereich	A 2.2.1.
				15351	gegen private Unternehmen	A 2.2.1.
				15359	gegen den sonstigen privaten Bereich	A 2.2.1.
			1539		gegen Sonstige	A 2.2.1.
		154			**Forderungen aus Transferleistungen**	**A 2.2.1.**
			1541		gegen verbundene Unternehmen	A 2.2.1.
			1542		gegen Unternehmen, mit denen ein Beteiligungsverhältnis besteht	A 2.2.1.
			1543		gegen Sondervermögen	A 2.2.1.
				15431	gegen Eigenbetriebe	A 2.2.1.
				15439	gegen Sonstige	A 2.2.1.
			1544		gegen den öffentlichen Bereich	A 2.2.1.
				15440	gegen die EU	A 2.2.1.
				15441	gegen den Bund	A 2.2.1.
				15442	gegen das Land	A 2.2.1.
				15443	gegen Gemeinden und Gemeindeverbände	A 2.2.1.
				15444	gegen Zweckverbände	A 2.2.1.
				15445	gegen Anstalten	A 2.2.1.
				15446	gegen Sparkassen	A 2.2.1.
				15447	gegen rechtsfähige Stiftungen	A 2.2.1.
				15448	gegen sonstige öffentliche Sonderrechnungen	A 2.2.1.
				15449	gegen den sonstigen öffentlichen Bereich	A 2.2.1.
			1545		gegen den privaten Bereich	A 2.2.1.
				15451	gegen private Unternehmen	A 2.2.1.
				15459	gegen den sonstigen privaten Bereich	A 2.2.1.
			1549		gegen Sonstige	A 2.2.1.
		155			**Sonstige öffentlich-rechtliche Forderungen**	**A 2.2.1.**
			1551		gegen verbundene Unternehmen	A 2.2.1.
			1552		gegen Unternehmen, mit denen ein Beteiligungsverhältnis besteht	A 2.2.1.
			1553		gegen Sondervermögen	A 2.2.1.
				15531	gegen Eigenbetriebe	A 2.2.1.
				15539	gegen Sonstige	A 2.2.1.
			1554		gegen den öffentlichen Bereich	A 2.2.1.
				15540	gegen die EU	A 2.2.1.
				15541	gegen den Bund	A 2.2.1.
				15542	gegen das Land	A 2.2.1.
				15543	gegen Gemeinden und Gemeindeverbände	A 2.2.1.
				15544	gegen Zweckverbände	A 2.2.1.
				15545	gegen Anstalten	A 2.2.1.
				15546	gegen Sparkassen	A 2.2.1.
				15547	gegen rechtsfähige Stiftungen	A 2.2.1.
				15548	gegen sonstige öffentliche Sonderrechnungen	A 2.2.1.
				15549	gegen den sonstigen öffentlichen Bereich	A 2.2.1.
			1555		gegen den privaten Bereich	A 2.2.1.
				15551	gegen private Unternehmen	A 2.2.1.
				15559	gegen den sonstigen privaten Bereich	A 2.2.1.
			1559		gegen Sonstige	A 2.2.1.
		156			**Nicht besetzt**	
		157			**Nicht besetzt**	
		158			**Nicht besetzt**	

Kontenrahmenplan / Kontenklasse 1

Kontenklasse	Kontengruppe	Kontenart	Konto	Unterkonto	Bezeichnung	Bilanz-Position Aktivseite (A) Passivseite (B)
		159			**Nicht besetzt**	
	16				**Forderungen aus Lieferungen und Leistungen**	**A 2.2.2.** **A 2.2.3.** **A 2.2.4.** **A 2.2.5.** **A 2.2.6.**
		161			**gegen verbundene Unternehmen**	**A 2.2.3.**
		162			**gegen Unternehmen, mit denen ein Beteiligungsverhältnis besteht**	**A 2.2.4.**
		163			**gegen Sondervermögen**	**A 2.2.5.**
			1631		gegen Eigenbetriebe	A 2.2.5.
			1639		gegen Sonstige	A 2.2.5.
		164			**gegen den öffentlichen Bereich**	**A 2.2.6.**
			1640		gegen die EU	A 2.2.6.
			1641		gegen den Bund	A 2.2.6.
			1642		gegen das Land	A 2.2.6.
			1643		gegen Gemeinden und Gemeindeverbände	A 2.2.6.
			1644		gegen Zweckverbände	A 2.2.6.
			1645		gegen Anstalten	A 2.2.6.
			1646		gegen Sparkassen	A 2.2.6.
			1647		gegen rechtsfähige Stiftungen	A 2.2.6.
			1648		gegen sonstige öffentliche Sonderrechnungen	A 2.2.6.
			1649		gegen den sonstigen öffentlichen Bereich	A 2.2.6.
		165			**gegen den privaten Bereich**	**A 2.2.2.**
			1651		gegen private Unternehmen	A.2.2.2
			1659		gegen den sonstigen privaten Bereich	A.2.2.2
		166			**Nicht besetzt**	
		167			**Nicht besetzt**	
		168			**Nicht besetzt**	
		169			**gegen Sonstige**	**-**
	17				**Sonstige Forderungen, sonstige Vermögensgegenstände**	**A 2.2.3.** **A 2.2.4.** **A 2.2.5.** **A 2.2.6.** **A 2.2.7.**
		171			**gegen verbundene Unternehmen**	**A 2.2.3.**
				17101	laufendes Verrechnungskonto	A 2.2.3.
				17102	Kredite mit einer Laufzeit bis zu einem Jahr	A 2.2.3.
				17109	Sonstige	A 2.2.3.
		172			**gegen Unternehmen, mit denen ein Beteiligungsverhältnis besteht**	**A 2.2.4.**
				17201	laufendes Verrechnungskonto	A 2.2.4.
				17202	Kredite mit einer Laufzeit bis zu einem Jahr	A 2.2.4.
				17209	Sonstige	A 2.2.4.
		173			**gegen Sondervermögen**	**A 2.2.5.**
			1731		gegen Eigenbetriebe	A 2.2.5.
				17311	laufendes Verrechnungskonto	A 2.2.5.
				17312	Kredite mit einer Laufzeit bis zu einem Jahr	A 2.2.5.
				17319	Sonstige	A 2.2.5.

Kontenrahmenplan / Kontenklasse 1

Kontenklasse	Kontengruppe	Kontenart	Konto	Unterkonto	Bezeichnung	Bilanz-Position Aktivseite (A) Passivseite (B)
			1739		gegen Sonstige	A 2.2.5.
				17391	laufendes Verrechnungskonto	A 2.2.5.
				17392	Kredite mit einer Laufzeit bis zu einem Jahr	A 2.2.5.
				17399	Sonstige	A 2.2.5.
		174			**gegen den öffentlichen Bereich**	**A 2.2.6.**
			1740		gegen die EU	A 2.2.6.
				17401	laufendes Verrechnungskonto	A 2.2.6.
				17402	Kredite mit einer Laufzeit bis zu einem Jahr	A 2.2.6.
				17409	Sonstige	A 2.2.6.
			1741		gegen den Bund	A 2.2.6.
				17411	laufendes Verrechnungskonto	A 2.2.6.
				17412	Kredite mit einer Laufzeit bis zu einem Jahr	A 2.2.6.
				17419	Sonstige	A 2.2.6.
			1742		gegen das Land	A 2.2.6.
				17421	laufendes Verrechnungskonto	A 2.2.6.
				17422	Kredite mit einer Laufzeit bis zu einem Jahr	A 2.2.6.
				17429	Sonstige	A 2.2.6.
			1743		gegen Gemeinden und Gemeindeverbände	A 2.2.6.
				17431	laufendes Verrechnungskonto	A 2.2.6.
				17432	Kredite mit einer Laufzeit bis zu einem Jahr	A 2.2.6.
				17439	Sonstige	A 2.2.6.
			1744		gegen Zweckverbände	A 2.2.6.
				17441	laufendes Verrechnungskonto	A 2.2.6.
				17442	Kredite mit einer Laufzeit bis zu einem Jahr	A 2.2.6.
				17449	Sonstige	A 2.2.6.
			1745		gegen Anstalten	A 2.2.6.
				17451	laufendes Verrechnungskonto	A 2.2.6.
				17452	Kredite mit einer Laufzeit bis zu einem Jahr	A 2.2.6.
				17459	Sonstige	A 2.2.6.
			1746		gegen Sparkassen	A 2.2.6.
				17461	laufendes Verrechnungskonto	A 2.2.6.
				17462	Kredite mit einer Laufzeit bis zu einem Jahr	A 2.2.6.
				17469	Sonstige	A 2.2.6.
			1747		gegen rechtsfähige Stiftungen	A 2.2.6.
				17471	laufendes Verrechnungskonto	A 2.2.6.
				17472	Kredite mit einer Laufzeit bis zu einem Jahr	A 2.2.6.
				17479	Sonstige	A 2.2.6.
			1748		gegen sonstige öffentliche Sonderrechnungen	A 2.2.6.
				17481	laufendes Verrechnungskonto	A 2.2.6.
				17482	Kredite mit einer Laufzeit bis zu einem Jahr	A 2.2.6.
				17489	Sonstige	A 2.2.6.
			1749		gegen den sonstigen öffentlichen Bereich	A 2.2.6.
				17491	laufendes Verrechnungskonto	A 2.2.6.
				17492	Kredite mit einer Laufzeit bis zu einem Jahr	A 2.2.6.
				17499	Sonstige	A 2.2.6.
		175			**gegen den inländischen Geldmarkt**	**A 2.2.7.**
			1751		gegen Banken	A 2.2.7.
				17511	Kredite mit einer Laufzeit bis zu einem Jahr	A 2.2.7.
				17519	Sonstige	A 2.2.7.

Kontenrahmenplan / Kontenklasse 1

Kontenklasse	Kontengruppe	Kontenart	Konto	Unterkonto	Bezeichnung	Bilanz-Position Aktivseite (A) Passivseite (B)
			1752		gegen Sparkassen	A 2.2.7.
				17521	Kredite mit einer Laufzeit bis zu einem Jahr	A 2.2.7.
				17529	Sonstige	A 2.2.7.
			1753		gegen Bausparkassen	A 2.2.7.
				17531	Kredite mit einer Laufzeit bis zu einem Jahr	A 2.2.7.
				17539	Sonstige	A 2.2.7.
			1754		gegen private Unternehmen	A 2.2.7.
				17541	Kredite mit einer Laufzeit bis zu einem Jahr	A 2.2.7.
				17549	Sonstige	A 2.2.7.
			1759		gegen Sonstige	A 2.2.7.
				17591	Kredite mit einer Laufzeit bis zu einem Jahr	A 2.2.7.
				17599	Sonstige	A 2.2.7.
		176			**gegen den sonstigen inländischen Bereich**	**A 2.2.7.**
			1761		private Unternehmen	A 2.2.7.
				17611	Kredite mit einer Laufzeit bis zu einem Jahr	A 2.2.7.
				17619	Sonstige	A 2.2.7.
			1762		gegen Mitarbeiter	A 2.2.7.
				17621	Kredite mit einer Laufzeit bis zu einem Jahr	A 2.2.7.
				17629	Sonstige	A 2.2.7.
			1763		gegen den sonstigen privaten Bereich	A 2.2.7.
				17631	Kredite mit einer Laufzeit bis zu einem Jahr	A 2.2.7.
				17639	Sonstige	A 2.2.7.
		177			**gegen Organmitglieder**	**A 2.2.7.**
			1771		Kredite mit einer Laufzeit bis zu einem Jahr	A 2.2.7.
			1779		Sonstige	A 2.2.7.
		178			**gegen den ausländischen Bereich**	**A 2.2.7.**
			1781		gegen den ausländischen Geldmarkt	A 2.2.7.
				17811	Kredite mit einer Laufzeit bis zu einem Jahr	A 2.2.7.
				17819	Sonstige	A 2.2.7.
			1789		sonstiger ausländischer Bereich	A 2.2.7.
				17891	Kredite mit einer Laufzeit bis zu einem Jahr	A 2.2.7.
				17899	Sonstige	A 2.2.7.
		179			**Sonstige**	**A 2.2.7.**
			1791		Vorschussgelder	A 2.2.7.
			1792		ungeklärte Zahlungsvorgänge	A 2.2.7.
			1793		Vorsteuer	A 2.2.7.
				17931	Vorsteuer 7%	A 2.2.7.
				17932	Vorsteuer 16 %, 19%	A 2.2.7.
				17933	Vorsteuer andere Prozentsätze	A 2.2.7.
				17934	Vorsteuer im Folgejahr abziehbar	A 2.2.7.
				17939	Sonstige	A 2.2.7.
			1794		Einfuhrumsatzsteuer	A 2.2.7.
			1795		USt-Vorauszahlungen lfd. Jahr	A 2.2.7.
			1796		1/11 Vorauszahlung	A 2.2.7.
			1797		Umsatzsteuerabwicklung Vorjahre	A 2.2.7.
			1799		Sonstige	A 2.2.7.
	18				**Wertpapiere des Umlaufvermögens und liquide Mittel**	**A 3.3.**
		181			**Anteile an verbundenen Unternehmen**	**A 2.3.1.**
			1811		Börsennotierte Anteile	A 2.3.1.

Kontenrahmenplan / Kontenklasse 1

Kontenklasse	Kontengruppe	Kontenart	Konto	Unterkonto	Bezeichnung	Bilanz-Position Aktivseite (A) Passivseite (B)
			1812		Nichtbörsennotierte Anteile	A 2.3.1.
			1813		Investmentzertifikate	A 2.3.1.
			1819		Sonstige Anteilsrechte	A 2.3.1.
		182			**Sonstige Wertpapiere des Umlaufvermögens**	**A 2.3.2.**
					z. B. Finanzderivate.	
			1821		Börsennotierte Anteile	A 2.3.2.
			1822		Nichtbörsennotierte Anteile	A 2.3.2.
			1823		Investmentzertifikate	A 2.3.2.
			1824		Geldmarktpapiere	A 2.3.2.
				18241	von verbundenen Unternehmen	A 2.3.2.
				18242	von Unternehmen, mit denen ein Beteiligungsverhältnis besteht	A 2.3.2.
				18243	von Sondervermögen	A 2.3.2.
				18244	vom öffentlichen Bereich	A 2.3.2.
				182441	von der EU	A 2.3.2.
				182442	vom Bund	A 2.3.2.
				182443	vom Land	A 2.3.2.
				182444	von Gemeinden und Gemeindeverbänden	A 2.3.2.
				182445	von Zweckverbänden	A 2.3.2.
				182446	von Anstalten	A 2.3.2.
				182447	von rechtsfähigen Stiftungen	A 2.3.2.
				182449	vom sonstigen öffentlichen Bereich	A 2.3.2.
				18245	vom inländischen Geldmarkt	A 2.3.2.
				18246	vom sonstigen inländischen Bereich	A 2.3.2.
				18247	vom ausländischen Geldmarkt	A 2.3.2.
				18248	vom sonstigen ausländischen Bereich	A 2.3.2.
				18249	Sonstige öffentliche Sonderrechnungen	A 2.3.2.
			1825		Finanzderivate	A 2.3.2.
			1829		Sonstige	A 2.3.2.
		183			**Guthaben bei Kreditinstituten**	**A 2.4.**
			1831		Kontokorrentguthaben	A 2.4.
			1832		Termingeldguthaben	A 2.4.
			1833		Festgeldguthaben	A 2.4.
			1834		Sparguthaben	A 2.4.
			1839		Sonstige	A 2.4.
		184			**Bundesbankguthaben und Guthaben bei der Europäischen Zentralbank**	**A 2.4.**
		185			**Schecks**	**A 2.4.**
		186			**Kasse (Bargeld)**	**A 2.4.**
		187			**Nicht besetzt**	
		188			**Nicht besetzt**	
		189			**Nicht besetzt**	
	19				**Aktive Rechnungsabgrenzung, Ausgleichsposten für latente Steuern**	**A 3.** **A 4.**
		191			**Disagio**	**A 4.1.**
		192			**Zölle und Verbrauchsteuern**	**A 4.2.**
		193			**Umsatzsteuer auf erhaltene Anzahlungen**	**A 4.2.**
		194			**Aktive Rechnungsabgrenzung für geleistete Zuwendungen**	**A 4.2.**
		195			**Sonstige aktive Rechnungsabgrenzungsposten**	**A 4.2.**
		196			**Nicht besetzt**	

Kontenrahmenplan / Kontenklasse 1

Kontenklasse	Kontengruppe	Kontenart	Konto	Unterkonto	Bezeichnung	Bilanz-Position Aktivseite (A) Passivseite (B)
		197			Nicht besetzt	
		198			Nicht besetzt	
		199			Ausgleichsposten für latente Steuern	A 3.

Kontenrahmenplan / Kontenklasse 2
mit Zuordnungsvorschriften

Kontenklasse	Kontengruppe	Kontenart	Konto	Unterkonto	Bezeichnung	Bilanz-Position Aktivseite (A) Passivseite (B)
2					**Eigenkapital, Sonderposten und Rückstellungen**	**B 1. B 2. B 3.**
	20				**Eigenkapital**	
		201			**Kapitalrücklage**	**B 1.1.**
		202			**Sonstige Rücklagen**	**B 1.2.**
			2021		Gesetzliche und freie Rücklagen	**B 1.2.**
			2022		Sonstige zweckgebundene Rücklagen	**B 1.2.**
			2029		Sonstige Rücklagen	**B 1.2.**
		203			**Ergebnisvortrag**	**B 1.3.**
		204			**Jahresüberschuss / Jahresfehlbetrag**	**B 1.4.**
		205			**Nicht durch Eigenkapital gedeckter Fehlbetrag**	**A 5.**
		206			**Nicht besetzt**	**-**
		207			**Nicht besetzt**	**-**
		208			**Nicht besetzt**	**-**
		209			**Nicht besetzt**	**-**
	21				**Wertberichtigungen und Abzinsungen**	**-**
		211			**Pauschalwertberichtigungen auf Forderungen**	**-**
		212			**Einzelwertberichtigungen auf Forderungen**	**-**
		213			**Wertberichtigungen aus Abzsinsungen von Forderungen**	**-**
		214			**Wertberichtigungen aus Abzsinsungen von Rückstellungen**	**-**
		215			**Wertberichtigungen aus Abzsinsungen von Verbindlichkeiten**	**-**
		216			**Nicht besetzt**	**-**
		217			**Nicht besetzt**	**-**
		218			**Nicht besetzt**	**-**
		219			**Nicht besetzt**	**-**
	22				**Sonderposten für Belastungen aus dem kommunalen Finanzausgleich**	**B 2.1.**
					Vgl. § 38 Abs. 6 GemHVO.	
	23				**Sonstige Sonderposten**	
					Vgl. § 38 Abs. 2 bis5 GemHVO.	
		231			**aus Zuwendungen**	**B 2.2.1**
					für Investitionen	
			2311		von verbundenen Unternehmen	**B 2.2.1**
			2312		von Unternehmen, mit denen ein Beteiligungsverhältnis besteht	**B 2.2.1**
			2313		von Sondervermögen	**B 2.2.1**
				23131	von Eigenbetrieben	**B 2.2.1**
				23139	von sonstigen	**B 2.2.1**
			2314		vom öffentlichen Bereich	**B 2.2.1**
				23140	von der EU	**B 2.2.1**
				23141	vom Bund	**B 2.2.1**
				23142	vom Land (u.a. Investitionsschlüsselzuweisungen, soweit für Investitionen verwendet)	**B 2.2.1**
				23143	von Gemeinden und Gemeindeverbänden	**B 2.2.1**
				23144	von Zweckverbänden	**B 2.2.1**
				23145	von Anstalten	**B 2.2.1**
				23146	von Sparkassen	**B 2.2.1**
				23147	von rechtsfähigen Stiftungen	**B 2.2.1**
				23148	von sonstigen öffentlichen Sonderrechnungen	**B 2.2.1**
				23149	vom sonstigen öffentlichen Bereich	**B 2.2.1**
			2315		vom privaten Bereich	**B 2.2.1**
				23151	von privaten Unternehmen	**B 2.2.1**
				23159	vom sonstigen privaten Bereich	**B 2.2.1**
			2319		von Sonstigen	**B 2.2.1**

Kontenrahmenplan / Kontenklasse 2
mit Zuordnungsvorschriften

Kontenklasse	Kontengruppe	Kontenart	Konto	Unterkonto	Bezeichnung	Bilanz-Position Aktivseite (A) Passivseite (B)
		232			**aus Beiträgen und ähnlichen Entgelten**	**B 2.2.2.**
					wiederkehrende Beiträge Straßenbau, Ausbaubeiträge u.ä.	
			2321		von verbundenen Unternehmen	**B 2.2.2.**
			2322		von Unternehmen, mit denen ein Beteiligungsverhältnis besteht	**B 2.2.2.**
			2323		von Sondervermögen	**B 2.2.2.**
				23231	von Eigenbetrieben	**B 2.2.2.**
				23239	von Sonstigen	**B 2.2.2.**
			2324		vom öffentlichen Bereich	**B 2.2.2.**
				23240	von der EU	**B 2.2.2.**
				23241	vom Bund	**B 2.2.2.**
				23242	vom Land	**B 2.2.2.**
				23243	von Gemeinden und Gemeindeverbänden	**B 2.2.2.**
				23244	von Zweckverbänden	**B 2.2.2.**
				23245	von Anstalten	**B 2.2.2.**
				23246	von Sparkassen	**B 2.2.2.**
				23247	von rechtsfähigen Stiftungen	**B 2.2.2.**
				23248	von sonstigen öffentlichen Sonderrechnungen	**B 2.2.2.**
				23249	vom sonstigen öffentlichen Bereich	**B 2.2.2.**
			2325		vom privaten Bereich	**B 2.2.2.**
				23251	von privaten Unternehmen	**B 2.2.2.**
				23259	vom sonstigen privaten Bereich	**B 2.2.2.**
			2326		von Sonstigen	**B 2.2.2.**
		233			**Anzahlungen auf Sonderposten aus Zuwendungen sowie aus Beiträgen und ähnlichen Engelten**	**B 2.2.3.**
			2331		Anzahlungen auf Sonderposten aus Zuwendungen	**B 2.2.3.**
			2332		Anzahlungen auf Sonderposten aus Beiträgen und ähnlichen Engelten	**B 2.2.3.**
		234			**für den Gebührenausgleich**	**B 2.3.**
					Vgl. § 40 GemHVO.	
		235			**mit Rücklagenanteil**	**B 2.4.**
					möglich bei Betrieben gewerblicher Art	
		236			**für Grabnutzungsentgelte**	**B 2.5.**
		237			**für Anzahlungen auf Grabnutzungsentgelte**	**B 2.6.**
		238			**Nicht besetzt**	
		239			**Sonstige Sonderposten**	**B 2.5.**
			2391		Kostenerstattungen Ausgleichsmaßnahmen	**B 2.5**
			2392		Anzahlungen Kostenerstattungen Ausgleichsmaßnahmen	**B 2.5**
			2399		Sonstige	**B 2.5**
	24				**Rückstellungen für Pensionen und ähnliche Verpflichtungen**	**B 3.1.**
		241			**für Beschäftigte**	**B 3.1.**
			2411		für Beamte	**B 3.1.**
				24111	Pensionsrückstellungen	**B 3.1.**
				24112	Beihilferückstellungen	**B 3.1.**
				24119	Sonstige	**B 3.1.**
			2412		Arbeitnehmer	**B 3.1.**
				24121	Beihilferückstellungen	**B 3.1.**
				24129	Sonstige	**B 3.1.**
			2419		Sonstige	**B 3.1.**
		242			**für Versorgungsempfänger**	**B 3.1.**
			2421		für Beamte	**B 3.1.**
				24211	Pensionsrückstellungen	**B 3.1.**
				24212	Beihilferückstellungen	**B 3.1.**
				24219	Sonstige	**B 3.1.**
			2422		Arbeitnehmer	**B 3.1.**
				24221	Beihilferückstellungen	**B 3.1.**
				24229	Sonstige	**B 3.1.**

Kontenrahmenplan / Kontenklasse 2
mit Zuordnungsvorschriften

Kontenklasse	Kontengruppe	Kontenart	Konto	Unterkonto	Bezeichnung	Bilanz-Position Aktivseite (A) Passivseite (B)
			2429		Sonstige	B 3.1.
		243			**für Ehrenämter im Beamtenverhältnis**	B 3.1.
			2431		für Beschaftigte	B 3.1.
			2432		für Versorgungsempfänger	B 3.1.
		244			**Nicht besetzt**	-
		245			**Nicht besetzt**	-
		246			**Nicht besetzt**	-
		247			**Nicht besetzt**	-
		248			**Nicht besetzt**	-
		249			**Nicht besetzt**	-
	25				**Steuerrückstellungen**	B 3.2.
					insbesondere für Betriebe gewerblicher Art im Kernhaushalt	
	26				**Rückstellungen für latente Steuern**	B 3.3.
					ausschließlich für Betriebe gewerblicher Art im Kernhaushalt	
	27				**Aufwandsrückstellungen**	B 3.4.
		271			**für unterlassene Instandhaltung**	B 3.4.
		272			**Nicht besetzt**	
		273			**Nicht besetzt**	
		274			**Nicht besetzt**	
		275			**Nicht besetzt**	
		276			**Nicht besetzt**	
		277			**Nicht besetzt**	
		278			**Nicht besetzt**	
		279			**Sonstige**	B 3.4.
	28				**Rückstellungen für Rekultivierungs- und Nachsorgeverpflichtungen und für Altlastensanierungen**	B 3.4.
		281			**Rekultivierung und Nachsorge kommunale Deponien**	B 3.4.
					möglich bei nicht auf Eigenbetriebe übergegangene Deponien.	
		282			**Sonstige Rekultivierungsverpflichtungen**	B 3.4.
		283			**Rückstellungen für die Sanierung von Altlasten**	B 3.4.
		284			**Nicht besetzt**	
		285			**Nicht besetzt**	
		286			**Nicht besetzt**	
		287			**Nicht besetzt**	
		288			**Nicht besetzt**	
		289			**Sonstige**	B 3.4.
	29				**Sonstige Rückstellungen**	B 3.4.
		291			**für nicht in Anspruch genommenen Urlaub**	B 3.4.
		292			**für geleistete Überstunden**	B 3.4.
		293			**für die Inanspruchnahme von Altersteilzeit**	B 3.4.
		294			**für drohende Verpflichtungen aus anhängigen Gerichts-verfahren**	B 3.4.
		295			**für sonstige finanzielle Verpflichtungen**	B 3.4.
		296			**Nicht besetzt**	
		297			**Nicht besetzt**	
		298			**Nicht besetzt**	
		299			**Andere sonstige Rückstellungen**	B 3.4.

Kontenrahmenplan / Kontenklasse 3
mit Zuordnungsvorschriften

Kontenklasse	Kontengruppe	Kontenart	Konto	Unterkonto	Bezeichnung	Bilanz-Position Aktivseite (A) Passivseite (B)
3					**Verbindlichkeiten und passive Rechnungsabgrenzung**	B 4. B 5.
	30				**Anleihen**	B 4.1.
					Anleihen stellen für die Kommunen eine Finanzierungsform dar, bei der das benötigte Kapital von einer unbestimmten Zahl von Geldgebern durch den Kauf von - durch die Kommune ausgegebenen - Wertpapieren aufgebracht wird.	
		301			**Konvertible Anleihen**	B 4.1.
			3011		Anleihen Laufzeit bis einschl. 1 Jahr	B 4.1.
				30111	Anleihen Laufzeit bis einschl. 1 Jahr Euro-Währung (fester Zins)	B 4.1.
				30112	Anleihen Laufzeit bis einschl. 1 Jahr Euro-Währung (variabler Zins)	B 4.1.
				30113	Anleihen Laufzeit bis einschl. 1 Jahr Fremdwährung (fester Zins)	B 4.1.
				30114	Anleihen Laufzeit bis einschl. 1 Jahr Fremdwährung (variabler Zins)	B 4.1.
			3012		Anleihen Laufzeit über 1 bis unter 5 Jahre	B 4.1.
				30121	Anleihen Laufzeit über 1 bis unter 5 Jahre Euro-Währung (fester Zins)	B 4.1.
				30122	Anleihen Laufzeit über 1 bis unter 5 Jahre Euro-Währung (variabler Zins)	B 4.1.
				30123	Anleihen Laufzeit über 1 bis unter 5 Jahre Fremdwährung (fester Zins)	B 4.1.
				30124	Anleihen Laufzeit über 1 bis unter 5 Jahre Fremdwährung (variabler Zins)	B 4.1.
			3013		Anleihen Laufzeit 5 Jahre und mehr	B 4.1.
				30131	Anleihen Laufzeit 5 Jahre und mehr Euro-Währung (fester Zins)	B 4.1.
				30132	Anleihen Laufzeit 5 Jahre und mehr Euro-Währung (variabler Zins)	B 4.1.
				30133	Anleihen Laufzeit 5 Jahre und mehr Fremdwährung (fester Zins)	B 4.1.
				30134	Anleihen Laufzeit 5 Jahre und mehr Fremdwährung (variabler Zins)	B 4.1.
		302			**Nicht konvertible Anleihen**	B 4.1.
			3021		Anleihen Laufzeit bis einschl. 1 Jahr	B 4.1.
				30211	Anleihen Laufzeit bis einschl. 1 Jahr Euro-Währung (fester Zins)	B 4.1.
				30212	Anleihen Laufzeit bis einschl. 1 Jahr Euro-Währung (variabler Zins)	B 4.1.
				30213	Anleihen Laufzeit bis einschl. 1 Jahr Fremdwährung (fester Zins)	B 4.1.
				30214	Anleihen Laufzeit bis einschl. 1 Jahr Fremdwährung (variabler Zins)	B 4.1.
			3022		Anleihen Laufzeit über 1 bis unter 5 Jahre	B 4.1.
				30221	Anleihen Laufzeit über 1 bis unter 5 Jahre Euro-Währung (fester Zins)	B 4.1.
				30222	Anleihen Laufzeit über 1 bis unter 5 Jahre Euro-Währung (variabler Zins)	B 4.1.
				30223	Anleihen Laufzeit über 1 bis unter 5 Jahre Fremdwährung (fester Zins)	B 4.1.
				30224	Anleihen Laufzeit über 1 bis unter 5 Jahre Fremdwährung (variabler Zins)	B 4.1.
			3023		Anleihen Laufzeit 5 Jahre und mehr	B 4.1.
				30231	Anleihen Laufzeit 5 Jahre und mehr Euro-Währung (fester Zins)	B 4.1.
				30232	Anleihen Laufzeit 5 Jahre und mehr Euro-Währung (variabler Zins)	B 4.1.
				30233	Anleihen Laufzeit 5 Jahre und mehr Fremdwährung (fester Zins)	B 4.1.
				30234	Anleihen Laufzeit 5 Jahre und mehr Fremdwährung (variabler Zins)	B 4.1.
		303			**Nicht besetzt**	-
		304			**Nicht besetzt**	-
		305			**Nicht besetzt**	-
		306			**Nicht besetzt**	-
		307			**Nicht besetzt**	-
		308			**Nicht besetzt**	-
		309			**Sonstige Wertpapierschulden**	B 4.1.
			3091		Sonstige Wertpapierschulden Laufzeit bis einschl. 1 Jahr	B 4.1.
				30911	Sonstige Wertpapierschulden Laufzeit bis einschl. 1 Jahr Euro-Währung (fester Zins)	B 4.1.
				30912	Sonstige Wertpapierschulden Laufzeit bis einschl. 1 Jahr Euro-Währung (variabler Zins)	B 4.1.

Kontenrahmenplan / Kontenklasse 3
mit Zuordnungsvorschriften

Kontenklasse	Kontengruppe	Kontenart	Konto	Unterkonto	Bezeichnung	Bilanz-Position Aktivseite (A) Passivseite (B)
				30913	Sonstige Wertpapierschulden Laufzeit bis einschl. 1 Jahr Fremdwährung (fester Zins)	B 4.1.
				30914	Sonstige Wertpapierschulden Laufzeit bis einschl. 1 Jahr Fremdwährung (variabler Zins)	B 4.1.
			3092		Sonstige Wertpapierschulden Laufzeit über 1 bis unter 5 Jahre	B 4.1.
				30921	Sonstige Wertpapierschulden Laufzeit über 1 bis unter 5 Jahre Euro-Währung (fester Zins)	B 4.1.
				30922	Sonstige Wertpapierschulden Laufzeit über 1 bis unter 5 Jahre Euro-Währung (variabler Zins)	B 4.1.
				30923	Sonstige Wertpapierschulden Laufzeit über 1 bis unter 5 Jahre Fremdwährung (fester Zins)	B 4.1.
				30924	Sonstige Wertpapierschulden Laufzeit über 1 bis unter 5 Jahre Fremdwährung (variabler Zins)	B 4.1.
			3093		Sonstige Wertpapierschulden Laufzeit 5 Jahre und mehr	B 4.1.
				30931	Sonstige Wertpapierschulden Laufzeit 5 Jahre und mehr Euro-Währung (fester Zins)	B 4.1.
				30932	Sonstige Wertpapierschulden Laufzeit 5 Jahre und mehr Euro-Währung (variabler Zins)	B 4.1.
				30933	Sonstige Wertpapierschulden Laufzeit 5 Jahre und mehr Fremdwährung (fester Zins)	B 4.1.
				30934	Sonstige Wertpapierschulden Laufzeit 5 Jahre und mehr Fremdwährung (variabler Zins)	B 4.1.
	31				**Verbindlichkeiten aus Kreditaufnahmen für Investitionen**	B 4.2. B 4.7. B 4.8. B 4.9. B 4.10.
		311			**Investitionskredite von verbundenen Unternehmen**	B 4.7.
			3111		Laufzeit bis einschl. 1 Jahr	B 4.7
				31111	Euro-Währung (fester Zins)	B 4.7
				31112	Euro-Währung (variabler Zins)	B 4.7
				31113	Fremdwährung (fester Zins)	B 4.7
				31114	Fremdwährung (variabler Zins)	B 4.7
			3112		Laufzeit über 1 bis unter 5 Jahre	B 4.7
				31121	Euro-Währung (fester Zins)	B 4.7
				31122	Euro-Währung (variabler Zins)	B 4.7
				31123	Fremdwährung (fester Zins)	B 4.7
				31124	Fremdwährung (variabler Zins)	B 4.7
			3113		Laufzeit 5 Jahre und mehr	B 4.7
				31131	Euro-Währung (fester Zins)	B 4.7
				31132	Euro-Währung (variabler Zins)	B 4.7
				31133	Fremdwährung (fester Zins)	B 4.7
				31134	Fremdwährung (variabler Zins)	B 4.7
		312			**Investitionskredite von Unternehmen, mit denen ein Beteiligungsverhältnis besteht**	B 4.8.
			3121		Laufzeit bis einschl. 1 Jahr	B 4.8.
				31211	Euro-Währung (fester Zins)	B 4.8.
				31212	Euro-Währung (variabler Zins)	B 4.8.
				31213	Fremdwährung (fester Zins)	B 4.8.
				31214	Fremdwährung (variabler Zins)	B 4.8.
			3122		Laufzeit über 1 bis unter 5 Jahre	B 4.8.
				31221	Euro-Währung (fester Zins)	B 4.8.
				31222	Euro-Währung (variabler Zins)	B 4.8.
				31223	Fremdwährung (fester Zins)	B 4.8.
				31224	Fremdwährung (variabler Zins)	B 4.8.
			3123		Laufzeit 5 Jahre und mehr	B 4.8.
				31231	Euro-Währung (fester Zins)	B 4.8.

Kontenrahmenplan / Kontenklasse 3
mit Zuordnungsvorschriften

Kontenklasse	Kontengruppe	Kontenart	Konto	Unterkonto	Bezeichnung	Bilanz-Position Aktivseite (A) Passivseite (B)
				31232	Euro-Währung (variabler Zins)	B 4.8.
				31233	Fremdwährung (fester Zins)	B 4.8.
				31234	Fremdwährung (variabler Zins)	B 4.8.
		313			**Investitionskredite von Sondervermögen**	B 4.9.
			3131		von Eigenbetrieben	B 4.9.
				31311	Laufzeit bis einschl. 1 Jahr	B 4.9.
				313111	Euro-Währung (fester Zins)	B 4.9.
				313112	Euro-Währung (variabler Zins)	B 4.9.
				313113	Fremdwährung (fester Zins)	B 4.9.
				313114	Fremdwährung (variabler Zins)	B 4.9.
				31312	Laufzeit über 1 bis unter 5 Jahre	B 4.9.
				313121	Euro-Währung (fester Zins)	B 4.9.
				313122	Euro-Währung (variabler Zins)	B 4.9.
				313123	Fremdwährung (fester Zins)	B 4.9.
				313124	Fremdwährung (variabler Zins)	B 4.9.
				31313	Laufzeit 5 Jahre und mehr	B 4.9.
				313131	Euro-Währung (fester Zins)	B 4.9.
				313132	Euro-Währung (variabler Zins)	B 4.9.
				313133	Fremdwährung (fester Zins)	B 4.9.
				313134	Fremdwährung (variabler Zins)	B 4.9.
			3139		von Sonstigen	B 4.9.
				31391	Laufzeit bis einschl. 1 Jahr	B 4.9.
				313911	Euro-Währung (fester Zins)	B 4.9.
				313912	Euro-Währung (variabler Zins)	B 4.9.
				313913	Fremdwährung (fester Zins)	B 4.9.
				313914	Fremdwährung (variabler Zins)	B 4.9.
				31392	Laufzeit über 1 bis unter 5 Jahre	B 4.9.
				313921	Euro-Währung (fester Zins)	B 4.9.
				313922	Euro-Währung (variabler Zins)	B 4.9.
				313923	Fremdwährung (fester Zins)	B 4.9.
				313924	Fremdwährung (variabler Zins)	B 4.9.
				31393	Laufzeit 5 Jahre und mehr	B 4.9.
				313931	Euro-Währung (fester Zins)	B 4.9.
				313932	Euro-Währung (variabler Zins)	B 4.9.
				313933	Fremdwährung (fester Zins)	B 4.9.
				313934	Fremdwährung (variabler Zins)	B 4.9.
		314			**Investitionskredite vom öffentlichen Bereich**	B 4.10.
			3140		von der EU	B 4.10.
				31401	Laufzeit bis einschl. 1 Jahr	B 4.10.
				314011	Euro-Währung (fester Zins)	B 4.10.
				314012	Euro-Währung (variabler Zins)	B 4.10.
				314013	Fremdwährung (fester Zins)	B 4.10.
				314014	Fremdwährung (variabler Zins)	B 4.10.
				31402	Laufzeit über 1 bis unter 5 Jahre	B 4.10.
				314021	Euro-Währung (fester Zins)	B 4.10.
				314022	Euro-Währung (variabler Zins)	B 4.10.
				314023	Fremdwährung (fester Zins)	B 4.10.
				314024	Fremdwährung (variabler Zins)	B 4.10.
				31403	Laufzeit 5 Jahre und mehr	B 4.10.
				314031	Euro-Währung (fester Zins)	B 4.10.
				314032	Euro-Währung (variabler Zins)	B 4.10.
				314033	Fremdwährung (fester Zins)	B 4.10.
				314034	Fremdwährung (variabler Zins)	B 4.10.
			3141		vom Bund	B 4.10.
				31411	Lastenausgleichsfonds	B 4.10.
				314111	Laufzeit bis einschl. 1 Jahr	B 4.10.
				3141111	Euro-Währung (fester Zins)	B 4.10.

Kontenrahmenplan / Kontenklasse 3
mit Zuordnungsvorschriften

Kontenklasse	Kontengruppe	Kontenart	Konto	Unterkonto	Bezeichnung	Bilanz-Position Aktivseite (A) Passivseite (B)
				3141112	Euro-Währung (variabler Zins)	B 4.10.
				3141113	Fremdwährung (fester Zins)	B 4.10.
				3141114	Fremdwährung (variabler Zins)	B 4.10.
				314112	Laufzeit über 1 bis unter 5 Jahre	B 4.10.
				3141121	Euro-Währung (fester Zins)	B 4.10.
				3141122	Euro-Währung (variabler Zins)	B 4.10.
				3141123	Fremdwährung (fester Zins)	B 4.10.
				3141124	Fremdwährung (variabler Zins)	B 4.10.
				314113	Laufzeit 5 Jahre und mehr	B 4.10.
				3141131	Euro-Währung (fester Zins)	B 4.10.
				3141132	Euro-Währung (variabler Zins)	B 4.10.
				3141133	Fremdwährung (fester Zins)	B 4.10.
				3141134	Fremdwährung (variabler Zins)	B 4.10.
				31412	ERP Sondervermögen	B 4.10.
				314121	Laufzeit bis einschl. 1 Jahr	B 4.10.
				3141211	Euro-Währung (fester Zins)	B 4.10.
				3141212	Euro-Währung (variabler Zins)	B 4.10.
				3141213	Fremdwährung (fester Zins)	B 4.10.
				3141214	Fremdwährung (variabler Zins)	B 4.10.
				314122	Laufzeit über 1 bis unter 5 Jahre	B 4.10.
				3141221	Euro-Währung (fester Zins)	B 4.10.
				3141222	Euro-Währung (variabler Zins)	B 4.10.
				3141223	Fremdwährung (fester Zins)	B 4.10.
				3141224	Fremdwährung (variabler Zins)	B 4.10.
				314123	Laufzeit 5 Jahre und mehr	B 4.10.
				3141231	Euro-Währung (fester Zins)	B 4.10.
				3141232	Euro-Währung (variabler Zins)	B 4.10.
				3141233	Fremdwährung (fester Zins)	B 4.10.
				3141234	Fremdwährung (variabler Zins)	B 4.10.
				31413	sonstiges Sondervermögen des Bundes	B 4.10.
				314131	Laufzeit bis einschl. 1 Jahr	B 4.10.
				3141311	Euro-Währung (fester Zins)	B 4.10.
				3141312	Euro-Währung (variabler Zins)	B 4.10.
				3141313	Fremdwährung (fester Zins)	B 4.10.
				3141314	Fremdwährung (variabler Zins)	B 4.10.
				314132	Laufzeit über 1 bis unter 5 Jahre	B 4.10.
				3141321	Euro-Währung (fester Zins)	B 4.10.
				3141322	Euro-Währung (variabler Zins)	B 4.10.
				3141323	Fremdwährung (fester Zins)	B 4.10.
				3141324	Fremdwährung (variabler Zins)	B 4.10.
				314133	Laufzeit 5 Jahre und mehr	B 4.10.
				3141331	Euro-Währung (fester Zins)	B 4.10.
				3141332	Euro-Währung (variabler Zins)	B 4.10.
				3141333	Fremdwährung (fester Zins)	B 4.10.
				3141334	Fremdwährung (variabler Zins)	B 4.10.
				31414	Bundesagentur für Arbeit	B 4.10.
				314141	Laufzeit bis einschl. 1 Jahr	B 4.10.
				3141411	Euro-Währung (fester Zins)	B 4.10.
				3141412	Euro-Währung (variabler Zins)	B 4.10.
				3141413	Fremdwährung (fester Zins)	B 4.10.
				3141414	Fremdwährung (variabler Zins)	B 4.10.
				314142	Laufzeit über 1 bis unter 5 Jahre	B 4.10.
				3141421	Euro-Währung (fester Zins)	B 4.10.
				3141422	Euro-Währung (variabler Zins)	B 4.10.
				3141423	Fremdwährung (fester Zins)	B 4.10.
				3141424	Fremdwährung (variabler Zins)	B 4.10.
				314143	Laufzeit 5 Jahre und mehr	B 4.10.

Kontenrahmenplan / Kontenklasse 3
mit Zuordnungsvorschriften

Kontenklasse	Kontengruppe	Kontenart	Konto	Unterkonto	Bezeichnung	Bilanz-Position Aktivseite (A) Passivseite (B)
				3141431	Euro-Währung (fester Zins)	B 4.10.
				3141432	Euro-Währung (variabler Zins)	B 4.10.
				3141433	Fremdwährung (fester Zins)	B 4.10.
				3141434	Fremdwährung (variabler Zins)	B 4.10.
				31415	Sonstiges	B 4.10.
				314151	Laufzeit bis einschl. 1 Jahr	B 4.10.
				3141511	Euro-Währung (fester Zins)	B 4.10.
				3141512	Euro-Währung (variabler Zins)	B 4.10.
				3141513	Fremdwährung (fester Zins)	B 4.10.
				3141514	Fremdwährung (variabler Zins)	B 4.10.
				314152	Laufzeit über 1 bis unter 5 Jahre	B 4.10.
				3141521	Euro-Währung (fester Zins)	B 4.10.
				3141522	Euro-Währung (variabler Zins)	B 4.10.
				3141523	Fremdwährung (fester Zins)	B 4.10.
				3141524	Fremdwährung (variabler Zins)	B 4.10.
				314153	Laufzeit 5 Jahre und mehr	B 4.10.
				3141531	Euro-Währung (fester Zins)	B 4.10.
				3141532	Euro-Währung (variabler Zins)	B 4.10.
				3141533	Fremdwährung (fester Zins)	B 4.10.
				3141534	Fremdwährung (variabler Zins)	B 4.10.
			3142		vom Land	B 4.10.
				31421	Laufzeit bis einschl. 1 Jahr	B 4.10.
				314211	Euro-Währung (fester Zins)	B 4.10.
				314212	Euro-Währung (variabler Zins)	B 4.10.
				314213	Fremdwährung (fester Zins)	B 4.10.
				314214	Fremdwährung (variabler Zins)	B 4.10.
				31422	Laufzeit über 1 bis unter 5 Jahre	B 4.10.
				314221	Euro-Währung (fester Zins)	B 4.10.
				314222	Euro-Währung (variabler Zins)	B 4.10.
				314223	Fremdwährung (fester Zins)	B 4.10.
				314224	Fremdwährung (variabler Zins)	B 4.10.
				31423	Laufzeit 5 Jahre und mehr	B 4.10.
				314231	Euro-Währung (fester Zins)	B 4.10.
				314232	Euro-Währung (variabler Zins)	B 4.10.
				314233	Fremdwährung (fester Zins)	B 4.10.
				314234	Fremdwährung (variabler Zins)	B 4.10.
			3143		von Gemeinden und Gemeindeverbänden	B 4.10.
				31431	Laufzeit bis einschl. 1 Jahr	B 4.10.
				314311	Euro-Währung (fester Zins)	B 4.10.
				314312	Euro-Währung (variabler Zins)	B 4.10.
				314313	Fremdwährung (fester Zins)	B 4.10.
				314314	Fremdwährung (variabler Zins)	B 4.10.
				31432	Laufzeit über 1 bis unter 5 Jahre	B 4.10.
				314321	Euro-Währung (fester Zins)	B 4.10.
				314322	Euro-Währung (variabler Zins)	B 4.10.
				314323	Fremdwährung (fester Zins)	B 4.10.
				314324	Fremdwährung (variabler Zins)	B 4.10.
				31433	Laufzeit 5 Jahre und mehr	B 4.10.
				314331	Euro-Währung (fester Zins)	B 4.10.
				314332	Euro-Währung (variabler Zins)	B 4.10.
				314333	Fremdwährung (fester Zins)	B 4.10.
				314334	Fremdwährung (variabler Zins)	B 4.10.
			3144		von Zweckverbänden	B 4.9.
				31441	Laufzeit bis einschl. 1 Jahr	B 4.9.
				314411	Euro-Währung (fester Zins)	B 4.9.
				314412	Euro-Währung (variabler Zins)	B 4.9.
				314413	Fremdwährung (fester Zins)	B 4.9.

Kontenrahmenplan / Kontenklasse 3
mit Zuordnungsvorschriften

Kontenklasse	Kontengruppe	Kontenart	Konto	Unterkonto	Bezeichnung	Bilanz-Position Aktivseite (A) Passivseite (B)
				314414	Fremdwährung (variabler Zins)	B 4.9.
				31442	Laufzeit über 1 bis unter 5 Jahre	B 4.9.
				314421	Euro-Währung (fester Zins)	B 4.9.
				314422	Euro-Währung (variabler Zins)	B 4.9.
				314423	Fremdwährung (fester Zins)	B 4.9.
				314424	Fremdwährung (variabler Zins)	B 4.9.
				31443	Laufzeit 5 Jahre und mehr	B 4.9.
				314431	Euro-Währung (fester Zins)	B 4.9.
				314432	Euro-Währung (variabler Zins)	B 4.9.
				314433	Fremdwährung (fester Zins)	B 4.9.
				314434	Fremdwährung (variabler Zins)	B 4.9.
			3145		von Anstalten	B 4.9.
				31451	Laufzeit bis einschl. 1 Jahr	B 4.9.
				314511	Euro-Währung (fester Zins)	B 4.9.
				314512	Euro-Währung (variabler Zins)	B 4.9.
				314513	Fremdwährung (fester Zins)	B 4.9.
				314514	Fremdwährung (variabler Zins)	B 4.9.
				31452	Laufzeit über 1 bis unter 5 Jahre	B 4.9.
				314521	Euro-Währung (fester Zins)	B 4.9.
				314522	Euro-Währung (variabler Zins)	B 4.9.
				314523	Fremdwährung (fester Zins)	B 4.9.
				314524	Fremdwährung (variabler Zins)	B 4.9.
				31453	Laufzeit 5 Jahre und mehr	B 4.9.
				314531	Euro-Währung (fester Zins)	B 4.9.
				314532	Euro-Währung (variabler Zins)	B 4.9.
				314533	Fremdwährung (fester Zins)	B 4.9.
				314534	Fremdwährung (variabler Zins)	B 4.9.
			3146		von rechtsfähigen Stiftungen	B 4.9.
				31461	Laufzeit bis einschl. 1 Jahr	B 4.9.
				314611	Euro-Währung (fester Zins)	B 4.9.
				314612	Euro-Währung (variabler Zins)	B 4.9.
				314613	Fremdwährung (fester Zins)	B 4.9.
				314614	Fremdwährung (variabler Zins)	B 4.9.
				31462	Laufzeit über 1 bis unter 5 Jahre	B 4.9.
				314621	Euro-Währung (fester Zins)	B 4.9.
				314622	Euro-Währung (variabler Zins)	B 4.9.
				314623	Fremdwährung (fester Zins)	B 4.9.
				314624	Fremdwährung (variabler Zins)	B 4.9.
				31463	Laufzeit 5 Jahre und mehr	B 4.9.
				314631	Euro-Währung (fester Zins)	B 4.9.
				314632	Euro-Währung (variabler Zins)	B 4.9.
				314633	Fremdwährung (fester Zins)	B 4.9.
				314634	Fremdwährung (variabler Zins)	B 4.9.
			3149		vom sonstigen öffentlichen Bereich	B 4.10.
				31491	Laufzeit bis einschl. 1 Jahr	B 4.10.
				314911	Euro-Währung (fester Zins)	B 4.10.
				314912	Euro-Währung (variabler Zins)	B 4.10.
				314913	Fremdwährung (fester Zins)	B 4.10.
				314914	Fremdwährung (variabler Zins)	B 4.10.
				31492	Laufzeit über 1 bis unter 5 Jahre	B 4.10.
				314921	Euro-Währung (fester Zins)	B 4.10.
				314922	Euro-Währung (variabler Zins)	B 4.10.
				314923	Fremdwährung (fester Zins)	B 4.10.
				314924	Fremdwährung (variabler Zins)	B 4.10.
				31493	Laufzeit 5 Jahre und mehr	B 4.10.
				314931	Euro-Währung (fester Zins)	B 4.10.
				314932	Euro-Währung (variabler Zins)	B 4.10.

Kontenrahmenplan / Kontenklasse 3
mit Zuordnungsvorschriften

Kontenklasse	Kontengruppe	Kontenart	Konto	Unterkonto	Bezeichnung	Bilanz-Position Aktivseite (A) Passivseite (B)
				314933	Fremdwährung (fester Zins)	B 4.10.
				314934	Fremdwährung (variabler Zins)	B 4.10.
		315			**Investitionskredite vom inländischen Geldmarkt**	B 4.2.1.
			3151		von Banken	B 4.2.1.
				31511	Laufzeit bis einschl. 1 Jahr	B 4.2.1.
				315111	Euro-Währung (fester Zins)	B 4.2.1.
				315112	Euro-Währung (variabler Zins)	B 4.2.1.
				315113	Fremdwährung (fester Zins)	B 4.2.1.
				315114	Fremdwährung (variabler Zins)	B 4.2.1.
				31512	Laufzeit über 1 bis unter 5 Jahre	B 4.2.1.
				315121	Euro-Währung (fester Zins)	B 4.2.1.
				315122	Euro-Währung (variabler Zins)	B 4.2.1.
				315123	Fremdwährung (fester Zins)	B 4.2.1.
				315124	Fremdwährung (variabler Zins)	B 4.2.1.
				31513	Laufzeit 5 Jahre und mehr	B 4.2.1.
				315131	Euro-Währung (fester Zins)	B 4.2.1.
				315132	Euro-Währung (variabler Zins)	B 4.2.1.
				315133	Fremdwährung (fester Zins)	B 4.2.1.
				315134	Fremdwährung (variabler Zins)	B 4.2.1.
			3152		von Sparkassen	B 4.2.1.
				31521	Laufzeit bis einschl. 1 Jahr	B 4.2.1.
				315211	Euro-Währung (fester Zins)	B 4.2.1.
				315212	Euro-Währung (variabler Zins)	B 4.2.1.
				315213	Fremdwährung (fester Zins)	B 4.2.1.
				315214	Fremdwährung (variabler Zins)	B 4.2.1.
				31522	Laufzeit über 1 bis unter 5 Jahre	B 4.2.1.
				315221	Euro-Währung (fester Zins)	B 4.2.1.
				315222	Euro-Währung (variabler Zins)	B 4.2.1.
				315223	Fremdwährung (fester Zins)	B 4.2.1.
				315224	Fremdwährung (variabler Zins)	B 4.2.1.
				31523	Laufzeit 5 Jahre und mehr	B 4.2.1.
				315231	Euro-Währung (fester Zins)	B 4.2.1.
				315232	Euro-Währung (variabler Zins)	B 4.2.1.
				315233	Fremdwährung (fester Zins)	B 4.2.1.
				315234	Fremdwährung (variabler Zins)	B 4.2.1.
			3153		von Bausparkassen	B 4.2.1.
				31531	Laufzeit bis einschl. 1 Jahr	B 4.2.1.
				315311	Euro-Währung (fester Zins)	B 4.2.1.
				315312	Euro-Währung (variabler Zins)	B 4.2.1.
				315313	Fremdwährung (fester Zins)	B 4.2.1.
				315314	Fremdwährung (variabler Zins)	B 4.2.1.
				31532	Laufzeit über 1 bis unter 5 Jahre	B 4.2.1.
				315321	Euro-Währung (fester Zins)	B 4.2.1.
				315322	Euro-Währung (variabler Zins)	B 4.2.1.
				315323	Fremdwährung (fester Zins)	B 4.2.1.
				315324	Fremdwährung (variabler Zins)	B 4.2.1.
				31533	Laufzeit 5 Jahre und mehr	B 4.2.1.
				315331	Euro-Währung (fester Zins)	B 4.2.1.
				315332	Euro-Währung (variabler Zins)	B 4.2.1.
				315333	Fremdwährung (fester Zins)	B 4.2.1.
				315334	Fremdwährung (variabler Zins)	B 4.2.1.
			3154		von Girozentralen und Landesbanken	B 4.2.1.
				31541	Laufzeit bis einschl. 1 Jahr	B 4.2.1.
				315411	Euro-Währung (fester Zins)	B 4.2.1.
				315412	Euro-Währung (variabler Zins)	B 4.2.1.
				315413	Fremdwährung (fester Zins)	B 4.2.1.
				315414	Fremdwährung (variabler Zins)	B 4.2.1.

Kontenrahmenplan / Kontenklasse 3
mit Zuordnungsvorschriften

Kontenklasse	Kontengruppe	Kontenart	Konto	Unterkonto	Bezeichnung	Bilanz-Position Aktivseite (A) Passivseite (B)
				31542	Laufzeit über 1 bis unter 5 Jahre	B 4.2.1.
				315421	Euro-Währung (fester Zins)	B 4.2.1.
				315422	Euro-Währung (variabler Zins)	B 4.2.1.
				315423	Fremdwährung (fester Zins)	B 4.2.1.
				315424	Fremdwährung (variabler Zins)	B 4.2.1.
				31543	Laufzeit 5 Jahre und mehr	B 4.2.1.
				315431	Euro-Währung (fester Zins)	B 4.2.1.
				315432	Euro-Währung (variabler Zins)	B 4.2.1.
				315433	Fremdwährung (fester Zins)	B 4.2.1.
				315434	Fremdwährung (variabler Zins)	B 4.2.1.
			3159		vom sonstigen inländischen Geldmarkt	B 4.2.1.
					z.B. Kreditanstalt für Wiederaufbau (KfW).	
				31591	Laufzeit bis einschl. 1 Jahr	B 4.2.1.
				315911	Euro-Währung (fester Zins)	B 4.2.1.
				315912	Euro-Währung (variabler Zins)	B 4.2.1.
				315913	Fremdwährung (fester Zins)	B 4.2.1.
				315914	Fremdwährung (variabler Zins)	B 4.2.1.
				31592	Laufzeit über 1 bis unter 5 Jahre	B 4.2.1.
				315921	Euro-Währung (fester Zins)	B 4.2.1.
				315922	Euro-Währung (variabler Zins)	B 4.2.1.
				315923	Fremdwährung (fester Zins)	B 4.2.1.
				315924	Fremdwährung (variabler Zins)	B 4.2.1.
				31593	Laufzeit 5 Jahre und mehr	B 4.2.1.
				315931	Euro-Währung (fester Zins)	B 4.2.1.
				315932	Euro-Währung (variabler Zins)	B 4.2.1.
				315933	Fremdwährung (fester Zins)	B 4.2.1.
				315934	Fremdwährung (variabler Zins)	B 4.2.1.
		316			**Investitionskredite vom sonstigen inländischen Bereich**	B 4.2.1.
			3161		von Versicherungsunternehmen	B 4.2.1.
				31611	Laufzeit bis einschl. 1 Jahr	B 4.2.1.
				316111	Euro-Währung (fester Zins)	B 4.2.1.
				316112	Euro-Währung (variabler Zins)	B 4.2.1.
				316113	Fremdwährung (fester Zins)	B 4.2.1.
				316114	Fremdwährung (variabler Zins)	B 4.2.1.
				31612	Laufzeit über 1 bis unter 5 Jahre	B 4.2.1.
				316121	Euro-Währung (fester Zins)	B 4.2.1.
				316122	Euro-Währung (variabler Zins)	B 4.2.1.
				316123	Fremdwährung (fester Zins)	B 4.2.1.
				316124	Fremdwährung (variabler Zins)	B 4.2.1.
				31613	Laufzeit 5 Jahre und mehr	B 4.2.1.
				316131	Euro-Währung (fester Zins)	B 4.2.1.
				316132	Euro-Währung (variabler Zins)	B 4.2.1.
				316133	Fremdwährung (fester Zins)	B 4.2.1.
				316134	Fremdwährung (variabler Zins)	B 4.2.1.
			3169		von Sonstigen	B 4.2.1.
				31691	Laufzeit bis einschl. 1 Jahr	B 4.2.1.
				316911	Euro-Währung (fester Zins)	B 4.2.1.
				316912	Euro-Währung (variabler Zins)	B 4.2.1.
				316913	Fremdwährung (fester Zins)	B 4.2.1.
				316914	Fremdwährung (variabler Zins)	B 4.2.1.
				31692	Laufzeit über 1 bis unter 5 Jahre	B 4.2.1.
				316921	Euro-Währung (fester Zins)	B 4.2.1.
				316922	Euro-Währung (variabler Zins)	B 4.2.1.
				316923	Fremdwährung (fester Zins)	B 4.2.1.
				316924	Fremdwährung (variabler Zins)	B 4.2.1.
				31693	Laufzeit 5 Jahre und mehr	B 4.2.1.
				316931	Euro-Währung (fester Zins)	B 4.2.1.

Kontenrahmenplan / Kontenklasse 3
mit Zuordnungsvorschriften

Kontenklasse	Kontengruppe	Kontenart	Konto	Unterkonto	Bezeichnung	Bilanz-Position Aktivseite (A) Passivseite (B)
				316932	Euro-Währung (variabler Zins)	B 4.2.1.
				316933	Fremdwährung (fester Zins)	B 4.2.1.
				316934	Fremdwährung (variabler Zins)	B 4.2.1.
		317			**Investitionskredite vom ausländischen Geldmarkt**	B 4.2.1.
			3171		von Banken	B 4.2.1.
				31711	Laufzeit bis einschl. 1 Jahr	B 4.2.1.
				317111	Euro-Währung (fester Zins)	B 4.2.1.
				317112	Euro-Währung (variabler Zins)	B 4.2.1.
				317113	Fremdwährung (fester Zins)	B 4.2.1.
				317114	Fremdwährung (variabler Zins)	B 4.2.1.
				31712	Laufzeit über 1 bis unter 5 Jahre	B 4.2.1.
				317121	Euro-Währung (fester Zins)	B 4.2.1.
				317122	Euro-Währung (variabler Zins)	B 4.2.1.
				317123	Fremdwährung (fester Zins)	B 4.2.1.
				317124	Fremdwährung (variabler Zins)	B 4.2.1.
				31713	Laufzeit 5 Jahre und mehr	B 4.2.1.
				317131	Euro-Währung (fester Zins)	B 4.2.1.
				317132	Euro-Währung (variabler Zins)	B 4.2.1.
				317133	Fremdwährung (fester Zins)	B 4.2.1.
				317134	Fremdwährung (variabler Zins)	B 4.2.1.
			3179		vom sonstigen ausländischen Geldmarkt	B 4.2.1.
				31791	Laufzeit bis einschl. 1 Jahr	B 4.2.1.
				317911	Euro-Währung (fester Zins)	B 4.2.1.
				317912	Euro-Währung (variabler Zins)	B 4.2.1.
				317913	Fremdwährung (fester Zins)	B 4.2.1.
				317914	Fremdwährung (variabler Zins)	B 4.2.1.
				31792	Laufzeit über 1 bis unter 5 Jahre	B 4.2.1.
				317921	Euro-Währung (fester Zins)	B 4.2.1.
				317922	Euro-Währung (variabler Zins)	B 4.2.1.
				317923	Fremdwährung (fester Zins)	B 4.2.1.
				317924	Fremdwährung (variabler Zins)	B 4.2.1.
				31793	Laufzeit 5 Jahre und mehr	B 4.2.1.
				317931	Euro-Währung (fester Zins)	B 4.2.1.
				317932	Euro-Währung (variabler Zins)	B 4.2.1.
				317933	Fremdwährung (fester Zins)	B 4.2.1.
				317934	Fremdwährung (variabler Zins)	B 4.2.1.
		318			**Kredite vom sonstigen ausländischen Bereich**	B 4.2.1.
				3181	Laufzeit bis einschl. 1 Jahr	B 4.2.1.
				31811	Euro-Währung (fester Zins)	B 4.2.1.
				31812	Euro-Währung (variabler Zins)	B 4.2.1.
				31813	Fremdwährung (fester Zins)	B 4.2.1.
				31814	Fremdwährung (variabler Zins)	B 4.2.1.
				3182	Laufzeit über 1 bis unter 5 Jahre	B 4.2.1.
				31821	Euro-Währung (fester Zins)	B 4.2.1.
				31822	Euro-Währung (variabler Zins)	B 4.2.1.
				31823	Fremdwährung (fester Zins)	B 4.2.1.
				31824	Fremdwährung (variabler Zins)	B 4.2.1.
				3183	Laufzeit 5 Jahre und mehr	B 4.2.1.
				31831	Euro-Währung (fester Zins)	B 4.2.1.
				31832	Euro-Währung (variabler Zins)	B 4.2.1.
				31833	Fremdwährung (fester Zins)	B 4.2.1.
				31834	Fremdwährung (variabler Zins)	B 4.2.1.
		319			**Investitionskredite von sonstigen öffentlichen Sonderrechnungen**	B 4.10.
			3191		von öffentlichen Zusatzversorgungseinrichtungen	B 4.10.
				31911	Laufzeit bis einschl. 1 Jahr	B 4.10.
				319111	Euro-Währung (fester Zins)	B 4.10.

Kontenrahmenplan / Kontenklasse 3
mit Zuordnungsvorschriften

Kontenklasse	Kontengruppe	Kontenart	Konto	Unterkonto	Bezeichnung	Bilanz-Position Aktivseite (A) Passivseite (B)
				319112	Euro-Währung (variabler Zins)	B 4.10.
				319113	Fremdwährung (fester Zins)	B 4.10.
				319114	Fremdwährung (variabler Zins)	B 4.10.
				31912	Laufzeit über 1 bis unter 5 Jahre	B 4.10.
				319121	Euro-Währung (fester Zins)	B 4.10.
				319122	Euro-Währung (variabler Zins)	B 4.10.
				319123	Fremdwährung (fester Zins)	B 4.10.
				319124	Fremdwährung (variabler Zins)	B 4.10.
				31913	Laufzeit 5 Jahre und mehr	B 4.10.
				319131	Euro-Währung (fester Zins)	B 4.10.
				319132	Euro-Währung (variabler Zins)	B 4.10.
				319133	Fremdwährung (fester Zins)	B 4.10.
				319134	Fremdwährung (variabler Zins)	B 4.10.
			3199		von Sonstigen	B 4.10.
				31991	Laufzeit bis einschl. 1 Jahr	B 4.10.
				319911	Euro-Währung (fester Zins)	B 4.10.
				319912	Euro-Währung (variabler Zins)	B 4.10.
				319913	Fremdwährung (fester Zins)	B 4.10.
				319914	Fremdwährung (variabler Zins)	B 4.10.
				31992	Laufzeit über 1 bis unter 5 Jahre	B 4.10.
				319921	Euro-Währung (fester Zins)	B 4.10.
				319922	Euro-Währung (variabler Zins)	B 4.10.
				319923	Fremdwährung (fester Zins)	B 4.10.
				319924	Fremdwährung (variabler Zins)	B 4.10.
				31993	Laufzeit 5 Jahre und mehr	B 4.10.
				319931	Euro-Währung (fester Zins)	B 4.10.
				319932	Euro-Währung (variabler Zins)	B 4.10.
				319933	Fremdwährung (fester Zins)	B 4.10.
				319934	Fremdwährung (variabler Zins)	B 4.10.
	32				**Verbindlichkeiten aus Kreditaufnahmen zur Liquiditätssicherung**	
		321			**Liquiditätskredite von verbundenen Unternehmen**	B 4.7.
			3211		Laufzeit bis einschl. 1 Jahr	B 4.7.
				32111	Euro-Währung (fester Zins)	B 4.7.
				32112	Euro-Währung (variabler Zins)	B 4.7.
				32113	Fremdwährung (fester Zins)	B 4.7.
				32114	Fremdwährung (variabler Zins)	B 4.7.
			3212		Laufzeit über 1 bis unter 5 Jahre	B 4.7.
				32121	Euro-Währung (fester Zins)	B 4.7.
				32122	Euro-Währung (variabler Zins)	B 4.7.
				32123	Fremdwährung (fester Zins)	B 4.7.
				32124	Fremdwährung (variabler Zins)	B 4.7.
			3213		Laufzeit über 5 Jahre	B 4.7.
				32131	Euro-Währung (fester Zins)	B 4.7.
				32132	Euro-Währung (variabler Zins)	B 4.7.
				32133	Fremdwährung (fester Zins)	B 4.7.
				32134	Fremdwährung (variabler Zins)	B 4.7.
		322			**Liquiditätskredite von Unternehmen, mit denen ein Beteiligungsverhältnis besteht**	B 4.8.
			3221		Laufzeit bis einschl. 1 Jahr	B 4.8.
				32211	Euro-Währung (fester Zins)	B 4.8.
				32212	Euro-Währung (variabler Zins)	B 4.8.
				32213	Fremdwährung (fester Zins)	B 4.8.
				32214	Fremdwährung (variabler Zins)	B 4.8.

Kontenrahmenplan / Kontenklasse 3
mit Zuordnungsvorschriften

Kontenklasse	Kontengruppe	Kontenart	Konto	Unterkonto	Bezeichnung	Bilanz-Position Aktivseite (A) Passivseite (B)
			3222		Laufzeit über 1 bis unter 5 Jahre	B 4.8.
				32221	Euro-Währung (fester Zins)	B 4.8.
				32222	Euro-Währung (variabler Zins)	B 4.8.
				32223	Fremdwährung (fester Zins)	B 4.8.
				32224	Fremdwährung (variabler Zins)	B 4.8.
			3223		Laufzeit über 5 Jahre	B 4.8.
				32231	Euro-Währung (fester Zins)	B 4.8.
				32232	Euro-Währung (variabler Zins)	B 4.8.
				32233	Fremdwährung (fester Zins)	B 4.8.
				32234	Fremdwährung (variabler Zins)	B 4.8.
		323			**Liquiditätskredite vom Sondervermögen**	B 4.9.
					bei gesonderten Vereinbarungen; das laufende Verrechnungskonto wird in der Kontengruppe 37 ausgewiesen.	
			3231		von Eigenbetrieben	B 4.9.
				32311	Laufzeit bis einschl. 1 Jahr	B 4.9.
				323111	Euro-Währung (fester Zins)	B 4.9.
				323112	Euro-Währung (variabler Zins)	B 4.9.
				323113	Fremdwährung (fester Zins)	B 4.9.
				323114	Fremdwährung (variabler Zins)	B 4.9.
				32312	Laufzeit über 1 bis unter 5 Jahre	B 4.9.
				323121	Euro-Währung (fester Zins)	B 4.9.
				323122	Euro-Währung (variabler Zins)	B 4.9.
				323123	Fremdwährung (fester Zins)	B 4.9.
				323124	Fremdwährung (variabler Zins)	B 4.9.
				32313	Laufzeit über 5 Jahre	B 4.9.
				323131	Euro-Währung (fester Zins)	B 4.9.
				323132	Euro-Währung (variabler Zins)	B 4.9.
				323133	Fremdwährung (fester Zins)	B 4.9.
				323134	Fremdwährung (variabler Zins)	B 4.9.
			3239		von Sonstigen	B 4.9.
				32391	Laufzeit bis einschl. 1 Jahr	B 4.9.
				323911	Euro-Währung (fester Zins)	B 4.9.
				323912	Euro-Währung (variabler Zins)	B 4.9.
				323913	Fremdwährung (fester Zins)	B 4.9.
				323914	Fremdwährung (variabler Zins)	B 4.9.
				32392	Laufzeit über 1 bis unter 5 Jahre	B 4.9.
				323921	Euro-Währung (fester Zins)	B 4.9.
				323922	Euro-Währung (variabler Zins)	B 4.9.
				323923	Fremdwährung (fester Zins)	B 4.9.
				323924	Fremdwährung (variabler Zins)	B 4.9.
				32393	Laufzeit über 5 Jahre	B 4.9.
				323931	Euro-Währung (fester Zins)	B 4.9.
				323932	Euro-Währung (variabler Zins)	B 4.9.
				323933	Fremdwährung (fester Zins)	B 4.9.
				323934	Fremdwährung (variabler Zins)	B 4.9.
		324			**Liquiditätskredite vom öffentlichen Bereich**	B 4.10.
			3240		von der EU	B 4.10.
				32401	Laufzeit bis einschl. 1 Jahr	B 4.10.
				324011	Euro-Währung (fester Zins)	B 4.10.
				324012	Euro-Währung (variabler Zins)	B 4.10.
				324013	Fremdwährung (fester Zins)	B 4.10.
				324014	Fremdwährung (variabler Zins)	B 4.10.
				32402	Laufzeit über 1 bis unter 5 Jahre	B 4.10.
				324021	Euro-Währung (fester Zins)	B 4.10.
				324022	Euro-Währung (variabler Zins)	B 4.10.
				324023	Fremdwährung (fester Zins)	B 4.10.

Kontenrahmenplan / Kontenklasse 3
mit Zuordnungsvorschriften

Kontenklasse	Kontengruppe	Kontenart	Konto	Unterkonto	Bezeichnung	Bilanz-Position Aktivseite (A) Passivseite (B)
				324024	Fremdwährung (variabler Zins)	B 4.10.
				32403	Laufzeit über 5 Jahre	B 4.10.
				324031	Euro-Währung (fester Zins)	B 4.10.
				324032	Euro-Währung (variabler Zins)	B 4.10.
				324033	Fremdwährung (fester Zins)	B 4.10.
				324034	Fremdwährung (variabler Zins)	B 4.10.
			3241		vom Bund	B 4.10.
				32411	Lastenausgleichsfonds	B 4.10.
				324111	Laufzeit bis einschl. 1 Jahr	B 4.10.
				3241111	Euro-Währung (fester Zins)	B 4.10.
				3241112	Euro-Währung (variabler Zins)	B 4.10.
				3241113	Fremdwährung (fester Zins)	B 4.10.
				3241114	Fremdwährung (variabler Zins)	B 4.10.
				324112	Laufzeit über 1 bis unter 5 Jahre	B 4.10.
				3241121	Euro-Währung (fester Zins)	B 4.10.
				3241122	Euro-Währung (variabler Zins)	B 4.10.
				3241123	Fremdwährung (fester Zins)	B 4.10.
				3241124	Fremdwährung (variabler Zins)	B 4.10.
				324113	Laufzeit über 5 Jahre	B 4.10.
				3241131	Euro-Währung (fester Zins)	B 4.10.
				3241132	Euro-Währung (variabler Zins)	B 4.10.
				3241133	Fremdwährung (fester Zins)	B 4.10.
				3241134	Fremdwährung (variabler Zins)	B 4.10.
				32412	ERP Sondervermögen	B 4.10.
				324121	Laufzeit bis einschl. 1 Jahr	B 4.10.
				3241211	Euro-Währung (fester Zins)	B 4.10.
				3241212	Euro-Währung (variabler Zins)	B 4.10.
				3241213	Fremdwährung (fester Zins)	B 4.10.
				3241214	Fremdwährung (variabler Zins)	B 4.10.
				324122	Laufzeit über 1 bis unter 5 Jahre	B 4.10.
				3241221	Euro-Währung (fester Zins)	B 4.10.
				3241222	Euro-Währung (variabler Zins)	B 4.10.
				3241223	Fremdwährung (fester Zins)	B 4.10.
				3241224	Fremdwährung (variabler Zins)	B 4.10.
				324123	Laufzeit über 5 Jahre	B 4.10.
				3241231	Euro-Währung (fester Zins)	B 4.10.
				3241232	Euro-Währung (variabler Zins)	B 4.10.
				3241233	Fremdwährung (fester Zins)	B 4.10.
				3241234	Fremdwährung (variabler Zins)	B 4.10.
				32413	Sonstiges Sondervermögen des Bundes	B 4.10.
				324131	Laufzeit bis einschl. 1 Jahr	B 4.10.
				3241311	Euro-Währung (fester Zins)	B 4.10.
				3241312	Euro-Währung (variabler Zins)	B 4.10.
				3241313	Fremdwährung (fester Zins)	B 4.10.
				3241314	Fremdwährung (variabler Zins)	B 4.10.
				324132	Laufzeit über 1 bis unter 5 Jahre	B 4.10.
				3241321	Euro-Währung (fester Zins)	B 4.10.
				3241322	Euro-Währung (variabler Zins)	B 4.10.
				3241323	Fremdwährung (fester Zins)	B 4.10.
				3241324	Fremdwährung (variabler Zins)	B 4.10.
				324133	Laufzeit über 5 Jahre	B 4.10.
				3241331	Euro-Währung (fester Zins)	B 4.10.
				3241332	Euro-Währung (variabler Zins)	B 4.10.
				3241333	Fremdwährung (fester Zins)	B 4.10.
				3241334	Fremdwährung (variabler Zins)	B 4.10.
				32414	Bundesagentur für Arbeit	B 4.10.
				324141	Laufzeit bis einschl. 1 Jahr	B 4.10.

Kontenrahmenplan / Kontenklasse 3
mit Zuordnungsvorschriften

Kontenklasse	Kontengruppe	Kontenart	Konto	Unterkonto	Bezeichnung	Bilanz-Position Aktivseite (A) Passivseite (B)
				3241411	Euro-Währung (fester Zins)	B 4.10.
				3241412	Euro-Währung (variabler Zins)	B 4.10.
				3241413	Fremdwährung (fester Zins)	B 4.10.
				3241414	Fremdwährung (variabler Zins)	B 4.10.
				324142	Laufzeit über 1 bis unter 5 Jahre	B 4.10.
				3241421	Euro-Währung (fester Zins)	B 4.10.
				3241422	Euro-Währung (variabler Zins)	B 4.10.
				3241423	Fremdwährung (fester Zins)	B 4.10.
				3241424	Fremdwährung (variabler Zins)	B 4.10.
				324143	Laufzeit über 5 Jahre	B 4.10.
				3241431	Euro-Währung (fester Zins)	B 4.10.
				3241432	Euro-Währung (variabler Zins)	B 4.10.
				3241433	Fremdwährung (fester Zins)	B 4.10.
				3241434	Fremdwährung (variabler Zins)	B 4.10.
				32419	Sonstiges	B 4.10.
				324191	Laufzeit bis einschl. 1 Jahr	B 4.10.
				3241911	Euro-Währung (fester Zins)	B 4.10.
				3241912	Euro-Währung (variabler Zins)	B 4.10.
				3241913	Fremdwährung (fester Zins)	B 4.10.
				3241914	Fremdwährung (variabler Zins)	B 4.10.
				324192	Laufzeit über 1 bis unter 5 Jahre	B 4.10.
				3241921	Euro-Währung (fester Zins)	B 4.10.
				3241922	Euro-Währung (variabler Zins)	B 4.10.
				3241923	Fremdwährung (fester Zins)	B 4.10.
				3241924	Fremdwährung (variabler Zins)	B 4.10.
				324193	Laufzeit über 5 Jahre	B 4.10.
				3241931	Euro-Währung (fester Zins)	B 4.10.
				3241932	Euro-Währung (variabler Zins)	B 4.10.
				3241933	Fremdwährung (fester Zins)	B 4.10.
				3241934	Fremdwährung (variabler Zins)	B 4.10.
			3242		vom Land	B 4.10.
				32421	Laufzeit bis einschl. 1 Jahr	B 4.10.
				324211	Euro-Währung (fester Zins)	B 4.10.
				324212	Euro-Währung (variabler Zins)	B 4.10.
				324213	Fremdwährung (fester Zins)	B 4.10.
				324214	Fremdwährung (variabler Zins)	B 4.10.
				32422	Laufzeit über 1 bis unter 5 Jahre	B 4.10.
				324221	Euro-Währung (fester Zins)	B 4.10.
				324222	Euro-Währung (variabler Zins)	B 4.10.
				324223	Fremdwährung (fester Zins)	B 4.10.
				324224	Fremdwährung (variabler Zins)	B 4.10.
				32423	Laufzeit über 5 Jahre	B 4.10.
				324231	Euro-Währung (fester Zins)	B 4.10.
				324232	Euro-Währung (variabler Zins)	B 4.10.
				324233	Fremdwährung (fester Zins)	B 4.10.
				324234	Fremdwährung (variabler Zins)	B 4.10.
			3243		von Gemeinden und Gemeindeverbänden	B 4.10.
				32431	Laufzeit bis einschl. 1 Jahr	B 4.10.
				324311	Euro-Währung (fester Zins)	B 4.10.
				324312	Euro-Währung (variabler Zins)	B 4.10.
				324313	Fremdwährung (fester Zins)	B 4.10.
				324314	Fremdwährung (variabler Zins)	B 4.10.
				32432	Laufzeit über 1 bis unter 5 Jahre	B 4.10.
				324321	Euro-Währung (fester Zins)	B 4.10.
				324322	Euro-Währung (variabler Zins)	B 4.10.
				324323	Fremdwährung (fester Zins)	B 4.10.
				324324	Fremdwährung (variabler Zins)	B 4.10.

Kontenrahmenplan / Kontenklasse 3
mit Zuordnungsvorschriften

Kontenklasse	Kontengruppe	Kontenart	Konto	Unterkonto	Bezeichnung	Bilanz-Position Aktivseite (A) Passivseite (B)
				32433	Laufzeit über 5 Jahre	B 4.10.
				324331	Euro-Währung (fester Zins)	B 4.10.
				324332	Euro-Währung (variabler Zins)	B 4.10.
				324333	Fremdwährung (fester Zins)	B 4.10.
				324334	Fremdwährung (variabler Zins)	B 4.10.
			3244		von Zweckverbänden	B 4.9.
				32441	Laufzeit bis einschl. 1 Jahr	B 4.9.
				324411	Euro-Währung (fester Zins)	B 4.9.
				324412	Euro-Währung (variabler Zins)	B 4.9.
				324413	Fremdwährung (fester Zins)	B 4.9.
				324414	Fremdwährung (variabler Zins)	B 4.9.
				32442	Laufzeit über 1 bis unter 5 Jahre	B 4.9.
				324421	Euro-Währung (fester Zins)	B 4.9.
				324422	Euro-Währung (variabler Zins)	B 4.9.
				324423	Fremdwährung (fester Zins)	B 4.9.
				324424	Fremdwährung (variabler Zins)	B 4.9.
				32443	Laufzeit über 5 Jahre	B 4.9.
				324431	Euro-Währung (fester Zins)	B 4.9.
				324432	Euro-Währung (variabler Zins)	B 4.9.
				324433	Fremdwährung (fester Zins)	B 4.9.
				324434	Fremdwährung (variabler Zins)	B 4.9.
			3245		von Anstalten	B 4.9.
				32451	Laufzeit bis einschl. 1 Jahr	B 4.9.
				324511	Euro-Währung (fester Zins)	B 4.9.
				324512	Euro-Währung (variabler Zins)	B 4.9.
				324513	Fremdwährung (fester Zins)	B 4.9.
				324514	Fremdwährung (variabler Zins)	B 4.9.
				32452	Laufzeit über 1 bis unter 5 Jahre	B 4.9.
				324521	Euro-Währung (fester Zins)	B 4.9.
				324522	Euro-Währung (variabler Zins)	B 4.9.
				324523	Fremdwährung (fester Zins)	B 4.9.
				324524	Fremdwährung (variabler Zins)	B 4.9.
				32453	Laufzeit über 5 Jahre	B 4.9.
				324531	Euro-Währung (fester Zins)	B 4.9.
				324532	Euro-Währung (variabler Zins)	B 4.9.
				324533	Fremdwährung (fester Zins)	B 4.9.
				324534	Fremdwährung (variabler Zins)	B 4.9.
			3246		von rechtsfähigen Stiftungen	B 4.9.
				32461	Laufzeit bis einschl. 1 Jahr	B 4.9.
				324611	Euro-Währung (fester Zins)	B 4.9.
				324612	Euro-Währung (variabler Zins)	B 4.9.
				324613	Fremdwährung (fester Zins)	B 4.9.
				324614	Fremdwährung (variabler Zins)	B 4.9.
				32462	Laufzeit über 1 bis unter 5 Jahre	B 4.9.
				324621	Euro-Währung (fester Zins)	B 4.9.
				324622	Euro-Währung (variabler Zins)	B 4.9.
				324623	Fremdwährung (fester Zins)	B 4.9.
				324624	Fremdwährung (variabler Zins)	B 4.9.
				32463	Laufzeit über 5 Jahre	B 4.9.
				324631	Euro-Währung (fester Zins)	B 4.9.
				324632	Euro-Währung (variabler Zins)	B 4.9.
				324633	Fremdwährung (fester Zins)	B 4.9.
				324634	Fremdwährung (variabler Zins)	B 4.9.
			3249		vom sonstigen öffentlichen Bereich	B 4.10.
				32491	Laufzeit bis einschl. 1 Jahr	B 4.10.
				324911	Euro-Währung (fester Zins)	B 4.10.
				324912	Euro-Währung (variabler Zins)	B 4.10.
				324913	Fremdwährung (fester Zins)	B 4.10.

Kontenrahmenplan / Kontenklasse 3
mit Zuordnungsvorschriften

Kontenklasse	Kontengruppe	Kontenart	Konto	Unterkonto	Bezeichnung	Bilanz-Position Aktivseite (A) Passivseite (B)
				324914	Fremdwährung (variabler Zins)	B 4.10.
				32492	Laufzeit über 1 bis unter 5 Jahre	B 4.10.
				324921	Euro-Währung (fester Zins)	B 4.10.
				324922	Euro-Währung (variabler Zins)	B 4.10.
				324923	Fremdwährung (fester Zins)	B 4.10.
				324924	Fremdwährung (variabler Zins)	B 4.10.
				32493	Laufzeit über 5 Jahre	B 4.10.
				324931	Euro-Währung (fester Zins)	B 4.10.
				324932	Euro-Währung (variabler Zins)	B 4.10.
				324933	Fremdwährung (fester Zins)	B 4.10.
				324934	Fremdwährung (variabler Zins)	B 4.10.
		325			**Liquiditätskredite vom inländischen Geldmarkt**	B 4.2.2.
			3251		von Banken	B 4.2.2.
				32511	Laufzeit bis einschl. 1 Jahr	B 4.2.2.
				325111	Euro-Währung (fester Zins)	B 4.2.2.
				325112	Euro-Währung (variabler Zins)	B 4.2.2.
				325113	Fremdwährung (fester Zins)	B 4.2.2.
				325114	Fremdwährung (variabler Zins)	B 4.2.2.
				32512	Laufzeit über 1 bis unter 5 Jahre	B 4.2.2.
				325121	Euro-Währung (fester Zins)	B 4.2.2.
				325122	Euro-Währung (variabler Zins)	B 4.2.2.
				325123	Fremdwährung (fester Zins)	B 4.2.2.
				325124	Fremdwährung (variabler Zins)	B 4.2.2.
				32513	Laufzeit über 5 Jahre	B 4.2.2.
				325131	Euro-Währung (fester Zins)	B 4.2.2.
				325132	Euro-Währung (variabler Zins)	B 4.2.2.
				325133	Fremdwährung (fester Zins)	B 4.2.2.
				325134	Fremdwährung (variabler Zins)	B 4.2.2.
			3252		von Sparkassen	B 4.2.2.
				32521	Laufzeit bis einschl. 1 Jahr	B 4.2.2.
				325211	Euro-Währung (fester Zins)	B 4.2.2.
				325212	Euro-Währung (variabler Zins)	B 4.2.2.
				325213	Fremdwährung (fester Zins)	B 4.2.2.
				325214	Fremdwährung (variabler Zins)	B 4.2.2.
				32522	Laufzeit über 1 bis unter 5 Jahre	B 4.2.2.
				325221	Euro-Währung (fester Zins)	B 4.2.2.
				325222	Euro-Währung (variabler Zins)	B 4.2.2.
				325223	Fremdwährung (fester Zins)	B 4.2.2.
				325224	Fremdwährung (variabler Zins)	B 4.2.2.
				32523	Laufzeit über 5 Jahre	B 4.2.2.
				325231	Euro-Währung (fester Zins)	B 4.2.2.
				325232	Euro-Währung (variabler Zins)	B 4.2.2.
				325233	Fremdwährung (fester Zins)	B 4.2.2.
				325234	Fremdwährung (variabler Zins)	B 4.2.2.
			3253		von Bausparkassen	B 4.2.2.
				32531	Laufzeit bis einschl. 1 Jahr	B 4.2.2.
				325311	Euro-Währung (fester Zins)	B 4.2.2.
				325312	Euro-Währung (variabler Zins)	B 4.2.2.
				325313	Fremdwährung (fester Zins)	B 4.2.2.
				325314	Fremdwährung (variabler Zins)	B 4.2.2.
				32532	Laufzeit über 1 bis unter 5 Jahre	B 4.2.2.
				325321	Euro-Währung (fester Zins)	B 4.2.2.
				325322	Euro-Währung (variabler Zins)	B 4.2.2.
				325323	Fremdwährung (fester Zins)	B 4.2.2.
				325324	Fremdwährung (variabler Zins)	B 4.2.2.
				32533	Laufzeit über 5 Jahre	B 4.2.2.
				325331	Euro-Währung (fester Zins)	B 4.2.2.
				325332	Euro-Währung (variabler Zins)	B 4.2.2.

Kontenrahmenplan / Kontenklasse 3
mit Zuordnungsvorschriften

Kontenklasse	Kontengruppe	Kontenart	Konto	Unterkonto	Bezeichnung	Bilanz-Position Aktivseite (A) Passivseite (B)
				325333	Fremdwährung (fester Zins)	B 4.2.2.
				325334	Fremdwährung (variabler Zins)	B 4.2.2.
			3254		von Girozentralen und Landesbanken	B 4.2.2.
				32541	Laufzeit bis einschl. 1 Jahr	B 4.2.2.
				325411	Euro-Währung (fester Zins)	B 4.2.2.
				325412	Euro-Währung (variabler Zins)	B 4.2.2.
				325413	Fremdwährung (fester Zins)	B 4.2.2.
				325414	Fremdwährung (variabler Zins)	B 4.2.2.
				32542	Laufzeit über 1 bis unter 5 Jahre	B 4.2.2.
				325421	Euro-Währung (fester Zins)	B 4.2.2.
				325422	Euro-Währung (variabler Zins)	B 4.2.2.
				325423	Fremdwährung (fester Zins)	B 4.2.2.
				325424	Fremdwährung (variabler Zins)	B 4.2.2.
				32543	Laufzeit über 5 Jahre	B 4.2.2.
				325431	Euro-Währung (fester Zins)	B 4.2.2.
				325432	Euro-Währung (variabler Zins)	B 4.2.2.
				325433	Fremdwährung (fester Zins)	B 4.2.2.
				325434	Fremdwährung (variabler Zins)	B 4.2.2.
			3259		vom sonstigen inländischen Geldmarkt	B 4.2.2.
				32591	Laufzeit bis einschl. 1 Jahr	B 4.2.2.
				325911	Euro-Währung (fester Zins)	B 4.2.2.
				325912	Euro-Währung (variabler Zins)	B 4.2.2.
				325913	Fremdwährung (fester Zins)	B 4.2.2.
				325914	Fremdwährung (variabler Zins)	B 4.2.2.
				32592	Laufzeit über 1 bis unter 5 Jahre	B 4.2.2.
				325921	Euro-Währung (fester Zins)	B 4.2.2.
				325922	Euro-Währung (variabler Zins)	B 4.2.2.
				325923	Fremdwährung (fester Zins)	B 4.2.2.
				325924	Fremdwährung (variabler Zins)	B 4.2.2.
				32593	Laufzeit über 5 Jahre	B 4.2.2.
				325931	Euro-Währung (fester Zins)	B 4.2.2.
				325932	Euro-Währung (variabler Zins)	B 4.2.2.
				325933	Fremdwährung (fester Zins)	B 4.2.2.
				325934	Fremdwährung (variabler Zins)	B 4.2.2.
		326			**Liquiditätskredite vom sonstigen inländischen Bereich**	B 4.2.2.
			3261		von Versicherungsunternehmen	B 4.2.2.
				32611	Laufzeit bis einschl. 1 Jahr	B 4.2.2.
				326111	Euro-Währung (fester Zins)	B 4.2.2.
				326112	Euro-Währung (variabler Zins)	B 4.2.2.
				326113	Fremdwährung (fester Zins)	B 4.2.2.
				326114	Fremdwährung (variabler Zins)	B 4.2.2.
				32612	Laufzeit über 1 bis unter 5 Jahre	B 4.2.2.
				326121	Euro-Währung (fester Zins)	B 4.2.2.
				326122	Euro-Währung (variabler Zins)	B 4.2.2.
				326123	Fremdwährung (fester Zins)	B 4.2.2.
				326124	Fremdwährung (variabler Zins)	B 4.2.2.
				32613	Laufzeit 5 Jahre und mehr	B 4.2.2.
				326131	Euro-Währung (fester Zins)	B 4.2.2.
				326132	Euro-Währung (variabler Zins)	B 4.2.2.
				326133	Fremdwährung (fester Zins)	B 4.2.2.
				326134	Fremdwährung (variabler Zins)	B 4.2.2.
			3269		von Sonstigen	B 4.2.2.
				32691	Laufzeit bis einschl. 1 Jahr	B 4.2.2.
				326911	Euro-Währung (fester Zins)	B 4.2.2.
				326912	Euro-Währung (variabler Zins)	B 4.2.2.
				326913	Fremdwährung (fester Zins)	B 4.2.2.
				326914	Fremdwährung (variabler Zins)	B 4.2.2.

Kontenrahmenplan / Kontenklasse 3
mit Zuordnungsvorschriften

Kontenklasse	Kontengruppe	Kontenart	Konto	Unterkonto	Bezeichnung	Bilanz-Position Aktivseite (A) Passivseite (B)
				32692	Laufzeit über 1 bis unter 5 Jahre	B 4.2.2.
				326921	Euro-Währung (fester Zins)	B 4.2.2.
				326922	Euro-Währung (variabler Zins)	B 4.2.2.
				326923	Fremdwährung (fester Zins)	B 4.2.2.
				326924	Fremdwährung (variabler Zins)	B 4.2.2.
				32693	Laufzeit 5 Jahre und mehr	B 4.2.2.
				326931	Euro-Währung (fester Zins)	B 4.2.2.
				326932	Euro-Währung (variabler Zins)	B 4.2.2.
				326933	Fremdwährung (fester Zins)	B 4.2.2.
				326934	Fremdwährung (variabler Zins)	B 4.2.2.
		327			**Liquiditätskredite vom ausländischen Geldmarkt**	B 4.2.2.
			3271		von Banken	B 4.2.2.
				32711	Laufzeit bis einschl. 1 Jahr	B 4.2.2.
				327111	Euro-Währung (fester Zins)	B 4.2.2.
				327112	Euro-Währung (variabler Zins)	B 4.2.2.
				327113	Fremdwährung (fester Zins)	B 4.2.2.
				327114	Fremdwährung (variabler Zins)	B 4.2.2.
				32712	Laufzeit über 1 bis unter 5 Jahre	B 4.2.2.
				327121	Euro-Währung (fester Zins)	B 4.2.2.
				327122	Euro-Währung (variabler Zins)	B 4.2.2.
				327123	Fremdwährung (fester Zins)	B 4.2.2.
				327124	Fremdwährung (variabler Zins)	B 4.2.2.
				32713	Laufzeit über 5 Jahre	B 4.2.2.
				327131	Euro-Währung (fester Zins)	B 4.2.2.
				327132	Euro-Währung (variabler Zins)	B 4.2.2.
				327133	Fremdwährung (fester Zins)	B 4.2.2.
				327134	Fremdwährung (variabler Zins)	B 4.2.2.
			3279		vom sonstigen ausländischen Geldmarkt	B 4.2.2.
				32791	Laufzeit bis einschl. 1 Jahr	B 4.2.2.
				327911	Euro-Währung (fester Zins)	B 4.2.2.
				327912	Euro-Währung (variabler Zins)	B 4.2.2.
				327913	Fremdwährung (fester Zins)	B 4.2.2.
				327914	Fremdwährung (variabler Zins)	B 4.2.2.
				32792	Laufzeit über 1 bis unter 5 Jahre	B 4.2.2.
				327921	Euro-Währung (fester Zins)	B 4.2.2.
				327922	Euro-Währung (variabler Zins)	B 4.2.2.
				327923	Fremdwährung (fester Zins)	B 4.2.2.
				327924	Fremdwährung (variabler Zins)	B 4.2.2.
				32793	Laufzeit über 5 Jahre	B 4.2.2.
				327931	Euro-Währung (fester Zins)	B 4.2.2.
				327932	Euro-Währung (variabler Zins)	B 4.2.2.
				327933	Fremdwährung (fester Zins)	B 4.2.2.
				327934	Fremdwährung (variabler Zins)	B 4.2.2.
		328			**Liquiditätskredite vom sonstigen ausländischen Bereich**	B 4.2.2.
			3281		Laufzeit bis einschl. 1 Jahr	B 4.2.2.
				32811	Euro-Währung (fester Zins)	B 4.2.2.
				32812	Euro-Währung (variabler Zins)	B 4.2.2.
				32813	Fremdwährung (fester Zins)	B 4.2.2.
				32814	Fremdwährung (variabler Zins)	B 4.2.2.
			3282		Laufzeit über 1 bis unter 5 Jahre	B 4.2.2.
				32821	Euro-Währung (fester Zins)	B 4.2.2.
				32822	Euro-Währung (variabler Zins)	B 4.2.2.
				32823	Fremdwährung (fester Zins)	B 4.2.2.
				32824	Fremdwährung (variabler Zins)	B 4.2.2.
			3283		Laufzeit 5 Jahre und mehr	B 4.2.2.
				32831	Euro-Währung (fester Zins)	B 4.2.2.
				32832	Euro-Währung (variabler Zins)	B 4.2.2.

Kontenrahmenplan / Kontenklasse 3
mit Zuordnungsvorschriften

Kontenklasse	Kontengruppe	Kontenart	Konto	Unterkonto	Bezeichnung	Bilanz-Position Aktivseite (A) Passivseite (B)
				32833	Fremdwährung (fester Zins)	B 4.2.2.
				32834	Fremdwährung (variabler Zins)	B 4.2.2.
		329			**Liquiditätskredite von sonstigen öffentlichen Sonderrechnungen**	B 4.10.
			3291		von öffentlichen Zusatzversorgungseinrichtungen	B 4.10.
				32911	Laufzeit bis einschl. 1 Jahr	B 4.10.
				329111	Euro-Währung (fester Zins)	B 4.10.
				329112	Euro-Währung (variabler Zins)	B 4.10.
				329113	Fremdwährung (fester Zins)	B 4.10.
				329114	Fremdwährung (variabler Zins)	B 4.10.
				32912	Laufzeit über 1 bis unter 5 Jahre	B 4.10.
				329121	Euro-Währung (fester Zins)	B 4.10.
				329122	Euro-Währung (variabler Zins)	B 4.10.
				329123	Fremdwährung (fester Zins)	B 4.10.
				329124	Fremdwährung (variabler Zins)	B 4.10.
				32913	Laufzeit über 5 Jahre	B 4.10.
				329131	Euro-Währung (fester Zins)	B 4.10.
				329132	Euro-Währung (variabler Zins)	B 4.10.
				329133	Fremdwährung (fester Zins)	B 4.10.
				329134	Fremdwährung (variabler Zins)	B 4.10.
			3299		von Sonstigen	B 4.10.
				32991	Laufzeit bis einschl. 1 Jahr	B 4.10.
				329911	Euro-Währung (fester Zins)	B 4.10.
				329912	Euro-Währung (variabler Zins)	B 4.10.
				329913	Fremdwährung (fester Zins)	B 4.10.
				329914	Fremdwährung (variabler Zins)	B 4.10.
				32992	Laufzeit über 1 bis unter 5 Jahre	B 4.10.
				329921	Euro-Währung (fester Zins)	B 4.10.
				329922	Euro-Währung (variabler Zins)	B 4.10.
				329923	Fremdwährung (fester Zins)	B 4.10.
				329924	Fremdwährung (variabler Zins)	B 4.10.
				32993	Laufzeit über 5 Jahre	B 4.10.
				329931	Euro-Währung (fester Zins)	B 4.10.
				329932	Euro-Währung (variabler Zins)	B 4.10.
				329933	Fremdwährung (fester Zins)	B 4.10.
				329934	Fremdwährung (variabler Zins)	B 4.10.
	33				**Verbindlichkeiten aus Vorgängen, die Kreditaufnahmen wirtschaftlich gleichkommen**	B 4.3.
		331			**Schuldübernahmen**	B 4.3.
			3311		Hypothekenschulden	B 4.3.
			3312		Grundschulden	B 4.3.
			3319		Sonstige	B 4.3.
		332			**Leibrentenverträge**	B 4.3.
		333			**Verträge über die Durchführung städtebaulicher Maßnahmen**	B 4.3.
		334			**Gewährung von Schuldendiensthilfen an Dritte**	B 4.3.
		335			**Verbindlichkeiten aus Leasingverträgen**	B 4.3.
			3351		Finanzierungsleasing	
			3352		übrige Leasingverträge	
		336			**Restkaufgelder im Zusammenhang mit Grundstücksgeschäften**	B 4.3.
		337			**Nicht besetzt**	-
		338			**Nicht besetzt**	-
		339			**Sonstige**	B 4.3.
	34				**Erhaltene Anzahlungen auf Bestellungen**	
		341			**von verbundenen Unternehmen**	B 4.7.
		342			**von Unternehmen, mit denen ein Beteiligungsverhältnis besteht**	B 4.8.

Kontenrahmenplan / Kontenklasse 3
mit Zuordnungsvorschriften

Kontenklasse	Kontengruppe	Kontenart	Konto	Unterkonto	Bezeichnung	Bilanz-Position Aktivseite (A) Passivseite (B)
		343			**von Sondervermögen**	B 4.9.
			3431		von Eigenbetrieben	B 4.9.
			3439		von Sonstigen	B 4.9.
		344			**vom öffentlichen Bereich**	B 4.10.
			3440		von der EU	B 4.10.
			3441		vom Bund	B 4.10.
			3442		vom Land	B 4.10.
			3443		von Gemeinden und Gemeindeverbänden	B 4.10.
			3444		von Zweckverbänden	B 4.10.
			3445		von Anstalten	B 4.10.
			3446		von Sparkassen	B 4.10.
			3447		von rechtsfähigen Stiftungen	B 4.10.
			3448		von sonstigen öffentlichen Sonderrechnungen	B 4.10.
			3449		vom sonstigen öffentlichen Bereich	B 4.10.
		345			**vom privaten Bereich**	B 4.4.
			3451		von privaten Unternehmen	B 4.4
			3459		vom sonstigen privaten Bereich	B 4.4
		346			**Nicht besetzt**	
		347			**Nicht besetzt**	
		348			**Nicht besetzt**	
		349			**Sonstige**	B 4.4.
	35				**Verbindlichkeiten aus Lieferungen und Leistungen**	
		351			**gegenüber verbundenen Unternehmen**	B 4.7.
		352			**gegenüber Unternehmen, mit denen ein Beteiligungsverhältnis besteht**	B 4.8.
		353			**gegenüber Sondervermögen**	B 4.9.
			3531		gegenüber Eigenbetrieben	B 4.9.
			3539		gegenüber Sonstigen	B 4.9.
		354			**gegenüber dem öffentlichen Bereich**	B 4.10.
			3540		gegenüber der EU	B 4.10.
			3541		gegenüber dem Bund	B 4.10.
				35411	Lastenausgleichsfonds	B 4.10.
				35412	ERP Sondervermögen	B 4.10.
				35413	sonstiges Sondervermögen des Bundes	B 4.10.
				35414	Bundesagentur für Arbeit	B 4.10.
				35419	Sonstige	B 4.10.
			3542		gegenüber dem Land	B 4.10.
			3543		gegenüber Gemeinden und Gemeindeverbänden	B 4.10.
			3544		gegenüber Zweckverbänden	B 4.10.
			3545		gegenüber Anstalten	B 4.10.
			3546		gegenüber Sparkassen	B 4.10.
			3547		gegenüber rechtsfähigen Stiftungen	B 4.10.
			3548		gegenüber sonstigen öffentlichen Sonderrechnungen	B 4.10.
			3549		gegenüber dem sonstigen öffentlichen Bereich	B 4.10.
		355			**gegenüber dem privaten Bereich**	B 4.4.
					auch Sicherheitseinbehalte	
			3551		private Unternehmen	B 4.4.
				35511	Verbindlichkeiten aus Lieferungen und Leistungen	B 4.4.
				35512	Sicherheitseinbehalte	B 4.4.
				35519	Sonstige	B 4.4.
			3559		sonstiger privater Bereich	B 4.4.
				35591	Verbindlichkeiten aus Lieferungen und Leistungen	B 4.4.
				35592	Sicherheitseinbehalte	B 4.4.
				35599	Sonstige	B 4.4.
		356			**Nicht besetzt**	
		357			**Nicht besetzt**	
		358			**Nicht besetzt**	

Kontenrahmenplan / Kontenklasse 3
mit Zuordnungsvorschriften

Kontenklasse	Kontengruppe	Kontenart	Konto	Unterkonto	Bezeichnung	Bilanz-Position Aktivseite (A) Passivseite (B)
		359			**gegenüber Sonstigen**	B 4.4.
	36				**Verbindlichkeiten aus Transferleistungen**	
		361			**gegenüber verbundenen Unternehmen**	B 4.7.
		362			**gegenüber Unternehmen, mit denen ein Beteiligungsverhältnis besteht**	B 4.8.
		363			**gegenüber Sondervermögen**	B 4.9.
			3631		gegenüber Eigenbetrieben	B 4.9.
			3639		gegenüber Sonstigen	B 4.9.
		364			**gegenüber dem öffentlichen Bereich**	B 4.10.
			3640		gegenüber der EU	B 4.10.
			3641		gegenüber dem Bund	B 4.10.
				36411	Lastenausgleichsfond	B 4.10.
				36412	ERP Sondervermögen	B 4.10.
				36413	sonstigen Sondervermögen des Bundes	B 4.10.
				36414	Bundesagentur für Arbeit	B 4.10.
				36419	Sonstige	B 4.10.
			3642		gegenüber dem Land	B 4.10.
			3643		gegenüber Gemeinden und Gemeindeverbänden	B 4.10.
			3644		gegenüber Zweckverbänden	B 4.10.
			3645		gegenüber Anstalten	B 4.10.
			3646		gegenüber Sparkassen	B 4.10.
			3647		gegenüber rechtsfähigen Stiftungen	B 4.10.
			3648		gegenüber sonstigen öffentlichen Sonderrechnungen	B 4.10.
				36451	öffentliche Zusatzversorgungseinrichtungen	B 4.10.
				36459	Sonstige	B 4.10.
			3649		gegenüber dem sonstigen öffentlichen Bereich	B 4.10.
		365			**gegenüber dem privaten Bereich**	B 4.10.
		366			**Nicht besetzt**	
		367			**Nicht besetzt**	
		368			**Nicht besetzt**	
		369			**gegenüber sonstigen Bereichen**	B 4.6.
			3691		gegenüber sonstigen inländischen Bereichen	B 4.6.
			3692		gegenüber sonstigen ausländischen Bereichen	B 4.6.
	37				**Sonstige Verbindlichkeiten**	
		371			**gegenüber verbundenen Unternehmen**	B 4.7.
			3711		laufendes Verrechnungskonto	B 4.7.
			3719		Sonstige	B 4.7.
		372			**gegenüber Unternehmen, mit denen ein Beteiligungsverhältnis besteht**	B 4.8.
			3721		laufendes Verrechnungskonto	B 4.8.
			3729		Sonstige	B 4.8.
		373			**gegenüber Sondervermögen**	B 4.9.
			3731		gegenüber Eigenbetrieben	B 4.9.
				37311	laufendes Verrechnungskonto	B 4.9.
				37319	Sonstige	B 4.9.
			3739		gegenüber Sonstigen	B 4.9.
				37391	laufendes Verrechnungskonto	B 4.9.
				37399	Sonstige	B 4.9.
		374			**gegenüber dem öffentlichen Bereich**	B 4.10.
			3740		gegenüber der EU	B 4.10.
				37401	laufendes Verrechnungskonto	B 4.10.
				37409	Sonstige	B 4.10.
			3741		gegenüber dem Bund	B 4.10.
				37411	Lastenausgleichsfonds	B 4.10.
				374111	laufendes Verrechnungskonto	B 4.10.

Kontenrahmenplan / Kontenklasse 3
mit Zuordnungsvorschriften

Kontenklasse	Kontengruppe	Kontenart	Konto	Unterkonto	Bezeichnung	Bilanz-Position Aktivseite (A) Passivseite (B)
				374119	Sonstige	B 4.10.
				37412	ERP Sondervermögen	B 4.10.
				374121	laufendes Verrechnungskonto	B 4.10.
				374129	Sonstige	B 4.10.
				37413	sonstiges Sondervermögen des Bundes	B 4.10.
				374131	laufendes Verrechnungskonto	B 4.10.
				374139	Sonstige	B 4.10.
				37414	Bundesagentur für Arbeit	B 4.10.
				374141	laufendes Verrechnungskonto	B 4.10.
				374149	Sonstige	B 4.10.
				37419	Sonstige	B 4.10.
				374191	laufendes Verrechnungskonto	B 4.10.
				374199	Sonstige	B 4.10.
			3742		gegenüber dem Land	B 4.10.
				37421	laufendes Verrechnungskonto	B 4.10.
				37429	Sonstige	B 4.10.
			3743		gegenüber Gemeinden und Gemeindeverbänden	B 4.10.
				37431	laufendes Verrechnungskonto	B 4.10.
				37439	Sonstige	B 4.10.
			3744		gegenüber Zweckverbänden	B 4.10.
				37441	laufendes Verrechnungskonto	B 4.10.
				37449	Sonstige	B 4.10.
			3745		gegenüber Anstalten	B 4.10.
				37451	laufendes Verrechnungskonto	B 4.10.
				37459	Sonstige	B 4.10.
			3746		gegenüber Sparkassen	B 4.10.
				37461	laufendes Verrechnungskonto	B 4.10.
				37469	Sonstige	B 4.10.
			3747		gegenüber rechtsfähigen Stiftungen	B 4.10.
				37471	laufendes Verrechnungskonto	B 4.10.
				37479	Sonstige	B 4.10.
			3748		gegenüber sonstigen öffentlichen Sonderrechnungen	B 4.10.
				37481	laufendes Verrechnungskonto	B 4.10.
				37489	Sonstige	B 4.10.
			3749		gegenüber dem sonstigen öffentlichen Bereich	B 4.10.
				37491	laufendes Verrechnungskonto	B 4.10.
				37499	Sonstige	B 4.10.
		375			**Nicht besetzt**	
		376			**gegenüber dem sonstigen inländischen Bereich**	B 4.11.
			3761		**gegenüber privaten Unternehmen**	B 4.11.
			3762		**gegenüber Mitarbeitern**	B 4.11.
			3763		**Sonstige**	B 4.11.
		377			**gegenüber Organmitgliedern**	
		378			**gegenüber dem ausländischen Bereich**	B 4.11.
			3781		gegenüber dem ausländischen Geldmarkt	
			3782		**Sonstige**	
		379			**Sonstige**	B 4.11.
			3791		Verwahrgelder, treuhänderische Gelder	B 4.11.
			3792		Kautionen	B 4.11.
			3793		Inanspruchnahme von Bürgschaften	B 4.11.
			3794		weiterzuleitende Spenden	B 4.11.
			3795		ungeklärte Zahlungseingänge	B 4.11.
			3796		Umsatzsteuer	B 4.11.
				37961	Umsatzsteuer 7%	B 4.11.
				37962	Umsatzsteuer 16%	B 4.11.
				37963	Umsatzsteuer andere Prozentsätze	B 4.11.
				37964	Umsatzsteuererstattungen lfd. Jahr	B 4.11.

Kontenrahmenplan / Kontenklasse 3
mit Zuordnungsvorschriften

Kontenklasse	Kontengruppe	Kontenart	Konto	Unterkonto	Bezeichnung	Bilanz-Position Aktivseite (A) Passivseite (B)
				37965	Umsatzsteuerabwicklung Vorjahre	B 4.11.
				37969	Sonstige	B 4.11.
			3797		Sonstige Steuern und ähnliche Abgaben	B 4.11.
				37971	Lohnsteuer	B 4.11.
				37979	Sonstige	B 4.11.
			3798		Verbindlichkeiten gegenüber Sozialversicherungsträgern	B 4.11.
			3799		Sonstige	B 4.11.
	38				**Nicht besetzt**	
	39				**Passive Rechnungsabgrenzung**	B 5.
		391			**aus erhaltenen Zuwendungen**	B 5.
					Vgl. § 38 Abs. 5 GemHVO	
		392			**aus Dienstleistungen oder Warenlieferungen**	B 5.
		393			**Nicht besetzt**	
		394			**Nicht besetzt**	
		395			**Nicht besetzt**	
		396			**Nicht besetzt**	
		397			**Nicht besetzt**	
		398			**Nicht besetzt**	
		399			**Sonstige**	B 5.

Kontenrahmenplan / Kontenklasse 4

Kontenklasse 4	Kontengruppe	Kontenart	Konto	Unterkonto	Bezeichnung	Position Ergebnis-haushalt (EH) Finanz-haushalt (FH)
4					**Erträge**	
	40				**Steuern und ähnliche Abgaben**	EH 1
		401			**Realsteuern**	EH 1
			4011		Grundsteuer A	EH 1
			4012		Grundsteuer B	EH 1
			4013		Gewerbesteuer	EH 1
				40131	Gewerbesteuerzahlungen laufendes Jahr	EH 1
				40132	Gewerbesteuernachzahlungen	EH 1
				401321	Gewerbesteuer Vorjahr	EH 1
				401322	Gewerbesteuer Vorjahr + 1	EH 1
				401323	Gewerbesteuer Vorjahr + 2	EH 1
				40133	Gewerbesteuererstattungen	EH 1
				401331	Gewerbesteuererstattungen Vorjahr	EH 1
				401332	Gewerbesteuererstattungen Vorjahr + 1	EH 1
				401333	Gewerbesteuererstattungen Vorjahr + 2	EH 1
		402			**Gemeindeanteile an den Gemeinschaftsteuern**	EH 1
			4021		Gemeindeanteil an der Einkommensteuer	EH 1
			4022		Gemeindeanteil an der Umsatzsteuer	EH 1
		403			**Sonstige Gemeindesteuern**	EH 1
			4031		Vergnügungssteuer für die Vorführung von Filmen	EH 1
			4032		Sonstige Vergnügungssteuer	EH 1
			4033		Hundesteuer	EH 1
			4034		Jagdsteuer, Fischereiabgabe	EH 1
			4035		Zweitwohnungssteuer	EH 1
			4036		Schankerlaubnissteuer	EH 1
			4037		Grunderwerbsteuer (Altfälle)	EH 1
			4039		Sonstige	EH 1
		404			**Steuerähnliche Erträge**	EH 1
			4041		Abgaben von Spielbanken	EH 1
			4042		Erträge aus der Befreiung vom Feuerlöschdienst	EH 1
			4049		Sonstige	EH 1
		405			**Ausgleichsleistungen**	EH 1
			4050		von der EU	EH 1
			4051		vom Bund	EH 1
			4052		vom Land	EH 1
				40521	Familienleistungsausgleich	EH 1
				40529	Sonstige	EH 1
			4053		von Gemeinden und Gemeindeverbänden	EH 1
			4054		Grundsicherung für Arbeitssuchende	EH 1
				40541	Leistungen wegen der Umsetzung der Grundsicherung für Arbeitssuchende (Optionsgemeinden)	EH 1
				40542	Leistungsbeteiligung für die Umsetzung der Grundsicherung für Arbeitssuchende (Arbeitsgemeinschaften)	EH 1
				40543	Leistungen vom Land aus dem Ausgleich von Sonderlasten aus der Zusammenführung von Arbeitslosen- und Sozialhilfe	EH 1
			4059		Sonstige	EH 1
		406			**Nicht besetzt**	
		407			**Nicht besetzt**	
		408			**Nicht besetzt**	
		409			**Nicht besetzt**	

Kontenrahmenplan / Kontenklasse 4

Kontenklasse 4	Kontengruppe	Kontenart	Konto	Unterkonto	Bezeichnung	Position Ergebnis-haushalt (EH) Finanz-haushalt (FH)
	41				**Zuwendungen, allgemeine Umlagen und sonstige Transfererträge**	EH 2
		411			**Zuweisungen aus dem Ausgleichsstock**	EH 2
			4111		vom Land	EH 2
				41111	Schlüsselzuweisung A	EH 2
				41112	Schlüsselzuweisung B1	EH 2
				41113	Schlüsselzuweisung B2	EH 2
				41114	Investitionsschlüsselzuweisungen (soweit sie ~~die~~ nicht in einem Sonderposten erfasst werden ~~zu erfassen sind~~)	EH 2
		412			**Bedarfszuweisungen**	EH 2
			4121		vom Land	EH 2
		413			**Sonstige allgemeine Zuweisungen**	EH 2
			4130		von der EU	EH 2
			4131		vom Bund	EH 2
			4132		vom Land	EH 2
			4133		von Gemeinden und Gemeindeverbänden	EH 2
		414			**Zuweisungen und Zuschüsse für laufende Zwecke**	EH 2
					Zuweisungen mit Zweckbindung, ohne Leistungen des SGB	
			4141		von verbundenen Unternehmen	EH 2
			4142		von Unternehmen, mit denen ein Beteiligungsverhältnis besteht	EH 2
			4143		von Sondervermögen	EH 2
				41431	von Eigenbetrieben	EH 2
				41439	von Sonstigen	EH 2
			4144		vom öffentlichen Bereich	EH 2
				41440	von der EU	EH 2
				41441	vom Bund	EH 2
				41442	vom Land	EH 2
				41443	von Gemeinden und Gemeindeverbänden	EH 2
					Zuweisungen für Schulen und andere Bildungseinrichtungen, für kulturelle Einrichtungen, soziale Einrichtungen, auch nach dem Schwerbehindertengesetz, für Einrichtungen der Sozial- und Jugendhilfe, des Gesundheitswesens und dgl. *Für Zweckverbände, soweit nur ein Aufgabenzweck: Erträge aus der Zweckvebandsumlage (bei mehreren Aufgabenzecken: 4162)*	
				41444	von Zweckverbänden	EH 2
				41445	von Anstalten	EH 2
				41446	von Sparkassen	EH 2
				41447	von rechtsfähigen Stiftungen	EH 2
				41448	sonstige öffentliche Sonderrechnungen	EH 2
				41449	vom sonstigen öffentlichen Bereich	EH 2
			4145		vom privaten Bereich	EH 2
				41451	von privaten Unternehmen	EH 2
				41459	vom sonstigen privaten Bereich	EH 2
			4149		von Sonstigen	EH 2
		415			**Erträge aus der Auflösung von Sonderposten aus Zuwendungen**	EH 2
			4151		Sonderposten aus Zuwendungen	EH 2
			4159		Sonstige Sonderposten	EH 2
		416			**Allgemeine Umlagen**	EH 2
			4161		vom Land	EH 2
			4162		von Gemeinden und Gemeindeverbänden	EH 2

Kontenrahmenplan / Kontenklasse 4

Kontenklasse 4	Kontengruppe	Kontenart	Konto	Unterkonto	Bezeichnung	Position Ergebnis-haushalt (EH) Finanz-haushalt (FH)
					für Zweckverbände, soweit mehrere Aufgabenzwecke: Erträge aus der Zweckverbandsumlage (bei nur einem Aufgabenzweck: 41443)	
		417			**nicht besetzt**	EH 2
		418			**Schuldendiensthilfen**	EH 2
			4181		von verbundenen Unternehmen	EH 2
			4182		von Unternehmen, mit denen ein Beteiligungsverhältnis besteht	EH 2
			4183		von Sondervermögen	EH 2
				41831	von Eigenbetrieben	EH 2
				41839	von Sonstigen	EH 2
			4184		vom öffentlichen Bereich	EH 2
				41840	von der EU	EH 2
				41841	vom Bund	EH 2
				41842	vom Land	EH 2
				41843	von Gemeinden und Gemeindeverbänden	EH 2
				41844	von Zweckverbänden	EH 2
				41845	von Anstalten	EH 2
				41846	von Sparkassen	EH 2
				41847	von rechtsfähigen Stiftungen	EH 2
				41848	von sonstigen öffentlichen Sonderrechnungen	EH 2
				41849	vom sonstigen öffentlichen Bereich	EH 2
			4185		vom privaten Bereich	EH 2
				41851	von privaten Unternehmen	EH 2
				41859	vom sonstigen Bereich	EH 2
			4189		von Sonstigen	EH 2
		419			**Sonstige Transfererträge**	EH 2
	42				**Erträge der sozialen Sicherung**	EH 3
		421			**Ersatz von sozialen Leistungen außerhalb von Einrichtunger**	EH 3
			4211		Kostenbeiträge und Aufwendungsersatz, Kostenersatz	EH 3
				42111	des überörtlichen Trägers mit eigener Kostenbeteiligung	EH 3
				42112	des überörtlichen Trägers ohne eigene Kostenbeteiligung	EH 3
				42113	des örtlichen Trägers mit eigener Kostenbeteiligung	EH 3
				42114	des örtlichen Trägers ohne eigene Kostenbeteiligung	EH 3
			4212		Unterhaltsansprüche gegen bürgerlich-rechtlich Unterhalts-verpflichtete	EH 3
				42121	des überörtlichen Trägers mit eigener Kostenbeteiligung	EH 3
				42122	des überörtlichen Trägers ohne eigene Kostenbeteiligung	EH 3
				42123	des örtlichen Trägers mit eigener Kostenbeteiligung	EH 3
				42124	des örtlichen Trägers ohne eigene Kostenbeteiligung	EH 3
			4213		Leistungen von Sozialleistungsträgern	EH 3
				42131	des überörtlichen Trägers mit eigener Kostenbeteiligung	EH 3
				42132	des überörtlichen Trägers ohne eigene Kostenbeteiligung	EH 3
				42133	des örtlichen Trägers mit eigener Kostenbeteiligung	EH 3
				42134	des örtlichen Trägers ohne eigene Kostenbeteiligung	EH 3
			4214		Rückzahlung gewährter Hilfen	EH 3
				42141	des überörtlichen Trägers mit eigener Kostenbeteiligung	EH 3
				42142	des überörtlichen Trägers ohne eigene Kostenbeteiligung	EH 3
				42143	des örtlichen Trägers mit eigener Kostenbeteiligung	EH 3
				42144	des örtlichen Trägers ohne eigene Kostenbeteiligung	EH 3
			4219		Sonstige	EH 3
				42191	des überörtlichen Trägers mit eigener Kostenbeteiligung	EH 3
				42192	des überörtlichen Trägers ohne eigene Kostenbeteiligung	EH 3
				42193	des örtlichen Trägers mit eigener Kostenbeteiligung	EH 3
				42194	des örtlichen Trägers ohne eigene Kostenbeteiligung	EH 3

Kontenrahmenplan / Kontenklasse 4

Kontenklasse 4	Kontengruppe	Kontenart	Konto	Unterkonto	Bezeichnung	Position Ergebnis-haushalt (EH) Finanz-haushalt (FH)
		422			**Ersatz von sozialen Leistungen in Einrichtungen**	EH 3
			4221		Kostenbeiträge und Aufwendungsersatz, Kostenersatz	EH 3
				42211	des überörtlichen Trägers mit eigener Kostenbeteiligung	EH 3
				42212	des überörtlichen Trägers ohne eigene Kostenbeteiligung	EH 3
				42213	des örtlichen Trägers mit eigener Kostenbeteiligung	EH 3
				42214	des örtlichen Trägers ohne eigene Kostenbeteiligung	EH 3
			4222		Unterhaltsansprüche gegen bürgerlich-rechtlich Unterhaltsverpflichtete	EH 3
				42221	des überörtlichen Trägers mit eigener Kostenbeteiligung	EH 3
				42222	des überörtlichen Trägers ohne eigene Kostenbeteiligung	EH 3
				42223	des örtlichen Trägers mit eigener Kostenbeteiligung	EH 3
				42224	des örtlichen Trägers ohne eigene Kostenbeteiligung	EH 3
			4223		Leistungen von Sozialleistungsträgern	EH 3
				42231	des überörtlichen Trägers mit eigener Kostenbeteiligung	EH 3
				42232	des überörtlichen Trägers ohne eigene Kostenbeteiligung	EH 3
				42233	des örtlichen Trägers mit eigener Kostenbeteiligung	EH 3
				42234	des örtlichen Trägers ohne eigene Kostenbeteiligung	EH 3
			4224		Rückzahlung gewährter Hilfen	EH 3
				42241	des überörtlichen Trägers mit eigener Kostenbeteiligung	EH 3
				42242	des überörtlichen Trägers ohne eigene Kostenbeteiligung	EH 3
				42243	des örtlichen Trägers mit eigener Kostenbeteiligung	EH 3
				42244	des örtlichen Trägers ohne eigene Kostenbeteiligung	EH 3
			4229		Sonstige	EH 3
				42291	des überörtlichen Trägers mit eigener Kostenbeteiligung	EH 3
				42292	des überörtlichen Trägers ohne eigene Kostenbeteiligung	EH 3
				42293	des örtlichen Trägers mit eigener Kostenbeteiligung	EH 3
				42294	des örtlichen Trägers ohne eigene Kostenbeteiligung	EH 3
		423			**Kostenbeteiligung und -erstattung im Bereich des SGB XII und anderer sozialer Leistungen**	EH 3
					Bei Gemeinden sind Kostenerstattungen kreisfreier Städte zu erfassen (nicht Konstenart 425).	
			4231		SGB XII, überörtlicher Träger	EH 3
				42311	des Landes	EH 3
				42312	von Landkreisen	EH 3
				42313	von Gemeinden	EH 3
			4232		SGB XII, örtlicher Träger	EH 3
					z.B. Fälle des § 106 SGB XII	
				42321	vom Land	EH 3
				42322	von Gemeinden	EH 3
			4239		Sonstige	EH 3
		424			**Kostenbeteiligung und -erstattung im Bereich des SGB VIII und anderer Jugendhilfe**	EH 3
			4241		überörtlicher Träger	EH 3
				42411	des Landes	EH 3
				42412	von Landkreisen	EH 3
				42413	von Gemeinden	EH 3
			4242		örtlicher Träger	EH 3
				42421	vom Land	EH 3
				42422	von Gemeinden	EH 3
			4249		Sonstige	EH 3
		425			**Kostenerstattungen von anderen Sozialhilfeträgern**	EH 3
					z.B. Fälle des § 108 SGB XII	EH 3
			4251		überörtliche Träger	EH 3

Kontenrahmenplan / Kontenklasse 4

Kontenklasse 4	Kontengruppe	Kontenart	Konto	Unterkonto	Bezeichnung	Position Ergebnis-haushalt (EH) Finanz-haushalt (FH)
				42511	des Landes	EH 3
				42512	von Landkreisen	EH 3
				42513	von Gemeinden	EH 3
			4252		örtlicher Träger	EH 3
				42521	vom Land	EH 3
				42522	von Landkreisen	EH 3
				42523	von Gemeinden	EH 3
			4259		Sonstige	EH 3
		426			**Leistungsbeteiligung nach dem SGB II**	EH 3
			4261		des Bundes	EH 3
				42611	für Unterkunft und Heizung	EH 3
				42612	beim Arbeitslosengeld II	EH 3
				42613	für Eingliederungsleistungen	EH 3
				42619	Sonstige	EH 3
			4262		vom Land	EH 3
			4263		von Landkreisen	EH 3
			4264		von Gemeinden	EH 3
		427			**Zuweisungen und Zuschüsse für laufende Zwecke im Bereich der sozialen Sicherung**	EH 3
			4271		überörtlicher Träger	EH 3
				42711	des Landes	EH 3
				42712	von Landkreisen	EH 3
				42713	von Gemeinden	EH 3
			4272		örtlicher Träger	EH 3
				42721	von Landkreisen	EH 3
				42722	von Gemeinden	EH 3
			4279		Sonstige	EH 3
		428			**Nicht besetzt**	
		429			**Sonstige**	EH 3
	43				**Öffentlich-rechtliche Leistungsentgelte**	EH 4
		431			**Verwaltungsgebühren einschließlich Erstattung von Auslagen**	EH 4
					Öffentlich-rechtliche Entgelte für die Inanspruchnahme von Verwaltungsleistungen im engeren Sinne (Amtshandlungen). Genehmigungsgebühren, Gebühren für die Bauüberwachung, Baugenehmigung,Gefahrenvergütungsschau, Gebühren für Beglaubigungen, für Erlaubnisscheine, Ersatzvornahmen usw., Vermessungs- (Abmarkungs-) gebühren, Fischereigebühren.	
			4311		Passgebühren	EH 4
			4312		Gebühren für die Erteilung von Bescheiden (u.a. Genehmigungen, Ablehnungen, Untersagungen)	EH 4
			4313		Gebühren für die Bauüberwachung	EH 4
			4314		Gebühren für Erlaubnisscheine (u.a. Anwohnerparkausweise)	EH 4
			4315		Vermessungs- (Abmarkungs-) gebühren	EH 4
			4316		Widerspruchsgebühren	EH 4
			4319		Sonstige	EH 4
		432			**Benutzungsgebühren, wiederkehrende Beiträge (soweit diese nicht in einem Sonderposten zu erfassen sind) und ähnliche Entgelte, Kostenerstattungen**	EH 4

Kontenrahmenplan / Kontenklasse 4

Kontenklasse 4	Kontengruppe	Kontenart	Konto	Unterkonto	Bezeichnung	Position Ergebnis-haushalt (EH) Finanz-haushalt (FH)
					Entgelte für die Benutzung von öffentlichen Einrichtungen und die Inanspruchnahme wirtschaftlicher Dienstleistungen zur Deckung laufender Kosten; z. B. Entgelte für die Lieferung von Strom, Gas, Wasser, Fernwärme, einschließlich Grundgebühren, Zählermiete, von Verkehrsunternehmen, für EDV-Leistungen, für die Inanspruchnahme von Einrichtungen der Feuerwehr, des Fuhrparks, der Müllabfuhr, der Tierkörperbeseitigung, der Fleischbeschau, der Straßenreinigung,des Bestattungswesens, für die Sondernutzung, von Straßen, Abwasserbeseitigung, für die Arbeiten zur Unterhaltung von Straßen,Anlagen und dgl., für Pflege von Gräbern, für die Herstellung und Unterhaltung, der Hausanschlüsse für Strom, Gas, Wasser, Abwasser, für bakteriologische Untersuchungen, Parkgebühren,Wiegegebühren, Zuchttierumlagen, Pflegegelder der Krankenhäuser ohne Sonderrechnungen, der Alten- und Pflegeheime und sonstiger Einrichtungen der Sozial- und Jugendhilfe, Entgelte von Asylberechtigten und Kontingentflüchtlingen, für die Gewährung von Leistungen in Gemeinschaftseinrichtungen, Eintrittsgelder zu kulturellen oder sportlichen Veranstaltungen. Entgelte für Veranstaltungsprogramme und dgl. können zusammen mit den Be-	
			4321		Entgelte für die Benutzung von öffentlichen Einrichtungen und für wirtschaftliche Dienstleistungen	EH 4
			4322		Entgelte	EH 4
				43221	für die Abwasserbeseitigung und die Abwasserabgabe	EH 4
				43222	für die Abfallentsorgung und im Rahmen des Dualen Systems	EH 4
				43223	für die Straßenreinigung	EH 4
				43224	für das Bestattungswesen	EH 4
				43225	für die Sondernutzung von Straßen	EH 4
				43226	Pflegesätze der Krankenhäuser, Alten- und Pflegeheime (auch Einkaufsgelder)	EH 4
				43227	Eintrittsgelder zu kulturellen oder sportlichen Veranstaltungen	EH 4
				43228	Parkgebühren	EH 4
				43229	Sonstiges	EH 4
			4323		Entgelte für die Unterhaltung von Straßen, Wirtschaftswegen u.a. öffentlichen Einrichtungen	EH 4
			4324		Entgelte für die Pflege von Gräbern	EH 4
			4325		Entgelte für die Unterhaltung der Hausanschlüsse für Gas, Wasser, Abwasser und Elektrizität	EH 4
			4326		Zahlungen des Dualen Systems Deutschland für kommunale Leistungen	EH 4
			4329		Sonstige	EH 4
		433			**Schülerbeförderungsentgelte**	EH 4
		434			**Beteiligung Essenskosten**	EH 4
		435			**Beteiligung Schülerbetreuung**	EH 4
		436			**Sonstige zweckgebundene Abgaben**	EH 4
			4361		Fremdenverkehrsbeitrag / Fremdenverkehrsabgabe	EH 4
			4362		Kurbeiträge	EH 4
			4363		Kurtaxe	EH 4
			4364		Erstattung Anschlusskosten	EH 4
			4365		Jagdpacht	EH 4
			4369		Sonstige	EH 4
		437			**Erträge aus der Auflösung von Sonderposten für Beiträge und ähnlichen Entgelte**	EH 4

Kontenrahmenplan / Kontenklasse 4

Kontenklasse 4	Kontengruppe	Kontenart	Konto	Unterkonto	Bezeichnung	Position Ergebnishaushalt (EH) Finanzhaushalt (FH)
		438			**Erträge aus der Auflösung von Sonderposten für den Gebührenausgleich**	EH 4
		439			**Erträge aus der Auflösung von Sonderposten für Grabnutzungsentgelte**	EH 4
	44				**Privatrechtliche Leistungsentgelte, Kostenerstattungen und Kostenumlagen**	EH 5 / EH 6
		441			**Privatrechtliche Leistungsentgelte**	EH 5
			4411		Erträge aus Verkäufen von Vorräten	EH 5
			4412		Mieten und Pachten	EH 5
			4413		Kindertagesstätten	EH 5
			4414		Beteiligung Essenskosten	EH 5
			4415		Bestattungswesen	EH 5
			4416		Eintrittsgelder für kulturelle oder sportliche Veranstaltungen und Einrichtungen	EH 5
			4417		Beteiligung Schülerbetreuung	EH 5
			4419		Sonstige	EH 5
		442			**Kostenerstattungen und Kostenumlagen**	EH 6
			4421		von verbundenen Unternehmen	EH 6
			4422		von Unternehmen, mit denen ein Beteiligungsverhältnis besteht	EH 6
			4423		von Sondervermögen	EH 6
				44231	von Eigenbetrieben	EH 6
				44239	von Sonstigen	EH 6
			4424		vom öffentlichen Bereich	EH 6
				44240	von der EU	EH 6
				44241	vom Bund	EH 6
				44242	vom Land	EH 6
				44243	von Gemeinden und Gemeindeverbänden	EH 6
				44244	von Zweckverbänden	EH 6
				44245	von Anstalten	EH 6
				44246	von Sparkassen	EH 6
				44247	von rechtsfähigen Stiftungen	EH 6
				44248	von sonstigen öffentlichen Sonderrechnungen	EH 6
				44249	vom sonstigen öffentlichen Bereich	EH 6
			4425		vom privaten Bereich	EH 6
				44251	von privaten Unternehmen	EH 6
				44259	vom sonstigen privaten Bereich	EH 6
			4429		von Sonstigen	EH 6
		443			**Erträge aus der Auflösung von Sonderposten für Baukostenzuschüsse und ähnliche Entgelte**	EH 5
		444			**Erträge aus der Auflösung von Sonderposten für den Gebührenausgleich**	EH 5
		445			**Erträge aus der Auflösung von Sonderposten für Grabnutzungsentgelte**	EH 5
		446			**Nicht besetzt**	
		447			**Nicht besetzt**	
		448			**Nicht besetzt**	
		449			**Nicht besetzt**	
	45				**Andere aktivierte Eigenleistungen und Bestandsveränderungen**	EH7 / EH 8
		451			**Bestandsveränderungen**	EH 7
			4511		Bestandsveränderungen an unfertigen Erzeugnissen	EH 7
			4512		Bestandsveränderungen an fertigen Erzeugnissen	EH 7
			4513		Bestandsveränderungen an unfertigen Leistungen	EH 7

Kontenrahmenplan / Kontenklasse 4

Kontenklasse 4	Kontengruppe	Kontenart	Konto	Unterkonto	Bezeichnung	Position Ergebnis-haushalt (EH) Finanz-haushalt (FH)
			4514		Bestandsveränderungen an fertigen Leistungen	EH 7
			4515		Bestandsveränderungen an Waren	EH 7
		452			**Andere aktivierte Eigenleistungen**	EH 8
			4521		aktivierte Personalkosten	EH 8
			4522		aktivierte Materialgemeinkosten	EH 8
			4523		aktivierte Zinsen	EH 8
			4529		sonstige andere aktivierte Eigenleistungen	EH 8
		453			**Nicht besetzt**	
		454			**Nicht besetzt**	
		455			**Nicht besetzt**	
		456			**Nicht besetzt**	
		457			**Nicht besetzt**	
		458			**Nicht besetzt**	
		459			**Nicht besetzt**	
	46				**Sonstige laufende Erträge**	EH 9
		461			**Erträge aus der Veräußerung von Vermögensgegenständen des Anlagevermögens und des Umlaufvermögens**	EH 9
			4611		Erträge aus der Veräußerung von immateriellen Vermögensgegenständen und Vermögensgegenständen des Sachanlagevermögens	EH 9
				46111	Erträge aus der Veräußerung von immateriellen Vermögensgegenständen	EH 9
				46112	Erträge aus der Veräußerung von Grundstücken und Gebäuden	EH 9
				46113	Erträge aus der Veräußerung von beweglichen Vermögensgegenständen oberhalb der Wertgrenze i. H. v. 410 Euro	EH 9
				46114	Erträge aus der Veräußerung von beweglichen Vermögensgegenständen unterhalb der Wertgrenze i. H. v. 410 Euro	EH 9
				46119	Erträge aus sonstigen Veräußerungen	EH 9
			4612		Erträge aus der Veräußerung von Finanzanlagen	EH 9
			4613		Erträge aus der Veräußerung des Umlaufvermögens (außer Vorräten und Wertpapieren)	EH 9
			4614		Erträge aus der Veräußerung von Wertpapieren des Umlaufvermögens	EH 9
			4619		Sonstige	EH 9
		462			**Weitere sonstige laufende Erträge**	EH 9
					z. B. Spenden, Ersatzleistungen, aus Regressansprüchen	
			4621		Ordnungsrechtliche Erträge (Bußgelder, Verwarnungsgelder u.a.)	EH 9
			4622		Säumniszuschläge, Mahngebühren, Zustellungsgebühren und u.a.	EH 9
			4623		Erträge aus der Inanspruchnahme von Gewährverträgen usw.	EH 9
			4624		Erträge aus Ausgleichszahlungen nach AFWoG (Fehlbelegungsabgabe)	EH 9
			4625		Konzessionsabgaben	EH 9
			4626		Verkauf von Angebotsunterlagen	EH 9
			4627		Versicherungserstattungen	EH 9
			4628		Jagdpachterträge, Pferchgelder, Weidegelder, Fischereipacht, soweit nicht zweckgebunden	EH 9
			4629		Sonstige	EH 9
		463			**Erstattung von Steuern vom Einkommen und vom Ertrag**	EH 9
		464			**Sonstige Steuererstattungen**	EH 9
		465			**Nicht besetzt**	
		466			**Nicht zahlungswirksame ordentliche Erträge**	EH 9
			4661		Erträge aus der Auflösung von Wertberichtigungen, Sonderposten und Rückstellungen	EH 9
				46611	Erträge aus der Auflösung von Wertberichtigungen auf Forderungen	EH 9

Kontenrahmenplan / Kontenklasse 4

Kontenklasse 4	Kontengruppe	Kontenart	Konto	Unterkonto	Bezeichnung	Position Ergebnis-haushalt (EH) Finanz-haushalt (FH)
				46612	Erträge aus der Auflösung von Sonderposten mit Rücklageanteil	EH 9
				46613	Erträge aus der Auflösung von sonstigen Sonderposten ohne Sonderposten für Grabnutzungsentgelte	EH 9
				46614	Erträge aus der Auflösung von Rückstellungen	EH 9
				46619	Sonstige	EH 9
			4662		Erträge aus Zuschreibungen	EH 9
				46621	von immateriellen Vermögensgegenständen und Vermögensgegenständen des Sachanlagevermögens	EH 9
				46622	von Finanzanlagen und Beteiligungen	EH 9
				46623	des Umlaufvermögens (außer Vorräten und Wertpapieren)	EH 9
				46624	von Wertpapieren	EH 9
				46629	Sonstige	EH 9
		467			**Nicht besetzt**	
		468			**Nicht besetzt**	
		469			**Andere sonstige ordentliche Erträge**	EH 9
	47				**Zinserträge und sonstige Finanzerträge**	EH 21
		471			**Zinserträge für Kredite**	EH 21
			4711		von verbundenen Unternehmen	EH 21
			4712		von Unternehmen, mit denen ein Beteiligungsverhältnis besteht	EH 21
			4713		von Sondervermögen	EH 21
				47131	von Eigenbetrieben	EH 21
				47139	von Sonstigen	EH 21
			4714		vom öffentlichen Bereich	EH 21
				47140	von der EU	EH 21
				47141	vom Bund	EH 21
				47142	vom Land	EH 21
				47143	von Gemeinden und Gemeindeverbänden	EH 21
				47144	von Zweckverbänden	EH 21
				47145	von Anstalten	EH 21
				47146	von rechtsfähigen Stiftungen	EH 21
				47149	vom sonstigen öffentlichen Bereich	EH 21
			4715		vom inländischen Geldmarkt	EH 21
				47151	von Banken	EH 21
				47152	von Sparkassen	EH 21
				47153	von Bausparkassen	EH 21
				47154	von Girozentralen und Landesbanken	EH 21
				47159	von sonstigen Banken und Sparkassen	EH 21
			4716		vom sonstigen inländischen Bereich	EH 21
			4717		vom ausländischen Geldmarkt	EH 21
				47171	von Banken	EH 21
				47179	von Sonstigen	EH 21
			4718		von sonstigen ausländischen Bereichen	EH 21
			4719		von sonstigen öffentlichen Sonderrechnungen	EH 21
		472			**Zinsen aus Stundungen und Verrentungen**	EH 21
		473			**Erträge aus verbundenen Unternehmen**	EH 21
		474			**Erträge aus Beteiligungen ohne assoziierte Unternehmen**	EH 21
		475			**Erträge aus Beteiligungen an assoziierten Unternehmen**	EH 21
		476			**Erträge aus Sondervermögen, Zweckverbänden und Anstalten des öffentlichen Rechts**	EH 21
		477			**Erträge aus Sparkassen**	EH 21
		478			**Erträge aus Wertpapieren des Anlagevermögens**	EH 21
		479			**Sonstige Zinsen und ähnliche Erträge**	EH 21
			4791		Avalprovisionen	EH 21

Kontenrahmenplan / Kontenklasse 4

Kontenklasse 4	Kontengruppe	Kontenart	Konto	Unterkonto	Bezeichnung	Position Ergebnis-haushalt (EH) Finanz-haushalt (FH)
			4792		Vollverzinsung aus Gewerbesteuer (§ 233a AO)	EH 21
			4799		Sonstige	EH 21
	48				**Erträge aus internen Leistungsbeziehungen**	-
		481			**Erträge aus internen Leistungsbeziehungen**	-
	49				**Sonstige Erträge**	EH 25 / EH 30
		491			**Entnahmen aus dem Sonderposten für Belastungen aus dem kommunalen Finanzausgleich**	EH 30
		492			**Nicht besetzt**	
		493			**Nicht besetzt**	
		494			**Nicht besetzt**	
		495			**Nicht besetzt**	
		496			**Nicht besetzt**	
		497			**Nicht besetzt**	
		498			**Nicht besetzt**	
		499			**Außerordentliche Erträge**	EH 25

Kontenklasse	Kontengruppe	Kontenart	Konto	Unterkonto	Bezeichnung	Position Ergebnis-haushalt (EH) Finanz-haushalt (FH)
5					**Aufwendungen**	
	50				**Personalaufwendungen**	EH 11
		501			**Aufwendungen für ehrenamtlich Tätige**	EH 11
					U.a. Aufwandsentschädigungen und Sitzungsgelder, die an Personen gebunden sind, z.B. Mitglieder des Rechtsausschusses. Sozialversicherungsbeiträge können auf dem Konto 5049 erfasst werden,	
			5011		Bürgermeister	EH 11
			5012		Beigeordnete	EH 11
			5013		Ortsvorsteher	EH 11
			5014		Rats- und Ausschussmitglieder	EH 11
			5019		Sonstige (u.a. ehrenamtlich Tätige der Feuerwehr)	EH 11
		502			**Dienstbezüge und dergleichen**	EH 11
			5021		Beamte	EH 11
				50211	Dienstbezüge	
				50212	Leistungszulagen	
				50219	Sonstige	
			5022		Arbeitnehmer	EH 11
				50221	Vergütungen	
				50222	Leistungszulagen	
				50229	Sonstige	
			5029		Sonstige	EH 11
				50291	Vergütungen	
				50292	Leistungszulagen	
				50299	Sonstige	
		503			**Beiträge zu Versorgungskassen**	EH 11
					Umlagen und Beiträge zu Pensions-, Versorgungs- und Zusatzversorgungskassen; auch Zuführungen an eigene Pensions-, Versorgungs- und Zusatzversorgungskassen ohne Sonderrechnung.	
			5031		Beamte	EH 11
			5032		Arbeitnehmer	EH 11
			5039		Sonstige	EH 11
		504			**Beiträge zur gesetzlichen Sozialversicherung**	EH 11
			5041		Beamte (u.a. Nachversicherung)	EH 11
			5042		Arbeitnehmer	EH 11
			5049		Sonstige	EH 11
		505			**Beihilfen, Unterstützungsleistungen und dergleichen**	EH 11
			5051		Beamte	EH 11
			5052		Arbeitnehmer	EH 11
			5059		Sonstige	EH 11
		506			**Personalnebenaufwendungen**	EH 11
			5061		Beamte	EH 11
				50611	Trennungsgeld sowie Entschädigungen nach der Trennungsgeldverordnung	EH 11
				50612	Umzugskostenerstattung	EH 11
				50613	Fahrtkostenzuschüsse für die Fahrt zwischen Wohnung und Arbeitsstätte	EH 11
				50614	Prämien für Arbeitnehmererfindungen	EH 11
				50615	Prämien im Vorschlagswesen	EH 11
				50616	Leistungsprämien	EH 11
				50619	Sonstige	EH 11
			5062		Arbeitnehmer	EH 11
				50621	Trennungsgeld sowie Entschädigungen nach der Trennungsgeldverordnung	EH 11
				50622	Umzugskostenerstattung	EH 11

Kontenrahmenplan / Kontenklasse 5

Kontenklasse	Kontengruppe	Kontenart	Konto	Unterkonto	Bezeichnung	Position Ergebnis-haushalt (EH) Finanz-haushalt (FH)
				50623	Fahrtkostenzuschüsse für die Fahrt zwischen Wohnung und Arbeitsstätte	EH 11
				50624	Prämien für Arbeitnehmererfindungen	EH 11
				50625	Prämien im Vorschlagswesen	EH 11
				50626	Leistungsprämien	EH 11
				50629	Sonstige	EH 11
			5069		Sonstige	EH 11
				50691	Trennungsgeld sowie Entschädigungen nach der Trennungs-geldverordnung	EH 11
				50692	Umzugskostenerstattung	EH 11
				50693	Fahrtkostenzuschüsse für die Fahrt zwischen Wohnung und Arbeitsstätte	EH 11
				50694	Prämien für Arbeitnehmererfindungen	EH 11
				50695	Prämien im Vorschlagswesen	EH 11
				50696	Leistungsprämien	EH 11
				50699	Sonstige	EH 11
		507			**Zuführungen zu Pensionsrückstellungen u.ä. Verpflichtungen**	EH 11
			5071		Beamte	EH 11
				50711	Pensionsrückstellungen	EH 11
				50712	Beihilferückstellungen	EH 11
			5072		Arbeitnehmer	EH 11
				50721	Beihilferückstellungen	EH 11
			5079		Sonstige	EH 11
				50791	Ehrensoldrückstellungen	EH 11
				50799	Sonstige	EH 11
		508			**Zuführungen zu Rückstellungen für nicht genommenen Urlaub, Überstunden u.ä.**	EH 11
			5081		Beamte	EH 11
			5082		Arbeitnehmer	EH 11
			5089		Sonstige	EH 11
		509			**Pauschalierte Lohnsteuer (auch Zahlungen über Knappschaft)**	EH 11
	51				**Versorgungsaufwendungen**	EH 12
		511			**Versorgungsaufwendungen**	EH 12
			5111		Beamte	EH 12
			5112		Arbeitnehmer	EH 12
			5113		ehrenamtlich Tätige	EH 12
			5119		Sonstige	EH 12
		512			**Nicht besetzt**	-
		513			**Beiträge zur gesetzlichen Sozialversicherung**	EH 12
			5131		Beamte	EH 12
			5132		Arbeitnehmer	EH 12
			5139		Sonstige	EH 12
		514			**Unterstützungsleistungen und dergleichen**	EH 12
			5141		Beamte	EH 12
			5142		Arbeitnehmer	EH 12
			5149		Sonstige	EH 12
		515			**Zuführungen zu Pensionsrückstellungen u.ä. Verpflichtungen**	EH 12
			5151		Beamte	EH 12
			5152		Arbeitnehmer	EH 12
			5159		Sonstige	EH 12
		516			**Zuführungen zu Beihilferückstellungen**	EH 12
			5161		Beamte	EH 12
			5162		Arbeitnehmer	EH 12
			5169		Sonstige	EH 12
		517			**Zuführungen zu Ehrensoldrückstellungen**	EH 12
		518			**Nicht besetzt**	

Kontenrahmenplan / Kontenklasse 5					
Kontenklasse	Kontengruppe	Kontenart	Konto	Unterkonto	Position
				Bezeichnung	Ergebnis-haushalt (EH) Finanz-haushalt (FH)
		519		**Nicht besetzt**	
52				**Aufwendungen für Sach- und Dienstleistungen**	EH 13
		521		**Aufwendungen für Fertigung, Vertrieb und Waren**	EH 13
		522		**Aufwendungen für Energie / Wasser / Abwasser / Abfall**	EH 13
		523		**Aufwendungen für Unterhaltung und Bewirtschaftung**	EH 13
			5231	Unterhaltung der Grundstücke, Außenanlagen, Gebäude und Gebäudeeinrichtungen	EH 13
			52311	Grundstücke	EH 13
			52312	Außenanlagen	EH 13
			52313	Gebäude einschließlich der Bestandteile, die dem Gebäude zuzurechnen sind	EH 13
			52314	Betriebsvorrichtungen, die im Gebäude eingebaut sind	EH 13
			5232	Bewirtschaftung der Grundstücke, Außenanlagen, Gebäude und Gebäudeeinrichtungen	EH 13
			52321	Grundstücke	EH 13
			52322	Außenanlagen	EH 13
			52323	Gebäude einschließlich der Bestandteile, die dem Gebäude zuzurechnen sind	EH 13
			52324	Betriebsvorrichtungen, die im Gebäude eingebaut sind	EH 13
			5233	Unterhaltung des Infrastrukturvermögens	EH 13
			52331	Brücken, Tunnel und ingenieurtechnische Anlagen	EH 13
			52332	Gleisanlagen mit Streckenausrüstung und Sicherheitsanlagen	EH 13
			52333	Stromversorgungsanlagen	EH 13
			52334	Gasversorgungsanlagen	EH 13
			52335	Wasserversorgungsanlagen	EH 13
			52336	Abfallbeseitigungsanlagen	EH 13
			52337	Entwässerungs- und Abwasserbeseitigungsanlagen	EH 13
			52338	Straßen, Wege, Plätze und Verkehrslenkungsanlagen	EH 13
			52339	Sonstiges	EH 13
			5234	Unterhaltung von Kunstgegenständen und Denkmälern	EH 13
			52341	Denkmäler (Grundstücke und bauliche Anlagen)	EH 13
			52342	Kunstgegenstände	EH 13
			52349	Sonstige	EH 13
			5235	Fahrzeugunterhaltung	EH 13
			52351	Wartungs- und Instandsetzungskosten	EH 13
			52352	Betriebs- und Schmierstoffe	EH 13
			52353	Reifen	EH 13
			52359	Sonstige	EH 13
			5236	Unterhaltung der Maschinen und technischen Anlagen	EH 13
			5237	Unterhaltung der Betriebs- und Geschäftsausstattung	EH 13
			5238	Geringwertige Geräte, Ausstattungs-, Ausrüstungs- und sonstige Gebrauchsgegenstände	EH 13
		524		**Weitere Verwaltungs- und Betriebsaufwendungen**	EH 13
			5241	Schülerbeförderungskosten	EH 13
			5242	Essenskosten	EH 13
			5243	Aufwand für Schülerbetreuung	EH 13
			5244	Laborbedarf, Werkstättenbedarf, Lebensmittel, Arzneimittel, Verbandsstoffe, Sanitätsverbrauchsmaterial, Baumaterial, sonstiger Anstaltsbedarf, Saat- und Pflanzgut	EH 13
			5245	Verbrauchsmittel an Schulen: Lehr- und Unterrichtsmittel (Landkarten, Filme, Zeichnungen, physikalische und chemische Stoffe), Schulbücher, Werkstoffe	EH 13
			5246	Erwerb von Kunstsammlungen, wissenschaftlichen Sammlungen, Bibliotheken und sonstigen Sammlungen	EH 13
			5247	Sonstige Verbrauchsmittel	EH 13
			5248	Sonstige bezogene Leistungen	EH 13

Kontenrahmenplan / Kontenklasse 5

Kontenklasse	Kontengruppe	Kontenart	Konto	Unterkonto	Bezeichnung	Position Ergebnis-haushalt (EH) Finanz-haushalt (FH)
			5249		Sonstige Aufwendungen für Sachleistungen	EH 13
		525			**Kostenerstattungen**	EH 13
			5251		an verbundene Unternehmen	EH 13
			5252		an Unternehmen, mit denen ein Beteiligungsverhältnis besteht	EH 13
			5253		an Sondervermögen	EH 13
				52531	an Eigenbetriebe	EH 13
				52539	an Sonstige	EH 13
			5254		an den öffentlichen Bereich	EH 13
				52540	an die EU	EH 13
				52541	an den Bund	EH 13
				52542	an das Land	EH 13
				52543	an Gemeinden und Gemeindeverbände	EH 13
				52544	an Zweckverbände	EH 13
				52545	an Anstalten	EH 13
				52546	an Sparkassen	EH 13
				52547	an rechtsfähige Stiftungen	EH 13
				52548	an sonstige öffentliche Sonderrechnungen	EH 13
				52549	an den sonstigen öffentlichen Bereich	EH 13
			5255		an den privaten Bereich	EH 13
				52551	an private Unternehmen	EH 13
				52559	an den sonstigen privaten Bereich	EH 13
			5259		an Sonstige	EH 13
		526			**Nicht besetzt**	
		527			**Nicht besetzt**	
		528			**Nicht besetzt**	
		529			**Sonstige Aufwendungen für Sach- und Dienstleistungen**	EH 13
			5291		sonstige Aufwendungen für Sachleistungen	EH 13
			5292		sonstige Aufwendungen für Dienstleistungen	EH 13
	53				**Bilanzielle Abschreibungen**	EH 14
		531			**Nicht besetzt**	-
		532			**Abschreibungen auf immaterielle Vermögensgegenstände**	EH 14
			5321		gewerbliche Schutzrechte und ähnliche Rechte und Werte sowie Lizenzen an solchen Rechten und Werten	EH 14
			5322		immaterielle Vermögensgegenstände aus geleisteten Zuwendungen	EH 14
			5323		gezahlte Investitionszuschüsse als Nutzungsberechtigter	EH 14
			5324		einen Geschäfts- oder Firmenwert	EH 14
			5325		geringwertige immaterielle Vermögensgegenstände	EH 14
			5329		Anzahlungen auf immaterielle Vermögensgegenstände	EH 14
		533			**Abschreibungen auf unbebaute Grundstücke und grundstücksgleiche Rechte**	EH 14
		534			**Abschreibungen auf bebaute Grundstücke und grundstücksgleiche Rechte**	EH 14
			5341		mit Wohnbauten	EH 14
			5342		mit sozialen Einrichtungen	EH 14
			5343		mit Schulgebäuden und Schulturnhallen	EH 14
			5344		mit Kulturanlagen	EH 14
			5345		mit Sportanlagen	EH 14
			5346		mit Gartenanlagen	EH 14
			5347		mit Verwaltungsgebäuden	EH 14
			5349		mit sonstigen Gebäuden	EH 14
		535			**Abschreibungen auf das Infrastrukturvermögen (einschließlich Grundstücke und grundstücksgleiche Rechte)**	EH 14
			5351		Brücken, Tunnel und ingenieurtechnische Anlagen	EH 14
			5352		Gleisanlagen mit Streckenausrüstung und Sicherheitsanlagen	EH 14
			5353		Stromversorgungsanlagen	EH 14
			5354		Gasversorgungsanlagen	EH 14

Kontenrahmenplan / Kontenklasse 5

Kontenklasse	Kontengruppe	Kontenart	Konto	Unterkonto	Bezeichnung	Position Ergebnis-haushalt (EH) Finanz-haushalt (FH)
			5355		Wasserversorgungsanlagen	EH 14
			5356		Abfallbeseitigungsanlagen	EH 14
			5357		Entwässerungs- und Abwasserbeseitigungsanlagen	EH 14
			5358		Straßen, Wege, Plätze und Verkehrs-lenkungsanlagen	EH 14
			5359		sonstige Bauten des Infrastrukturvermögens	EH 14
		536			**Abschreibungen auf Bauten auf fremdem Grund und Boden**	EH 14
			5361		Wohnbauten	EH 14
			5362		soziale Einrichtungen	EH 14
			5363		Schulgebäuden und Schulturnhallen	EH 14
			5364		Kulturanlagen	EH 14
			5365		Sportanlagen	EH 14
			5366		Gartenanlagen	EH 14
			5367		Verwaltungsgebäude	EH 14
			5368		Grundstückseinrichtungen	EH 14
			5369		sonstige Gebäuden	EH 14
		537			**Abschreibungen auf Kunstgegenstände, Denkmäler**	EH 14
			5371		Kunstgegenstände	EH 14
			5372		Kulturdenkmäler	EH 14
			5373		Denkmalzonen	EH 14
		538			**Abschreibungen auf Fahrzeuge, Maschinen und technische Anlagen, Betriebs- und Geschäftsausstattung**	EH 14
			5381		Fahrzeuge	EH 14
			5382		Maschinen und technische Anlagen	EH 14
			5383		Betriebsvorrichtungen	EH 14
			5384		technische Ausgleichsmaßnahmen	EH 14
			5385		Betriebs- und Geschäftsausstattung	EH 14
				53831	Betriebsvorrichtungen	EH 14
				53832	Betriebsausstattung	EH 14
				53833	Geschäftsausstattung	EH 14
			5386		Nutzpflanzungen und Nutztiere	EH 14
		539			**Sonstige Abschreibungen und außerplanmäßige Abschreibungen**	EH 14
			5391		außerplanmäßige Abschreibungen auf immaterielle Vermögensgegenstände	EH 14
			5392		außerplanmäßige Abschreibungen auf Sachanlagen	EH 14
			5393		Abschreibungen auf Finanzanlagen	EH 14
			5394		Abschreibungen auf das Umlaufvermögen	EH 14
			5399		Sonstige Abschreibungen	EH 14
	54				**Zuwendungen, Umlagen und sonstige Transferaufwen-dungen**	EH 16
		541			**Zuweisungen und Zuschüsse für laufende Zwecke**	EH 16
			5411		an verbundene Unternehmen	EH 16
			5412		an Unternehmen, mit denen ein Beteiligungsverhältnis besteht	EH 16
			5413		an Sondervermögen	EH 16
				54131	an Eigenbetriebe	EH 16
				54139	Sonstige	EH 16
			5414		an den öffentlichen Bereich	EH 16
				54140	an die EU	EH 16
				54141	an den Bund	EH 16
				54142	an das Land	EH 16
				54143	an Gemeinden und Gemeindeverbände	EH 16
				54144	an Zweckverbände	EH 16
					Aufwendungen für Zweckverbandsumlage, soweit beim Zweckverband nur ein Aufgabenzweck (sonst 5443)	
				54145	an Anstalten	EH 16
				54146	an Sparkassen	EH 16

Kontenrahmenplan / Kontenklasse 5

Kontenklasse	Kontengruppe	Kontenart	Konto	Unterkonto	Bezeichnung	Position Ergebnis-haushalt (EH) Finanz-haushalt (FH)
				54147	an rechtsfähige Stiftungen	EH 16
				54148	an sonstige öffentliche Sonderrechnungen	EH 16
				54149	an sonstiger öffentlicher Bereich	EH 16
			5415		an den privaten Bereich	EH 16
				54151	an private Unternehmen	EH 16
				54159	an den sonstigen privaten Bereich	EH 16
			5419		an Sonstige	EH 16
		542			**Schuldendiensthilfen**	EH 16
			5421		an verbundene Unternehmen	EH 16
			5422		an Unternehmen, mit denen ein Beteiligungsverhältnis besteht	EH 16
			5423		an Sondervermögen	EH 16
				54231	an Eigenbetriebe	EH 16
				54239	an Sonstige	EH 16
			5424		an den öffentlichen Bereich	EH 16
				54240	an die EU	EH 16
				54241	an den Bund	EH 16
				54242	an das Land	EH 16
				54243	an Gemeinden und Gemeindeverbände	EH 16
				54244	an Zweckverbände	EH 16
				54245	an Anstalten	EH 16
				54246	an Sparkassen	EH 16
				54247	an rechtsfähige Stiftungen	EH 16
				54248	an sonstige öffentliche Sonderrechnungen	EH 16
				54249	an den sonstigen öffentlichen Bereich	EH 16
			5425		an den privaten Bereich	EH 16
				54251	an private Unternehmen	EH 16
				54259	an den sonstigen privaten Bereich	EH 16
			5429		an Sonstige	EH 16
		543			**Aufwendungen wegen Steuerbeteiligungen und dgl.**	EH 16
			5431		Gewerbesteuerumlage	EH 16
			5439		Sonstige	EH 16
		544			**Allgemeine Umlagen**	EH 16
			5441		Allgemeine Umlagen an das Land	EH 16
				54411	Finanzierungsbeteiligung Fonds Deutsche Einheit	EH 16
				54412	Finanzausgleichsumlage	EH 16
				54413	nachträglicher Aufwand aus der Abrechnung des Solidarbeitrags	EH 16
				54419	Sonstige	EH 16
			5442		Allgemeine Umlagen an Gemeindeverbände	EH 16
				54421	Landkreise	EH 16
				54422	Bezirksverband Pfalz	EH 16
				54423	Verbandsgemeinden	EH 16
			5443		Allgemeine Umlagen an Zweckverbände	EH 16
					Aufwendungen für Zweckverbandsumlage, soweit beim Zweckverband nur mehrere Aufgabenzwecke (sonst 54144)	
			5449		Sonstige	EH 16
		545			**Sonstige Transferaufwendungen**	EH 16
		546			**Allgemeine Zuweisungen**	EH 16
					Rückzahlungen von allgemeinen Zuweisungen, soweit nicht im gleichen Haushaltsjahr von den Erträgen abgesetzt.	
			5460		an die EU	EH 16
			5461		an den Bund	EH 16
			5462		an das Land	EH 16
			5463		an Gemeinden und Gemeindeverbände	EH 16
			5464		an Zweckverbände	EH 16
			5465		an Anstalten	EH 16

Kontenrahmenplan / Kontenklasse 5

Kontenklasse	Kontengruppe	Kontenart	Konto	Unterkonto	Bezeichnung	Position Ergebnis-haushalt (EH) Finanz-haushalt (FH)
			5466		an Sparkassen	EH 16
			5467		an rechtsfähige Stiftungen	EH 16
			5468		an sonstige öffentliche Sonderrechnungen	EH 16
			5469		an den sonstigen öffentlichen Bereich	EH 16
		547			**Nicht besetzt**	
		548			**Nicht besetzt**	
		549			**Nicht besetzt**	
	55				**Aufwendungen der sozialen Sicherung**	EH 17
		551			**Leistungen nach SGB II**	EH 17
			5511		Kosten der Unterkunft und Heizung (§ 22 SGB II)	EH 17
				55111	Kosten der Unterkunft und Heizung (§ 22 Abs. 1, 2 und 2a SGB II)	EH 17
				55112	Umzugs- und Wohungsbeschaffungskosten (§ 22 Abs. 3 SGB II)	EH 17
			5512		einmalige Leistungen des kommunalen Trägers	EH 17
				55121	einmalige Leistungen (§ 23 Abs. 3 Nr. 1 SGB II - Erstausstattung Wohnung / Haushaltsgeräte)	EH 17
				55122	einmalige Leistungen (§ 23 Abs. 3 Nr. 2 SGB II - Erstausstattung Bekleidung einschl. Schwangerschaft und Geburt)	EH 17
				55123	einmalige Leistungen (§ 23 Abs. 3 Nr. 3 SGB II - mehrtätige Klassenfahrten)	EH 17
			5513		laufende Leistungen (Kapitel 2 Abschnitt 3 SGB II)	EH 17
				55131	Arbeitslosengeld II (§ 19 SGB II)	EH 17
				55132	Sozialgeld (§ 28 SGB II)	EH 17
				55133	Beiträge zur Kranken-, Pflegeversicherung (§ 26 SGB II)	EH 17
				55134	Beiträge zur Rentenversicherung (§ 26 SGB II)	EH 17
			5514		Leistungen zur Eingliederung von Arbeitsuchenden (§ 16 Abs. 2 Satz 2 Nr. 1 bis 4 SGB II)	EH 17
			5515		Leistungen zur Eingliederung von Arbeitsuchenden (§ 16 Abs. 2 Satz 2 Nr. 5 und 6, Abs. 3 und 4 SGB II)	EH 17
				55151	Leistungen zur Eingliederung von Arbeitsuchenden (§ 16 Abs. 2 Satz 2 Nr. 5 und 6 SGB II)	EH 17
				55152	Leistungen zur Eingliederung von Arbeitsuchenden (§ 16 Abs. 3 SGB II)	EH 17
				55153	Leistungen zur Eingliederung von Arbeitsuchenden (§ 16 Abs. 4 SGB II)	EH 17
		552			**Kostenbeteiligungen und -erstattungen nach SGB II**	EH 17
			5522		an Landkreise	EH 17
			5524		an Arbeitsgemeinschaften	EH 17
				55241	Kosten der Unterkunft und Heizung	EH 17
				55242	Einmalige Leistungen	EH 17
		553			**Leistungen nach SGB XII**	EH 17
			5531		Leistungen außerhalb von Einrichtungen überörtlicher Träger mit eigener Kostenbeteiligung	EH 17
			5532		Leistungen außerhalb von Einrichtungen überörtlicher Träger ohne eigene Kostenbeteiligung	EH 17
			5533		Leistungen außerhalb von Einrichtungen örtlicher Träger mit eigener Kostenbeteiligung	EH 17
			5534		Leistungen außerhalb von Einrichtungen örtlicher Träger ohne eigene Kostenbeteiligung	EH 17
			5535		Leistungen innerhalb von Einrichtungen überörtlicher Träger mit eigener Kostenbeteiligung	EH 17
			5536		Leistungen innerhalb von Einrichtungen überörtlicher Träger ohne eigene Kostenbeteiligung	EH 17
			5537		Leistungen innerhalb von Einrichtungen örtlicher Träger mit eigener Kostenbeteiligung	EH 17
			5538		Leistungen innerhalb von Einrichtungen örtlicher Träger ohne eigene Kostenbeteiligung	EH 17

Kontenrahmenplan / Kontenklasse 5

Kontenklasse	Kontengruppe	Kontenart	Konto	Unterkonto	Bezeichnung	Position Ergebnis-haushalt (EH) Finanz-haushalt (FH)
			5539		Sonstige Leistungen	EH 17
		554			**Kostenbeteiligungen und -erstattungen nach SGB XII**	EH 17
			5541		Kostenbeteiligungen nach AGSGB XII überörtliche Träger	EH 17
				55411	an das Land	EH 17
				55412	an Landkreise	EH 17
				55413	an Gemeinden	EH 17
			5542		Kostenbeteiligungen nach AGSGB XII örtliche Träger	EH 17
				55421	an den Bund	EH 17
				55422	an das Land	EH 17
				55423	an Gemeinden	EH 17
				55424	an Landkreise/kreisfreie Städte	EH 17
				55429	an Sonstige	EH 17
			5543		Kostenerstattungen an andere Sozialhilfeträger	EH 17
		555			**Leistungen nach SGB VIII**	EH 17
			5551		Leistungen außerhalb von Einrichtungen	EH 17
			5552		Leistungen innerhalb von Einrichtungen (in voll- und teilstationären Einrichtungen)	EH 17
			5559		Sonstige Leistungen	EH 17
		556			**Kostenbeteiligungen und -erstattungen nach SGB VIII**	EH 17
			5561		Kostenbeteiligungen nach SGB VIII - innerhalb von Einrichtungen	EH 17
				55611	an Land	EH 17
				55612	an Landkreise / kreisfreie Städte	EH 17
				55613	an Gemeinden	EH 17
				55619	an Sonstige	EH 17
			5562		Kostenbeteiligungen nach SGB VIII - außerhalb von Einrichtungen	EH 17
				55621	an Land	EH 17
				55622	an Landkreise / kreisfreie Städte	EH 17
				55623	an Gemeinden	EH 17
				55629	an Sonstige	EH 17
			5563		Kostenerstattungen nach SGB VIII - innerhalb von Einrichtungen	EH 17
				55631	an Bund	EH 17
				55632	an Land	EH 17
				55633	an Landkreise / kreisfreie Städte	EH 17
				55634	an Gemeinden	EH 17
				55639	an Sonstige	EH 17
			5564		Kostenerstattungen nach SGB VIII - außerhalb von Einrichtungen	EH 17
				55641	an Bund	EH 17
				55642	an Land	EH 17
				55643	an Landkreise / kreisfreie Städte	EH 17
				55644	an Gemeinden	EH 17
				55649	an Sonstige	EH 17
		557			**sonstige Leistungen**	EH 17
			5571		Leistungen nach dem AsylbLG	EH 17
			5572		Kriegsopferfürsorge	EH 17
			5573		Leistungen nach dem Gesetz zur Sicherung des Unterhalts von Kindern alleinstehender Mütter und Väter durch Unterhaltsvorschüsse oder -ausfallleistungen (UhVorschG)	EH 17
			5574		Vollzug des Betreuungsgesetzes (BtG)	EH 17
			5575		Hilfe für Heimkehrer und politische Häftlinge	EH 17
			5576		Leistungen nach dem Landesblindengesetz (LBlindenGG) und Landespflege-geldgesetz ((LPflGG)	EH 17
			5577		Leistungen nach dem Bundeserziehungsgeldgesetz (BErzGG)/Bundeselterngeldgesetz	EH 17
			5579		Sonstige	EH 17

Kontenrahmenplan / Kontenklasse 5

Kontenklasse	Kontengruppe	Kontenart	Konto	Unterkonto	Bezeichnung	Position Ergebnis-haushalt (EH) Finanz-haushalt (FH)
		558			**Kostenbeteiligungen und -erstattungen für sonstige Leistungen**	EH 17
			5581		Leistungen nach dem AsylbLG	EH 17
			5582		Kriegsopferfürsorge	EH 17
			5583		Leistungen nach dem Unterhaltsvorschussgesetz	EH 17
			5584		Vollzug des Betreuungsgesetzes	EH 17
			5585		Hilfe für Heimkehrer und politische Häftlinge	EH 17
			5586		Leistungen nach dem Landesblindengesetz und Landespflege-geldgesetz	EH 17
			5589		Sonstige	EH 17
		559			**Zuweisungen und Zuschüsse für laufende Zwecke des Bereichs soziale Sicherung**	EH 17
			5590		an verbundene Unternehmen	EH 17
			5591		an Unternehmen, mit denen ein Beteiligungsverhältnis besteht	EH 17
			5593		an Sondervermögen	EH 17
				55931	an Eigenbetriebe	EH 17
				55932	an sonstige Sondervermögen	EH 17
			5594		an den öffentlichen Bereich	EH 17
				55941	an die EU	EH 17
				55942	an den Bund	EH 17
				55943	an das Land	EH 17
				55944	an Gemeinden und Gemeindeverbände	EH 17
				55945	an Zweckverbände	EH 17
				55946	an Anstalten	EH 17
				55947	an rechtsfähige Stiftungen	EH 17
				55948	an sonstige öffentliche Sonderrechnungen	EH 17
				55949	an den sonstigen öffentlichen Bereich	EH 17
			5595		an private Unternehmen	EH 17
			5596		an Sparkassen	EH 17
			5599		an übrige Bereiche	EH 17
	56				**Sonstige laufende Aufwendungen**	EH 18
		561			**Sonstige Personal- und Versorgungsaufwendungen**	EH 18
			5611		Aufwendungen für Personaleinstellungen	EH 18
			5612		Aufwendungen für Aus- und Fortbildung, Umschulung	EH 18
			5613		Aufwendungen für übernommene Reisekosten für Dienstreisen und Dienstgänge	EH 18
				56131	Fahrtkostenerstattung	EH 18
				56132	Verpflegungsmehraufwendungen	EH 18
				56133	Sonstiges	EH 18
			5614		Aufwendungen für allgemeine Betreuung der Bediensteten	EH 18
			5615		Aufwendungen für Dienst- und Schutzkleidung, persönliche Ausrüstungsgegenstände	EH 18
			5619		Sonstige Personalnebenaufwendungen	EH 18
		562			**Aufwendungen für die Inanspruchnahme von Rechten und Diensten**	EH 18
			5621		Mieten, Pachten und Erbbauzinsen	EH 18
			5622		Leasing	EH 18
			5623		Leiharbeitskräfte	EH 18
			5624		Datenverarbeitung	EH 18
				56241	laufende Lizenzaufwendungen	EH 18
				56242	laufende Beratung	EH 18
				56243	Unterhaltung Software, Updates	EH 18
				56244	Unterhaltung Hardware	EH 18
				56249	Sonstige	EH 18
			5625		Sachverständigen-, Gerichts- und ähnliche Aufwendungen	EH 18
				56251	Vergütungen einschließlich Reisekosten an Sachverständige	EH 18

Kontenrahmenplan / Kontenklasse 5

Kontenklasse	Kontengruppe	Kontenart	Konto	Unterkonto	Bezeichnung	Position Ergebnis-haushalt (EH) Finanz-haushalt (FH)
				56252	Gebühren für Kassen-, Rechnungs- und Organisationsprüfungen usw.	EH 18
				56253	Gerichts-, Anwalts-, Notar-, Gerichtsvollzieherkosten usw.	EH 18
				56254	Erstattung von Auslagen an Prozess- und Vertragsgegner	EH 18
				56255	Aufwendungen für die Erstellung von Bebauungsplänen	EH 18
				56259	Sonstige	EH 18
			5629		Sonstige Aufwendungen für die Inanspruchnahme von Rechten und Diensten	EH 18
		563			**Geschäftsaufwendungen**	EH 18
			5631		Büromaterial	EH 18
			5632		Fachliteratur, Zeitschriften	EH 18
				56321	Bücher	EH 18
				56322	Zeitschriften	EH 18
				56323	Zeitungen	EH 18
				56324	Gesetz-, Verordnungs-, Amtsblätter	EH 18
				56325	Landkarten	EH 18
				56329	Sonstige	EH 18
			5633		Porto und Versandkosten	EH 18
				56331	Porto	EH 18
				56332	Sonstige Versandkosten	EH 18
				56333	Postfachgebühren	EH 18
				56334	Versandkosten Paketdienste	EH 18
				56339	Sonstige	EH 18
			5634		Telefon, Datenübertragungskosten	EH 18
				56341	Fernmeldegebühren	EH 18
				56342	Datenübertragungsgebühren	EH 18
				56343	Miete, Leasing	EH 18
				56344	Wartung	EH 18
				56345	Dienstanschlüsse in Wohnungen	EH 18
				56346	Rundfunk- und Fernsehgebühren	EH 18
				56349	Sonstige	EH 18
			5635		öffentliche Bekanntmachungen	EH 18
				56351	Annoncen	EH 18
				56352	Amtsblatt	EH 18
				56359	Sonstige	EH 18
			5636		Öffentlichkeitsarbeit	EH 18
			5637		Bankgebühren	EH 18
			5638		Transportkosten	EH 18
			5639		Sonstiges	EH 18
		564			**Aufwendungen für Beiträge, Versicherungen und Sonstiges**	EH 18
			5641		Versicherungsbeiträge	EH 18
				56411	Gebäudeversicherungen	EH 18
				56412	Kfz-Versicherungen	EH 18
				56413	Haftpflichtversicherungen	EH 18
				56414	Unfallversicherungen	EH 18
				56415	Rechtsschutzversicherungen	EH 18
				56416	Umlagen an Schadensausgleichskassen	EH 18
				56419	Sonstige Versicherungen	EH 18
			5642		Beiträge zu Wirtschaftsverbänden, Berufsvertretungen und Vereinen	EH 18
			5643		Sonstige Beiträge	EH 18
			5649		Sonstige	EH 18

Kontenrahmenplan / Kontenklasse 5

Kontenklasse	Kontengruppe	Kontenart	Konto	Unterkonto	Bezeichnung	Position Ergebnis-haushalt (EH) Finanz-haushalt (FH)
		565			**Verluste aus dem Abgang von Gegenständen des Anlagevermögens und des Umlaufvermögens, Wertminderungen des Umlaufvermögens, Einstellungen in Sonderposten, Zuführungen zu Rückstellungen.**	EH 18
			5651		Verluste aus dem Abgang von Gegenständen des Anlage-vermögens	EH 18
				56511	immateriellen Vermögensgegenstände	EH 18
				56512	Sachanlagen	EH 18
				56513	Finanzanlagen	EH 18
			5652		Verluste aus Wertminderungen und dem Abgang von Gegen-ständen des Umlaufvermögens (außer Vorräten und Wertpapieren)	EH 18
			5653		Verluste aus dem Abgang von Wertpapieren	EH 18
			5654		Kursverluste	EH 18
			5655		Wertberichtigungen zu Forderungen	EH 18
				56551	Einzelwertberichtigung	EH 18
				56552	Pauschalwertberichtigung	EH 18
			5656		Einstellungen und Zuschreibungen in die Sonderposten	EH 18
			5657		Aufwendungen zu Rückstellungen, soweit nicht unter anderen Aufwendungen erfassbar	EH 18
			5659		Sonstiges	EH 18
		566			**Aufwendungen für besondere Finanzauszahlungen**	EH 18
			5661		Aufwendungen für nicht rückzahlbare Zuweisungen für Investitionen	EH 18
			5662		Bußgelder	EH 18
			5663		Säumniszuschläge	EH 18
			5664		Aufwendungen aus der Inanspruchnahme von Gewährverträgen und Bürgschaften	EH 18
			5665		Fehlbelegungsabgabe	EH 18
			5669		sonstige Aufwendungen für besondere Finanzauszahlungen	EH 18
		567			**Aufwendungen für Steuern vom Einkommen und vom Ertrag**	EH 18
			5671		Gewerbesteuer	EH 18
			5672		Körperschaftsteuer	EH 18
			5673		Kapitalertragsteuer	EH 18
			5674		ausländische Quellensteuer	EH 18
			5679		Sonstige	EH 18
		568			**sonstige Steueraufwendungen**	EH 18
			5681		Grundsteuer	EH 18
			5682		Kraftfahrzeugsteuer	EH 18
			5683		Ausfuhrzölle	EH 18
			5684		Verbrauchsteuern	EH 18
			5689		sonstige betriebliche Steueraufwendungen	EH 18
		569			**sonstige laufende Aufwendungen der Verwaltungstätigkeit**	EH 18
			5691		Zuwendungen an Fraktionen	EH 18
			5692		Verfügungsmittel	EH 18
			5693		Repräsentationen	EH 18
			5694		Aufwendungen für Schadensfälle	EH 18
			5699		Sonstige	EH 18
	57				**Zinsaufwendungen und sonstige Finanzaufwendungen**	EH 22
		571			**an verbundene Unternehmen und Unternehmen, mit denen ein Beteiligungsverhältnis besteht**	EH 22
		572			**Aufwendungen aus der Verlustübernahme von assoziierten Tochterorganisationen**	EH 22
		573			**an Sondervermögen**	EH 22
			5731		an Eigenbetriebe	EH 22
			5739		an Sonstige	EH 22
		574			**an den öffentlichen Bereich**	EH 22
			5740		an die EU	EH 22

Kontenrahmenplan / Kontenklasse 5

Kontenklasse	Kontengruppe	Kontenart	Konto	Unterkonto	Bezeichnung	Position Ergebnis-haushalt (EH) Finanz-haushalt (FH)
			5741		an den Bund	EH 22
				57411	Lastenausgleichsfond	EH 22
				57412	ERP Sondervermögen	EH 22
				57413	sonstiges Sondervermögen des Bundes	EH 22
				57414	Bundesagentur für Arbeit	EH 22
				57419	Sonstiges	EH 22
			5742		an das Land	EH 22
			5743		an Gemeinden und Gemeindeverbände	EH 22
			5744		an Zweckverbände	EH 22
			5745		an Anstalten	EH 22
			5746		an rechtsfähige Stiftungen	EH 22
			5747		an sonstige öffentliche Sonderrechnungen	EH 22
				57471	an öffentliche Zusatzversorgungseinrichtungen	EH 22
				57472	an Sonstige	EH 22
			5749		an den sonstigen öffentlichen Bereich	EH 22
		575			**an den inländischen Geldmarkt**	EH 22
			5751		an inländische Kreditinstitute	EH 22
				57511	an Banken	EH 22
				57512	an Sparkassen	EH 22
				57513	an Bausparkassen	EH 22
				57514	an Girozentralen / Landesbanken	EH 22
				57519	an sonstige inländische Kreditinstitute	EH 22
			5752		an ausländische Kreditinstitute	EH 22
				57521	an Banken	EH 22
				57522	an Sonstige	EH 22
		576			**an den sonstigen inländischen Bereich**	EH 22
			5761		an Versicherungsunternehmen	EH 22
			5769		Sonstige	EH 22
		577			**an den ausländischen Geldmarkt**	EH 22
			5771		an inländische Kreditinstitute	EH 22
				57711	an Banken	EH 22
				57712	an Sparkassen	EH 22
				57713	an Bausparkassen	EH 22
				57714	an Girozentralen / Landesbanken	EH 22
				57719	an sonstige inländische Kreditinstitute	EH 22
			5772		an ausländische Kreditinstitute	EH 22
				57721	an Banken	EH 22
				57722	an Sonstige	EH 22
		578			**an den sonstigen ausländischen Bereich**	EH 22
		579			**Sonstige Zinsen und sonstige Finanzaufwendungen**	EH 22
			5791		aus der Vollverzinsung der Gewerbesteuer (§ 233a AO)	EH 22
			5792		aus der Verzinsung von sonstigen Steuernachforderungen	EH 22
			5793		Kreditbeschaffungskosten	EH 22
				57931	Disagio	EH 22
				57932	Sonstige Kreditbeschaffungskosten	EH 22
			5794		sonstige Verlustübernahmen	EH 22
			5799		Sonstige	EH 22
	58				**Aufwendungen aus internen Leistungsbeziehungen**	-
		581			**Aufwendungen aus internen Leistungsbeziehungen**	-
		582			**Nicht besetzt**	-
		583			**Nicht besetzt**	-
		584			**Nicht besetzt**	-
		585			**Nicht besetzt**	-
		586			**Nicht besetzt**	-
		587			**Nicht besetzt**	-

Kontenrahmenplan / Kontenklasse 5

Kontenklasse	Kontengruppe	Kontenart	Konto	Unterkonto	Bezeichnung	Position Ergebnishaushalt (EH) Finanzhaushalt (FH)
		588			Nicht besetzt	-
		589			Nicht besetzt	-
	59				Sonstige Aufwendungen	-
		591			Einstellungen in den Sonderposten für Belastungen aus dem kommunalen Finanzausgleich	EH 29
		592			Nicht besetzt	-
		593			Nicht besetzt	-
		594			Nicht besetzt	-
		595			Nicht besetzt	-
		596			Nicht besetzt	-
		597			Nicht besetzt	-
		598			Nicht besetzt	-
		599			Außerordentliche Aufwendungen	EH 26

Kontenrahmenplan / Kontenklasse 6

Kontenklasse	Kontengruppe	Kontenart	Konto	Unterkonto	Bezeichnung	Position Ergebnis-haushalt (EH) Finanz-haushalt (FH)
6					**Einzahlungen**	
	60				**Steuern und ähnliche Abgaben**	FH 1
		601			**Realsteuern**	FH 1
			6011		Grundsteuer A	FH 1
			6012		Grundsteuer B	FH 1
			6013		Gewerbesteuer	FH 1
				60131	Gewerbesteuerzahlungen laufendes Jahr	FH 1
				60132	Gewerbesteuernachzahlungen	FH 1
				601321	Gewerbesteuer Vorjahr	FH 1
				601322	Gewerbesteuer Vorjahr + 1	FH 1
				601323	Gewerbesteuer Vorjahr + 2	FH 1
				60133	Gewerbesteuererstattungen	FH 1
				601331	Gewerbesteuererstattungen Vorjahr	FH 1
				601332	Gewerbesteuererstattungen Vorjahr + 1	FH 1
				601333	Gewerbesteuererstattungen Vorjahr + 2	FH 1
		602			**Gemeindeanteile an den Gemeinschaftsteuern**	FH 1
			6021		Gemeindeanteil an der Einkommensteuer	FH 1
			6022		Gemeindeanteil an der Umsatzsteuer	FH 1
		603			**Sonstige Gemeindesteuern**	FH 1
			6031		Vergnügungssteuer für die Vorführung von Bildstreifen	FH 1
			6032		Sonstige Vergnügungssteuer	FH 1
			6033		Hundesteuer	FH 1
			6034		Jagdsteuer, Fischereiabgabe	FH 1
			6035		Zweitwohnungssteuer	FH 1
			6036		Schankerlaubnissteuer	FH 1
			6037		Grunderwerbsteuer (Altfälle)	FH 1
			6039		Sonstige	FH 1
		604			**Steuerähnliche Einzahlungen**	FH 1
			6041		Abgaben von Spielbanken	FH 1
			6042		Befreiung vom Feuerlöschdienst	FH 1
			6049		Sonstige	FH 1
		605			**Ausgleichsleistungen**	FH 1
			6050		von der EU	FH 1
			6051		vom Bund	FH 1
			6052		vom Land	FH 1
				60521	Familienleistungsausgleich	FH 1
				60529	Sonstige	FH 1
			6053		von Gemeinden und Gemeindeverbänden	FH 1
			6054		Grundsicherung für Arbeitssuchende	FH 1
				60541	Leistungen wegen der Umsetzung der Grundsicherung für Arbeitssuchende (Optionsgemeinden)	FH 1
				60542	Leistungsbeteiligung für die Umsetzung der Grundsicherung für Arbeitssuchende (Arbeitsgemeinschaften)	FH 1
				60543	Leitungen vom Land für den Ausgleich von Sonderlasten bei der Zusammenführung von Arbeitslosen- und Sozialhilfe	FH 1
			6059		Sonstige	FH 1
		606			**Nicht besetzt**	-
		607			**Nicht besetzt**	-
		608			**Nicht besetzt**	-
		609			**Nicht besetzt**	-
	61				**Zuwendungen, allgemeine Umlagen und sonstige Transfereinzahlungen**	FH 2

Kontenrahmenplan / Kontenklasse 6

Kontenklasse	Kontengruppe	Kontenart	Konto	Unterkonto	Bezeichnung	Position Ergebnis-haushalt (EH) Finanz-haushalt (FH)
		611			**Schlüsselzuweisungen**	FH 2
			6111		vom Land	FH 2
				61111	Schlüsselzuweisung A	FH 2
				61112	Schlüsselzuweisung B1	FH 2
				61113	Schlüsselzuweisung B2	FH 2
				61114	Investitionsschlüsselzuweisungen (die nicht in einem Sonderposten zu erfassen sind)	FH 2
		612			**Zuweisungen zum Ausgleichsstock**	FH 2
			6121		vom Land	FH 2
		613			**Sonstige allgemeine Zuweisungen**	FH 2
			6130		von der EU	FH 2
			6131		vom Bund	FH 2
			6132		vom Land	FH 2
			6133		von Gemeinden und Gemeindeverbänden	FH 2
		614			**Zuweisungen und Zuschüsse für laufende Zwecke**	FH 2
			6141		von verbundenen Unternehmen	FH 2
			6142		von Unternehmen, mit denen ein Beteiligungsverhältnis besteht	FH 2
			6143		von Sondervermögen	FH 2
				61431	von Eigenbetrieben	FH 2
				61439	von Sonstigen	FH 2
			6144		vom öffentlichen Bereich	FH 2
				61440	von der EU	FH 2
				61441	vom Bund	FH 2
				61442	vom Land	FH 2
				61443	von Gemeinden und Gemeindeverbänden	FH 2
				61444	von Zweckverbänden	FH 2
				61445	von Anstalten	FH 2
				61446	von Sparkassen	FH 2
				61447	von rechtsfähigen Stiftungen	FH 2
				61448	von sonstigen öffentlichen Sonderrechnungen	FH 2
				61449	vom sonstigen öffentlichen Bereich	FH 2
			6145		vom privaten Bereich	FH 2
				61451	von privaten Unternehmen	FH 2
				61459	vom sonstigen privaten Bereich	FH 2
			6149		von Sonstigen	FH 2
		615			**Nicht besetzt**	
		616			**Allgemeine Umlagen**	FH 2
			6161		vom Land	FH 2
			6162		von Gemeinden und Gemeindeverbänden	FH 2
		617			**Nicht besetzt**	EH 2
		618			**Schuldendiensthilfen**	FH 2
			6181		von verbundenen Unternehmen	FH 2
			6182		von Unternehmen, mit denen ein Beteiligungsverhältnis besteht	FH 2
			6183		von Sondervermögen	FH 2
				61831	von Eigenbetrieben	FH 2
				61839	von Sonstigen	FH 2
			6184		vom öffentlichen Bereich	FH 2
				61840	von der EU	FH 2
				61841	vom Bund	FH 2
				61842	vom Land	FH 2
				61843	von Gemeinden und Gemeindeverbänden	FH 2
				61844	von Zweckverbänden	FH 2
				61845	von Anstalten	FH 2

Kontenrahmenplan / Kontenklasse 6

Kontenklasse	Kontengruppe	Kontenart	Konto	Unterkonto	Bezeichnung	Position Ergebnis-haushalt (EH) Finanz-haushalt (FH)
				61846	von Sparkassen	FH 2
				61847	von rechtsfähigen Stiftungen	FH 2
				61848	von sonstigen öffentlichen Sonderrechnungen	FH 2
				61849	vom sonstigen öffentlichen Bereich	FH 2
			6185		vom privaten Bereich	FH 2
				61851	von privaten Unternehmen	FH 2
				61859	vom sonstigen Bereich	FH 2
			6189		von Sonstigen	FH 2
		619			**Sonstige Transfereinzahlungen**	FH 2
	62				**Einzahlungen der sozialen Sicherung**	FH 3
		621			**Ersatz von sozialen Leistungen außerhalb von Einrichtungen**	FH 3
			6211		Kostenbeiträge und Aufwendungsersatz, Kostenersatz	FH 3
				62111	des überörtlichen Trägers mit eigener Kostenbeteiligung	FH 3
				62112	des überörtlichen Trägers ohne eigene Kostenbeteiligung	FH 3
				62113	des örtlichen Trägers mit eigener Kostenbeteiligung	FH 3
				62114	des örtlichen Trägers ohne eigene Kostenbeteiligung	FH 3
			6212		Unterhaltungsansprüche gegen bürgerlich-rechtlich Unterhalts-verpflichtete	FH 3
				62121	des überörtlichen Trägers mit eigener Kostenbeteiligung	EH 3
				62122	des überörtlichen Trägers ohne eigene Kostenbeteiligung	FH 3
				62123	des örtlichen Trägers mit eigener Kostenbeteiligung	FH 3
				62124	des örtlichen Trägers ohne eigene Kostenbeteiligung	FH 3
			6213		Leistungen von Sozialleistungsträgern	FH 3
				62131	des überörtlichen Trägers mit eigener Kostenbeteiligung	FH 3
				62132	des überörtlichen Trägers ohne eigene Kostenbeteiligung	FH 3
				62133	des örtlichen Trägers mit eigener Kostenbeteiligung	FH 3
				62134	des örtlichen Trägers ohne eigene Kostenbeteiligung	FH 3
			6214		Rückzahlungen gewährter Hilfen	FH 3
				62141	des überörtlichen Trägers mit eigener Kostenbeteiligung	FH 3
				62142	des überörtlichen Trägers ohne eigene Kostenbeteiligung	FH 3
				62143	des örtlichen Trägers mit eigener Kostenbeteiligung	FH 3
				62144	des örtlichen Trägers ohne eigene Kostenbeteiligung	FH 3
			6219		Sonstige	FH 3
				62191	des überörtlichen Trägers mit eigener Kostenbeteiligung	FH 3
				62192	des überörtlichen Trägers ohne eigene Kostenbeteiligung	FH 3
				62193	des örtlichen Trägers mit eigener Kostenbeteiligung	FH 3
				62194	des örtlichen Trägers ohne eigene Kostenbeteiligung	FH 3
		622			**Ersatz von sozialen Leistungen in Einrichtungen**	FH 3
			6221		Kostenbeiträge und Aufwendungsersatz, Kostenersatz	FH 3
				62211	des überörtlichen Trägers mit eigener Kostenbeteiligung	FH 3
				62212	des überörtlichen Trägers ohne eigene Kostenbeteiligung	FH 3
				62213	des örtlichen Trägers mit eigener Kostenbeteiligung	FH 3
				62214	des örtlichen Trägers ohne eigene Kostenbeteiligung	FH 3
			6222		Unterhaltungsansprüche gegen bürgerlich-rechtlich Unterhalts-verpflichtete	FH 3
				62221	des überörtlichen Trägers mit eigener Kostenbeteiligung	FH 3
				62222	des überörtlichen Trägers ohne eigene Kostenbeteiligung	FH 3
				62223	des örtlichen Trägers mit eigener Kostenbeteiligung	FH 3
				62224	des örtlichen Trägers ohne eigene Kostenbeteiligung	FH 3
			6223		Leistungen von Sozialleistungsträgern	FH 3
				62231	des überörtlichen Trägers mit eigener Kostenbeteiligung	FH 3
				62232	des überörtlichen Trägers ohne eigene Kostenbeteiligung	FH 3
				62233	des örtlichen Trägers mit eigener Kostenbeteiligung	FH 3
				62234	des örtlichen Trägers ohne eigene Kostenbeteiligung	FH 3

Kontenrahmenplan / Kontenklasse 6

Kontenklasse	Kontengruppe	Kontenart	Konto	Unterkonto	Bezeichnung	Position Ergebnis-haushalt (EH) Finanz-haushalt (FH)
			6224		Rückzahlung gewährter Hilfen	FH 3
				62241	des überörtlichen Trägers mit eigener Kostenbeteiligung	FH 3
				62242	des überörtlichen Trägers ohne eigene Kostenbeteiligung	FH 3
				62243	des örtlichen Trägers mit eigener Kostenbeteiligung	FH 3
				62244	des örtlichen Trägers ohne eigene Kostenbeteiligung	FH 3
			6229		Sonstige	FH 3
				62291	des überörtlichen Trägers mit eignere Kostenbeteiligung	FH 3
				62292	des überörtlichen Trägers ohne eigene Kostenbeteiligung	FH 3
				62293	des örtlichen Trägers mit eigener Kostenbeteiligung	FH 3
				62294	des örtlichen Trägers mit eigener Kostenbeteiligung	FH 3
		623			**Kostenbeteiligung und -erstattung im Bereich des SGB XII und anderer sozialer Leistungen**	FH 3
			6231		SGB XII, überörtlicher Träger	FH 3
				62311	des Landes	FH 3
				62312	von Landkreisen	FH 3
				62313	von Gemeinden	FH 3
			6232		SGB XII, örtlicher Träger	FH 3
				62321	vom Land	FH 3
				62322	von Landkreisen	FH 3
				62323	von Gemeinden	FH 3
			6239		Sonstige	FH 3
		624			**Kostenbeteiligung und -erstattung im Bereich des SGB VIII und anderer Jugendhilfe**	FH 3
			6241		überörtlicher Träger	FH 3
				62411	des Landes	FH 3
				62412	von Landkreisen	FH 3
				62413	von Gemeinden	FH 3
			6242		örtlicher Träger	FH 3
				62421	vom Land	FH 3
				62422	von Landkreisen	FH 3
				62423	von Gemeinden	FH 3
			6249		Sonstige	FH 3
		625			**Kostenerstattungen von anderen Sozialhilfeträgern**	FH 3
		626			**Leistungsbeteiligung nach dem SGB II**	FH 3
			6261		des Bundes	FH 3
				62611	für Unterkunft und Heizung	FH 3
				62612	für Arbeitslosengeld II	FH 3
				62613	für Eingliederungsleistungen	FH 3
				62619	Sonstige	FH 3
			6262		vom Land	FH 3
			6263		von Landkreisen	FH 3
			6264		von Gemeinden	FH 3
		627			**Zuweisungen und Zuschüsse für laufende Zwecke im Bereich der sozialen Sicherung**	FH 3
			6271		überörtlicher Träger	FH 3
				62711	des Landes	FH 3
				62712	von Landkreisen	FH 3
				62713	von Gemeinden	FH 3
			6272		örtlicher Träger	FH 3
				62721	von Landkreisen	FH 3
				62722	von Gemeinden	FH 3
			6279		Sonstige	FH 3

Kontenrahmenplan / Kontenklasse 6					
Kontenklasse					Position Ergebnis-haushalt (EH) Finanz-haushalt (FH)
	Kontengruppe				
		Kontenart			
			Konto		
				Unterkonto	
					Bezeichnung
	628			**Nicht besetzt**	-
	629			**Sonstige**	FH 3
63				**Öffentlich-rechtliche Leistungsentgelte**	FH 4
	631			**Verwaltungsgebühren einschließlich Erstattung von Auslagen**	FH 4
		6311		Passgebühren	FH 4
		6312		Gebühren für die Erteilung von Bescheiden (u.a. Genehmigungen, Ablehnungen, Untersagungen)	FH 4
		6313		Gebühren für die Bauüberwachung	FH 4
		6314		Gebühren für Erlaubnisscheine (u.a. Anwohnerparkausweise)	FH 4
		6315		Vermessungs- (Abmarkungs-) gebühren	FH 4
		6316		Widerspruchsgebühren	FH 4
		6319		Sonstige	FH 4
	632			**Benutzungsgebühren, wiederkehrende Beiträge (soweit diese nicht in einem Sonderposten zu erfassen sind) und ähnliche Entgelte, Kostenerstattungen**	FH 4
		6321		Entgelte für die Benutzung von öffentlichen Einrichtungen und für wirtschaftliche Dienstleistungen	FH 4
		6322		Entgelte	FH 4
			63221	für die Abwasserbeseitigung und die Abwasserabgabe	FH 4
			63222	für die Abfallentsorgung und im Rahmen des Dualen Systems	FH 4
			63223	für die Straßenreinigung	FH 4
			63224	für das Bestattungswesen	FH 4
			63225	für die Sondernutzung von Straßen	FH 4
			63226	Pflegesätze der Krankenhäuser, Alten- und Pflegeheime (auch Einkaufsgelder)	FH 4
			63227	Eintrittsgelder zu kulturellen oder sportlichen Veranstaltungen	FH 4
			63228	Parkgebühren	FH 4
			63229	Sonstiges	FH 4
		6323		Entgelte für die Unterhaltung von Straßen, Wirtschaftswegen u.a. öffentlichen Einrichtungen	FH 4
		6324		Entgelte für die Pflege von Gräbern	FH 4
		6325		Entgelte für die Unterhaltung der Hausanschlüsse für Gas, Wasser, Abwasser und Elektrizität	FH 4
		6326		Zahlungen des Dualen Systems Deutschland für kommunale Leistungen	FH 4
		6329		Sonstige	FH 4
	633			**Schülerbeförderungsentgelte**	FH 4
	634			**Beteiligung Essenskosten**	FH 4
	635			**Beteiligung Schülerbetreuung**	FH 4
	636			**Sonstige zweckgebundene Abgaben**	FH 4
		6361		Fremdenverkehrsbeitrag / Fremdenverkehrsabgabe	FH 4
		6362		Kurbeiträge	FH 4
		6363		Kurtaxe	FH 4
		6364		Erstattung Anschlusskosten	FH 4
		6365		Jagdpacht	FH 4
		6369		Sonstige	FH 4
	637			**Nicht besetzt**	
	638			**Nicht besetzt**	
	639			**Nicht besetzt**	
64				**Privatrechtliche Leistungsentgelte, Kostenerstattungen und Kostenumlagen**	FH 5 / FH 6
	641			**Privatrechtliche Leistungsentgelte**	FH 5

Kontenrahmenplan / Kontenklasse 6

Kontenklasse	Kontengruppe	Kontenart	Konto	Unterkonto	Bezeichnung	Position Ergebnis-haushalt (EH) Finanz-haushalt (FH)
			6411		Einzahlungen aus Verkäufen von Vorräten	FH 5
			6412		Mieten und Pachten	FH 5
			6413		Kindertagesstätten	FH 5
			6414		Beteiligung Essenskosten	FH 5
			6415		Bestattungswesen	FH 5
			6416		Eintrittsgelder für kulturelle oder sportliche Veranstaltungen und Einrichtungen	FH 5
			6417		Beteiligung Schülerbetreuung	FH 5
			6419		Sonstige	FH 5
		642			**Kostenerstattungen, Kostenumlagen**	FH 6
			6421		von verbundenen Unternehmen	FH 6
			6422		von Unternehmen, mit denen ein Beteiligungsverhältnis besteht	FH 6
			6423		von Sondervermögen	FH 6
				64231	von Eigenbetrieben	FH 6
				64239	von Sonstigen	FH 6
			6424		vom öffentlichen Bereich	FH 6
				64240	von der EU	FH 6
				64241	vom Bund	FH 6
				64242	vom Land	FH 6
				64243	von Gemeinden und Gemeindeverbänden	FH 6
				64244	von Zweckverbänden	FH 6
				64245	von Anstalten	FH 6
				64246	von Sparkassen	FH 6
				64247	von rechtsfähigen Stiftungen	FH 6
				64248	von sonstigen öffentlichen Sonderrechnungen	FH 6
				64249	vom sonstigen öffentlichen Bereich	FH 6
			6425		vom privaten Bereich	FH 6
				64251	von privaten Unternehmen	FH 6
				64259	vom sonstigen privaten Bereich	FH 6
			6429		von Sonstigen	FH 6
		643			**Nicht besetzt**	
		644			**Nicht besetzt**	
		645			**Nicht besetzt**	
		646			**Nicht besetzt**	
		647			**Nicht besetzt**	
		648			**Nicht besetzt**	
		649			**Nicht besetzt**	
	65				**Andere aktivierte Eigenleistungen und Bestandsveränderungen**	
		651			**Bestandsveränderungen**	FH 7
			6511		Bestandsveränderungen an unfertigen Erzeugnissen	FH 7
			6512		Bestandsveränderungen an fertigen Erzeugnissen	FH 7
			6513		Bestandsveränderungen an unfertigen Leistungen	FH 7
			6514		Bestandsveränderungen an fertigen Leistungen	FH 7
			6515		Bestandsveränderungen an Waren	FH 7
		652			**Andere aktivierte Eigenleistungen**	FH 8
			6521		aktivierte Personalkosten	FH 8
			6522		aktivierte Materialgemeinkosten	FH 8
			6523		aktivierte Zinsen	FH 8
			6529		sonstige andere aktivierte Eigenleistungen	FH 8
		653			**Nicht besetzt**	
		654			**Nicht besetzt**	
		655			**Nicht besetzt**	
		656			**Nicht besetzt**	

Kontenrahmenplan / Kontenklasse 6

Kontenklasse	Kontengruppe	Kontenart	Konto	Unterkonto	Bezeichnung	Position Ergebnis-haushalt (EH) Finanz-haushalt (FH)
		657			**Nicht besetzt**	
		658			**Nicht besetzt**	
		659			**Nicht besetzt**	
	66				**Sonstige laufende Einzahlungen einschließlich außerordentliche Einzahlungen**	FH 9 / FH 23
		661			**Einzahlungen aus der Veräußerung von Vermögensgegenständen des Anlagevermögens und des Umlaufvermögens**	FH 9
			6611		Einzahlungen aus der Veräußerung von immateriellen Vermögensgegenständen und Vermögensgegenständen des Sachanlagevermögens	FH 9
				66111	Einzahlungen aus der Veräußerung von immateriellen Vermögensgegenständen	FH 9
				66112	Einzahlungen aus der Veräußerung von Grundstücken und Gebäuden	FH 9
				66113	Einzahlungen aus der Veräußerung von beweglichen Vermögens-gegenständen oberhalb der Wertgrenze i. H. v. 410 Euro	FH 9
				66114	Einzahlungen aus der Veräußerung von beweglichen Vermögens-gegenständen unterhalb der Wertgrenze i. H. v. 410 Euro	FH 9
				66119	Einzahlungen aus der sonstigen Veräußerungen	FH 9
			6612		Einzahlungen aus der Veräußerung von Finanzanlagen	FH 9
				66121	Börsennotierte Aktien	
				66122	Nichtbörsennotierte Aktien	
				66123	Sonstige Anteilsrechte	
				66124	Investmentzertifikate	
				66125	Kapitalmarktpapiere	
				661250	Kapitalmarktpapiere Bund	
				6612501	Laufzeit über 1 bis unter 5 Jahre	
				6612502	Laufzeit über 5 Jahre	
				661251	Kapitalmarktpapiere Land	
				6612511	Laufzeit über 1 bis unter 5 Jahre	
				6612512	Laufzeit über 5 Jahre	
				661252	Kapitalmarktpapiere Gemeinden und Gemeindeverbände	
				6612521	Laufzeit über 1 bis unter 5 Jahre	
				6612522	Laufzeit über 5 Jahre	
				661253	Kapitalmarktpapiere Zweckverbände und dergl.	
				6612531	Laufzeit über 1 bis unter 5 Jahre	
				6612532	Laufzeit über 5 Jahre	
				661254	Kapitalmarktpapiere sonstiger öffentlciher Bereich	
				6612541	Laufzeit über 1 bis unter 5 Jahre	
				6612542	Laufzeit über 5 Jahre	
				661255	Kapitalmarktpapiere verbundene Unternehmen, Beteiligungen und Sondervermögen	
				6612551	Laufzeit über 1 bis unter 5 Jahre	
				6612552	Laufzeit über 5 Jahre	
				661256	Kapitalmarktpapiere sonstige öffentliche Sonderrechnungen	
				6612561	Laufzeit über 1 bis unter 5 Jahre	
				6612562	Laufzeit über 5 Jahre	
				661257	Kapitalmarktpapiere Kreditinsitute	
				6612571	Laufzeit über 1 bis unter 5 Jahre	
				6612572	Laufzeit über 5 Jahre	
				661258	Kapitalmarktpapiere sonstiger inländischer Bereich	
				6612581	Laufzeit über 1 bis unter 5 Jahre	
				6612582	Laufzeit über 5 Jahre	
				661259	Kapitalmarktpapiere sonstiger ausländischer Bereich	

Kontenrahmenplan / Kontenklasse 6

Kontenklasse	Kontengruppe	Kontenart	Konto	Unterkonto	Bezeichnung	Position Ergebnis-haushalt (EH) Finanz-haushalt (FH)
				6612591	Laufzeit über 1 bis unter 5 Jahre	
				6612592	Laufzeit über 5 Jahre	
				66126	Geldmarktpapiere	
				661260	Geldmarktpapiere Bund	
				661261	Geldmarktpapiere Land	
				661262	Geldmarktpapiere Gemeinden und Gemeindeverbände	
				661263	Geldmarktpapiere Zweckverbände und dergl.	
				661264	Geldmarktpapiere sonstiger öffentlciher Bereich	
				661265	Geldmarktpapiere verbundene Unternehmen, Beteiligungen und Sondervermögen	
				661266	Geldmarktpapiere sonstige öffentliche Sonderrechnungen	
				661267	Geldmarktpapiere Kreditinsitute	
				661268	Geldmarktpapiere sonstiger inländischer Bereich	
				661269	Geldmarktpapiere sonstiger ausländischer Bereich	
				66127	Finanzderivate	
			6613		Einzahlungen aus der Veräußerung des Umlaufvermögens (außer Vorräten und Wertpapieren)	FH 9
			6614		Einzahlungen aus der Veräußerung von Wertpapieren des Umlaufvermögens	FH 9
				66140	Kapitalmarktpapiere Bund Laufzeit bis einschl. 1 Jahr	
				66141	Kapitalmarktpapiere Land Laufzeit bis einschl. 1 Jahr	
				66142	Kapitalmarktpapiere Gemeinden und Gemeindeverbände Laufzeit bis einschl. 1 Jahr	
				66143	Kapitalmarktpapiere Zweckverbände und dergl. Laufzeit bis einschl. 1 Jahr	
				66144	Kapitalmarktpapiere sonstiger öffentlciher Bereich Laufzeit bis einschl. 1 Jahr	
				66145	Kapitalmarktpapiere verbundene Unternehmen, Beteiligungen und Sondervermögen Laufzeit bis einschl. 1 Jahr	
				66146	Kapitalmarktpapiere sonstige öffentliche Sonderrechnungen Laufzeit bis einschl. 1 Jahr	
				66147	Kapitalmarktpapiere Kreditinsitute Laufzeit bis einschl. 1 Jahr	
				66148	Kapitalmarktpapiere sonstiger inländischer Bereich Laufzeit bis einschl. 1 Jahr	
				66149	Kapitalmarktpapiere sonstiger ausländischer Bereich Laufzeit bis einschl. 1 Jahr	
			6619		Sonstige	FH 9
		662			**Weitere sonstige laufende Einzahlungen**	FH 9
			6621		Ordnungsrechtliche Einzahlungen (Bußgelder, Verwarnungsgelder u.a.)	FH 9
			6622		Säumniszuschläge, Mahngebühren, Zustellungsgebühren und u.a.	FH 9
			6623		Einzahlungen aus der Inanspruchnahme von Gewährverträgen usw.	FH 9
			6624		Einzahlungen aus Ausgleichszahlungen nach AFWoG (Fehlbelegungsabgabe)	FH 9
			6625		Konzessionsabgaben	FH 9
			6626		Verkauf von Angebotsunterlagen	FH 9
			6627		Versicherungserstattungen	FH 9
			6628		Jagdpachterträge, Pferchgelder, Weidegelder, Fischereipacht, soweit nicht zweckgebunden	FH 9
			6629		Sonstige	FH 9
		663			**Erstattungen von Steuern vom Einkommen und vom Ertrag**	FH 9
		664			**Sonstige Steuererstattungen**	FH 9
		665			**Nicht besetzt**	-
		666			**Nicht besetzt**	-
		667			**Nicht besetzt**	-

Kontenrahmenplan / Kontenklasse 6

Kontenklasse	Kontengruppe	Kontenart	Konto	Unterkonto	Bezeichnung	Position Ergebnis-haushalt (EH) Finanz-haushalt (FH)
		668			**Sonstige laufende Einzahlungen aus Verwaltungstätigkeit**	FH 9
		669			**Außerordentliche Einzahlungen**	FH 23
	67				**Zinseinzahlungen und sonstige Finanzeinzahlungen**	FH 19
		671			**Zinseinzahlungen für Kredite**	FH 19
			6711		von verbundenen Unternehmen	FH 19
			6712		von Unternehmen, mit denen ein Beteiligungsverhältnis besteht	FH 19
			6713		von Sondervermögen	FH 19
				67131	von Eigenbetrieben	FH 19
				67139	von Sonstigen	FH 19
			6714		vom öffentlichen Bereich	FH 19
				67140	von der EU	FH 19
				67141	vom Bund	FH 19
				67142	vom Land	FH 19
				67143	von Gemeinden und Gemeindeverbänden	FH 19
				67144	von Zweckverbänden	FH 19
				67145	von Anstalten	FH 19
				67146	von rechtsfähigen Stiftungen	FH 19
				67149	vom sonstigen öffentlichen Bereich	FH 19
			6715		vom inländischen Geldmarkt	FH 19
				67151	von Banken	FH 19
				67152	von Sparkassen	FH 19
				67153	von Bausparkassen	FH 19
				67154	von Girozentralen und Landesbanken	FH 19
				67159	von sonstigen Banken und Sparkassen	FH 19
			6716		vom sonstigen inländischen Bereich	FH 19
			6717		vom ausländischen Geldmarkt	FH 19
				67171	von Banken	FH 19
				67179	von Sonstigen	FH 19
			6718		von sonstigen ausländischen Bereichen	FH 19
			6719		von sonstigen öffentlichen Sonderrechnungen	FH 19
		672			**Zinsen aus Stundungen und Verrentungen**	FH 19
		673			**Einzahlungen aus verbundenen Unternehmen**	FH 19
		674			**Einzahlungen aus Beteiligungen ohne assoziierte Unternehmen**	FH 19
		675			**Einzahlungen aus Beteiligungen an assoziierten Unternehmen**	FH 19
		676			**Einzahlungen aus Sondervermögen, Zweckverbänden und Anstalten des öffentlichen Rechts**	FH 19
		677			**Einzahlungen aus Sparkassen**	FH 19
		678			**Einzahlungen aus Wertpapieren des Anlagevermögens**	FH 19
		679			**Sonstige Zinsen und ähnliche Einzahlungen**	FH 19
			6791		Avalprovisionen	FH 19
			6792		Vollverzinsung aus Gewerbesteuer (§ 233a AO)	FH 19
			6799		Sonstige	FH 19
	68				**Einzahlungen aus Investitionstätigkeit**	
		681			**Investitionszuwendungen**	FH 27
			6811		von verbundenen Unternehmen	FH 27
			6812		von Unternehmen, mit denen ein Beteiligungsverhältnis besteht	FH 27
			6813		von Sondervermögen	FH 27
				68131	von Eigenbetrieben	FH 27
				68139	Sonstige	FH 27
			6814		vom öffentlichen Bereich	FH 27
				68140	von der EU	FH 27

Kontenrahmenplan / Kontenklasse 6

Kontenklasse	Kontengruppe	Kontenart	Konto	Unterkonto	Bezeichnung	Position Ergebnis-haushalt (EH) Finanz-haushalt (FH)
				68141	von dem Bund	FH 27
				68142	von dem Land	FH 27
				68143	von Gemeinden und Gemeindeverbänden	FH 27
				68144	von Zweckverbänden	FH 27
				68145	von Anstalten	FH 27
				68146	von Sparkassen	FH 27
				68147	von rechtsfähigen Stiftungen	FH 27
				68148	von sonstigen öffentlichen Sonderrechnungen	FH 27
				68149	vom sonstigen öffentlichen Bereich	FH 27
			6815		vom privaten Bereich	FH 27
				68151	von privaten Unternehmen	FH 27
				68159	vom sonstigen privaten Bereich	FH 27
			6816		Anzahlungen auf Investitionszuwendungen	FH 27
				68161	von verbundenen Unternehmen	FH 27
				68162	von Unternehmen, mit denen ein Beteiligungsverhältnis besteht	FH 27
				68163	von Sondervermögen	FH 27
				681631	von Eigenbetrieben	FH 27
				681632	von Sonstigen	FH 27
				68166	vom öffentlichen Bereich	FH 27
				681660	von der EU	FH 27
				681661	vom Bund	FH 27
				681662	vom Land	FH 27
				681664	von Zweckverbänden	FH 27
				681665	von Anstalten	FH 27
				681666	von Sparkassen	FH 27
				681667	von rechtsfähigen Stiftungen	FH 27
				681668	von sonstigen öffentlichen Sonderrechnungen	FH 27
				681699	von sonstigen öffentlichen Bereichen	FH 27
				68167	vom privaten Bereich	FH 27
				681671	von privaten Unternehmen	FH 27
				681672	vom sonstigen privaten Bereich	FH 27
			6817		Anzahlungen auf Sonderposten zum Anlagevermögen	FH 27
				68171	von verbundenen Unternehmen	FH 27
				68172	von Unternehmen, mit denen ein Beteiligungsverhältnis besteht	FH 27
				68173	von Sondervermögen	FH 27
				681731	von Eigenbetrieben	FH 27
				681732	von Sonstigen	FH 27
				68176	vom öffentlichen Bereich	FH 27
				68177	vom privaten Bereich	FH 27
				681771	von privaten Unternehmen	FH 27
				681772	vom sonstigen privaten Bereich	FH 27
			6819		Sonstige	FH 27
		682			**Beiträge und ähnliche Entgelte**	FH 28
			6821		von verbundenen Unternehmen	FH 28
			6822		von Unternehmen, mit denen ein Beteiligungsverhältnis besteht	FH 28
			6823		von Sondervermögen	FH 28
				68231	von Eigenbetrieben	FH 28
				68239	Sonstige	FH 28
			6824		vom öffentlichen Bereich	FH 28
				68240	von der EU	FH 28
				68241	von dem Bund	FH 28
				68242	von dem Land	FH 28

Kontenrahmenplan / Kontenklasse 6

Kontenklasse	Kontengruppe	Kontenart	Konto	Unterkonto	Bezeichnung	Position Ergebnis-haushalt (EH) Finanz-haushalt (FH)
				68243	von Gemeinden und Gemeindeverbänden	FH 28
				68244	von Zweckverbänden	FH 28
				68245	von Anstalten	FH 28
				68246	von Sparkassen	FH 28
				68247	von rechtsfähigen Stiftungen	FH 28
				68248	von sonstigen öffentlichen Sonderrechnungen	FH 28
				68249	vom sonstigen öffentlichen Bereich	FH 28
			6825		vom privaten Bereich	FH 28
				68251	von privaten Unternehmen	FH 28
				68259	vom sonstigen privaten Bereich	FH 28
			6826		Anzahlungen für Beiträge	FH 28
				68271	von verbundenen Unternehmen	FH 28
				68272	von Unternehmen, mit denen ein Beteiligungsverhältnis besteht	FH 28
				68273	von Sondervermögen	FH 28
				68274	vom öffentlichen Bereich	FH 28
				68275	vom privaten Bereich	FH 28
			6827		Grabnutzungsentgelte	FH 28
			6828		Anzahlungen auf Grabnutzungsentgelte	FH 28
			6829		Sonstige	FH 28
		683			**Einzahlungen für sonstige Sonderposten**	FH 28
		684			**Einzahlungen für sonstige immaterielle Vermögens-gegenstände**	FH 29
			6841		Einzahlungen für Konzessionen, Lizenzen und andere Schutz-rechte	FH 29
			6842		Einzahlungen für Investitionszuschüsse als Nutzungsberechtigter	FH 29
			6843		Einzahlungen für geringwertige immaterielle Vermögens-gegenstände	FH 29
			6844		Einzahlungen für Anzahlungen immaterieller Vermögens-gegenstände	FH 29
		685			**Einzahlungen für Sachanlagen**	FH 30
			6851		Einzahlungen für unbebaute Grundstücke und grundstücksgleiche Rechte	FH 30
			6852		Einzahlungen für bebaute Grundstücke und grundstücksgleiche Rechte	FH 30
			6853		Einzahlungen für Infrastrukturvermögen, einschließlich Grundstücke und grundstücksgleiche Rechte	FH 30
			6854		Einzahlungen für Bauten auf fremdem Grund und Boden	FH 30
			6855		Einzahlungen für Kunstgegenstände und Denkmäler	FH 30
			6856		Einzahlungen für Fahrzeuge Maschinen und technische Anlagen	FH 30
				68561	Einzahlungen aus der Veräußerung von beweglichen Sachen des Anlagevermögens oberhalb der Wertgrenze i.H.v. 410,00 Euro	FH 30
				68562	Einzahlungen aus dem Erwerb von beweglichen Sachen des Anlagevermögens unterhalb der Wertgrenze i.H.v. 410,00 Euro	FH 30
			6857		Einzahlungen für Betriebs- und Geschäftsausstattung, Pflanzen und Tiere und geringwertige Vermögensgegenstände	FH 30
				68571	Einzahlungen aus der Veräußerung von beweglichen Sachen des Anlagevermögens oberhalb der Wertgrenze i.H.v. 410,00 Euro	FH 30
				68572	Einzahlungen aus dem Erwerb von beweglichen Sachen des Anlagevermögens unterhalb der Wertgrenze i.H.v. 410,00 Euro	FH 30
			6858		Einzahlungen für Anlagen im Bau und für geleistete Anzahlungen	FH 30
		686			**Einzahlungen für Finanzanlagen (ohne Ausleihungen und Kreditgewährungen)**	FH 31
			6861		Anteile an verbundenen Unternehmen	FH 31
				68611	Börsen notierte Anteile	FH 31

Kontenrahmenplan / Kontenklasse 6

Kontenklasse	Kontengruppe	Kontenart	Konto	Unterkonto	Bezeichnung	Position Ergebnis-haushalt (EH) Finanz-haushalt (FH)
				68612	Nicht börsennotierte Anteile	FH 31
				68613	Investmentzertifikate	FH 31
				68619	sonstige Anteilsrechte	FH 31
			6862		Anteile an Unternehmen, mit denen ein Beteiligungsverhältnis besteht	FH 31
				68621	Börsennotierte Anteile	FH 31
				68622	Nichtbörsennotierte Anteile	FH 31
				68623	Investmentzertifikate	FH 31
				68629	Sonstige Anteilsrechte	FH 31
			6863		von Sondervermögen	FH 31
				68631	von Eigenbetriebe	FH 31
				68639	Sonstige	FH 31
			6864		vom öffentlichen Bereich	FH 31
				68641	von Zweckverbänden	FH 31
				68642	von Anstalten	FH 31
				68643	von Sparkassen	FH 31
				68649	Sonstige	FH 31
			6869		sonstige Wertpapiere des Anlagevermögens	FH 31
				68691	Börsennotierte Aktien	FH 31
				68692	Nicht börsennotierte Aktien	FH 31
				68693	Investmentzertifikate	FH 31
				68694	Kapitalmarktpapiere	FH 31
				686941	Veräußerung von Kapitalmarktpapieren an verbundene Unternehmen und Beteiligungen	FH 31
				6869411	Laufzeit bis einschließlich 1 Jahr	FH 31
				6869412	Laufzeit über 1 bis unter 5 Jahre	FH 31
				6869413	Laufzeit 5 Jahre und mehr	FH 31
				686942	Veräußerung von Kapitalmarktpapieren an Unternehmen mit denen ein Beteiligungsverhältnis besteht	FH 31
				6869421	Laufzeit bis einschließlich 1 Jahr	FH 31
				6869422	Laufzeit über 1 bis unter 5 Jahre	FH 31
				6869423	Laufzeit 5 Jahre und mehr	FH 31
				686943	Veräußerung von Kapitalmarktpapieren an Sondervermögen	FH 31
				6869431	Laufzeit bis einschließlich 1 Jahr	FH 31
				6869432	Laufzeit über 1 bis unter 5 Jahre	FH 31
				6869433	Laufzeit 5 Jahre und mehr	FH 31
				686944	Veräußerung von Kapitalmarktpapieren an den öffentlichen Bereich	FH 31
				6869441	Veräußerung von Kapitalmarktpapieren an Bund	FH 31
				68694411	Laufzeit bis einschließlich 1 Jahr	FH 31
				68694412	Laufzeit über 1 bis unter 5 Jahre	FH 31
				68694413	Laufzeit 5 Jahre und mehr	FH 31
				6869442	Veräußerung von Kapitalmarktpapieren an Land	FH 31
				68694421	Laufzeit bis einschließlich 1 Jahr	FH 31
				68694422	Laufzeit über 1 bis unter 5 Jahre	FH 31
				68694423	Laufzeit 5 Jahre und mehr	FH 31
				6869443	Veräußerung von Kapitalmarktpapieren an Gemeinden und Gemeindeverbände	FH 31
				68694431	Laufzeit bis einschließlich 1 Jahr	FH 31
				68694432	Laufzeit über 1 bis unter 5 Jahre	FH 31
				68694433	Laufzeit 5 Jahre und mehr	FH 31
				6869444	Veräußerung von Kapitalmarktpapieren an Zweckverbände	FH 31
				68694441	Laufzeit bis einschließlich 1 Jahr	FH 31
				68694442	Laufzeit über 1 bis unter 5 Jahre	FH 31

Kontenrahmenplan / Kontenklasse 6

Kontenklasse	Kontengruppe	Kontenart	Konto	Unterkonto	Bezeichnung	Position Ergebnis-haushalt (EH) Finanz-haushalt (FH)
				68694443	Laufzeit 5 Jahre und mehr	FH 31
				6869445	Veräußerung von Kapitalmarktpapieren an Anstalten	FH 31
				68694451	Laufzeit bis einschließlich 1 Jahr	FH 31
				68694452	Laufzeit über 1 bis unter 5 Jahre	FH 31
				68694453	Laufzeit 5 Jahre und mehr	FH 31
				6869446	Veräußerung von Kapitalmarktpapieren an rechtsfähige Stiftungen	FH 31
				68694461	Laufzeit bis einschließlich 1 Jahr	FH 31
				68694462	Laufzeit über 1 bis unter 5 Jahre	FH 31
				68694463	Laufzeit 5 Jahre und mehr	FH 31
				6869447	Veräußerung von Kapitalmarktpapieren an den sonstigen öffentlichen Bereich	FH 31
				68694471	Laufzeit bis einschließlich 1 Jahr	FH 31
				68694472	Laufzeit über 1 bis unter 5 Jahre	FH 31
				68694473	Laufzeit 5 Jahre und mehr	FH 31
				686945	Veräußerung von Kapitalmarktpapieren an den inländischen Geldmarkt	FH 31
				6869451	Laufzeit bis einschließlich 1 Jahr	FH 31
				6869452	Laufzeit über 1 bis unter 5 Jahre	FH 31
				6869453	Laufzeit 5 Jahre und mehr	FH 31
				686946	Veräußerung von Kapitalmarktpapieren an den sonstigen inländischen Bereich	FH 31
				6869461	Laufzeit bis einschließlich 1 Jahr	FH 31
				6869462	Laufzeit über 1 bis unter 5 Jahre	FH 31
				6869463	Laufzeit 5 Jahre und mehr	FH 31
				686947	Veräußerung von Kapitalmarktpapieren an den ausländischen Geldmarkt	FH 31
				6869471	Laufzeit bis einschließlich 1 Jahr	FH 31
				6869472	Laufzeit über 1 bis unter 5 Jahre	FH 31
				6869473	Laufzeit 5 Jahre und mehr	FH 31
				686948	Veräußerung von Kapitalmarktpapieren an den sonstigen ausländischen Bereich	FH 31
				6869481	Laufzeit bis einschließlich 1 Jahr	FH 31
				6869482	Laufzeit über 1 bis unter 5 Jahre	FH 31
				6869483	Laufzeit 5 Jahre und mehr	FH 31
				686949	Veräußerung von Kapitalmarktpapieren an die sonstigen öffentlichen Sonderrechnungen	FH 31
				6869491	Laufzeit bis einschließlich 1 Jahr	FH 31
				6869492	Laufzeit über 1 bis unter 5 Jahre	FH 31
				6869493	Laufzeit 5 Jahre und mehr	FH 31
				68695	Veräußerung von Geldmarktpapieren	FH 31
				686951	Veräußerung von Geldmarktpapieren an verbundene Unternehmen und Beteiligungen	FH 31
				686952	Veräußerung von Geldmarktpapieren an Unternehmen, mit denen ein Beteiligungsverhältnis besteht	FH 31
				686953	Veräußerung von Geldmarktpapieren an Sondervermögen	FH 31
				686954	Veräußerungen an den öffentlichen Bereich	FH 31
				6869541	Veräußerung von Geldmarktpapieren an Bund	FH 31
				6869542	Veräußerung von Geldmarktpapieren an Land	FH 31
				6869543	Veräußerung von Geldmarktpapieren an Gemeinden und Gemeindeverbände	FH 31
				6869544	Veräußerung von Geldmarktpapieren an Zweckverbände	FH 31
				6869545	Veräußerung von Geldmarktpapieren an Anstalten	FH 31
				6869546	Veräußerung von Geldmarktpapieren an rechtsfähige Stiftungen	FH 31

Kontenrahmenplan / Kontenklasse 6

Kontenklasse	Kontengruppe	Kontenart	Konto	Unterkonto	Bezeichnung	Position Ergebnis-haushalt (EH) Finanz-haushalt (FH)
				6869547	Veräußerung von Geldmarktpapieren an den sonstigen öffentlichen Bereich	FH 31
				686955	Veräußerung von Geldmarktpapieren an den inländischen Geldmarkt	FH 31
				686956	Veräußerung von Geldmarktpapieren an den sonstigen inländischen Bereich	FH 31
				686957	Veräußerung von Geldmarktpapieren an den ausländischen Geldmarkt	FH 31
				686958	Veräußerung von Geldmarktpapieren an den sonstigen ausländischen Bereich	FH 31
				686959	Veräußerung von Geldmarktpapieren an sonstige öffentliche Sonderrechnungen	FH 31
				68696	Veräußerung von Finanzderivaten	FH 31
				68699	sonstige Anteilsrechte	FH 31
		687			**Einzahlungen aus Ausleihungen und Kreditgewährungen**	FH 32
			6871		Ausleihungen / Kredite an verbundene Unternehmen	FH 32
				68711	Börsennotierte Gesellschaften	FH 32
				68712	Nicht börsennotierte Gesellschaften	FH 32
				68719	Sonstige	FH 32
			6872		Ausleihungen / Kredite an Unternehmen, mit denen ein Beteiligungsverhältnis besteht	FH 32
				68721	Börsennotierte Gesellschaften	FH 32
				68722	Nicht börsennotierte Gesellschaften	FH 32
				68729	Sonstige	FH 32
			6873		von Sondervermögen	FH 32
				68731	von Eigenbetrieben	FH 32
				68739	Sonstige	FH 32
			6874		vom öffentlichen Bereich	FH 32
				68740	von der EU	FH 32
				68741	vom Bund	FH 32
				68742	vom Land	FH 32
				68743	von Gemeinden und Gemeindeverbände	FH 32
				68744	von Zweckverbände	FH 32
				68745	von Anstalten	FH 32
				68746	von rechtsfähigen Stiftungen	FH 32
				68747	von sonstigen öffentlichen Sonderrechnungen	FH 32
				68749	vom sonstigen öffentlichen Bereich	FH 32
			6875		vom inländischen Geldmarkt	FH 32
			6876		vom sonstigen inländischen Bereich	FH 32
					einschließlich Einzahlungen aus der Rückzahlung darlehensweiser Übernahmen von Mietschulden im Bereich der sozialen Sicherung	
			6877		vom ausländischen Geldmarkt	FH 32
			6878		vom sonstigen ausländischen Bereich	FH 32
			6879		von sonstigen öffentlichen Sonderrechnungen	FH 32
		688			**Einzahlungen aus der Veräußerung von Waren**	FH 33
		689			**Sonstige Investitionseinzahlungen**	FH 34
	69				**Einzahlungen aus Finanzierungstätigkeit**	
		691			**Ausgabe von Anleihen für Investitionen**	FH 45
			6911		Anleihen Laufzeit bis einschließlich 1 Jahr	FH 45
				69111	Laufzeit bis einschließlich 1 Jahr Euro-Währung (fester Zins)	FH 45
				69112	Laufzeit bis einschließlich 1 Jahr Euro-Währung (variabler Zins)	FH 45
				69113	Laufzeit bis einschließlich 1 Jahr Fremdwährung (fester Zins)	FH 45
				69114	Laufzeit bis einschließlich 1 Jahr Fremdwährung (variabler Zins)	FH 45
			6912		Anleihen Laufzeit über 1 bis 5 Jahre	FH 45

Kontenrahmenplan / Kontenklasse 6

Kontenklasse	Kontengruppe	Kontenart	Konto	Unterkonto	Bezeichnung	Position Ergebnis-haushalt (EH) Finanz-haushalt (FH)
				69121	Laufzeit über 1 bis 5 Jahre Euro-Währung (fester Zins)	FH 45
				69122	Laufzeit über 1 bis 5 Jahre Euro-Währung (variabler Zins)	FH 45
				69123	Laufzeit über 1 bis 5 Jahre Fremdwährung (fester Zins)	FH 45
				69124	Laufzeit über 1 bis 5 Jahre Fremdwährung (variabler Zins)	FH 45
			6913		Anleihen Laufzeit 5 Jahre und mehr	FH 45
				69131	Laufzeit 5 Jahre und mehr Euro-Währung (fester Zins)	FH 45
				69132	Laufzeit 5 Jahre und mehr Euro-Währung (variabler Zins)	FH 45
				69133	Laufzeit 5 Jahre und mehr Fremdwährung (fester Zins)	FH 45
				69134	Laufzeit 5 Jahre und mehr Fremdwährung (variabler Zins)	FH 45
		692			**Aufnahme von Krediten für Investitionen**	FH 45
			6921		von verbundenen Unternehmen	FH 45
				69211	Laufzeit bis einschließlich 1 Jahr	FH 45
				692111	Euro-Währung (fester Zins)	FH 45
				692112	Euro-Währung (variabler Zins)	FH 45
				692113	Fremdwährung (fester Zins)	FH 45
				692114	Fremdwährung (variabler Zins)	FH 45
				69212	Laufzeit über 1 bis 5 Jahre	FH 45
				692121	Euro-Währung (fester Zins)	FH 45
				692122	Euro-Währung (variabler Zins)	FH 45
				692123	Fremdwährung (fester Zins)	FH 45
				692124	Fremdwährung (variabler Zins)	FH 45
				69213	Laufzeit 5 Jahre und mehr	FH 45
				692131	Euro-Währung (fester Zins)	FH 45
				692132	Euro-Währung (variabler Zins)	FH 45
				692133	Fremdwährung (fester Zins)	FH 45
				692134	Fremdwährung (variabler Zins)	FH 45
			6922		von Unternehmen, mit denen ein Beteiligungsverhältnis besteht	FH 45
				69221	Laufzeit bis einschließlich 1 Jahr	FH 45
				692211	Euro-Währung (fester Zins)	FH 45
				692212	Euro-Währung (variabler Zins)	FH 45
				692213	Fremdwährung (fester Zins)	FH 45
				692214	Fremdwährung (variabler Zins)	FH 45
				69222	Laufzeit über 1 bis 5 Jahre	FH 45
				692221	Euro-Währung (fester Zins)	FH 45
				692222	Euro-Währung (variabler Zins)	FH 45
				692223	Fremdwährung (fester Zins)	FH 45
				692224	Fremdwährung (variabler Zins)	FH 45
				69223	Laufzeit 5 Jahre und mehr	FH 45
				692231	Euro-Währung (fester Zins)	FH 45
				692232	Euro-Währung (variabler Zins)	FH 45
				692233	Fremdwährung (fester Zins)	FH 45
				692234	Fremdwährung (variabler Zins)	FH 45
			6923		von Sondervermögen	FH 45
				69231	Laufzeit bis einschließlich 1 Jahr	FH 45
				692311	Euro-Währung (fester Zins)	FH 45
				692312	Euro-Währung (variabler Zins)	FH 45
				692313	Fremdwährung (fester Zins)	FH 45
				692314	Fremdwährung (variabler Zins)	FH 45
				69232	Laufzeit über 1 bis 5 Jahre	FH 45
				692321	Euro-Währung (fester Zins)	FH 45
				692322	Euro-Währung (variabler Zins)	FH 45
				692323	Fremdwährung (fester Zins)	FH 45

Kontenrahmenplan / Kontenklasse 6

Kontenklasse	Kontengruppe	Kontenart	Konto	Unterkonto	Bezeichnung	Position Ergebnis-haushalt (EH) Finanz-haushalt (FH)
				692324	Fremdwährung (variabler Zins)	FH 45
				69233	Laufzeit 5 Jahre und mehr	FH 45
				692331	Euro-Währung (fester Zins)	FH 45
				692332	Euro-Währung (variabler Zins)	FH 45
				692333	Fremdwährung (fester Zins)	FH 45
				692334	Fremdwährung (variabler Zins)	FH 45
			6924		vom öffentlichen Bereich	FH 45
				69240	von der EU	FH 45
				692401	Laufzeit bis einschließlich 1 Jahr	FH 45
				6924011	Euro-Währung (fester Zins)	FH 45
				6924012	Euro-Währung (variabler Zins)	FH 45
				6924013	Fremdwährung (fester Zins)	FH 45
				6924014	Fremdwährung (variabler Zins)	FH 45
				692402	Laufzeit über 1 bis 5 Jahre	FH 45
				6924021	Euro-Währung (fester Zins)	FH 45
				6924022	Euro-Währung (variabler Zins)	FH 45
				6924023	Fremdwährung (fester Zins)	FH 45
				6924024	Fremdwährung (variabler Zins)	FH 45
				692403	Laufzeit 5 Jahre und mehr	FH 45
				6924031	Euro-Währung (fester Zins)	FH 45
				6924032	Euro-Währung (variabler Zins)	FH 45
				6924033	Fremdwährung (fester Zins)	FH 45
				6924034	Fremdwährung (variabler Zins)	FH 45
				69241	von dem Bund	FH 45
				692411	Laufzeit bis einschließlich 1 Jahr	FH 45
				6924111	Euro-Währung (fester Zins)	FH 45
				6924112	Euro-Währung (variabler Zins)	FH 45
				6924113	Fremdwährung (fester Zins)	FH 45
				6924114	Fremdwährung (variabler Zins)	FH 45
				692412	Laufzeit über 1 bis 5 Jahre	FH 45
				6924121	Euro-Währung (fester Zins)	FH 45
				6924122	Euro-Währung (variabler Zins)	FH 45
				6924123	Fremdwährung (fester Zins)	FH 45
				6924124	Fremdwährung (variabler Zins)	FH 45
				692413	Laufzeit 5 Jahre und mehr	FH 45
				6924131	Euro-Währung (fester Zins)	FH 45
				6924132	Euro-Währung (variabler Zins)	FH 45
				6924133	Fremdwährung (fester Zins)	FH 45
				6924134	Fremdwährung (variabler Zins)	FH 45
				69242	von dem Land	FH 45
				692421	Laufzeit bis einschließlich 1 Jahr	FH 45
				6924211	Euro-Währung (fester Zins)	FH 45
				6924212	Euro-Währung (variabler Zins)	FH 45
				6924213	Fremdwährung (fester Zins)	FH 45
				6924214	Fremdwährung (variabler Zins)	FH 45
				692422	Laufzeit über 1 bis 5 Jahre	FH 45
				6924221	Euro-Währung (fester Zins)	FH 45
				6924222	Euro-Währung (variabler Zins)	FH 45
				6924223	Fremdwährung (fester Zins)	FH 45
				6924224	Fremdwährung (variabler Zins)	FH 45
				692423	Laufzeit 5 Jahre und mehr	FH 45
				6924231	Euro-Währung (fester Zins)	FH 45

Kontenrahmenplan / Kontenklasse 6

Kontenklasse	Kontengruppe	Kontenart	Konto	Unterkonto	Bezeichnung	Position Ergebnis-haushalt (EH) Finanz-haushalt (FH)
				6924232	Euro-Währung (variabler Zins)	FH 45
				6924233	Fremdwährung (fester Zins)	FH 45
				6924234	Fremdwährung (variabler Zins)	FH 45
				69243	von Gemeinden und Gemeindeverbänden	FH 45
				692431	Laufzeit bis einschließlich 1 Jahr	FH 45
				6924311	Euro-Währung (fester Zins)	FH 45
				6924312	Euro-Währung (variabler Zins)	FH 45
				6924313	Fremdwährung (fester Zins)	FH 45
				6924314	Fremdwährung (variabler Zins)	FH 45
				692432	Laufzeit über 1 bis 5 Jahre	FH 45
				6924321	Euro-Währung (fester Zins)	FH 45
				6924322	Euro-Währung (variabler Zins)	FH 45
				6924323	Fremdwährung (fester Zins)	FH 45
				6924324	Fremdwährung (variabler Zins)	FH 45
				692433	Laufzeit 5 Jahre und mehr	FH 45
				6924331	Euro-Währung (fester Zins)	FH 45
				6924332	Euro-Währung (variabler Zins)	FH 45
				6924333	Fremdwährung (fester Zins)	FH 45
				6924334	Fremdwährung (variabler Zins)	FH 45
				69244	von Zweckverbänden	FH 45
				692441	Laufzeit bis einschließlich 1 Jahr	FH 45
				6924411	Euro-Währung (fester Zins)	FH 45
				6924412	Euro-Währung (variabler Zins)	FH 45
				6924413	Fremdwährung (fester Zins)	FH 45
				6924414	Fremdwährung (variabler Zins)	FH 45
				692442	Laufzeit über 1 bis 5 Jahre	FH 45
				6924421	Euro-Währung (fester Zins)	FH 45
				6924422	Euro-Währung (variabler Zins)	FH 45
				6924423	Fremdwährung (fester Zins)	FH 45
				6924424	Fremdwährung (variabler Zins)	FH 45
				692443	Laufzeit 5 Jahre und mehr	FH 45
				6924431	Euro-Währung (fester Zins)	FH 45
				6924432	Euro-Währung (variabler Zins)	FH 45
				6924433	Fremdwährung (fester Zins)	FH 45
				6924434	Fremdwährung (variabler Zins)	FH 45
				69245	von Anstalten	FH 45
				692451	Laufzeit bis einschließlich 1 Jahr	FH 45
				6924511	Euro-Währung (fester Zins)	FH 45
				6924512	Euro-Währung (variabler Zins)	FH 45
				6924513	Fremdwährung (fester Zins)	FH 45
				6924514	Fremdwährung (variabler Zins)	FH 45
				692452	Laufzeit über 1 bis 5 Jahre	FH 45
				6924521	Euro-Währung (fester Zins)	FH 45
				6924522	Euro-Währung (variabler Zins)	FH 45
				6924523	Fremdwährung (fester Zins)	FH 45
				6924524	Fremdwährung (variabler Zins)	FH 45
				692453	Laufzeit 5 Jahre und mehr	FH 45
				6924531	Euro-Währung (fester Zins)	FH 45
				6924532	Euro-Währung (variabler Zins)	FH 45
				6924533	Fremdwährung (fester Zins)	FH 45
				6924534	Fremdwährung (variabler Zins)	FH 45
				69246	von rechtsfähigen Stiftungen	FH 45

Kontenrahmenplan / Kontenklasse 6

Kontenklasse	Kontengruppe	Kontenart	Konto	Unterkonto	Bezeichnung	Position Ergebnis-haushalt (EH) Finanz-haushalt (FH)
				692461	Laufzeit bis einschließlich 1 Jahr	FH 45
				6924611	Euro-Währung (fester Zins)	FH 45
				6924612	Euro-Währung (variabler Zins)	FH 45
				6924613	Fremdwährung (fester Zins)	FH 45
				6924614	Fremdwährung (variabler Zins)	FH 45
				692462	Laufzeit über 1 bis 5 Jahre	FH 45
				6924621	Euro-Währung (fester Zins)	FH 45
				6924622	Euro-Währung (variabler Zins)	FH 45
				6924623	Fremdwährung (fester Zins)	FH 45
				6924624	Fremdwährung (variabler Zins)	FH 45
				692463	Laufzeit 5 Jahre und mehr	FH 45
				6924631	Euro-Währung (fester Zins)	FH 45
				6924632	Euro-Währung (variabler Zins)	FH 45
				6924633	Fremdwährung (fester Zins)	FH 45
				6924634	Fremdwährung (variabler Zins)	FH 45
				69249	vom sonstigen öffentlichen Bereich	FH 45
				692491	Laufzeit bis einschließlich 1 Jahr	FH 45
				6924911	Euro-Währung (fester Zins)	FH 45
				6924912	Euro-Währung (variabler Zins)	FH 45
				6924913	Fremdwährung (fester Zins)	FH 45
				6924914	Fremdwährung (variabler Zins)	FH 45
				692492	Laufzeit über 1 bis 5 Jahre	FH 45
				6924921	Euro-Währung (fester Zins)	FH 45
				6924922	Euro-Währung (variabler Zins)	FH 45
				6924923	Fremdwährung (fester Zins)	FH 45
				6924924	Fremdwährung (variabler Zins)	FH 45
				692493	Laufzeit 5 Jahre und mehr	FH 45
				6924931	Euro-Währung (fester Zins)	FH 45
				6924932	Euro-Währung (variabler Zins)	FH 45
				6924933	Fremdwährung (fester Zins)	FH 45
				6924934	Fremdwährung (variabler Zins)	FH 45
			6925		vom inländischen Geldmarkt	FH 45
				69251	Laufzeit bis einschließlich 1 Jahr	FH 45
				692511	Euro-Währung (fester Zins)	FH 45
				692512	Euro-Währung (variabler Zins)	FH 45
				692513	Fremdwährung (fester Zins)	FH 45
				692514	Fremdwährung (variabler Zins)	FH 45
				69252	Laufzeit über 1 bis 5 Jahre	FH 45
				692521	Euro-Währung (fester Zins)	FH 45
				692522	Euro-Währung (variabler Zins)	FH 45
				692523	Fremdwährung (fester Zins)	FH 45
				692524	Fremdwährung (variabler Zins)	FH 45
				69253	Laufzeit 5 Jahre und mehr	FH 45
				692531	Euro-Währung (fester Zins)	FH 45
				692532	Euro-Währung (variabler Zins)	FH 45
				692533	Fremdwährung (fester Zins)	FH 45
				692534	Fremdwährung (variabler Zins)	FH 45
			6926		sonstiger inländischer Bereich	FH 45
				69261	Laufzeit bis einschließlich 1 Jahr	FH 45
				692611	Euro-Währung (fester Zins)	FH 45
				692612	Euro-Währung (variabler Zins)	FH 45
				692613	Fremdwährung (fester Zins)	FH 45

Kontenrahmenplan / Kontenklasse 6

Kontenklasse	Kontengruppe	Kontenart	Konto	Unterkonto	Bezeichnung	Position Ergebnis-haushalt (EH) Finanz-haushalt (FH)
				692614	Fremdwährung (variabler Zins)	FH 45
				69262	Laufzeit über 1 bis 5 Jahre	FH 45
				692621	Euro-Währung (fester Zins)	FH 45
				692622	Euro-Währung (variabler Zins)	FH 45
				692623	Fremdwährung (fester Zins)	FH 45
				692624	Fremdwährung (variabler Zins)	FH 45
				69263	Laufzeit 5 Jahre und mehr	FH 45
				692631	Euro-Währung (fester Zins)	FH 45
				692632	Euro-Währung (variabler Zins)	FH 45
				692633	Fremdwährung (fester Zins)	FH 45
				692634	Fremdwährung (variabler Zins)	FH 45
			6927		vom ausländischen Geldmarkt	FH 45
				69271	Laufzeit bis einschließlich 1 Jahr	FH 45
				692711	Euro-Währung (fester Zins)	FH 45
				692712	Euro-Währung (variabler Zins)	FH 45
				692713	Fremdwährung (fester Zins)	FH 45
				692714	Fremdwährung (variabler Zins)	FH 45
				69272	Laufzeit über 1 bis 5 Jahre	FH 45
				692721	Euro-Währung (fester Zins)	FH 45
				692722	Euro-Währung (variabler Zins)	FH 45
				692723	Fremdwährung (fester Zins)	FH 45
				692724	Fremdwährung (variabler Zins)	FH 45
				69273	Laufzeit 5 Jahre und mehr	FH 45
				692731	Euro-Währung (fester Zins)	FH 45
				692732	Euro-Währung (variabler Zins)	FH 45
				692733	Fremdwährung (fester Zins)	FH 45
				692734	Fremdwährung (variabler Zins)	FH 45
			6928		sonstiger ausländischer Bereich	FH 45
				69281	Laufzeit bis einschließlich 1 Jahr	FH 45
				692811	Euro-Währung (fester Zins)	FH 45
				692812	Euro-Währung (variabler Zins)	FH 45
				692813	Fremdwährung (fester Zins)	FH 45
				692814	Fremdwährung (variabler Zins)	FH 45
				69282	Laufzeit über 1 bis 5 Jahre	FH 45
				692821	Euro-Währung (fester Zins)	FH 45
				692822	Euro-Währung (variabler Zins)	FH 45
				692823	Fremdwährung (fester Zins)	FH 45
				692824	Fremdwährung (variabler Zins)	FH 45
				69283	Laufzeit 5 Jahre und mehr	FH 45
				692831	Euro-Währung (fester Zins)	FH 45
				692832	Euro-Währung (variabler Zins)	FH 45
				692833	Fremdwährung (fester Zins)	FH 45
				692834	Fremdwährung (variabler Zins)	FH 45
			6929		von sonstigen öffentlichen Sonderrechnungen	FH 45
				69291	Laufzeit bis einschließlich 1 Jahr	FH 45
				692911	Euro-Währung (fester Zins)	FH 45
				692912	Euro-Währung (variabler Zins)	FH 45
				692913	Fremdwährung (fester Zins)	FH 45
				692914	Fremdwährung (variabler Zins)	FH 45
				69292	Laufzeit über 1 bis 5 Jahre	FH 45
				692921	Euro-Währung (fester Zins)	FH 45
				692922	Euro-Währung (variabler Zins)	FH 45

Kontenrahmenplan / Kontenklasse 6						
Kontenklasse	Kontengruppe	Kontenart	Konto	Unterkonto	Bezeichnung	Position Ergebnis-haushalt (EH) Finanz-haushalt (FH)
				692923	Fremdwährung (fester Zins)	FH 45
				692924	Fremdwährung (variabler Zins)	FH 45
				69293	Laufzeit 5 Jahre und mehr	FH 45
				692931	Euro-Währung (fester Zins)	FH 45
				692932	Euro-Währung (variabler Zins)	FH 45
				692933	Fremdwährung (fester Zins)	FH 45
				692934	Fremdwährung (variabler Zins)	FH 45
		693			**Aufnahme von Krediten zur Liquiditätssicherung**	FH 48
			6931		Laufzeit bis einschließlich 1 Jahr	FH 48
				69311	Anleihen in Euro-Währung (fester Zins)	FH 48
				69312	Anleihen in Euro-Währung (variabler Zins)	FH 48
				69313	Anleihen in Fremdwährung (fester Zins)	FH 48
				69314	Anleihen in Fremdwährung (variabler Zins)	FH 48
			6932		Laufzeit über 1 bis 5 Jahre	FH 48
				69321	Anleihen inEuro-Währung (fester Zins)	FH 48
				69322	Anleihen in Euro-Währung (variabler Zins)	FH 48
				69323	Anleihen Fremdwährung (fester Zins)	FH 48
				69324	Anleihen in Fremdwährung (variabler Zins)	FH 48
		694			**Aufnahmen von krediten zur Liquiditätssicherung**	FH 48
			6941		an verbundene Unternehmen	FH 48
				69411	Euro-Währung (fester Zins)	FH 48
				69412	Euro-Währung (variabler Zins)	FH 48
				69413	Fremdwährung (fester Zins)	FH 48
				69414	Fremdwährung (variabler Zins)	FH 48
			6942		von Unternehmen, mit denen ein Beteiligungsverhältnis besteht	FH 48
				69421	Euro-Währung (fester Zins)	FH 48
				69422	Euro-Währung (variabler Zins)	FH 48
				69423	Fremdwährung (fester Zins)	FH 48
				69424	Fremdwährung (variabler Zins)	FH 48
			6943		von Sondervermögen	FH 48
				69431	Euro-Währung (fester Zins)	FH 48
				69432	Euro-Währung (variabler Zins)	FH 48
				69433	Fremdwährung (fester Zins)	FH 48
				69434	Fremdwährung (variabler Zins)	FH 48
			6944		vom öffentlichen Bereich	FH 48
				69441	von der EU	FH 48
				694411	Euro-Währung (fester Zins)	FH 48
				694412	Euro-Währung (variabler Zins)	FH 48
				694413	Fremdwährung (fester Zins)	FH 48
				694424	Fremdwährung (variabler Zins)	FH 48
				69442	vom Bund	FH 48
				694421	Euro-Währung (fester Zins)	FH 48
				694422	Euro-Währung (variabler Zins)	FH 48
				694423	Fremdwährung (fester Zins)	FH 48
				694424	Fremdwährung (variabler Zins)	FH 48
				69443	vom Land	FH 48
				694431	Euro-Währung (fester Zins)	FH 48
				694432	Euro-Währung (variabler Zins)	FH 48
				694433	Fremdwährung (fester Zins)	FH 48
				694434	Fremdwährung (variabler Zins)	FH 48
				69444	von Gemeinden und Gemeindeverbänden	FH 48
				694441	Euro-Währung (fester Zins)	FH 48

Kontenrahmenplan / Kontenklasse 6

Kontenklasse	Kontengruppe	Kontenart	Konto	Unterkonto	Bezeichnung	Position Ergebnis-haushalt (EH) Finanz-haushalt (FH)
				694442	Euro-Währung (variabler Zins)	FH 48
				694443	Fremdwährung (fester Zins)	FH 48
				694444	Fremdwährung (variabler Zins)	FH 48
				69445	von Zweckverbänden	FH 48
				694451	Euro-Währung (fester Zins)	FH 48
				694452	Euro-Währung (variabler Zins)	FH 48
				694453	Fremdwährung (fester Zins)	FH 48
				694454	Fremdwährung (variabler Zins)	FH 48
				69446	von Anstalten	FH 48
				694461	Euro-Währung (fester Zins)	FH 48
				694462	Euro-Währung (variabler Zins)	FH 48
				694463	Fremdwährung (fester Zins)	FH 48
				694464	Fremdwährung (variabler Zins)	FH 48
				69447	von rechtsfähigen Stiftungen	FH 48
				694471	Euro-Währung (fester Zins)	FH 48
				694472	Euro-Währung (variabler Zins)	FH 48
				694473	Fremdwährung (fester Zins)	FH 48
				694474	Fremdwährung (variabler Zins)	FH 48
				69449	vom sonstigen öffentlichen Bereich	FH 48
				694491	Euro-Währung (fester Zins)	FH 48
				694492	Euro-Währung (variabler Zins)	FH 48
				694493	Fremdwährung (fester Zins)	FH 48
				694494	Fremdwährung (variabler Zins)	FH 48
			6945		vom inländischen Geldmarkt	FH 48
				69451	Euro-Währung (fester Zins)	FH 48
				69452	Euro-Währung (variabler Zins)	FH 48
				69453	Fremdwährung (fester Zins)	FH 48
				69454	Fremdwährung (variabler Zins)	FH 48
			6946		vom sonstigen inländischen Bereich	FH 48
				69461	Euro-Währung (fester Zins)	FH 48
				69462	Euro-Währung (variabler Zins)	FH 48
				69463	Fremdwährung (fester Zins)	FH 48
				69464	Fremdwährung (variabler Zins)	FH 48
			6947		vom ausländischen Geldmarkt	FH 48
				69471	Euro-Währung (fester Zins)	FH 48
				69472	Euro-Währung (variabler Zins)	FH 48
				69473	Fremdwährung (fester Zins)	FH 48
				69474	Fremdwährung (variabler Zins)	FH 48
			6948		vom sonstigen ausländischen Bereich	FH 48
				69481	Euro-Währung (fester Zins)	FH 48
				69482	Euro-Währung (variabler Zins)	FH 48
				69483	Fremdwährung (fester Zins)	FH 48
				69484	Fremdwährung (variabler Zins)	FH 48
			6949		von sonstigen öffentlichen Sonderrechnungen	FH 48
				69491	Euro-Währung (fester Zins)	FH 48
				69492	Euro-Währung (variabler Zins)	FH 48
				69493	Fremdwährung (fester Zins)	FH 48
				69494	Fremdwährung (variabler Zins)	FH 48
		695			**Einzahlungen aus der Verminderung von Liquiditätsreserven**	FH 51
			6951		Verkauf von Wertpapieren des Umlaufvermögens	FH 51
				69511	Börsennotierte Anteile	FH 51
				69512	Nicht börsennotierte Anteile	FH 51

Kontenrahmenplan / Kontenklasse 6

Kontenklasse	Kontengruppe	Kontenart	Konto	Unterkonto	Bezeichnung	Position Ergebnis-haushalt (EH) Finanz-haushalt (FH)
				69513	Investmentzertifikate	FH 51
				69514	Geldmarktpapiere	FH 51
				69515	Finanzderivate	FH 51
				69519	Sonstige	FH 51
			6952		Einzahlungen aus Guthaben bei Kreditinstituten	FH 51
				69521	Termingeldguthaben	FH 51
				69522	Festgeldguthaben	FH 51
				69523	Sparguthaben	FH 51
				69529	Sonstige	FH 51
		696			**Einzahlungen für Dritte im Rahmen der Führung der Einheitskasse**	FH 49/FH 52
			6961		für verbundene Unternehmen	FH 49/FH 52
			6962		für Unternehmen, mit denen ein Beteiligungsverhältnis besteht	FH 49/FH 52
			6963		für Sondervermögen	FH 49/FH 52
			6964		für den öffentlichen Bereich	FH 49/FH 52
				69644	für Gemeinden und Gemeindeverbände	FH 49/FH 52
				69645	für Zweckverbände	FH 49/FH 52
				69646	für Anstalten	FH 49/FH 52
				69647	für rechtsfähige Stiftungen	FH 49/FH 52
				69649	für den sonstigen öffentlichen Bereich	FH 49/FH 52
		697			**Nicht besetzt**	
		698			**Einzahlungen aus internen Leistungsbeziehungen**	-
		699			**durchlaufender Posten, ungeklärte Zahlungsvorgänge**	FH 55
				6991	durchlaufende Gelder	FH 55
				6992	treuhänderische Gelder	FH 55
				6993	ungeklärte Zahlungseingänge	FH 55
				6999	Sonstige	FH 55

Kontenrahmenplan / Kontenklasse 7
mit Zuordnungsvorschriften

Kontenklasse	Kontengruppe	Kontenart	Konto	Unterkonto	Bezeichnung	Position Ergebnis-haushalt (EH) Finanz-haushalt (FH)
7					**Auszahlungen**	
	70				**Personalauszahlungen**	FH 11
		701			**Auszahlungen für ehrenamtlich Tätige**	FH 11
			7011		Bürgermeister	FH 11
			7012		Beigeordnete	FH 11
			7013		Ortsvorsteher	FH 11
			7014		Rats- und Ausschussmitglieder	FH 11
			7019		Sonstige (u.a. ehrenamtlich Tätige der Feuerwehr)	FH 11
		702			**Dienstbezüge und dergleichen**	FH 11
			7021		**Beamte**	FH 11
				70211	Dienstbezüge	FH 11
				70212	Leistungszulagen	FH 11
				70219	Sonstige	FH 11
			7022		Arbeitnehmer	FH 11
				70221	Vergütungen	FH 11
				70222	Arbeitnehmer	FH 11
				70243	Sonstige	FH 11
			7029		Sonstige	FH 11
				70291	Beamte	FH 11
				70292	Arbeitnehmer	FH 11
				70299	Sonstige	FH 11
		703			**Beiträge zu Versorgungskassen**	FH 11
			7031		Beamte	FH 11
			7032		Arbeitnehmer	FH 11
			7039		Sonstige	FH 11
		704			**Beiträge zur gesetzlichen Sozialversicherung**	FH 11
			7041		Beamte (u.a. Nachversicherung)	FH 11
			7042		Arbeitnehmer	FH 11
			7049		Sonstige	FH 11
		705			**Beihilfen, Unterstützungsleistungen und dergleichen**	FH 11
			7051		Beamte	FH 11
			7052		Arbeitnehmer	FH 11
			7059		Sonstige	FH 11
		706			**Personalnebenauszahlungen**	FH 11
			7061		Beamte	FH 11
				70611	Trennungsgeld sowie Entschädigungen nach der Trennungs-geldverordnung	FH 11
				70612	Umzugskostenerstattung	FH 11
				70613	Fahrtkostenzuschüsse für die Fahrt zwischen Wohnung und Arbeitsstätte	FH 11
				70614	Prämien für Arbeitnehmererfindungen	FH 11
				70615	Prämien im Vorschlagswesen	FH 11
				70616	Leistungsprämien	FH 11
				70619	Sonstige	FH 11
			7062		Arbeitnehmer	FH 11
				70621	Trennungsgeld sowie Entschädigungen nach der Trennungs-geldverordnung	FH 11
				70622	Umzugskostenerstattung	FH 11
				70623	Fahrtkostenzuschüsse für die Fahrt zwischen Wohnung und Arbeitsstätte	FH 11
				70624	Prämien für Arbeitnehmererfindungen	FH 11
				70625	Prämien im Vorschlagswesen	FH 11
				70626	Leistungsprämien	FH 11

Kontenrahmenplan / Kontenklasse 7
mit Zuordnungsvorschriften

Kontenklasse	Kontengruppe	Kontenart	Konto	Unterkonto	Bezeichnung	Position Ergebnis-haushalt (EH) Finanz-haushalt (FH)
				70629	Sonstige	FH 11
			7069		Sonstige	FH 11
				70691	Trennungsgeld sowie Entschädigungen nach der Trennungs-geldverordnung	FH 11
				70692	Umzugskostenerstattung	FH 11
				70693	Fahrtkostenzuschüsse für die Fahrt zwischen Wohnung und Arbeitsstätte	FH 11
				70694	Prämien für Arbeitnehmererfindungen	FH 11
				70695	Prämien im Vorschlagswesen	FH 11
				70696	Leistungsprämien	FH 11
				70699	Sonstige	FH 11
		707			**Auszahlungen / Ansparung für künftige Pensionszahlungen u. ä. Zahlungen**	FH 11
			7071		Beamte	FH 11
				70711	Auszahlungen für künftige Pensionszahlungen	FH 11
				70712	Auszahlungen für künftige Beihilfezahlungen	FH 11
			7072		Arbeitnehmer	FH 11
				70721	Auszahlungen für künftige Beihilfezahlungen	FH 11
			7079		Sonstige	FH 11
				70791	Auszahlungen für künftige Ehrensoldzahlungen	FH 11
				70799	Sonstige	FH 11
		708			**Nicht besetzt**	-
		709			**Pauschalierte Lohnsteuer (auch Zahlungen über Knappschaft)**	FH 11
	71				**Versorgungsauszahlungen**	FH 12
		711			**Versorgungsauszahlungen**	FH 12
			7111		Beamte	FH 12
			7112		Arbeitnehmer	FH 12
			7113		ehrenamtlich Tätige	FH 12
			7119		Sonstige	FH 12
		712			**Nicht besetzt**	-
		713			**Beiträge zur gesetzlichen Sozialversicherung**	FH 12
			7131		Beamte	FH 12
			7132		Arbeitnehmer	FH 12
			7139		Sonstige	FH 12
		714			**Unterstützungsleistungen und dergleichen**	FH 12
			7141		Beamte	FH 12
			7142		Arbeitnehmer	FH 12
			7149		Sonstige	FH 12
		715			**Auszahlungen / Ansparung für künftige Pensionszahlungen**	FH 12
			7151		Beamte	FH 12
			7152		Arbeitnehmer	FH 12
			7159		Sonstige	FH 12
		716			**Auszahlungen / Ansparung für künftige Beihilfezahlungen**	FH 12
			7161		Beamte	FH 12
			7162		Arbeitnehmer	FH 12
			7169		Sonstige	FH 12
		717			**Auszahlungen / Ansparung für künftige Ehrensoldzahlungen**	FH 12
		718			**Nicht besetzt**	-
		719			**Nicht besetzt**	-
	72				**Auszahlungen für Sach- und Dienstleistungen**	FH 13
		721			**Auszahlungen für Fertigung, Vertrieb und Waren**	FH 13
		722			**Auszahlungen für Energie / Wasser / Abwasser/ Abfall**	FH 13
		723			**Auszahlungen für Unterhaltung und Bewirtschaftung**	FH 13

Kontenrahmenplan / Kontenklasse 7
mit Zuordnungsvorschriften

Kontenklasse	Kontengruppe	Kontenart	Konto	Unterkonto	Bezeichnung	Position Ergebnis-haushalt (EH) Finanz-haushalt (FH)
			7231		Unterhaltung der Grundstücke, Außenanlagen, Gebäude und Gebäudeeinrichtungen	FH 13
				72311	Grundstücke	FH 13
				72312	Außenanlagen	FH 13
				72313	Gebäude einschließlich der Bestandteile, die dem Gebäude zuzurechnen sind	FH 13
				72314	Betriebsvorrichtungen, die im Gebäude eingebaut sind	FH 13
			7232		Bewirtschaftung der Grundstücke, Außenanlagen, Gebäude und Gebäudeeinrichtungen	FH 13
				72321	Grundstücke	FH 13
				72322	Außenanlagen	FH 13
				72323	Gebäude einschließlich der Bestandteile, die dem Gebäude zuzurechnen sind	FH 13
				72324	Betriebsvorrichtungen, die im Gebäude eingebaut sind	FH 13
			7233		Unterhaltung des Infrastrukturvermögens	FH 13
				72331	Brücken, Tunnel und ingenieurtechnische Anlagen	FH 13
				72332	Gleisanlagen mit Streckenausrüstung und Sicherheitsanlagen	FH 13
				72333	Stromversorgungsanlagen	FH 13
				72334	Gasversorgungsanlagen	FH 13
				72335	Wasserversorgungsanlagen	FH 13
				72336	Abfallbeseitigungsanlagen	FH 13
				72337	Entwässerungs- und Abwasserbeseitigungsanlagen	FH 13
				72338	Straßen, Wege, Plätze und Verkehrslenkungsanlagen	FH 13
				72339	Sonstige	FH 13
			7234		Kunstgegenstände und Denkmäler	FH 13
				72341	Denkmäler (Grundstücke und bauliche Anlagen)	FH 13
				72342	Kunstgegenstände	FH 13
				72349	Sonstige	FH 13
			7235		Fahrzeugunterhaltung	FH 13
				72351	Wartungs- und Instandsetzungskosten	FH 13
				72352	Betriebs- und Schmierstoffe	FH 13
				72353	Reifen	FH 13
				72359	Sonstige	FH 13
			7236		Unterhaltung der Maschinen und technischen Anlagen	FH 13
			7237		Unterhaltung der Betriebs- und Geschäftsausstattung	FH 13
			7238		Geringwertige Geräte, Ausstattungs-, Ausrüstungs- und sonstige Gebrauchsgegenstände	FH 13
		724			**Weitere Verwaltungs- und Betriebsauszahlungen**	FH 13
			7241		Schülerbeförderungskosten	FH 13
			7242		Essenskosten	FH 13
			7243		für Schülerbetreuung	FH 13
			7244		Laborbedarf, Werkstättenbedarf, Lebensmittel, Arzneimittel, Verbands-stoffe, Sanitätsverbrauchsmaterial, Baumaterial, sonstiger Anstalts-bedarf, Saat- und Pflanzgut	FH 13
			7245		Verbrauchsmittel an Schulen: Lehr- und Unterrichtsmittel (Landkarten, Filme, Zeichnungen, physikalische und chemische Stoffe), Schul-bücher, Werkstoffe	FH 13
			7246		Erwerb und Unterhaltung von Kunstsammlungen, wissenschftlichen Sammlungen, Bibliotheken und sonstigen Sammlungen (bis 60 €)	FH 13
			7247		Sonstige Verbrauchsmittel	FH 13
			7248		Sonstige bezogene Leistungen	FH 13
			7249		sonstige Auszahlungen für Sachleistungen	FH 13
		725			**Kostenerstattungen**	FH 13

Kontenrahmenplan / Kontenklasse 7
mit Zuordnungsvorschriften

Kontenklasse	Kontengruppe	Kontenart	Konto	Unterkonto	Bezeichnung	Position Ergebnis-haushalt (EH) Finanz-haushalt (FH)
			7251		an verbundene Unternehmen	FH 13
			7252		an Unternehmen, mit denen ein Beteiligungsverhältnis besteht	FH 13
			7253		an Sondervermögen	FH 13
				72531	an Eigenbetriebe	FH 13
				72539	an Sonstige	FH 13
			7254		an den öffentlichen Bereich	FH 13
				72540	an die EU	FH 13
				72541	an den Bund	FH 13
				72542	an das Land	FH 13
				72543	an die Gemeinden und Gemeindeverbände	FH 13
				72544	an Zweckverbände	FH 13
				72545	an Anstalten	FH 13
				72546	an Sparkassen	FH 13
				72547	an rechtsfähige Stiftungen	FH 13
				72548	an sonstige öffentliche Sonderrechnungen	FH 13
				72549	an den sonstigen öffentlichen Bereich	FH 13
			7255		an den privaten Bereich	FH 13
				72551	an private Unternehmen	FH 13
				72559	an den sonstigen privaten Bereich	FH 13
			7259		an Sonstige	FH 13
		726			**Nicht besetzt**	-
		727			**Nicht besetzt**	-
		728			**Nicht besetzt**	-
		729			**Sonstige Auszahlungen für Sach- und Dienstleistungen**	FH 13
			7291		Sonstige Auszahlungen für Sachleistungen	FH 13
			7292		Sonstige Auszahlungen für Dienstleistungen	FH 13
	73				**Nicht besetzt**	-
	74				**Zuwendungen, allgemeine Umlagen und sonstige Transferauszahlungen**	FH 14
		741			**Zuweisungen und Zuschüsse für laufende Zwecke**	FH 14
			7411		an verbundene Unternehmen	FH 14
			7412		an Unternehmen, mit denen ein Beteiligungsverhältnis besteht	FH 14
			7413		an Sondervermögen	FH 14
				74131	an Eigenbetriebe	FH 14
				74139	Sonstige	FH 14
			7414		an den öffentlichen Bereich	FH 14
				74140	an die EU	FH 14
				74141	an den Bund	FH 14
				74142	an das Land	FH 14
				74143	an die Gemeinden und Gemeindeverbände	FH 14
				74144	an Zweckverbände	FH 14
				74145	an Anstalten	FH 14
				74146	an Sparkassen	FH 14
				74147	an rechtsfähige Stiftungen	FH 14
				74148	an sonstige öffentliche Sonderrechnungen	FH 14
				74149	an den sonstigen öffentlicher Bereich	FH 14
			7415		an den privaten Bereich	FH 14
				74151	an private Unternehmen	FH 14
				74159	an den sonstigen privaten Bereich	FH 14
			7419		Sonstige	FH 14
		742			**Schuldendiensthilfen**	FH 14
			7421		an verbundene Unternehmen	FH 14
			7422		an Unternehmen, mit denen ein Beteiligungsverhältnis besteht	FH 14
			7423		an Sondervermögen	FH 14

Kontenrahmenplan / Kontenklasse 7
mit Zuordnungsvorschriften

Kontenklasse	Kontengruppe	Kontenart	Konto	Unterkonto	Bezeichnung	Position Ergebnis-haushalt (EH) Finanz-haushalt (FH)
				74231	an Eigenbetriebe	FH 14
				74239	an Sonstige	FH 14
			7424		an den öffentlichen Bereich	FH 14
				74240	an die EU	FH 14
				74241	an den Bund	FH 14
				74242	an das Land	FH 14
				74243	an die Gemeinden und Gemeindeverbände	FH 14
				74244	an Zweckverbände	FH 14
				74245	an Anstalten	FH 14
				74246	an Sparkassen	FH 14
				74247	an rechtsfähige Stiftungen	FH 14
				74248	an sonstige öffentliche Sonderrechnungen	FH 14
				74249	an den sonstigen öffentlichen Bereich	FH 14
			7425		an den privaten Bereich	FH 14
				74251	an private Unternehmen	FH 14
				74259	an den sonstigen privaten Bereich	FH 14
			7429		an Sonstige	FH 14
		743			**Auszahlungen wegen Steuerbeteiligungen und dergl.**	FH 14
			7431		Gewerbesteuerumlage	FH 14
			7439		Sonstige	FH 14
		744			**Allgemeine Umlagen**	FH 14
			7441		Allgemeine Umlagen an das Land	FH 14
				74411	Umlage zur Finanzierung des Fonds "Deutsche Einheit"	
				74412	Finanzausgleichsumlage	
				74413	Nachzahlung aus der Abrechnung des Solidarbeitrages	
				74419	Sonstiges	
			7442		Allgemeine Umlagen an Gemeinden und Gemeindeverbände	FH 14
				74421	Landkreise	FH 14
				74422	Bezirksverband Pfalz	FH 14
				74423	Verbandsgemeinden	FH 14
			7443		Allgemeine Umlagen an Zweckverbände	FH 14
			7449		Sonstige	FH 14
		745			**Sonstige Transferauszahlungen**	FH 14
		746			**Allgemeine Zuweisungen**	FH 14
			7460		an die EU	FH 14
			7461		an den Bund	FH 14
			7462		an das Land	FH 14
			7463		an Gemeinden und Gemeindeverbände	FH 14
			7464		an Zweckverbände	FH 14
			7465		an Anstalten	FH 14
			7466		an Sparkassen	FH 14
			7467		an rechtsfähige Stiftungen	FH 14
			7468		an sonstige öffentliche Sonderrechnungen	FH 14
			7469		an den sonstigen öffentlichen Bereich	FH 14
		747			**Nicht besetzt**	-
		748			**Nicht besetzt**	-
		749			**Nicht besetzt**	-
	75				**Auszahlungen der sozialen Sicherung**	FH 15
		751			**Leistungen nach SGB II**	FH 15
			7511		Kosten der Unterkunft und Heizung (§ 22 SGB II)	FH 15
				75111	Kosten der Unterkunft und Heizung (§ 22 Abs. 1, 2 und 2a SGB II)	FH 15
				75112	Umzugs- und Wohungsbeschaffungskosten (§ 22 Abs. 3 SGB II)	FH 15
			7512		einmalige Leistungen des kommunalen Trägers	FH 15

Kontenrahmenplan / Kontenklasse 7
mit Zuordnungsvorschriften

Kontenklasse	Kontengruppe	Kontenart	Konto	Unterkonto	Bezeichnung	Position Ergebnis-haushalt (EH) Finanz-haushalt (FH)
				75121	einmalige Leistungen (§ 23 Abs. 3 Nr. 1 SGB II - Erstausstattung Wohnung / Haushaltsgeräte)	FH 15
				75122	einmalige Leistungen (§ 23 Abs. 3 Nr. 2 SGB II - Erstausstattung Bekleidung einschl. Schwangerschaft und Geburt)	FH 15
				75123	einmalige Leistungen (§ 23 Abs. 3 Nr. 3 SGB II - mehrtätige Klassenfahrten)	FH 15
			7513		laufende Leistungen (Kapitel 2 Abschnitt 3 SGB II)	FH 15
				75131	Arbeitslosengeld II (§ 19 SGB II)	FH 15
				75132	Sozialgeld (§ 28 SGB II)	FH 15
				75133	Beiträge zur Kranken-, Pflegeversicherung (§ 26 SGB II)	FH 15
				75134	Beiträge zur Rentenversicherung (§ 26 SGB II)	FH 15
			7514		Leistungen zur Eingliederung von Arbeitsuchenden (§ 16 Abs. 2 Satz 2 Nr. 1 bis 4 SGB II)	FH 15
			7515		Leistungen zur Eingliederung von Arbeitsuchenden (§ 16 Abs. 2 Satz 2 Nr. 5 und 6, Abs. 3 und 4 SGB II)	FH 15
				75151	Leistungen zur Eingliederung von Arbeitsuchenden (§ 16 Abs. 2 Satz 2 Nr. 5 und 6 SGB II)	FH 15
				75152	Leistungen zur Eingliederung von Arbeitsuchenden (§ 16 Abs. 3 SGB II)	FH 15
				75153	Leistungen zur Eingliederung von Arbeitsuchenden (§ 16 Abs. 4 SGB II)	FH 15
		752			**Kostenbeteiligungen und -erstattungen nach SGB II**	FH 15
			7522		an Landkreise	FH 15
			7524		an Arbeitsgemeinschaften	FH 15
				75241	Kosten der Unterkunft und Heizung	FH 15
				75242	Einmalige Leistungen	FH 15
		753			**Leistungen nach SGB XII**	FH 15
			7531		Leistungen außerhalb von Einrichtungen überörtlicher Träger mit eigener Kostenbeteiligung	FH 15
			7532		Leistungen außerhalb von Einrichtungen überörtlicher Träger ohne eigene Kostenbeteiligung	FH 15
			7533		Leistungen außerhalb von Einrichtungen örtlicher Träger mit eigener Kostenbeteiligung	FH 15
			7534		Leistungen außerhalb von Einrichtungen örtlicher Träger ohne eigene Kostenbeteiligung	FH 15
			7535		Leistungen innerhalb von Einrichtungen überörtlicher Träger mit eigener Kostenbeteiligung	FH 15
			7536		Leistungen innerhalb von Einrichtungen überörtlicher Träger ohne eigene Kostenbeteiligung	FH 15
			7537		Leistungen innerhalb von Einrichtungen örtlicher Träger mit eigener Kostenbeteiligung	FH 15
			7538		Leistungen innerhalb von Einrichtungen örtlicher Träger ohne eigene Kostenbeteiligung	FH 15
			7539		Sonstige Leistungen	FH 15
		754			**Kostenbeteiligungen und -erstattungen nach SGB XII**	FH 15
			7541		Kostenbeteiligungen nach AGSGB XII überörtliche Träger	FH 15
				75411	an das Land	FH 15
				75412	an Landkreise	FH 15
				75413	an Gemeinden	FH 15
			7542		Kostenbeteiligungen nach AGSGB XII örtliche Träger	FH 15
				75421	an den Bund	FH 15
				75422	an das Land	FH 15
				75423	an Gemeinden	FH 15
				75424	an Landkreise / kreisfreie Städte	FH 15
				75429	an Sonstige	FH 15
			7543		Kostenerstattungen von anderen Sozialhilfeträgern	FH 15
		755			**Leistungen nach SGB VIII**	FH 15

Kontenrahmenplan / Kontenklasse 7
mit Zuordnungsvorschriften

Kontenklasse	Kontengruppe	Kontenart	Konto	Unterkonto	Bezeichnung	Position Ergebnis-haushalt (EH) Finanz-haushalt (FH)
			7551		Leistungen außerhalb von Einrichtungen	FH 15
			7552		Leistungen innerhalb von Einrichtungen (in voll- und teilstationären Einrichtungen)	FH 15
			7559		Sonstige Leistungen	FH 15
		756			**Kostenbeteiligungen und -erstattungen nach SGB VIII**	FH 15
			7561		Kostenbeteiligungen nach SGB VIII - innerhalb von Einrichtungen	FH 15
				75611	an Land	FH 15
				75612	an Landkreise / kreisfreie Städte	FH 15
				75613	an Gemeinden	FH 15
				75619	an Sonstige	FH 15
			7562		Kostenbeteiligungen nach SGB VIII außerhalb von Einrichtungen	FH 15
				75621	an Land	FH 15
				75622	an Landkreise / kreisfreie Städte	FH 15
				75623	an Gemeinden	FH 15
				75629	an Sonstige	FH 15
			7563		Kostenerstattungen nach SGB VIII - innerhalb von Einrichtungen	FH 15
				75631	an Bund	FH 15
				75632	an Land	FH 15
				75633	an Landkreise / kreisfreie Städte	FH 15
				75634	an Gemeinden	FH 15
				75639	an Sonstige	FH 15
			7564		Kostenerstattungen nach SGB VIII - außerhalb von Einrichtungen	FH 15
				75641	an Bund	FH 15
				75642	an Land	FH 15
				75643	an Landkreise / kreisfreie Städte	FH 15
				75644	an Gemeinden	FH 15
				75649	an Sonstige	FH 15
		757			**sonstige Leistungen**	FH 15
			7571		Leistungen nach dem AsylbLG	FH 15
			7572		Kriegsopferfürsorge	FH 15
			7573		Leistungen nach dem Unterhaltsvorschussgesetz	FH 15
			7574		Vollzug des Betreuungsgesetzes	FH 15
			7575		Hilfe für Heimkehrer und politische Häftlinge	FH 15
			7576		Leistungen nach dem Landesblindengesetz und Landespflegegeldgesetz	FH 15
			7577		Leistungen nach dem BErzGG/Bundeselterngesetz	FH 15
			7579		Sonstige	FH 15
		758			**Kostenbeteiligungen und -erstattungen für sonstige Leistungen**	FH 15
			7581		Leistungen nach dem AsylbLG	FH 15
			7582		Kriegsopferfürsorge	FH 15
			7583		Leistungen nach dem Unterhaltsvorschussgesetz	FH 15
			7584		Vollzug des Betreuungsgesetzes	FH 15
			7585		Hilfe für Heimkehrer und politische Häftlinge	FH 15
			7586		Leistungen nach dem Landesblindengesetz und Landespflegegeldgesetz	FH 15
			7589		Sonstige	FH 15
		759			**Zuweisungen und Zuschüsse für laufende Zwecke des Bereichs soziale Sicherung**	FH 15
			7590		an verbundene Unternehmen	EH 17
			7591		an Unternehmen, mit denen ein Beteiligungsverhältnis besteht	EH 17
			7593		an Sondervermögen	EH 17
				75931	an Eigenbetriebe	EH 17
				75932	an sonstige Sondervermögen	EH 17
			7594		an den öffentlichen Bereich	EH 17

Kontenrahmenplan / Kontenklasse 7
mit Zuordnungsvorschriften

Kontenklasse	Kontengruppe	Kontenart	Konto	Unterkonto	Bezeichnung	Position Ergebnis-haushalt (EH) Finanz-haushalt (FH)
				75941	an die EU	EH 17
				75942	an den Bund	EH 17
				75943	an das Land	EH 17
				75944	an Gemeinden und Gemeindeverbände	EH 17
				75945	an Zweckverbände	EH 17
				75946	an Anstalten	EH 17
				75947	an rechtsfähige Stiftungen	EH 17
				75948	an sonstige öffentliche Sonderrechnungen	EH 17
				75949	an den sonstigen öffentlichen Bereich	EH 17
			7595		an private Unternehmen	EH 17
			7596		an Sparkassen	EH 17
			7599		an übrige Bereiche	EH 17
	76				**Sonstige laufende Auszahlungen einschließlich außerordentliche Auszahlungen**	
		761			**Sonstige Personal- und Versorgungsauszahlungen**	FH 16
			7611		Auszahlungen für Personaleinstellungen	FH 16
			7612		Auszahlungen für Aus- und Fortbildung, Umschulung	FH 16
			7613		Auszahlungen für übernommene Reisekosten für Dienstreisen und Dienstgänge	FH 16
				76131	Fahrtkostenerstattung	FH 16
				76132	Verpflegungsmehrauszahlungen	FH 16
				76139	Sonstiges	FH 16
			7614		Auszahlungen für allgemeine Betreuung der Bediensteten	FH 16
			7615		Auszahlungen für Dienst- und Schutzkleidung, persönliche Ausrüstungsgegenstände	FH 16
			7619		Sonstige Personalnebenauszahlungen	FH 16
		762			**Auszahlungen für die Inanspruchnahme von Rechten und Diensten**	FH 16
			7621		Mieten, Pachten und Erbbauzinsen	FH 16
			7622		Leasing	FH 16
			7623		Leiharbeitskräfte	FH 16
			7624		Datenverarbeitung	FH 16
				76241	laufende Lizenzzahlungen	FH 16
				76242	laufende Beratung	FH 16
				76243	Unterhaltung Software, Updates	FH 16
				76244	Unterhaltung Hardware	FH 16
				76249	Sonstige	FH 16
			7625		Sachverständigen-, Gerichts- und ähnliche Auszahlungen	FH 16
				76251	Vergütungen einschließlich Reisekosten an Sachverständige	FH 16
				76252	Gebühren für Kassen-, Rechnungs-, Organisationsprüfung usw.	FH 16
				76253	Gerichts-, Anwalts-, Notar-, Gerichtsvollzieherkosten usw.	FH 16
				76254	Erstattung von Auslagen an Prozess- und Vertragsgegner	FH 16
				76275	Auszahlungen für die Erstellung von Bebauungsplänen	FH 16
				76259	Sonstige	FH 16
			7629		Sonstige Auszahlungen für die Inanspruchnahme von Rechten und Diensten	FH 16
		763			**Geschäftsauszahlungen**	FH 16
			7631		Büromaterial	FH 16
			7632		Fachliteratur, Zeitschriften	FH 16

Kontenrahmenplan / Kontenklasse 7
mit Zuordnungsvorschriften

Kontenklasse	Kontengruppe	Kontenart	Konto	Unterkonto	Bezeichnung	Position Ergebnis-haushalt (EH) Finanz-haushalt (FH)
				76321	Bücher	FH 16
				76322	Zeitschriften	FH 16
				76323	Zeitungen	FH 16
				76324	Gesetz-, Verordnungs-, Amtsblätter	FH 16
				76325	Landkarten	FH 16
				76329	Sonstige	FH 16
			7633		Porto und Versandkosten	FH 16
				76331	Porto	FH 16
				76332	sonstige Versandkosten	FH 16
				76333	Postfachgebühren	FH 16
				76334	Versandkosten Paketdienste	FH 16
				76339	Sonstige	FH 16
			7634		Telefon, Datenübertragungskosten	FH 16
				76341	Fernmeldegebühren	FH 16
				76342	Datenübertragungsgebühren	FH 16
				76343	Miete, Leasing	FH 16
				76344	Wartung	FH 16
				76345	Dienstanschlüsse in Wohnungen	FH 16
				76346	Rundfunk- und Fernsehgebühren	FH 16
				76349	Sonstige	FH 16
			7635		öffentliche Bekanntmachungen	FH 16
				76351	Annoncen	FH 16
				76352	Amtsblatt	FH 16
				76359	Sonstige	FH 16
			7636		Öffentlichkeitsarbeit	FH 16
			7637		Bankgebühren	FH 16
			7638		Transportkosten	FH 16
			7639		Sonstige	FH 16
		764			**Auszahlungen für Beiträge, Versicherungen und Sonstiges**	FH 16
			7641		Versicherungsbeiträge	FH 16
				76411	Gebäudeversicherungen	FH 16
				76412	Kfz-Versicherungen	FH 16
				76413	Haftpflichtversicherungen	FH 16
				76414	Unfallversicherungen	FH 16
				76415	Rechtsschutzversicherungen	FH 16
				76416	Umlagen an Schadensausgleichskassen	FH 16
				76419	Sonstige Versicherungen	FH 16
			7642		Beiträge zu Wirtschaftsverbänden, Berufsvertretungen und Vereinen	FH 16
			7643		sonstige Beiträge	FH 16
			7649		sonstige betriebliche Auszahlungen	FH 16
		765			**Auszahlungen für Umsatzsteuerüberhang**	FH 16
		766			**Auszahlungen für besondere Finanzauszahlungen**	FH 16
			7661		Auszahlungen für nicht rückzahlbare Zuweisungen für Investitionen	FH 16
			7662		Bußgelder	FH 16
			7663		Säumniszuschläge	FH 16
			7664		Auszahlungen aus der Inanspruchnahme von Gewährverträgen und Bürgschaften	FH 16
			7665		Fehlbelegungsabgabe	FH 16
			7669		Sonstige Auszahlungen für besondere Finanzauszahlungen	FH 16
		767			**Auszahlungen für Steuern vom Einkommen und vom Ertrag**	FH 16
			7671		Gewerbesteuer	FH 16
			7672		Körperschaftsteuer	FH 16
			7673		Kapitalertragsteuer	FH 16
			7674		ausländische Quellensteuer	FH 16

Kontenrahmenplan / Kontenklasse 7
mit Zuordnungsvorschriften

Kontenklasse	Kontengruppe	Kontenart	Konto	Unterkonto	Bezeichnung	Position Ergebnis-haushalt (EH) Finanz-haushalt (FH)
			7679		Sonstige	FH 16
		768			**sonstige Steuerauszahlungen**	FH 16
			7681		Grundsteuer	FH 16
			7682		Kraftfahrzeugsteuer	FH 16
			7683		Ausfuhrzölle	FH 16
			7684		Verbrauchssteuern	FH 16
			7689		sonstige betriebliche Steuerauszahlungen	FH 16
		769			**sonstige laufende Auszahlungen der Verwaltungstätigkeit, außerordentliche Auszahlungen**	FH 16
			7691		Zuwendungen an Fraktionen	FH 16
			7692		Verfügungsmittel	FH 16
			7693		Repräsentationen	FH 16
			7694		Auszahlungen für Schadensfälle	FH 16
			7695		Außerordentliche Auszahlungen	FH 24
			7699		Sonstige	FH 16
	77				**Zinsauszahlungen und sonstige Finanzauszahlungen**	FH 20
		771			**an verbundene Unternehmen und Unternehmen, mit denen ein Beteiligungsverhältnis besteht**	FH 20
		772			**Auszahlungen aus der Verlustübernahme an assoziierten Tochterorganisationen**	FH 20
		773			**an Sondervermögen**	FH 20
			7731		an Eigenbetriebe	FH 20
			7739		an Sonstige	FH 20
		774			**an den öffentlichen Bereich**	FH 20
			7740		an die EU	FH 20
			7741		an den Bund	FH 20
				77411	Lastenausgleichsfonds	FH 20
				77412	ERP Sondervermögen	FH 20
				77413	sonstiges Sondervermögen des Bundes	FH 20
				77414	Bundesagentur für Arbeit	FH 20
				77415	Sonstiges	FH 20
			7742		an das Land	FH 20
			7743		an Gemeinden und Gemeindeverbände	FH 20
			7744		an Zweckverbände	FH 20
			7745		an Anstalten	FH 20
			7746		an rechtsfähige Stiftungen	FH 20
			7747		an sonstige öffentliche Sonderrechnungen	FH 20
				77471	an öffentliche Zusatzversorgungseinrichtungen	FH 20
				77472	an Sonstige	FH 20
			7749		an den sonstigen öffentlichen Bereich	FH 20
		775			**an den inländischen Geldmarkt**	FH 20
			7751		an inländische Kreditinstitute	FH 20
				77511	an Banken	FH 20
				77512	an Sparkassen	FH 20
				77513	an Bausparkassen	FH 20
				77514	an Girozentralen/ Landesbanken	FH 20
				77519	an sonstige inländische Kreditinstitute	FH 20
			7752		an ausländische Kreditinstitute	FH 20
				77521	an Banken	FH 20
				77522	an Sonstige	FH 20
		776			**an den sonstigen inländischen Bereich**	FH 20
			7761		an Versicherungsunternehmen	FH 20
			7769		Sonstige	FH 20
		777			**an den ausländischen Geldmarkt**	FH 20

Kontenrahmenplan / Kontenklasse 7
mit Zuordnungsvorschriften

Kontenklasse	Kontengruppe	Kontenart	Konto	Unterkonto	Bezeichnung	Position Ergebnis-haushalt (EH) Finanz-haushalt (FH)
			7771		an inländische Kreditinstitute	FH 20
				77711	an Banken	FH 20
				77712	an Sparkassen	FH 20
				77713	an Bausparkassen	FH 20
				77714	an Girozentralen / Landesbanken	FH 20
				77719	an sonstige inländische Kreditinstitute	FH 20
			7772		an ausländische Kreditinstitute	FH 20
				77721	an Banken	FH 20
				77729	an Sonstige	FH 20
		778			**an den sonstigen ausländischen Bereich**	FH 20
		779			**Sonstige Zinsauszahlungen und sonstige Finanzauszahlungen**	FH 20
			7791		aus der Vollverzinsung der Gewerbesteuer (§ 233a AO)	FH 20
			7792		aus der Verzinsung von sonstigen Steuernachforderungen	FH 20
			7793		Kreditbeschaffungskosten	FH 20
				77931	Disagio	FH 20
				77939	Sonstige Kreditbeschaffungskosten	FH 20
			7799		Sonstige	FH 20
	78				**Auszahlungen aus Investitionstätigkeit**	
		781			**Investitionszuwendungen**	FH 36
			7811		an verbundene Unternehmen	FH 36
			7812		an Unternehmen, mit denen ein Beteiligungsverhältnis besteht	FH 36
			7813		an Sondervermögen	FH 36
				78131	an Eigenbetriebe	FH 36
				78139	Sonstige	FH 36
			7814		an den öffentlichen Bereich	FH 36
				78140	an die EU	FH 36
				78141	an den Bund	FH 36
				78142	an das Land	FH 36
				78143	an die Gemeinden und Gemeindeverbänden	FH 36
				78144	an Zweckverbände	FH 36
				78145	an Anstalten	FH 36
				78146	an Sparkassen	FH 36
				78147	an rechtsfähige Stiftungen	FH 36
				78148	an sonstige öffentliche Sonderrechnungen	FH 36
				78149	an den sonstigen öffentlichen Bereich	FH 36
			7815		an den privaten Bereich	FH 36
				78151	an private Unternehmen	FH 36
				78152	an den sonstigen privaten Bereich	FH 36
			7819		an Sonstige	FH 36
		782			**nicht besetzt**	-
		783			**nicht besetzt**	
		784			**Auszahlungen für sonstige immaterielle Vermögensgegenstände**	FH 36
			7841		Auszahlungen für Konzessionen, Lizenzen und andere Schutzrechte	FH 36
			7842		Auszahlungen für Investitionszuschüsse Nutzungsberechtigter	FH 36
			7843		Auszahlungen für geringwertige immaterielle Vermögensgegenstände	FH 36
			7844		Auszahlungen für immaterielle Vermögensgegenstände	FH 36
		785			**Auszahlungen für Sachanlagen**	FH 37
			7851		Auszahlungen für unbebaute Grundstücke und grundstücksgleiche Rechte	FH 37
			7852		Auszahlungen für bebaute Grundstücke und grundstücksgleiche Rechte	FH 37
			7853		Auszahlungen für Infrastrukturvermögen, einschließlich Grundstücke und grundstücksgleiche Rechte	FH 37
			7854		Auszahlungen für Bauten auf fremdem Grund und Boden	FH 37

Kontenrahmenplan / Kontenklasse 7
mit Zuordnungsvorschriften

Kontenklasse	Kontengruppe	Kontenart	Konto	Unterkonto	Bezeichnung	Position Ergebnis-haushalt (EH) Finanz-haushalt (FH)
			7855		Auszahlungen für Kunstgegenstände und Denkmäler	FH 37
			7856		Auszahlungen für Fahrzeuge, Maschinen und technische Anlagen	FH 37
			7857		Auszahlungen für Betriebs- und Geschäftsausstattung, Pflanzen und Tiere und geringwertige Vermögensgegenstände	FH 38
				78571	Auszahlungen für bewegliche Sachen des Anlagevermögens oberhalb der Wertgrenze i.H.v. 410,00 Euro	FH 37
				78572	Auszahlungen für bewegliche Sachen des Anlagevermögens unterhalb der Wertgrenze i.H.v. 410,00 Euro	FH 37
			7859		Auszahlungen für Anlagen im Bau und für geleistete Anzahlungen	FH 37
		786			**Auszahlungen für Finanzanlagen (ohne Ausleihungen und Kreditgewährungen)**	FH 38
			7861		Anteile an verbundenen Unternehmen	FH 38
				78611	Börsennotierte Anteile	FH 38
				78612	Nicht börsennotierte Anteile	FH 38
				78613	Investmentzertifikate	FH 38
				78619	Sonstige Anteilsrechte	FH 38
			7862		Anteile an Unternehmen, mit denen ein Beteiligungsverhältnis besteht	FH 38
				78621	Börsennotierte Anteile	FH 38
				78622	Nicht börsennotierte Anteile	FH 38
				78623	Investmentzertifikate	FH 38
				78629	Sonstige Anteilsrechte	FH 38
			7863		an Sondervermögen	FH 38
				78631	an Eigenbetriebe	FH 38
				78639	Sonstige	FH 38
			7864		an den öffentlichen Bereich	FH 38
				78641	an Zweckverbände	FH 38
				78642	an Anstalten	FH 38
				78643	an rechtsfähige Stiftungen	FH 38
				78649	Sonstige	FH 38
			7869		Sonstige	FH 38
				78691	Börsennotierte Aktien	FH 38
				78692	Nicht börsennotierte Aktien	FH 38
				78693	Investmentzertifikate	FH 38
				78694	Kapitalmarktpapiere	FH 38
				786941	von verbundenen Unternehmen	FH 38
				7869411	Laufzeit bis einschließlich 1 Jahr	FH 38
				7869412	Laufzeit über 1 bis unter 5 Jahre	FH 38
				7869413	Laufzeit 5 Jahre und mehr	FH 38
				786942	von Beteiligungen	FH 38
				7869421	Laufzeit bis einschließlich 1 Jahr	FH 38
				7869422	Laufzeit über 1 bis unter 5 Jahre	FH 38
				7869423	Laufzeit 5 Jahre und mehr	FH 38
				786943	von Sondervermögen	FH 38
				7869431	Laufzeit bis einschließlich 1 Jahr	FH 38
				7869432	Laufzeit über 1 bis unter 5 Jahre	FH 38
				7869433	Laufzeit 5 Jahre und mehr	FH 38
				786944	vom öffentlichen Bereich	FH 38
				7869441	vom Bund	FH 38
				78694411	Laufzeit bis einschließlich 1 Jahr	FH 38
				78694412	Laufzeit über 1 bis unter 5 Jahre	FH 38
				78694413	Laufzeit 5 Jahre und mehr	FH 38
				7869442	vom Land	FH 38
				78694421	Laufzeit bis einschließlich 1 Jahr	FH 38
				78694422	Laufzeit über 1 bis unter 5 Jahre	FH 38

Kontenrahmenplan / Kontenklasse 7
mit Zuordnungsvorschriften

Kontenklasse	Kontengruppe	Kontenart	Konto	Unterkonto	Bezeichnung	Position Ergebnis-haushalt (EH) Finanz-haushalt (FH)
				78694423	Laufzeit 5 Jahre und mehr	FH 38
				7869443	von Gemeinden und Gemeindeverbänden	FH 38
				78694431	Laufzeit bis einschließlich 1 Jahr	FH 38
				78694432	Laufzeit über 1 bis unter 5 Jahre	FH 38
				78694433	Laufzeit 5 Jahre und mehr	FH 38
				7869444	von Zweckverbänden	FH 38
				78694441	Laufzeit bis einschließlich 1 Jahr	FH 38
				78694442	Laufzeit über 1 bis unter 5 Jahre	FH 38
				78694443	Laufzeit 5 Jahre und mehr	FH 38
				7869445	von Anstalten	FH 38
				78694451	Laufzeit bis einschließlich 1 Jahr	FH 38
				78694452	Laufzeit über 1 bis unter 5 Jahre	FH 38
				78694453	Laufzeit 5 Jahre und mehr	FH 38
				7869446	von rechtsfähigen Stiftungen	FH 38
				78694461	Laufzeit bis einschließlich 1 Jahr	FH 38
				78694462	Laufzeit über 1 bis unter 5 Jahre	FH 38
				78694463	Laufzeit 5 Jahre und mehr	FH 38
				7869447	vom sonstigen öffentlichen Bereich	FH 38
				78694471	Laufzeit bis einschließlich 1 Jahr	FH 38
				78694472	Laufzeit über 1 bis unter 5 Jahre	FH 38
				78694473	Laufzeit 5 Jahre und mehr	FH 38
				786945	vom inländischen Geldmarkt	FH 38
				7869451	Laufzeit bis einschließlich 1 Jahr	FH 38
				7869452	Laufzeit über 1 bis unter 5 Jahre	FH 38
				7869453	Laufzeit 5 Jahre und mehr	FH 38
				786946	vom sonstigen inländischen Bereich	FH 38
				7869461	Laufzeit bis einschließlich 1 Jahr	FH 38
				7869462	Laufzeit über 1 bis unter 5 Jahre	FH 38
				7869463	Laufzeit 5 Jahre und mehr	FH 38
				786947	vom ausländischen Geldmarkt	FH 38
				7869471	Laufzeit bis einschließlich 1 Jahr	FH 38
				7869472	Laufzeit über 1 bis unter 5 Jahre	FH 38
				7869473	Laufzeit 5 Jahre und mehr	FH 38
				786948	vom sonstigen ausländischen Bereich	FH 38
				7869481	Laufzeit bis einschließlich 1 Jahr	FH 38
				7869482	Laufzeit über 1 bis unter 5 Jahre	FH 38
				7869483	Laufzeit 5 Jahre und mehr	FH 38
				786949	von sonstigen öffentlichen Sonderrechnungen	FH 38
				7869491	Laufzeit bis einschließlich 1 Jahr	FH 38
				7869492	Laufzeit über 1 bis unter 5 Jahre	FH 38
				7869493	Laufzeit 5 Jahre und mehr	FH 38
				78695	Geldmarktpapiere	FH 38
				786951	von verbundenen Unternehmen	FH 38
				786952	von Beteiligungen	FH 38
				786953	von Sondervermögen	FH 38
				786954	vom öffentlichen Bereich	FH 38
				7869541	vom Bund	FH 38
				7869542	vom Land	FH 38
				7869543	von Gemeinden und Gemeindeverbänden	FH 38
				7869544	von Zweckverbänden	FH 38
				7869545	von Anstalten	FH 38
				7869546	von rechtsfähigen Stiftungen	FH 38
				7869547	vom sonstigen öffentlichen Bereich	FH 38
				786955	vom inländischen Geldmarkt	FH 38

Kontenrahmenplan / Kontenklasse 7
mit Zuordnungsvorschriften

Kontenklasse	Kontengruppe	Kontenart	Konto	Unterkonto	Bezeichnung	Position Ergebnis-haushalt (EH) Finanz-haushalt (FH)
				786956	vom sonstigen inländischen Bereich	FH 38
				786957	vom ausländischen Geldmarkt	FH 38
				786958	vom sonstigen ausländischen Bereich	FH 38
				786959	von sonstigen öffentlichen Sonderrechnungen	FH 38
				78696	Finanzderivate	FH 38
				78699	Sonstige Anteilsrechte	FH 38
		787			**Auszahlungen für Ausleihungen und Kreditgewährungen**	FH 39
			7871		Ausleihungen / Kredite an verbundene Unternehmen	FH 39
				78711	an börsennotierte Gesellschaften	FH 39
				787111	Laufzeit bis einschließlich 1 Jahr	FH 39
				787112	Laufzeit über 1 bis unter 5 Jahre	FH 39
				787113	Laufzeit 5 Jahre und mehr	FH 39
				78712	an nicht börsennotierte Gesellschaften	FH 39
				787121	Laufzeit bis einschließlich 1 Jahr	FH 39
				787122	Laufzeit über 1 bis unter 5 Jahre	FH 39
				787123	Laufzeit 5 Jahre und mehr	FH 39
				78719	Sonstige	FH 39
				787191	Laufzeit bis einschließlich 1 Jahr	FH 39
				787192	Laufzeit über 1 bis unter 5 Jahre	FH 39
				787193	Laufzeit 5 Jahre und mehr	FH 39
			7872		Ausleihungen / Kredite an Unternehmen, mit denen ein Beteiligungsverhältnis besteht	FH 39
				78721	an börsennotierte Gesellschaften	FH 39
				787211	Laufzeit bis einschließlich 1 Jahr	FH 39
				787212	Laufzeit über 1 bis unter 5 Jahre	FH 39
				787213	Laufzeit 5 Jahre und mehr	FH 39
				78722	an nicht börsennotierte Gesellschaften	FH 39
				787221	Laufzeit bis einschließlich 1 Jahr	FH 39
				787222	Laufzeit über 1 bis unter 5 Jahre	FH 39
				787223	Laufzeit 5 Jahre und mehr	FH 39
				78729	Sonstige	FH 39
				787291	Laufzeit bis einschließlich 1 Jahr	FH 39
				787292	Laufzeit über 1 bis unter 5 Jahre	FH 39
				787293	Laufzeit 5 Jahre und mehr	FH 39
			7873		Ausleihungen an Sondervermögen	FH 39
				78731	an Eigenbetriebe	FH 39
				787311	Laufzeit bis einschließlich 1 Jahr	FH 39
				787312	Laufzeit über 1 bis unter 5 Jahre	FH 39
				787313	Laufzeit 5 Jahre und mehr	FH 39
				78732	an Sonstige	FH 39
				787321	Laufzeit bis einschließlich 1 Jahr	FH 39
				787322	Laufzeit über 1 bis unter 5 Jahre	FH 39
				787323	Laufzeit 5 Jahre und mehr	FH 39
			7874		Ausleihungen an den öffentlichen Bereich	FH 39
				78740	an die EU	FH 39
				787401	Laufzeit bis einschließlich 1 Jahr	FH 39
				787402	Laufzeit über 1 bis unter 5 Jahre	FH 39
				787403	Laufzeit 5 Jahre und mehr	FH 39
				78741	an den Bund	FH 39
				787411	Laufzeit bis einschließlich 1 Jahr	FH 39
				787412	Laufzeit über 1 bis unter 5 Jahre	FH 39
				787413	Laufzeit 5 Jahre und mehr	FH 39
				78742	an das Land	FH 39
				787421	Laufzeit bis einschließlich 1 Jahr	FH 39

Kontenrahmenplan / Kontenklasse 7
mit Zuordnungsvorschriften

Kontenklasse	Kontengruppe	Kontenart	Konto	Unterkonto	Bezeichnung	Position Ergebnis-haushalt (EH) Finanz-haushalt (FH)
				787422	Laufzeit über 1 bis unter 5 Jahre	FH 39
				787423	Laufzeit 5 Jahre und mehr	FH 39
				78743	an Gemeinden und Gemeindeverbände	FH 39
				787431	Laufzeit bis einschließlich 1 Jahr	FH 39
				787432	Laufzeit über 1 bis unter 5 Jahre	FH 39
				787433	Laufzeit 5 Jahre und mehr	FH 39
				78744	Zweckverbände	FH 39
				787441	Laufzeit bis einschließlich 1 Jahr	FH 39
				787442	Laufzeit über 1 bis unter 5 Jahre	FH 39
				787443	Laufzeit 5 Jahre und mehr	FH 39
				78745	an Anstalten	FH 39
				787451	Laufzeit bis einschließlich 1 Jahr	FH 39
				787452	Laufzeit über 1 bis unter 5 Jahre	FH 39
				787453	Laufzeit 5 Jahre und mehr	FH 39
				78746	an rechtsfähige Stiftungen	FH 39
				787461	Laufzeit bis einschließlich 1 Jahr	FH 39
				787462	Laufzeit über 1 bis unter 5 Jahre	FH 39
				787463	Laufzeit 5 Jahre und mehr	FH 39
				78747	sonstige öffentliche Sonderrechnungen	FH 39
				787471	Laufzeit bis einschließlich 1 Jahr	FH 39
				787472	Laufzeit über 1 bis unter 5 Jahre	FH 39
				787473	Laufzeit 5 Jahre und mehr	FH 39
				78749	sonstiger öffentlicher Bereich	FH 39
				787491	Laufzeit bis einschließlich 1 Jahr	FH 39
				787492	Laufzeit über 1 bis unter 5 Jahre	FH 39
				787493	Laufzeit 5 Jahre und mehr	FH 39
			7875		Inländischer Geldmarkt	FH 39
				78751	Laufzeit bis einschließlich 1 Jahr	FH 39
				78752	Laufzeit über 1 bis unter 5 Jahre	FH 39
				78753	Laufzeit 5 Jahre und mehr	FH 39
			7876		sonstiger inländischer Bereich	FH 39
				78761	Laufzeit bis einschließlich 1 Jahr	FH 39
				78762	Laufzeit über 1 bis unter 5 Jahre	FH 39
				78763	Laufzeit 5 Jahre und mehr	FH 39
			7877		Ausländischer Geldmarkt	FH 39
				78771	Laufzeit bis einschließlich 1 Jahr	FH 39
				78772	Laufzeit über 1 bis unter 5 Jahre	FH 39
				78773	Laufzeit 5 Jahre und mehr	FH 39
			7878		sonstiger ausländischer Bereich	FH 39
				78781	Laufzeit bis einschließlich 1 Jahr	FH 39
				78782	Laufzeit über 1 bis unter 5 Jahre	FH 39
				78783	Laufzeit 5 Jahre und mehr	FH 39
			7879		sonstige öffentliche Sonderrechnungen	FH 39
				78791	Laufzeit bis einschließlich 1 Jahr	FH 39
				78792	Laufzeit über 1 bis unter 5 Jahre	FH 39
				78793	Laufzeit 5 Jahre und mehr	FH 39
		788			**Auszahlungen für den Erwerb von Vorräten**	FH 40
			7881		Roh-, Hilfs- und Betriebsstoffe	FH 40
				78861	Rohstoffe	FH 40
				78862	Hilfsstoffe	FH 40
				78863	Betriebsstoffe	FH 40
			7882		Unfertige Erzeugnisse, unfertige Leistungen	FH 40
				78821	Unfertige Erzeugnisse	FH 40
				78822	Unfertige Leistungen	FH 40

Kontenrahmenplan / Kontenklasse 7
mit Zuordnungsvorschriften

Kontenklasse	Kontengruppe	Kontenart	Konto	Unterkonto	Bezeichnung	Position Ergebnis-haushalt (EH) Finanz-haushalt (FH)
			7883		Fertige Erzeugnisse, fertige Leistungen und Waren	FH 40
				78831	Fertige Erzeugnisse	FH 40
				78832	Fertige Leistungen	FH 40
				78833	Waren	FH 40
			7884		Geleistete Anzahlungen auf Vorräte	FH 40
			7889		Sonstige	FH 40
		789			**Sonstige Investitionsauszahlungen**	FH 41
	79				**Auszahlungen aus Finanzierungstätigkeit**	
		791			**Rückzahlung von Anleihen für Investitionen**	FH 46
			7911		Anleihen in Euro-Währung (fester Zins)	FH 46
			7912		Anleihen in Euro-Währung (variabler Zins)	FH 46
			7913		Anleihen in Fremdwährung (fester Zins)	FH 46
			7914		Anleihen in Fremdwährung (variabler Zins)	FH 46
		792			**Tilgung von Krediten für Investitionen**	FH 46
			7921		von verbundenen Unternehmen	FH 46
				79211	Kredite in Euro-Währung (fester Zins)	FH 46
				79212	Kredite in Euro-Währung (variabler Zins)	FH 46
				79213	Kredite in Fremdwährung (fester Zins)	FH 46
				79214	Kredite in Fremdwährung (variabler Zins)	FH 46
			7922		von Unternehmen, mit denen ein Beteiligungsverhältnis besteht	FH 46
				79221	Kredite in Euro-Währung (fester Zins)	FH 46
				79222	Kredite in Euro-Währung (variabler Zins)	FH 46
				79223	Kredite in Fremdwährung (fester Zins)	FH 46
				79224	Kredite in Fremdwährung (variabler Zins)	FH 46
			7923		von Sondervermögen	FH 46
				79231	Kredite in Euro-Währung (fester Zins)	FH 46
				79232	Kredite in Euro-Währung (variabler Zins)	FH 46
				79233	Kredite in Fremdwährung (fester Zins)	FH 46
				79234	Kredite in Fremdwährung (variabler Zins)	FH 46
			7924		vom öffentlichen Bereich	FH 46
				79240	von der EU	FH 46
				792401	Kredite in Euro-Währung (fester Zins)	FH 46
				792402	Kredite in Euro-Währung (variabler Zins)	FH 46
				792403	Kredite in Fremdwährung (fester Zins)	FH 46
				792404	Kredite in Fremdwährung (variabler Zins)	FH 46
				79241	von dem Bund	FH 46
				792411	Kredite in Euro-Währung (fester Zins)	FH 46
				792412	Kredite in Euro-Währung (variabler Zins)	FH 46
				792413	Kredite in Fremdwährung (fester Zins)	FH 46
				792414	Kredite in Fremdwährung (variabler Zins)	FH 46
				79242	von dem Land	FH 46
				792421	Kredite in Euro-Währung (fester Zins)	FH 46
				792422	Kredite in Euro-Währung (variabler Zins)	FH 46
				792423	Kredite in Fremdwährung (fester Zins)	FH 46
				792424	Kredite in Fremdwährung (variabler Zins)	FH 46
				79243	von Gemeinden und Gemeindeverbänden	FH 46
				792431	Kredite in Euro-Währung (fester Zins)	FH 46
				792432	Kredite in Euro-Währung (variabler Zins)	FH 46
				792433	Kredite in Fremdwährung (fester Zins)	FH 46
				792434	Kredite in Fremdwährung (variabler Zins)	FH 46
				79244	von Zweckverbänden	FH 46
				792441	Kredite in Euro-Währung (fester Zins)	FH 46
				792442	Kredite in Euro-Währung (variabler Zins)	FH 46
				792443	Kredite in Fremdwährung (fester Zins)	FH 46

Kontenrahmenplan / Kontenklasse 7
mit Zuordnungsvorschriften

Kontenklasse	Kontengruppe	Kontenart	Konto	Unterkonto	Bezeichnung	Position Ergebnis-haushalt (EH) Finanz-haushalt (FH)
				792444	Kredite in Fremdwährung (variabler Zins)	FH 46
				79245	von Anstalten	FH 46
				792451	Kredite in Euro-Währung (fester Zins)	FH 46
				792452	Kredite in Euro-Währung (variabler Zins)	FH 46
				792453	Kredite in Fremdwährung (fester Zins)	FH 46
				792454	Kredite in Fremdwährung (variabler Zins)	FH 46
				79246	von rechtsfähigen Stiftungen	FH 46
				792461	Kredite in Euro-Währung (fester Zins)	FH 46
				792462	Kredite in Euro-Währung (variabler Zins)	FH 46
				792463	Kredite in Fremdwährung (fester Zins)	FH 46
				792464	Kredite in Fremdwährung (variabler Zins)	FH 46
				79249	vom sonstigen öffentlichen Bereich	FH 46
				792491	Kredite in Euro-Währung (fester Zins)	FH 46
				792492	Kredite in Euro-Währung (variabler Zins)	FH 46
				792493	Kredite in Fremdwährung (fester Zins)	FH 46
				792494	Kredite in Fremdwährung (variabler Zins)	FH 46
			7925		vom inländischen Geldmarkt	FH 46
				79251	Kredite in Euro-Währung (fester Zins)	FH 46
				79252	Kredite in Euro-Währung (variabler Zins)	FH 46
				79253	Kredite in Fremdwährung (fester Zins)	FH 46
				79254	Kredite in Fremdwährung (variabler Zins)	FH 46
			7926		vom sonstigen inländischen Bereich	FH 46
				79261	Kredite in Euro-Währung (fester Zins)	FH 46
				79262	Kredite in Euro-Währung (variabler Zins)	FH 46
				79263	Kredite in Fremdwährung (fester Zins)	FH 46
				79264	Kredite in Fremdwährung (variabler Zins)	FH 46
			7927		vom ausländischen Geldmarkt	FH 46
				79271	Kredite in Euro-Währung (fester Zins)	FH 46
				79272	Kredite in Euro-Währung (variabler Zins)	FH 46
				79273	Kredite in Fremdwährung (fester Zins)	FH 46
				79274	Kredite in Fremdwährung (variabler Zins)	FH 46
			7928		vom sonstigen ausländischen Bereich	FH 46
				79281	Kredite in Euro-Währung (fester Zins)	FH 46
				79282	Kredite in Euro-Währung (variabler Zins)	FH 46
				79283	Kredite in Fremdwährung (fester Zins)	FH 46
				79284	Kredite in Fremdwährung (variabler Zins)	FH 46
			7929		von sonstigen öffentlichen Sonderrechnungen	FH 46
				79291	Kredite in Euro-Währung (fester Zins)	FH 46
				79292	Kredite in Euro-Währung (variabler Zins)	FH 46
				79293	Kredite in Fremdwährung (fester Zins)	FH 46
				79294	Kredite in Fremdwährung (variabler Zins)	FH 46
		793			**Rückzahlung von Anleihen zur Liquiditätssicherung**	FH 49
			7931		Anleihen in Euro-Währung (fester Zins)	FH 49
			7932		Anleihen in Euro-Währung (variabler Zins)	FH 49
			7933		Anleihen in Fremdwährung (fester Zins)	FH 49
			7934		Anleihen in Fremdwährung (variabler Zins)	FH 49
		794			**Tilgung von Krediten zur Liquiditätssicherung**	FH 49
			7941		von verbundenen Unternehmen	FH 49
				79411	Kredite in Euro-Währung (fester Zins)	FH 49
				79412	Kredite in Euro-Währung (variabler Zins)	FH 49
				79413	Kredite in Fremdwährung (fester Zins)	FH 49
				79414	Kredite in Fremdwährung (variabler Zins)	FH 49
			7942		von Unternehmen, mit denen ein Beteiligungsverhältnis besteht	FH 49
				79421	Kredite in Euro-Währung (fester Zins)	FH 49

Kontenrahmenplan / Kontenklasse 7
mit Zuordnungsvorschriften

Kontenklasse	Kontengruppe	Kontenart	Konto	Unterkonto	Bezeichnung	Position Ergebnis-haushalt (EH) Finanz-haushalt (FH)
				79422	Kredite in Euro-Währung (variabler Zins)	FH 49
				79423	Kredite in Fremdwährung (fester Zins)	FH 49
				79424	Kredite in Fremdwährung (variabler Zins)	FH 49
			7943		von Sondervermögen	FH 49
				79431	Kredite in Euro-Währung (fester Zins)	FH 49
				79432	Kredite in Euro-Währung (variabler Zins)	FH 49
				79433	Kredite in Fremdwährung (fester Zins)	FH 49
				79434	Kredite in Fremdwährung (variabler Zins)	FH 49
			7944		vom öffentlichen Bereich	FH 49
				79440	von der EU	FH 49
				794401	Kredite in Euro-Währung (fester Zins)	FH 49
				794402	Kredite in Euro-Währung (variabler Zins)	FH 49
				794403	Kredite in Fremdwährung (fester Zins)	FH 49
				794404	Kredite in Fremdwährung (variabler Zins)	FH 49
				79441	von dem Bund	FH 49
				794411	Kredite in Euro-Währung (fester Zins)	FH 49
				794412	Kredite in Euro-Währung (variabler Zins)	FH 49
				794413	Kredite in Fremdwährung (fester Zins)	FH 49
				794414	Kredite in Fremdwährung (variabler Zins)	FH 49
				79442	von dem Land	FH 49
				794421	Kredite in Euro-Währung (fester Zins)	FH 49
				794422	Kredite in Euro-Währung (variabler Zins)	FH 49
				794423	Kredite in Fremdwährung (fester Zins)	FH 49
				794424	Kredite in Fremdwährung (variabler Zins)	FH 49
				79443	von Gemeinden und Gemeindeverbänden	FH 49
				794431	Kredite in Euro-Währung (fester Zins)	FH 49
				794432	Kredite in Euro-Währung (variabler Zins)	FH 49
				794433	Kredite in Fremdwährung (fester Zins)	FH 49
				794434	Kredite in Fremdwährung (variabler Zins)	FH 49
				79444	von Zweckverbänden	FH 49
				794441	Kredite in Euro-Währung (fester Zins)	FH 49
				794442	Kredite in Euro-Währung (variabler Zins)	FH 49
				794443	Kredite in Fremdwährung (fester Zins)	FH 49
				794444	Kredite in Fremdwährung (variabler Zins)	FH 49
				79445	von Anstalten	FH 49
				794451	Kredite in Euro-Währung (fester Zins)	FH 49
				794452	Kredite in Euro-Währung (variabler Zins)	FH 49
				794453	Kredite in Fremdwährung (fester Zins)	FH 49
				794454	Kredite in Fremdwährung (variabler Zins)	FH 49
				79446	von rechtsfähigen Stiftungen	FH 49
				794461	Kredite in Euro-Währung (fester Zins)	FH 49
				794462	Kredite in Euro-Währung (variabler Zins)	FH 49
				794463	Kredite in Fremdwährung (fester Zins)	FH 49
				794464	Kredite in Fremdwährung (variabler Zins)	FH 49
				79449	vom sonstigen öffentlichen Bereich	FH 49
				794491	Kredite in Euro-Währung (fester Zins)	FH 49
				794492	Kredite in Euro-Währung (variabler Zins)	FH 49
				794493	Kredite in Fremdwährung (fester Zins)	FH 49
				794494	Kredite in Fremdwährung (variabler Zins)	FH 49
			7945		vom inländischen Geldmarkt	FH 49
				79451	Kredite in Euro-Währung (fester Zins)	FH 49
				79452	Kredite in Euro-Währung (variabler Zins)	FH 49
				79453	Kredite in Fremdwährung (fester Zins)	FH 49
				79454	Kredite in Fremdwährung (variabler Zins)	FH 49

Kontenrahmenplan / Kontenklasse 7
mit Zuordnungsvorschriften

Kontenklasse	Kontengruppe	Kontenart	Konto	Unterkonto	Bezeichnung	Position Ergebnis-haushalt (EH) Finanz-haushalt (FH)
			7946		vom sonstigen inländischen Bereich	FH 49
				79461	Kredite in Euro-Währung (fester Zins)	FH 49
				79462	Kredite in Euro-Währung (variabler Zins)	FH 49
				79463	Kredite in Fremdwährung (fester Zins)	FH 49
				79464	Kredite in Fremdwährung (variabler Zins)	FH 49
			7947		vom ausländischen Geldmarkt	FH 49
				79471	Kredite in Euro-Währung (fester Zins)	FH 49
				79472	Kredite in Euro-Währung (variabler Zins)	FH 49
				79473	Kredite in Fremdwährung (fester Zins)	FH 49
				79474	Kredite in Fremdwährung (variabler Zins)	FH 49
			7948		vom sonstigen ausländischen Bereich	FH 49
				79481	Kredite in Euro-Währung (fester Zins)	FH 49
				79482	Kredite in Euro-Währung (variabler Zins)	FH 49
				79483	Kredite in Fremdwährung (fester Zins)	FH 49
				79484	Kredite in Fremdwährung (variabler Zins)	FH 49
			7949		von sonstigen öffentlichen Sonderrechnungen	FH 49
				79491	Kredite in Euro-Währung (fester Zins)	FH 49
				79492	Kredite in Euro-Währung (variabler Zins)	FH 49
				79493	Kredite in Fremdwährung (fester Zins)	FH 49
				79494	Kredite in Fremdwährung (variabler Zins)	FH 49
		795			**Auszahlungen zur Bildung von Liquiditätsreserven**	FH 49
			7951		Erwerb von Wertpapieren des Umlaufvermögens	FH 49
				79511	Erwerb börsennotierter Anteile	FH 49
				79512	Erwerb nicht börsennotierter Anteile	FH 49
				79513	Investmentzertifikate	FH 49
				79514	Geldmarktpapiere	FH 49
				79515	Finanzderivate	FH 49
				79519	Sonstige	FH 49
			7952		Guthaben bei Kreditinstituten	FH 49
				79521	Termingeldguthaben	FH 49
				79522	Festgeldguthaben	FH 49
				79523	Sparguthaben	FH 49
				79529	Sonstige	FH 49
		796			**Auszahlungen für Dritte im Rahmen der Führung der Einheitsklasse**	FH 48 / FH 51
		798			**Auszahlungen aus internen Leistungsbeziehungen**	-
		799			**ungeklärte Zahlungsvorgänge**	FH 41

Kontenrahmenplan / Kontenklasse 8

Beispiel

Kontenklasse	Kontengruppe	Kontenart	Konto	Unterkonto	Bezeichnung
8					**Erlöse**
	80				**Steuern und ähnliche Abgaben**
	81				**Erlöse aus Zuwendungen, allgemeine Umlagen und sonstigen Transfererlösen**
	82				**Erlöse der sozialen Sicherung**
	83				**Öffentlich-rechtliche Leistungsentgelte**
	84				**Privatrechtliche Leistungsentgelte, Kostenerstattungen und Kostenumlagen**
	85				**Andere aktivierte Eigenleistungen und Bestandsveränderungen**
	86				**Sonstige Erlöse der Verwaltungstätigkeit**
	87				**Zinserlöse und sonstige Finanzerlöse**
	88				**Erlöse aus internen Leistungsbeziehungen**
	89				**Nicht besetzt**

Kontenrahmenplan / Kontenklasse 9
Beispiel

Kontenklasse	Kontengruppe	Kontenart	Konto	Unterkonto	Bezeichnung
9					**Kosten**
	90				**Personalkosten**
	91				**Versorgungskosten**
	92				**Kosten für Sach- und Dienstleistungen**
	93				**Kalkulatorische Abschreibungen**
	94				**Kosten für Zuwendungen, allgemeine Umlagen und sonstige Transferkosten**
	95				**Kosten der sozialen Sicherung**
	96				**Sonstige Kosten der Verwaltungstätigkeit**
	97				**Kalkulatorische Zinsen**
	98				**Kosten aus internen Leistungsbeziehungen**
	99				**Sonstige kalkulatorische Kosten**

Literaturverzeichnis

Monographien und Sammelbände

Baumbach, Adolf / Hopt, Klaus / Merkt, Hanno (2006). Handelsgesetzbuch. Beck'sche Kurzkommentare Band 9, 32. Auflage. München: Verlag C.H. Beck

Bienert, Sven, Hrsg. (2005). Bewertung von Spezialimmobilien: Risiken – Benchmarks und Methoden, 1. Auflage. Wiesbaden: Gabler Verlag

Brealey, Richard A. und Myers, Stewart C. (2003). Principles of Corporate Finance, 7. Auflage. New York: McGraw-Hill.

Bogumil, Jörg / Grohs, Stephan / Kuhlmann, Sabine / Ohm, Anna K. (2007). Zehn Jahre Neues Steuerungsmodell. Eine Bilanz kommunaler Verwaltungsmodernisierung. Modernisierung des öffentlichen Sektors: Sonderband 29, Berlin: edition sigma

Bücker, Rüdiger (2003). Statistik für Wirtschaftswissenschaftler, 5. Auflage. München/Wien: Oldenbourg Verlag

Conenberg, Adolf Gerhard (2000). Jahresabschluss und Jahresabschlussanalyse, Betriebswirtschaftliche, handelsrechtliche, steuer-rechtliche und internationale Grundlagen – HGB, IAS, US-GAPP, 17. Auflage. Landsberg / Lech: Verlag Moderne Industrie AG & Co. KG

Deisenroth, Heinz / Höhlein, Burkhard / Rößler, Otmar (2007). Doppisches Gemeindehaushaltsrecht. Leitfaden Rheinland-Pfalz. Dresden: SAXONIA VERLAG

Fudalla, Mark / zur Mühlen, Manfred / Wöste, Christian (2007). Doppelte Buchführung in der Kommunalverwaltung, 3. Auflage. Berlin: Erich Schmidt Verlag

Gablenz, Klaus Bernhard und Laib, Uwe (2007). Doppische Bewertung - leicht verständlich, 1. Auflage. Unterschleißheim: Fachverlag Jüngling-gbb GmbH & Co. KG

Gemeinde- und Städtebund Rheinland-Pfalz, Hrsg. (2006). Doppisches Kommunalbrevier 2007. 1. Auflage. Bodenheim: Verlagservice Stephan Metz

Gemeinde- und Städtebund Rheinland-Pfalz, Hrsg. (2007). Gebührenkalkulation für Friedhöfe. Schriftenreihe des Gemeinde- und Städtebundes Rheinland-Pfalz, Band 16. Bodenheim: Verlagservice Stephan Metz

Gondring Hanspeter, Hrsg. (2004). Immobilienwirtschaft. Handbuch für Studium und Praxis. München: Verlag Vahlen

Knipp, Rüdiger et al. (2005). Verwaltungsmodernisierung in deutschen Kommunalverwaltungen - Eine Bestandsaufnahme. Materialien des Deutschen Instituts für Urbanistik, Band 6. Berlin: Deutsches Institut für Urbanistik

Küting, Karl-Heinz und Weber, Claus-Peter (2001). Der Konzernabschluss. Lehrbuch und Fallstudie zur Praxis der Konzernrechnungslegung, 7. Auflage. Stuttgart: Schäffer-Poeschel Verlag

Laib, Uwe (2007). Buchführungssystematik im Rahmen der kommunalen Doppik, 1. Auflage. Unterschleißheim: Fachverlag Jüngling-gbb GmbH & Co. KG

Marettek, Christian / Dörschel, Andreas / Hellenbach, Andreas (2006). Kommunales Vermögen richtig bewerten, 2. Auflage. München: Rudolf Haufe Verlag

Palandt, Otto et al. (2003). Bürgerliches Gesetzbuch. Beck'sche Kurzkommentare Band 7, 62. Auflage. München: Verlag C.H. Beck

Perridon, Louis and Steiner, Manfred (2004). Finanzwirtschaft der Unternehmung, 13. Auflage. München: Verlag Vahlen

Schmalen, Helmut (2002). Grundlagen und Probleme der Betriebswirtschaft, 12. Auflage. Stuttgart: Schäffer-Poeschel Verlag

Schuster, Falko (2007). Doppelte Buchführung für Städte, Kreise und Gemeinden. Verwaltungsdoppik im Neuen Kommunalen Rechnungswesen und Finanzmanagement, 2. Auflage. München/Wien: Oldenbourg Verlag

Voth, Berthold (1995). Tiefbaupraxis. Konstruktion, Verfahren, Herstellungsabläufe im Ingenieurtiefbau, 3. Auflage. Wiesbaden/Berlin: Bauverlag GmbH

Wöhe, Günther (1997). Bilanzierung und Bilanzpolitik, 9. Auflage. München: Verlag Vahlen

Wöhe, Günther (2005). Einführung in die Allgemeine Betriebswirtschaftslehre, 22. Auflage. München: Verlag Vahlen

Wöhe, Günter und Kussmaul, Heinz (2006). Grundzüge der Buchführung und Bilanztechnik, 5. Auflage. München: Verlag Vahlen

Periodika und andere Quellen

Baugesetzbuch (BauGB) in der Fassung vom 23. September 2004, BGBl. I S. 2414, zuletzt geändert durch Artikel 1 des Gesetzes vom 21. Dezember 2006, BGBl. I S. 3316

Bauer, Ludwig und Maier, Michael (2005). Finanzrechnung für Kommunen – vergleichende Analyse zwischen direkter und indirekter Methode, in: Der Gemeindehaushalt, 106. Jahrgang, 2005, Heft 8. Stuttgart: Verlag W. Kohlhammer

Bausch, Christine (2005). Von Stuhl bis Feuerwehrauto alles erfasst. VG-Verwaltung ermittelt vor Einführung von“ Doppik“ Vermögen der Kommunen, in: Allgemeine Zeitung Landskrone vom 28.Oktober 2005, Seite 10

Bestattungsgesetz (BestG) in der Fassung vom 4. März 1983, GVBl. 1983, S. 69, zuletzt geändert durch Gesetz vom 6. Februar 2001, GVBl. S.29

Bundesministerium für Verkehr, Bau- und Wohnungswesen (2001). Normalherstellkosten 2000 (NHK 2000) gemäß den Wertermittlungsrichtlinien des Bundes und dem Runderlass des Bundesministeriums für Verkehr, Bau- und Wohnungswesen vom 01.12.2001, BS 12 - 63 05 04 -30/1

Bundesministeriums für Verkehr, Bau und Stadtentwicklung, Hrsg. (2006) Richtlinien für die Ermittlung der Verkehrswerte (Marktwerte) von Grundstücken (Wertermittlungsrichtlinien – WertR 2006) in der Fassung vom 1. März 2006, Bundesanzeiger Nr. 108a, zuletzt geändert am 1. Juli 2006, BAnz. Nr. 121 S. 4798

Bundesministerium der Finanzen (2007). Bilanzsteuerrechtliche Beurteilung von Aufwendungen zur Einführung eines betriebswirtschaftlichen Software-systems (ERP-Software). BMF-Schreiben vom 18. November 2005 - IV B 2 - S 2172 - 37/05, BStBl. 2005 I, S. 1025

Bundesministerium der Finanzen (2007). Bilanzsteuerliche Berücksichtigung von Altersteilzeitvereinbarungen im Rahmen des so genannten "Blockmodells" nach dem Altersteilzeitgesetz (AltTZG). BMF-Schreiben vom 28. März 2007 - IV B 2 - S 2175/07/0002 –, BStBl. 2007 I, S. 297 ff.

Bürgerliches Gesetzbuch (BGB) in der Fassung vom 2. Januar 2002, BGBl. I S. 42, 2909; 2003 I S. 738, zuletzt geändert durch Artikel 1 des Gesetzes vom 4. Juli 2008, BGBl. I S. 1188

Bundesministerium des Inneren, Hrsg. (2005). Dritter Versorgungsbericht der Bundesregierung vom 25.05.2005. Berlin: Bundesministerium des Inneren

Commerzbank AG, Hrsg. (2007). Die kommunalen Finanzen vor dem Hintergrund der Doppik-Einführung. Studie des Institutes für Finanzen der Universität Leipzig. Frankfurt: Commerzbank AG

Deisenroth, Heinz / Ontrup, Godehard / Schaefer, Stefan (2005). Waldbewertung im Rahmen der Kommunalen Doppik Rheinland-Pfalz, in Gemeinde und Stadt, 2005, Heft 3. Heidelberg: Gemeindeverlag H. Gauweiler

Deutscher Asphaltverband, Hrsg. (1995). Asphalt. Ausschreiben von Asphaltarbeiten. DAV Leitfaden. Bonn: CAAS Computer Aided Architectural Services

DIN Deutsches Institut für Normung e.V. (1987). DIN 277-2 Grundflächen und Rauminhalte von Bauwerken im Hochbau. Teil 2: Gliederung der Netto-Grundfläche (Nutzflächen, Technische Funktionsflächen und Verkehrsflächen). Berlin: Beuth Verlag GmbH

Ehrsam, Holger (2008). Doppik strahlt aus. Die kommunalen Finanzen vor dem Hintergrund der Doppik-Einführung, in: Der Neue Kämmerer, 2008, Ausgabe 2. Frankfurt: Verlag FINANCIAL GATES GmbH

Ellerich, Marian und Lickfett, Urte (2005). Abbildung von beamtenrechtlichen Versorgungsverpflichtungen im Jahresabschluss einer Gebietskörperschaft, in: Der Gemeindehaushalt, 106. Jahrgang, 2005, Heft 6. Stuttgart: Verlag W. Kohlhammer

Einkommensteuergesetz (EStG) in der Fassung vom 19. Oktober 2002, BGBl. I S. 4210; 2003 I S. 179, zuletzt geändert durch § 62 Abs. 15 des Gesetzes vom 17. Juni 2008, BGBl. I S. 1010

EU-Kommission, Hrsg. (2004). International Accounting Standards. Verordnung der EU-Kommission, Amtsblatt der Europäischen Union, Nr. 2238/2004, L 394.

Forschungsgesellschaft für Straßen- und Verkehrswesen (FSGV), Hrsg. (2001). Richtlinien für die Standardisierung des Oberbaues von Verkehrsflächen (RStO). FGSV-Nr. 499. Köln: FGSV Verlag GmbH

Gemeindeordnung (GemO) in der Fassung vom 31. Januar 1994, GVBL 1994 S. 153, zuletzt geändert durch Artikel 2 des Gesetzes vom 28.5.2008, GVBl. S. 79, 81

Gemeindeeröffnungsbilanz-Bewertungsverordnung (GemEBilBewVO) in der Fassung vom 28. Dezember 2007, GVBL 2008 S. 23

Gemeindehaushaltsverordnung Rheinland-Pfalz (GemHVO) in der Fassung vom 18. Mai 2006, GVBL 2006 S. 203, zuletzt geändert durch § 15 der Verordnung vom 28. Dezember 2007, GVBL 2008 S. 23

Gesetz über die Versorgung der Beamten und Richter in Bund und Ländern (Beamtenversorgungsgesetz - BeamtVG) in der Fassung vom 16. März 1999, BGBl. I S. 322, 847, 2033, zuletzt geändert durch § 22 Abs. 1 des Gesetzes vom 12. Dezember 2007, BGBl. I S. 2861

Gesetz zum Schutz vor schädlichen Bodenveränderungen und zur Sanierung von Altlasten (Bundes-Bodenschutzgesetz - BBodSchG) in der Fassung vom 17. März 1998, BGBl. I S. 502, zuletzt geändert durch Artikel 3 des Gesetzes vom 9. Dezember 2004, BGBl. I S. 3214

Haas, Jens und Wöltering, Birgit (2007). Grundsätze zur Bilanzierung des Straßennetzes in der kommunalen Eröffnungsbilanz, in: Der Gemeindehaushalt, 108. Jahrgang, 2007, Heft 6. Stuttgart: Verlag W. Kohlhammer

Handelsgesetzbuch (HGB) in der Fassung vom 10.05.1897, zuletzt geändert durch Artikel 17 des Gesetzes vom 21. Dezember 2007, BGBl. I S. 3089.

Hufnagel, Wolfgang und Schoofs, Hubert (2005). Die Ermittlung der Sonderposten bei der Einführung des NKF – dargestellt am Beispiel der Stadt Straelen –, in: Der Gemeindehaushalt, 106. Jahrgang, 2005, Heft 11. Stuttgart: Verlag W. Kohlhammer

Insolvenzordnung (InsO) in der Fassung vom 5. Oktober 1994, BGBl. I S. 2866, zuletzt geändert durch Artikel 9 des Gesetzes vom 12. Dezember 2007, BGBl. I S. 2840

Kindertagesstättengesetz (KitaG) in der Fassung vom 15. März 1991, GVBl. 1991, S. 79 zuletzt geändert durch § 20 des Gesetzes vom 7.3.2008, GVBl. S. 52

Kommunalabgabengesetz (KAG) in der Fassung vom 20. Juni 1995, GVBl. 1995, S. 175 zuletzt geändert durch Gesetz vom 12.12.2006, GVBl. S. 401

Körner, Horst (2005). Erleichterung der Erstinventur: Hohe Wertaufgriffsgrenzen für bewegliches Sachvermögen, in: Der Gemeindehaushalt, 106. Jahrgang, 2005, Heft 9. Stuttgart: Verlag W. Kohlhammer

Landesbeamtengesetz (LBG) in der Fassung vom 14. Juli 1970, GVBl 1970, S. 241, zuletzt geändert durch Gesetz vom 21.12.2007, GVBl. 2008 S. 1

Landesgesetz über den Brandschutz, die allgemeine Hilfe und den Katastrophenschutz (Brand- und Katastrophenschutzgesetz - LBKG -) in der Fassung vom 2. November 1981, GVBl 1981, S. 247, zuletzt geändert durch §§ 12 und 44 des Gesetzes vom 17.6.2008, GVBl. S. 436

Landesgesetz über den Rettungsdienst sowie den Notfall- und Krankentransport (Rettungsdienstgesetz - RettDG -) in der Fassung vom 22. April 1991, GVBl. 1991, S. 217 zuletzt geändert durch Gesetz vom 12.06.2007, GVBl. S.91

Landesverordnung zur Durchführung des Bestattungsgesetzes in der Fassung vom 20. Juni 1983, GVBl. 1983, S. 133, zuletzt geändert durch Gesetz vom 8. Mai 2002, GVBl. S.177

Landesverordnung zur Durchführung des Landeswaldgesetzes (LWaldGDVO) in der Fassung vom 15. Dezember 2000, GVBl 2000, S. 587, zuletzt geändert durch § 64 des Gesetzes vom 28. September 2005, GVBl. S. 387, 401

Landesgesetz zur Einführung der kommunalen Doppik in Rheinland-Pfalz (KomDoppikLG) in der Fassung vom 2. März 2006, GVBL 2006 S. 57

Landeslenkungsgruppe (2005). Kommunale Doppik Rheinland-Pfalz, Schlussbericht I Juni 2005. Mainz: Sonderdruck Gemeinde- und Städtebund Rheinland-Pfalz

Landeslenkungsgruppe (2006). Kommunale Doppik Rheinland-Pfalz, Schlussbericht II März 2006. Mainz: Sonderdruck Gemeinde- und Städtebund Rheinland-Pfalz

Magin, Christian (2006). Möglichkeit und Grenzen der Jahresabschlussanalyse mit Kennzahlen eines kommunalen Haushalts, in: Der Gemeindehaushalt, 107. Jahrgang, 2006, Heft 9. Stuttgart: Verlag W. Kohlhammer

Magin, Christian (2007). Kommunale Doppik: (Miss-)Verständnisse und Weiterentwicklungen, in: Der Gemeindehaushalt, 108. Jahrgang, 2007, Heft 8. Stuttgart: Verlag W. Kohlhammer

Ministerium des Inneren und für Sport Rheinland-Pfalz (2006). Haushaltsrundschreiben 2007 vom 28.11.2006. Az. 17 420-2.3:334

Rechnungshof Rheinland-Pfalz (2008). Orientierungsprüfung „Kommunale Doppik“, Az. 6-P-0024-22-1/2006. Speyer: Landesrechnungshof Rheinland Pfalz

Richtlinie über die wirtschaftliche Nutzungsdauer von Vermögensgegenständen und Berechnung der Abschreibungen (Abschreibungsrichtlinie – VV-AfA). Verwaltungsvorschrift des Ministeriums des Innern und für Sport Rheinland-Pfalz in der Fassung vom 23. November 2006, MinBl. 2007 S. 211

Schulgesetz (SchulG) in der Fassung vom 30. März 2004, GVBl 2004, S. 239, zuletzt geändert durch geändert durch § 21 des Gesetzes vom 7.3.2008, GVBl. S. 52

Schaefer, Stefan (2008). Bewertung des kommunalen Waldvermögens zu Bilanzierungszwecken, in Gemeinde und Stadt, 2008, Heft 6. Heidelberg: Gemeindeverlag H. Gauweiler

Stein, Bärbel und Franke, Rainer (2005). Die Bewertung von Kunstgegenständen und Kulturgütern in kommunalen Bilanzen, in: Der Gemeindehaushalt, 106. Jahrgang, 2005, Heft 12. Stuttgart: Verlag W. Kohlhammer

Stephan, Th. (2007). Bilanzierung von Altersteilzeitverpflichtungen, in Gemeinde und Stadt, 2007, Heft 8. Heidelberg: Gemeindeverlag H. Gauweiler

Verwaltungsvorschrift Gemeindehaushaltssystematik (VV Gemeindehaushaltssystematik –VV GemHSys). Verwaltungsvorschrift des Ministeriums des Innern und für Sport Rheinland-Pfalz in der Fassung vom 23. November 2006. MinBl. 2007 S. 16

Vogel, Holmer (2007). Das „Blockmodell" nach dem Altersteilzeitgesetz (ATG) als Problem der Rückstellungsbildung in Bilanzen kommunaler Betriebe und Eigengesellschaften, in: Der Gemeindehaushalt, 108. Jahrgang, 2007, Heft 11. Stuttgart: Verlag W. Kohlhammer

Internet Ressourcen

Ahrweiler, Monika. Rückstellungen. [online] Haufe Doppik Office Online. http://idesk.haufe.de/SID81%3A10080.acPe-UiK6LE/STDEF/12/PI4898;tab_area=homepage/contentDetail?redirect:int=0&Area=content&pfad=PI4898%7C7&stateID=MTsxMjE3MDYzMDg5MDYyNzc5OTcyMQ__&pos:int=-1&iid=HI1373397.1&query=FulltextFields%3D%5B%22nixDa%22%5D&anchor=gldg0, Zugriff am 10.07.2008

Ahrweiler, Monika. Rückstellungen korrekt feststellen und richtig buchen. [online] Haufe Doppik Office Online. http://idesk.haufe.de/SID81%3A10080.acPe-UiK6LE/STDEF/12/PI4898;tab_area=homepage/contentDetail?redirect:int=0&Area=content&pfad=PI4898%7C3%7C5&stateID=MjE7MTIxNzA2MzA4OTA2Mjc3OTk3MjE_&pos:int=-1&iid=HI1202666.3&query=FulltextFields%3D%5B%22nixDa% 22%5D&anchor=gldg0, Zugriff am 17.07.2008

Böckels, Lothar. Bildung von Rückstellungen für Deponien und Altlasten - Konsequenzen für das Neue Kommunale Haushalts- und Rechnungswesen (NKHR) [online] Haufe Doppik Office Online. http://idesk.haufe.de/SID81%3A10080.acPe-UiK6LE/STDEF/12/PI4898;tab_area=homepage/contentDetail?redirect:int=0&Area=content&pfad=PI4898%7C3%7C5&stateID=MjA7MTIxNzA2MzA4OTA2Mjc3OTk3MjE_&pos:int=-1&iid=HI1381039&query=FulltextFields%3D%5B%22nixDa%22%5 D&anchor=gldg0, Zugriff am 26.07.2008

Deloitte & Touche GmbH. Neues Haushaltssteuerungskonzept (Doppik). Ein höherer Standard [online] http://www.deloitte.com/dtt/section_node/0,1042,sid%253D112119,00.html, Zugriff am 12.07.2008

Hauptmann, Philip und Weber, Dorothea. Verbindlichkeiten. [online] Haufe Doppik Office Online. http://idesk.haufe.de/SID161%3A10080.f9sXYEiap_I/STDEF/12/PI4898/contentDetail?redirect:int=0&Area=content&pfad=PI4898%7C7&stateID=MjsxMjE4MDk1MDkwMDU4MzU2NzA1NQ__&pos:int=-1&iid=HI1315303&query=FulltextFields%3D%5B%22B%5Bverbindlichkeiten%5D%22%5D&anchor=gldg0, Zugriff am 07.08.2008

Heynen, Stefan. Rechnungsabgrenzung: Zeitliche Abgrenzung von Aufwendungen und Erträgen. [online] Haufe Doppik Office Online. http://idesk.haufe.de/SID141%3A10081.EGebaEiVvLw/STDEF/12/PI4898/contentDetail?redirect:int=0&Area=content&pfad=PI4898%7C3%7C5&stateID=MjsxMjE3NzcyNzMyMTMzMzI4NDE0MA__&pos:int=-1&iid=HI1243688&query=FulltextFields%3D%5B%22B%5Bpas sive%5D%22%5D&anchor=gldg0, Zugriff am 02.08.2008

Heynen, Stefan und Visarius, Ingo. Instandhaltungsrückstellungen in der Eröffnungsbilanz und Auswirkungen auf den Haushaltsausgleich. [online] Haufe Doppik Office Online. http://idesk.haufe.de/SID81%3A10080.acPe-UiK6LE/STDEF/12/PI4898;tab_area=homepage/contentDetail?redirect:int=0&Area=content&pfad=PI4898%7C3%7C1&stateID=NjsxMjE3MDYzMDg5MDYyNzc5OTcyMQ__&pos:int=1&iid=HI1440261&query=FulltextFields%3D%5B%22nixDa%22%5D&anchor=gldg0, Zugriff am 26.07.2008

Landeslenkungsgruppe [online], Häufig gestellte Fragen Nr.: 1.2.14, http://www.rlp -doppik.de/FAQ/Folder.2006-10-19.6970152703/Folder.2006-10-19.6976985319/1.2.14%20Gemischt%20genutzte%20Grundstuecke.pdf, Zugriff am 17.08.2008

Landeslenkungsgruppe [online], Häufig gestellte Fragen Nr.: 1.5.01, http://www.rlp-doppik.de/FAQ/Folder.2006-10-19.6970152703/Folder.2006-10-19.6984150331/1.5.01%20Sonderposten%20beim%20Kreisstrassenbau.pdf, Zugriff am 30.08.2008

Landeslenkungsgruppe [online], Häufig gestellte Fragen Nr.: 3.0.37, http://www.rlp-doppik.de/FAQ/Folder.2006-10-19.7002677344/3.0.37%20Rueck lagen.pdf, Zugriff am 27.08.2008

Landeslenkungsgruppe [online], Häufig gestellte Fragen Nr.: 3.0.38, http://www.rlp-doppik.de/FAQ/Folder.2006-10-19.7002677344/3.3.38%20Zufue hrung%20und%20Aufloesung%20zweckgeb.%20Ruecklagen.pdf, Zugriff am 27.08.2008

Landeslenkungsgruppe [online], Häufig gestellte Fragen Nr.: 10.1.03, http://www.rlp-doppik.de/FAQ/Folder.2006-10-19.7020456140/Folder.2006-10-19.7022046036/10.1.03%20Rueckstellungen%20fuer%20Beamte%20der%20E igenbetriebe%20.pdf, Zugriff am 28.07.2008

Landeslenkungsgruppe [online], Häufig gestellte Fragen Nr.: 10.1.11, http://www.rlp-doppik.de/FAQ/Folder.2006-10-19.7020456140/Folder.2006-10-19.7022046036/10.1.11%20Rueckstellungen%20Ueberstunden%20und%20Url aub.pdf, Zugriff am 17.07.2008

Landeslenkungsgruppe [online], Häufig gestellte Fragen Nr.: 10.1.21, http://www.rlp-doppik.de/FAQ/Folder.2006-10-19.7020456140/Folder.2006-10-19.7022046036/10.1.21%20Rueckstellungen %20Altersteilzeit.pdf, Zugriff am 27.07.2008

Landeslenkungsgruppe [online], E-Mail-Anfrage vom 15. Januar 2008, http://www.rlp-doppik.de/Folder.2008-01-16.7028456656/Folder.2008-02-15.88 71575103/2008.01.15%20-%20Sonderposten%20Gebaeudesachwertverfahren .pdf, Zugriff am 27.07.2008

Landeslenkungsgruppe [online], E-Mail-Anfrage vom 20. Februar 2008, http://www.rlp-doppik.de/Folder.2008-01-16.7028456656/Folder.2008-02-27.0381877869/2008.02.20%20-%20Sparbuecher%20und%20Festgelder.pdf, Zugriff am 07.08.2008

Landeslenkungsgruppe [online], E-Mail-Anfrage vom 11. März 2008, http://www.rlp-doppik.de/Folder.2008-01-16.7028456656/Folder.2008-03-14.2050005467/2008.03.11%20-%20Festbewertung%20von%20Medien.pdf, Zugriff am 07.08.2008

Landeslenkungsgruppe [online], E-Mail Anfrage vom 12. März 2008, http://www.rlp-doppik.de/Folder.2008-01-16.7028456656/Folder.2008-03-14.2050005467/2008.03. 12%20-%20Bewertung %20Strassen.pdf, Zugriff am 07.08.2008

Landeslenkungsgruppe [online], E-Mail-Anfrage vom 19. Mai 2008, http://www.rlp-doppik.de/Folder.2008-01-16.7028456656/Folder.2008-05-30.5703947744/2008.05.19%20-%20Verhaeltnis%20von%20GemEBilBewVO.pdf, Zugriff am 07.08.2008

net-n-net GmbH, Hrsg. [online], Website Preis Konfigurator http://www.netnnet.de/web_ design/preise.php?l, Zugriff am 03.09.2008

Schnelle, Frank. Pauschalwertberichtigung. [online] Haufe Doppik Office Online. http://idesk.haufe.de/SID81%3A10080.acPe-UiK6LE/STDEF/12/PI4898;tab_area=homepage/contentDetail?redirect:int=0&Area=content&pfad=PI4898%7C3%7C5&stateID=MjM7MTIxNzA2MzA4OTA2Mjc3OTk3MjE_&pos:int=-1&iid=HI1587914&query=FulltextFields%3D%5B%22nixDa%22%5D&anchor=gldg0, Zugriff am 26.07.2008

Spirres, Andreas. Erfassung und Bewertung des Anlagevermögens von Feuerwehren im Rahmen der Eröffnungsbilanz. [online] Haufe Doppik Office Online. http://idesk.haufe.de/SID141%3A10082.ZdrtJki4BZ0/STDEF/12/PI4898/contentDetail?redirect:int=0&Area=content&pfad=PI4898%7C3%7C1&stateID=MjsxMjIwMDE5NjEzMTQ3NTMzODc4OA__&pos:int=-1&iid=HI1732984.1&query=FulltextFields%3D%5B%22B%5Bfeuerwehr%5D%22%5D&anchor=gldg0#gldg0|selected_row, Zugriff am 29.08.2008

Stadt Mainz (2006). Beteiligungsbericht 2006. [online] http://www.mainz.de/WGAPublisher/online/html/default/hthn-5wjedn.de.html, Zugriff am 17.08.2008

Suhre, Rolf. Bewertung von Verkehrsanlagen. [online] Haufe Doppik Office Online. http://idesk.haufe.de/SID141%3A10082.XsTlIUiv3-8/STDEF/12/PI4898;tab_area=homepage/contentDetail?iid=HI1724368.1&pfad=PI4898%7C3%7C1&pos:int=9&Area=homepage, Zugriff am 23.08.2008

Theil, Volker. Bewertung von Forderungen. [online] Haufe Doppik Office Online. http://idesk.haufe.de/SID121%3A10080.YymPA0iVi2k/STDEF/12/PI4898;tab_area=homepage/contentDetail?iid=HI1818634.1&pfad=PI4898%7C3%7C1&pos:int=6&Area=homepage , Zugriff am 02.08.2008

o.V. [online] Haufe Doppik Office Online. Stand der Doppik Einführung. http://www.haufe.de/Auftritte/ShopData/media/attachmentlibraries/rp/StandDoppik-Einfuehrung.pdf, Zugriff am 18.07.2008

EINZELSCHRIFTEN

Christoph Zulehner
Tagesklinik – Konzeption und Evaluation am Beispiel Augenheilkunde
Lohmar – Köln 2008 • 316 S. • € 62,- (D) • ISBN 978-3-89936-733-1

Boris Mittermüller
Zur wertorientierten Kalibrierung betrieblicher Investitionsprozesse – Eine empirische Untersuchung in europäischen Großunternehmen
Lohmar – Köln 2008 • 280 S. • € 58,- (D) • ISBN 978-3-89936-747-8

Christian Schmitz
Messung der Forschungsleistung in der Betriebswirtschaftslehre auf Basis der ISI-Zitationsindizes – Eine kritische Analyse anhand konzeptioneller Überlegungen und empirischer Befunde
Lohmar – Köln 2008 • 276 S. • € 58,- (D) • ISBN 978-3-89936-755-3

Carsten Märkisch
IT-Integration bei M&A-Projekten – Der prozessorientierte Ansatz
Lohmar – Köln 2008 • 284 S. • € 58,- (D) • ISBN 978-3-89936-757-7

Martin F. Brunner
Neue Plattformen für Publikumszeitschriftenmarken
Lohmar – Köln 2008 • 364 S. • € 64,- (D) • ISBN 978-3-89936-760-7

Jan Marco Leimeister und Helmut Krcmar (Hrsg.)
Gedruckte Polymer-RFID-Transponder – Erste Erfahrungen und Erkenntnisse aus dem Forschungsprojekt PRISMA
Lohmar – Köln 2009 • 132 S. • € 43,- (D) • ISBN 978-3-89936-762-1

Eric Zöller
Kommunale Doppik – Auswirkungen der Eröffnungsbilanz auf die Haushaltssystematik am Beispiel von Rheinland-Pfalz
Lohmar – Köln 2009 • 340 S. • € 63,- (D) • ISBN 978-3-89936-777-5